IEC 61850
应用入门

何 磊 编著

中国电力出版社
CHINA ELECTRIC POWER PRESS

内 容 提 要

本书是一本帮助读者理解、掌握 IEC 61850 知识内容和思想精髓的参考书。全书共分五章：第一章简单介绍常规变电站自动化系统的不足，主要介绍了 IEC 61850 标准的内容、特点和发展趋势；第二章介绍面向对象的基本概念，OSI、TCP/IP 网络模型，以太网技术基础，XML、XML Schema 基础和常用软件工具；第三章介绍 IEC 61850 的分层信息模型、具体定义、配置方式与配置文件；第四章主要介绍 MMS 基础知识、IEC 61850 与 MMS 的映射关系、MMS 与 ASN.1 编解码和 MMS 典型报文分析；第五章介绍 GOOSE 服务、IEC 61850 - 9 - 2 SV 服务、简单网络时间协议和 IEEE 1588 精确时钟同步协议。

本书可供从事变电站设计、安装调试、运行维护及检修试验的技术人员阅读，也可作为高等院校相关专业师生了解 IEC 61850 的参考用书。

图书在版编目（CIP）数据

IEC 61850 应用入门/何磊编著 . —北京：中国电力出版社，2012.6（2025.1重印）

ISBN 978 – 7 – 5123 – 2962 – 1

Ⅰ.①I…　Ⅱ.①何…　Ⅲ.①网络通信 – 程序设计　Ⅳ.①TN915

中国版本图书馆 CIP 数据核字（2012）第 091658 号

中国电力出版社出版、发行

（北京市东城区北京站西街 19 号　100005　http://www.cepp.sgcc.com.cn）

北京天泽润科贸有限公司印刷

各地新华书店经售

*

2012 年 6 月第一版　2025 年 1 月北京第十次印刷

710 毫米×980 毫米　16 开本　22.5 印张　400 千字

印数10501—11000册　定价55.00 元

IEC 61850 标准是迄今为止变电站自动化领域最为完善的通信标准，也是国际电工委员会第 57 技术委员会近年来发布的最重要的一个国际标准。由于在提升设备互操作性方面的杰出表现，以及面向未来需求的开放性、可扩展性，IEC 61850 标准在全世界范围内得到了广泛应用，目前已经成为智能变电站乃至智能电网领域的核心标准之一。未来 IEC 61850 标准的应用范围将进一步扩大，不仅涉及变电站内的继电保护和自动化、电能质量、高压设备状态监测，还将延伸至变电站与控制中心之间、变电站与变电站之间、同步相量传输、水电站、风力发电、光伏发电、配电自动化、电动汽车、电池储能等各个领域，涵盖电力生产的发、输、变、配、用各个环节。国际电工委员会的最终目的是使 IEC 61850 成为电力自动化领域唯一的无缝通信国际标准，以实现"一个世界、一种技术、一个标准"的目标。

毫无疑问，IEC 61850 标准的应用对电力生产过程产生了重大影响。以采用 IEC 61850 标准的变电站为例，站内各种装置通过网络进行数据交换，信息传输方式发生了根本性的改变。这些变革对相关专业从业人员的知识结构和技术素质提出了新要求。无论是变电站建设初期的系统设计、安装调试，还是投运后的运行维护、检修试验，甚至电网故障后的事故分析，都有可能涉及 IEC 61850 标准的实际应用（如配置文件的阅读、通信报文的捕获和分析等）。尽快理解、掌握这一新标准，向先进技术靠拢，无疑成为电力生产一线技术人员的迫切需求。

然而，许多初次接触 IEC 61850 标准的技术人员常常会为标准中纷繁芜杂的术语、抽象的概念而苦恼，短时间内很难深入理解并全面掌握该标准。造成这种问题的原因，一方面是 IEC 61850 采用了面向对象建模、抽象通信服务接口和特殊通信服务映射等诸多先进技术，标准本身体系庞大而且内容复杂；另一方面，该标准同时涉及电力自动化、计算机、通信等多个学科的知识。对许多传统电力专业的技术人员而言，限于所学的专业和所从事的工作，计算机、网络通信等方面的知识一般比较薄弱，如果不具备这些基础知识，直接阅读标准文本会面临很大的理解困难。

比较遗憾的是，目前国内涉及 IEC 61850 的著作不多，尤其缺乏一部能全面、系统、深入地介绍这部标准的专著。另外，高等院校相关专业的教材中也很少涉及这方面的内容。这就使得希望了解 IEC 61850 的技术人员一直缺乏这方面的学习和参考资料。本书正是为了适应这种需要而编写的。

本书从生产实际需要和一线技术人员实际情况出发，以培养读者对 IEC 61850 标准的理解、应用能力为重点，在内容上既全面系统地介绍了 IEC 61850 分层信息模型、MMS、GOOSE、采样值、对时等方面的基础理论知识，又结合现场工作实际深入分析并讲解了一些常见的通信报文，以期从理论与实际两方面帮助读者较快运用所学的知识，提升现场的实际操作技能，直接为生产服务。

写书不仅是简单地把有关的技术内容告诉读者，而要考虑怎么写才能使读者容易理解，尽量减少初学者的困难，因此要写一本好书是非常不容易的。本书在编写时充分考虑到初学者的认识规律，尽量采用浅显易懂的语言和读者容易理解的方法进行叙述，力争避免技术术语的简单堆砌，努力实现深入浅出。为了做到通俗易懂而又不失严谨，对每一句话都进行了反复斟酌推敲。作者衷心地希望，通过本书帮助更多的同行更容易地理解和掌握 IEC 61850 标准。

本书在编写过程中曾得到王文新、高骏、刘海峰、曹树江、常风然、郝晓光、范辉、高志强、陈海滨、李铁成等同志的大力支持和不吝赐教，并参考了国内许多同行的优秀论文、资料，在此向诸位致以由衷的谢意！

由于时间仓促，加之作者水平所限，书中难免会有纰漏和不足之处，恳请各位专家同仁和读者批评指正。

编　者

2012 年 5 月

目 录

第一章

概　　述

第一节　常规变电站的自动化系统

20 世纪 90 年代中期以来，分层分布式的变电站综合自动化系统在我国电力系统逐步得到推广和应用。目前新建变电站基本上都采用变电站综合自动化系统，老变电站也都在进行变电站综合自动化改造，许多变电站都实现了无人值班，变电站运行与管理的安全可靠性指标、经济性指标得到了大幅度提升。但是，随着技术的进步和运行水平的提高，常规变电站综合自动化系统逐渐暴露出一些不足之处，归纳起来有以下四个方面。

一、二次设备之间互操作性差

互操作性是指来自同一厂家或不同厂家的设备之间交换信息和正确使用信息协同操作的能力。在变电站自动化系统发展初期，人们就期待解决不同生产厂家二次设备之间的互操作问题。但是在 IEC 61850 标准颁布之前，各种通信规约（如 IEC 60870－5－101、IEC 60870－5－103、DNP3.0 等）都基于串口通信机制。这些规约的应用功能比较有限，各厂家为了满足应用的要求对规约进行了各自的扩展。由于对规约的理解不同，各厂家的设备相互之间并不完全兼容，导致不同厂家的设备之间不能真正实现互操作。

为了实现各种装置之间互操作，20 世纪 90 年代初期国际电工委员会开始制定 IEC 60870 系列标准，到最终完成制定经过了 10 年时间，具体的时间见表 1－1。

表 1－1　　　　　　　　　IEC 60870 系列标准制定的时间

时　间	完成制定的标准
1990 年 2 月	完成第一份文件 IEC 60870－5－1《远动设备及系统传输帧格式》
1995 年 11 月	完成第一个完整规约 IEC 60870－5－101（远动）

时 间	完成制定的标准
1996 年 6 月	完成第二个完整规约 IEC 60870 – 5 – 102（RTU 与电表）
1997 年 12 月	完成第三个完整规约 IEC 60870 – 5 – 103《继电保护设备接口配套标准》
2000 年 12 月	完成第一个基于以太网的完整规约 IEC 60870 – 5 – 104（远动）
2002 年 11 月	完成 IEC 60870 – 5 – 101 第 2 版（远动）
2003 ~ 2004 年	完成 IEC 60870 – 5 – 6（IEC 60870 – 5 系列规约的兼容测试步骤）

以变电站内继电保护设备通信采用的 IEC 60870 – 5 – 103 为例，该标准存在的不足主要有：

（1）IEC 60870 – 5 – 103 标准是基于 RS232/485 串行通信，本质上是一种问答式规约。而 2000 年及以后各厂家推出的第二代分层分布式变电站自动化系统是基于网络通信的，不能完全采用 IEC 60870 – 5 – 103 标准。为了提高变电站中重要信息的实时响应速度，需要增加设备主动传输重要事件的通信机制。但是，不同厂家对这一机制的技术实现方案存在相当差异，妨碍了设备之间互操作的实现。

（2）国际电工委员会在制定 IEC 60870 – 5 – 103 标准时，提出了继电保护装置通过采用通用报文来实现"自我描述"的概念，但是没有同时给出通用报文具体应用时的指导性规范。为了与此前开发并已实际应用的设备相兼容，等同采用该标准的电力行业标准在其附录中补充了很多不符合互操作性原则的专用报文，造成了无法解决的互操作性问题。

因此，IEC 60870 – 5 – 103 在工程应用中没有达到预期的互操作性，不同厂商的设备之间仍需要通过大量的协议转换才能实现互联。

另外，20 世纪 90 年代中期分层分布式变电站综合自动化系统开始在国内应用，但是直到 1999 年国内才开始采用 IEC 60870 – 5 标准，二次设备通信标准化实施的进度滞后于变电站综合自动化系统的发展。目前在运的变电站中，仍有大量变电站的二次设备之间的互连是采用"厂方协议"来实现的。不同厂家之间的通信协议不统一。甚至同一厂家应用于不同地区或同一地区不同时期建设的变电站，本厂家设备之间的互连协议都可能存在差别，这种差别严重妨碍了设备之间的互操作。

综上所述，由于通信规约本身的问题，加上各制造厂对规约的理解和扩展不同，导致相互之间不能完全兼容。为实现不同厂家设备的互联，不得不采用大量的通信规约转换。这一方面增加了系统复杂性，影响了信息传输的速度和可靠性；另一方面增加了系统成本和设计、调试、维护的难度，同时工程改扩建、设备选型受到很大约束，不利于变电站自动化系统的长期维护和运行。

二、信息难以实现共享

目前变电站内的主要系统有：① 基于 RTU/测控单元的 SCADA 系统；② 基于同步相量测量 PMU 的广域测量 WAMS（Wide Area Monitoring System）系统；③ 基于保护装置、故障录波器的故障信息管理系统；④ 基于变电站"五防"的防误操作闭锁系统；⑤ 电能计量系统；⑥ 电能质量监测系统；⑦ 一次设备在线监测系统等。

这些系统大多在不同阶段建设，相互之间是独立的，产生了很多问题：① 各个系统自成体系，管理和维护分属于不同的部门；② 通信线路重复投资、重复建设；③ 整体可靠性差，不利于安全生产；④ 各个系统之间硬件重复配置，二次接线复杂，投资成本大、维护量大，维护困难；⑤ 各系统的装置针对各自的应用研发，相互之间不能实现兼容与信息共享，形成了各种"信息孤岛"现象；⑥ 设备配置冗余，却不能实现信息应用的冗余。

随着电力企业的应用需求不断增加，基于现有设计思想的各种设备数量仍将增多，信息孤岛林立，极大地妨碍了信息的有效应用。

网络通信技术的发展已经使变电站自动化系统接入和共享其他一些有用信息成为可能。为减少设备重复投资，提高电力系统运行和管理效率，需要对变电站各种信息的对象进行统一建模，把分属于不同技术管理部门、各自相对独立发展的多个系统的信息整合、集成到一起，使信息在不同的技术管理部门之间得到充分共享，从而达到减少设备重复投资、提高电力系统运行和管理效率的目的。

三、系统的可扩展性差

随着 IT 技术的迅猛发展，与变电站自动化系统相关的通信、嵌入式应用等技术的更新速度比变电站自动化系统（一般认为其更新周期应在 12 年以上）的更新速度快得多。而 IEC 61850 之前的各种通信规约没有将系统应用与通信技术进行分层处理，系统应用无法适应计算机技术、网络通信技术的发展以及设备的升级更新。可以说，以前的通信规约制约了新技术、新装置的进一步应用。

常规变电站自动化系统在系统扩建或更新设备时需要付出很大的附加成本。在变电站增加间隔、更换测控装置或继电保护装置时，由于通信接口和通信协议存在差别，往往需要增加规约转换设备，并且需要进行现场调试，甚至还可能需要更改自动化系统的数据库定义并进行相应的试验验证，采用不同厂家的设备更新时更加困难。因此，以前的通信规约不利于变电站自动化系统的长期安全运行和维护。

四、二次电缆回路安全隐患多

在常规变电站中，虽然继电保护、测控装置以及计量电表等二次设备实现了数字化，但这些装置之间以及装置与断路器、互感器之间仍然采用电缆进行连接，开关场至保护小室之间存在大量的二次电缆，用来传输电压和电流模拟量、断路器和隔离开关位置等状态量以及控制命令。实际运行中，由于电缆二次回路接地状态无法实时监测，二次回路两点接地的情况时有发生，有时会造成继电保护设备误动作。在二次电缆比较长的情况下，电容耦合等干扰也可能引起二次设备运行异常。因此，二次电缆实际上构成了变电站安全运行的重要隐患。

近年来，电子式互感器及智能断路器等新型设备的日趋成熟，以及高速以太网在实时系统中的开发应用，为变电站信息的采集、传输实现全数字化处理提供了理论和物质基础，采用以太网代替二次电缆成为可能。电子式互感器、智能断路器的应用需求是制定 IEC 61850 标准过程层部分的重要动力。

以上问题表明，为实现不同设备之间的互操作和信息共享，已出现制定新一代通信标准的强烈需求。为此，国际电工委员会制定了 IEC 61850《变电站通信网络和系统》系列标准（简称 IEC 61850 标准），该标准已经成为未来变电站自动化领域的唯一国际标准。

第二节　IEC 61850 标准的内容及特点

迄今为止，IEC 61850 标准是变电站自动化领域最为完善的通信标准，也是国际电工委员会第 57 技术委员会（简称 IEC TC57）近年来发布的最重要的一个国际标准。它总结了变电站自动化发展的历史和未来趋势，在传统变电站自动化通信协议及通信技术发展所形成的基础上，采用面向对象的建模技术和面向未来通信的可扩展架构，来实现"一个世界，一种技术，一个标准"的目标。它已成为数字化/智能变电站应用技术的重要支撑。

一、IEC 61850 标准的制定背景

早在 20 世纪 90 年代初，国际电工委员会就意识到不同厂家的继电保护设备之间需要一个统一的信息接口，来实现设备之间的互操作。为此 IEC TC57和 IEC TC95 成立了一个联合工作组，制定了"继电保护设备信息接口标准"，即 IEC 60870 - 5 - 103 标准。

与此同时，美国电力科学研究院（EPRI）在 1990 年开始了公共通信体系UCA（Utility Communication Architecture）标准的制定工作，目的在于提供一个具有广泛适用性的、功能强大的通信协议，使各种设备能够通过使用该协议实

现互操作。

为避免出现两个可能冲突的标准（IEC 60870 – 5 – 103 和 UCA 2.0），1994年德国国家委员会提出制定通用的变电站自动化标准的建议；1995 年 IEC TC57 为此成立了三个工作组（WG10/11/12），负责制定新的变电站自动化通信标准，其中 WG10 负责变电站数据通信协议的整体描述和总体功能要求，WG11 负责定义变电站站控层数据通信总线，WG12 负责定义过程层数据通信协议。

WG10/11/12 三个工作组参考的主要相关标准有：

（1）IEC 60870 – 5 – 101 远动通信协议标准；

（2）IEC 60870 – 5 – 103 继电保护设备信息接口标准；

（3）UCA 2.0 变电站和馈线设备通信协议体系；

（4）ISO/IEC 9506 制造报文规范 MMS（Manufacturing Message Specification）。

1998 年，IEC、EPRI 和美国电气电子工程师协会 IEEE（Institute of Electrical and Electronics Engineers）达成协议，由 IEC 牵头，以美国 UCA2.0 为基础，开始制定 IEC 61850 标准。1999 年 3 月，WG10/11/12 三个工作组提交了 IEC 61850 的委员会草案，随后又相继提交了投票草案和最终草案。2000年 6 月，IEC TC57 决定将 IEC 61850 作为制定电力系统无缝通信体系标准的基础。2002 ～ 2005 年，IEC 61850 标准的各个分册陆续颁布并成为国际标准。

二、IEC 61850 标准内容概述

IEC 61850 系列标准（第 1 版）一共有 14 个分册，具体见表 1 – 2。

表 1 – 2　　　　　　　　　　IEC 61850 系列标准

编号	名　称	发布日期
1	概述	2003 年 4 月
2	术语	2003 年 8 月
3	总体要求	2002 年 1 月
4	系统和项目管理	2002 年 1 月
5	功能和设备模型的通信要求	2003 年 7 月
6	与变电站有关的 IED 的通信配置描述语言	2004 年 3 月
7 – 1	变电站和馈线设备的基本通信结构：原理和模型	2003 年 7 月
7 – 2	变电站和馈线设备的基本通信结构：抽象通信服务接口（ACSI）	2003 年 5 月

编号	名　称	发布日期
7-3	变电站和馈线设备的基本通信结构：公用数据类	2003 年 5 月
7-4	变电站和馈线设备的基本通信结构：兼容的逻辑节点类和数据类	2003 年 5 月
8-1	特定通信服务映射（SCSM）： 对 MMS（ISO 9506-1 和 ISO 9506-2）和 ISO/IEC 8802-3 的映射	2004 年 5 月
9-1	特定通信服务映射（SCSM）： 通过串行单方向多点共线点对点链路传输采样测量值	2003 年 5 月
9-2	特定通信服务映射（SCSM）： 通过 ISO/IEC 8802.3 传输采样测量值	2004 年 4 月
10	一致性测试	2005 年 5 月

2004～2008 年，我国电力标准化委员会对 IEC 61850 系列标准进行了同步的跟踪和翻译工作，标准的 14 个分册被转换成我国电力行业 DL/T 860 系列标准（等同采用 IEC 61850 系列标准）。

IEC 61850 系列标准从内容上可以分为以下四大部分：

（1）系统部分。该部分主要包括 IEC 61850-1、IEC 61850-2、IEC 61850-3、IEC 61850-4 和 IEC 61850-5 共 5 个分册。在这 5 个分册中介绍了制定 IEC 61850 标准的出发点，其内容不仅仅从通信技术本身进行描述，还从系统工程管理、质量保证、系统模型等方面进行叙述，使 IEC 61850 标准能够更好地应用于电力系统。

（2）配置部分。IEC 61850-6 定义了变电站系统和设备配置、功能信息及相对关系的变电站配置描述语言。

（3）数据模型、通信服务和映射部分。该部分是 IEC 61850 最核心的技术部分，包括 IEC 61850-7-1/2/3/4、IEC 61850-8-1 和 IEC 61850-9-1/2 系列共 7 个分册。该部分从技术实现的角度描述了 IEC 61850 的信息模型、通信服务接口模型、信息模型与实际通信网络的映射方法，实现了系统信息模型的统一、通信服务的统一和传输过程的一致。

（4）测试部分。为验证系统和设备的互操作性，IEC 61850-10 定义了一致性测试的方法、等级、环境和设备要求等规定。

三、IEC 61850 标准的主要特点

IEC 61850 标准吸收了多种国际最先进的新技术，并且大量引用了目前正

在使用的多个领域内的其他国际标准。如表 1-2 所示，IEC 61850 标准涉及系统和项目管理、质量保证和系统模型等多个方面。与传统的 IEC 60870-5-103 标准相比，IEC 61850 标准不仅仅是一个单纯的通信规约，更是一个十分庞大的标准体系，涉及变电站自动化的设计、开发、工程、维护等多个方面。

同 IEC 60870-5 系列标准相比，IEC 61850 标准具有以下突出的技术特点：

1. 信息分层

IEC 61850 标准提出了变电站内信息分层的概念，无论从逻辑概念上还是从物理概念上，都将变电站自动化系统分为三个层次，即站控层、间隔层和过程层。IEC 61850 定义了层与层之间的通信接口，如图 1-1 所示。这些通信接口实现了以下功能：① 间隔层和变电站层的保护数据交换；② 间隔层与远方保护（不在本标准范围）之间保护数据交换；③ 间隔层内部数据交换；④ 过程层和间隔层之间采样值交换；⑤ 过程层和间隔层之间控制数据交换；⑥ 间隔和变电站层之间控制数据交换；⑦ 变电站层与远方工程师办公地数据交换；⑧ 间隔之间直接数据交换（如间隔联闭锁功能）；⑨ 变电站层内部数据交换；⑩ 变电站和远方控制中心之间控制数据交换。

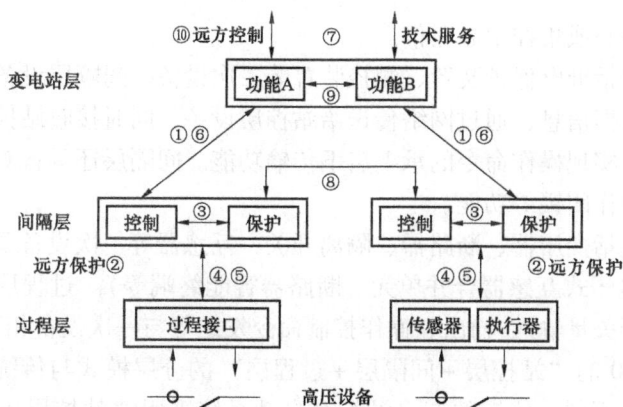

图 1-1　信息分层的变电站自动化系统

图 1-2 是遵循 IEC 61850 信息分层结构构建的数字化变电站与传统变电站的结构对比。

如图 1-2（b）所示，数字化变电站站控层包括监控主机、操作员工作站、远动工作站、工程师工作站、GPS 对时装置等，形成全站监控管理中心。站控层提供站内运行人机界面，实现对间隔层设备的管理控制，并通过电力数

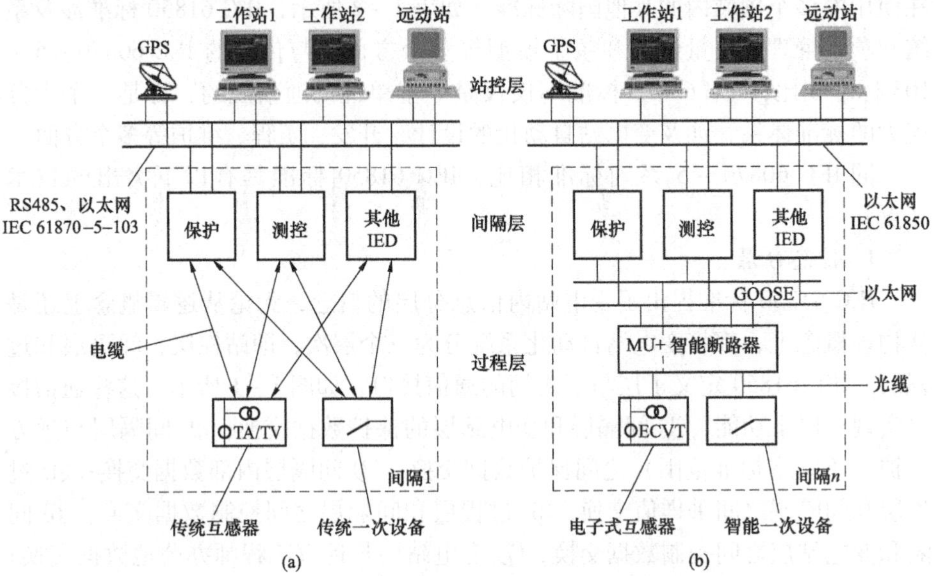

图 1-2 数字化变电站与传统变电站结构对比

（a）传统变电站结构；（b）数字化变电站结构

据网与调度中心或集控中心通信。

间隔层包括继电保护装置、测控装置等二次设备。间隔层设备汇总本间隔过程层实时数据信息，通过网络传送给站控层设备，同时接收站控层发出的控制操作命令，实现操作命令的承上启下传输功能。间隔层还具备对一次设备的保护控制和操作闭锁等功能。

过程层包括变压器、断路器、隔离开关、互感器等一次设备及其所属的智能组件（如电子式互感器合并单元、断路器智能终端等）。过程层主要完成模拟量采样、开关量输入/输出和操作控制命令发送等与一次设备相关的功能。

IEC 61850 的"站控层+间隔层+过程层"的分层模式与传统的变电站综合自动化系统不同。传统的变电站综合自动系统采用"站控层+间隔层"的两层体系结构，"过程层"功能都是在间隔层设备中实现的。随着电子式互感器和智能断路器的工程应用，现代电力技术的发展趋势是将越来越多的间隔层功能下放到过程层中去。由此可见，IEC 61850 标准是个面向未来的标准。

2. 信息模型与通信协议独立

IEC 61850 标准根据电力生产过程的特点和要求，总结出电力生产所必需的信息传输的网络服务，定义了抽象通信服务接口 ACSI（Abstract Communication Service Interface）。ACSI 独立于具体的网络底层通信协议（如目前采用的 MMS 协议）和具体的网络类型（如以太网）。当需要与具体的网络接口时，只需采用特定通信服务映射 SCSM（Specific Communication Service Mapping），由 SCSM 映射到具体的通信协议栈。SCSM 的内容就是根据需求将 ACSI 信息模型和服务映射到具体的通信协议。

众所周知，变电站自动化系统有 30 年或者更长的生命周期，其功能变化很少，通常情况是随着需求的增加而增加部分功能。相比之下网络通信技术发展迅猛，今后可能会出现更加符合电力生产特点的通信网络。若将来根据需要选用另一种协议替换目前的 MMS，只要改变具体的 SCSM 即可，并不需改变 IEC 61850 已经定义好的各种信息模型。同理，IEC 61850 若要对信息模型进行扩充、升级，也不需要改变已采用的底层通信协议。特定通信服务映射 SCSM 的应用为 IEC 61850 带来了足够的开放性。

如图 1-3 所示，IEC 61850-7-1/2/3/4 定义了电力生产所必需的信息模型和传输服务，可以在较长时间内保持稳定性；IEC 61850-8-1 和 IEC 61850-9-2 负责将信息模型和服务映射到到具体的通信网络。这种体系架构大大提升了标准应对通信技术发展的能力，只需改变 IEC 61850-8-1 或 IEC 61850-9-2，就可以选用最合适的通信技术来为变电站自动化系统功能提供支持。

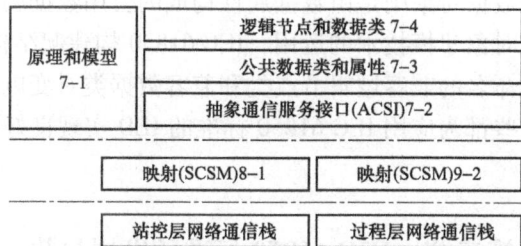

原理和模型 7-1	逻辑节点和数据类 7-4
	公共数据类和属性 7-3
	抽象通信服务接口(ACSI)7-2

| 映射(SCSM)8-1 | 映射(SCSM)9-2 |
| 站控层网络通信栈 | 过程层网络通信栈 |

图 1-3 面向未来通信的可扩展架构

3. 数据自描述

IEC 60870-5 系列标准采用"面向点"的数据描述方法。变电站自身的信息模型在报文中只是一个个没有明显含义的数据，所有数据或数据包都需要发送端和接收端事先约定，并一一对应，这样才能正确反映现场设备的状态。在工程验收时，必须将每一个信息点动作一次才能验证其正确性。一旦有任何无论多么微小的调整，如间隔扩充或改造，从站内监控系统到调度端相应的数据点都必须作相应的增补和修改。这是一项耗费大量资金和时间的工作。由于技术的不断发展，变电站内新的应用功能不断涌现，需要传输的信息不断增加，已经定义好的协议可能无法传输这些新的信息，因而使新功能的应用受到限制，所以面向点的数据描述方法已不大适应技术发展的需要。

与 IEC 60870-5 系列标准采用面向点的数据描述方法不同，IEC 61850 标准对信息采用面向对象的自描述方法。面向对象的数据自描述在数据源就对数据本身进行自我描述，没有预先约定的限制，传输到接收方的数据都带有自我说明，能马上建立数据库，不需要再对数据进行工程物理量对点、标度转换等工作，使得现场的验证工作大大简化，同时也简化了数据库的管理和维护工作。

数据采用面向对象自我描述方法后虽然使传输开销增加，但是由于网络技术的发展，网络传输速率不断提高，面向对象自我描述方法的实现成为可能。

4. 面向对象的数据统一建模

IEC 61850 标准采用面向对象的建模技术，使得信息模型具有继承性、可复用性等特点。根据 IEC 61850 标准，智能电子设备 IED 的信息模型为分层的结构化的类模型。信息模型的每一层都定义为抽象的类，封装了相应的属性和服务。属性描述了这个类的所有实例的外部可视特征；而服务提供了访问（操作）类属性的方法。从建模层次上分，每个 IED 包含一个或多个服务器，每个服务器本身又包含一个或多个逻辑设备，逻辑设备包含逻辑节点，逻辑节点包含数据对象。数据对象则是由数据属性构成的公用数据类的命名实例。

通过上述面向对象建模技术的运用，IEC 61850 构建起结构化的信息模型，并通过采用标准化命名的兼容逻辑节点类和兼容数据类对变电站自动化语义进行了明确约定，这些都为应用 IEC 61850 标准的 IED 实现良好的互操作提供了有力保证。

第三节　IEC 61850 标准的发展趋势

一、IEC 61850 标准的最新进展

先进的设计思想、面向对象的信息建模技术、面向未来需求的开放性，使得 IEC 61850 标准在全世界范围内得到了广泛应用。但是，在实际应用中，第 1 版标准还是暴露出许多不足之处。

1. IEC 61850 标准第 1 版存在的不足

IEC 61850 标准的内容相当庞大，分成 14 个分册，标准页面达 1000 页之多，其中难免会出现前后不一致和模糊的地方，导致不同厂家有不同的理解和解释，从而引起设备间的互操作问题，阻碍标准的推广和应用。另外，第 1 版的 IEC 61850 标准并没有给出有关变电站与变电站之间、变电站与控制中心之间通信模

式的具体规范，这也制约了该标准在电力系统更大范围内的推广和应用。

IEC 61850 标准第 1 版存在的不足主要有：

（1）逻辑节点数目不足，不能满足继电保护、电能质量监测、在线监测等功能建模的需要；

（2）部分通信模型服务定义存在互操作盲区，需要细化规定；

（3）未对网络冗余、网络安全等重要应用需求作出规定；

（4）水电站、风力发电等领域对 IEC 61850 的使用提出需求；

（5）变电站之间和变电站与控制中心之间的通信还未融入 IEC 61850 体系；

（6）一致性测试标准需要进一步扩展。

2. IEC 61850 标准当前的制定/修订情况

按照惯例，国际标准一般在 5 年左右修订一次。IEC 61850 系列标准自 2004 年发布后，IEC TC57 技术委员会的 3 个工作组 WG10、WG11、WG12 合并，由 WG10 继续负责 IEC 61850 标准的修订、维护等相关工作。根据应用和发展的需求，从 2007 年起，IEC TC57 WG10 工作组对原有 IEC 61850 的 1、4、5、6、7-2、7-3、7-4、8-1、9-2、10 部分进行了修订，其中部分文档已经正式发布，剩余的多数文档也已经到了投票表决阶段，今后将陆续发布。

IEC 61850 标准第 2 版主要围绕以下三个方面进行了修订：

（1）IEC 61850 标准从面向变电站扩展到其他电力公用事业领域，涉及水电厂、分布式风力发电，涵盖了电力公用事业自动化的各个方面，这正适应了目前智能电网的发展、新能源的推进和电力企业信息整合的需要。

（2）IEC 61850 标准第 2 版的通信应用范围进一步扩大，从变电站内部扩展到变电站之间和变电站到控制中心之间。

（3）对第 1 版有关内容进行了明确和细化，对第 1 版中不同章节表述不一致的地方进行了校正，对一些模糊之处进一步明确，避免各厂家由于理解不一致造成设备互操作问题。

IEC 61850 标准第 2 版体系结构如图 1-4 所示。

IEC 61850 标准第 2 版的名称已由"变电站内通信网络和系统（Communication Networks and Systems in Substations）"改为"公用电力事业自动化的通信网络和系统（Communication Networks and Systems for Power Utility Automation）"，明确将 IEC 61850 标准的覆盖范围延伸至变电站以外的所有公用电力应用领域。与第 1 版相比，IEC 61850-9-1 部分在第 2 版中被废除，另外将新增多个相关的标准或技术规范，如表 1-3 所示。

特定应用指导 7-500

特定应用指导 7-510

特定应用指导 7-520

阐述原理和模型 7-1

兼容逻辑节点和数据类7-4

水电厂兼容逻辑节点和数据类7-410

分布式能源兼容逻辑节点和数据类7-420

变电站配置语言 6

公共数据类7-3

基本模型、抽象服务和基本数据类型7-2
IEC 61850-7-2

站总线8-1

过程总线 9-2

变电站之间 90-1

变电站与控制中心之间80-1/90-2

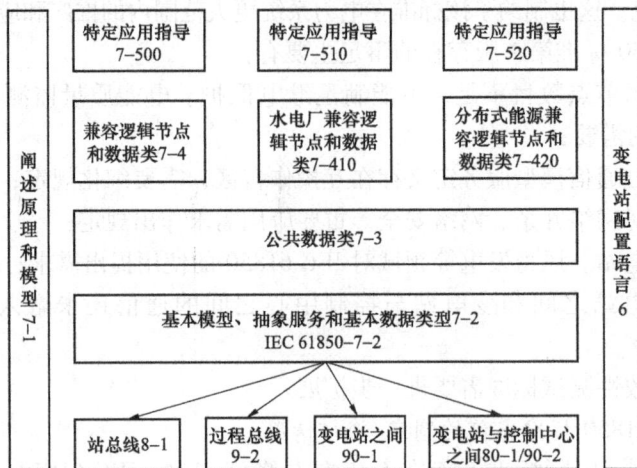

图1-4　IEC 61850 标准第 2 版体系结构图

表1-3　　　　　　　　IEC 61850 标准第 2 版新增加的标准

编号	应 用 领 域
7-410	水电站自动化监视和控制
7-420	风力发电厂等分布式能源监视和控制
7-500	变电站自动化系统逻辑节点建模导引
7-510	水电站逻辑节点建模导引
7-520	分布式能源逻辑节点建模
7-5	变电站自动化中的信息模型应用
80-1	IEC 61850 与 IEC 60870-5-101/104 的数据映射
90-1	变电站与变电站之间的通信
90-2	变电站至控制中心之间的通信
90-3	高压电气设备状态监视、诊断与分析
90-4	电力工业以太网工程实施导则
90-5	同步相量传输
90-6	配电自动化
90-7	光伏发电
90-8	电动汽车
90-9	电池储能系统

国际电工委员会采取了诸多措施，制定了诸多标准，其目的是使 IEC 61850 标准成为电力自动化领域唯一的无缝通信国际标准。

二、IEC 61850 标准在智能电网中的应用展望

智能电网要求实现信息的高度集成和共享，采用统一的平台和模型，以实现电网内设备和系统的互操作，这与 IEC 61850 标准的设计思路是一致的。美国电科院最近公布的规划中已经将 IEC 61850 标准作为智能电网启动标准之一，中国国家电网公司也选取 IEC 61850 标准作为智能电网建设的核心标准，IEC 61850 标准已经成为未来智能电网领域的主要标准之一。

1. 新能源发电的监控和系统集成

新能源发电的接入和并网是智能电网的重要功能之一。与变电站自动化系统一样，来自不同厂家的新能源设备之间也存在互操作问题和系统集成问题。为此，国际电工委员会适时地将 IEC 61850 标准延伸到新能源发电领域，既继承了 IEC 61850 标准在解决开放性、互操作性方面的优势，又很好地解决了新能源发电的监控和通信问题。

2. 对变电站信息化和智能化的支撑

IEC 61850 标准为变电站自动化系统定义了统一、标准化的信息交互模型，实现了智能设备的信息统一建模，解决了不同厂家设备之间的互操作性问题，为变电站内各种信息的整合和共享奠定了基础。

未来的智能变电站将以统一采用 IEC 61850 标准建模的方式，实现对变电站内的电网运行数据、保护控制设备的动作信息状态数据和高压设备状态监测数据、电能质量监测数据、变电站运行环境数据的整合和共享，形成变电站一体化信息平台，为智能电网提供可靠、准确、实时、安全的信息。

3. 向配用电领域的拓展

国际电工委员会已经启动了将 IEC 61850 标准拓展到配电领域的应用，未来将制定一系列有关的标准，定义"需求侧管理、计量服务、智能家居、分布式自动化"等领域的共享信息模型定义，以便为智能配电网的研究和建设提供标准和规范。

4. 构建电力企业的无缝通信体系

IEC 61850 标准第 2 版已经将其应用领域扩展到变电站之外，涉及水力发电、分布式风力发电、光伏发电、配电自动化、电动汽车、电池储能等领域，涵盖了目前电力企业生产的发、输、变、配（未来）、用（未来）等环节，涉及电网的实时运行监控、新能源的监控和接入、电能质量管理、一次设备状态监测、资产管理、广域系统保护等各个方面。

作为未来智能电网领域的主要标准，凭借良好的可扩展性和体系结构，

IEC 61850 标准将对全世界所有电力相关行业的信息共享、功能交互以及调度协调产生重大的、决定性的影响。同时，由于世界范围内绿色能源、分布式能源和智能电网建设的兴起，IEC 61850 标准作为智能电网中连接电力生产和消费环节的纽带，必将担当起越来越重要的角色。

第二章

基 础 理 论 知 识

第一节　面向对象的基本概念

一、"面向对象"思想的由来

20世纪90年代以来，计算机软件技术领域发生了一个重大的变革和飞跃，"面向对象"的思想被引入计算机程序设计中。面向对象方法是一种与传统软件项目设计方法完全不同的、以对象为中心的方法。与之前的程序设计方法相比，面向对象技术能够更好地适应当今软件开发在规模、复杂性、可靠性以及质量、效率上的种种需求，因而被越来越多地推广和使用。面向对象方法本身也在诸多实践检验和磨炼中日趋成熟，成为目前公认的主流程序设计方法。

面向对象技术代表了一种全新的程序设计思路和观察、表述、处理问题的方法。与传统的面向过程的开发方法不同，面向对象的程序设计和问题求解力求符合人们日常的思维习惯，能够降低、分解问题的难度和复杂性，提高整个求解过程的可监控性、可监测性和可维护性，从而以较小的代价和较高的效率获得较满意的效果。

面向对象的概念和应用已经超越了程序设计和软件开发本身，扩展到很宽的范围。它不仅是一种程序设计技术，更重要的是体现了一种思维方法。实际上，面向对象的程序设计只是面向对象方法学的一个组成部分。从认知方法学角度来看，面向对象是属于思维科学中的一项项目技术。

二、类和对象

1. 对象（Object）

"对象"的概念是面向对象技术的核心所在。

面向对象方法学认为，客观世界是由各种"对象"组成的。在我们所生活的现实世界中，"对象"无处不在，我们身边存在的一切事物都可以看做是

"对象"，例如一粒米、一本书、一个人、一所学校，甚至一个地球。再比如电视机就是一个具体存在的，拥有外形、尺寸、颜色等外部特性和开机、关机、频道设置等实在功能的对象。具体到变电站中，从断路器、变压器、互感器等高压设备到继电保护、测控等二次装置，都可以看作是"对象"。

除去这些可以触及的事物是对象外，还有一些无法触及的抽象事件，如一次演出、一场球赛、一次借书，也都是对象。具体到电力系统中，一次保护动作、一个差动保护逻辑也可以看作是对象。

通过这些举例我们可以看出，对象是现实世界中的一个实体，它具有以下要素：

- 有一个名字，用于区别其他对象。
- 有一组属性（状态），用于描述它的某些特征。
- 有一组服务（行为），每一个服务决定对象的一种功能或行为。

例如有一个人名叫王东，性别男，身高 1.80m，体重 68kg，可以修电器，可以教计算机课，下面我们来描述这个对象：

- 对象名：王东
- 对象的属性：

  性别：男

  身高：1.80m

  体重：68kg
- 对象的服务：

  修理电器

  教计算机课

类似地，对变电站中的某一台断路器也可以进行这样的描述：

- 对象名：121 间隔出线断路器
- 对象的属性：合位
- 对象的服务：

  合闸

  分闸

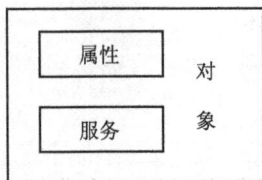

图 2-1 对象的组成要素

如图 2-1 所示，对象就是一个包含若干属性以及与这些属性有关的服务的集合，属性和服务是对象的两大要素。

一个对象既可以非常简单，又可以非常复杂。复杂的对象可以由若干个简单对象组合而成。

2. 类（Class）

为了处理问题方便，在面向对象的系统中，人们可以不必逐个地描述每个具体的对象，而只关注具有同类特性的一类对象，抽象出这一类对象共有的属性和行为，进行一般性描述，这样就引出了类的概念。

在现实世界中，有一些对象是具有相同的结构和特性的，例如高炮一连、高炮二连、高炮三连这三个不同的对象，它们属于同一类型，具有完全相同的结构和特性；而民兵一连、民兵二连、民兵三连的类型也是相同的，但它们与高炮连的类型并不相同。在面向对象技术中，体现出相同的性质和行为方式的事物被划分为一类，高炮一、二、三连可以划分成"高炮连类"，民兵一、二、三连可以划分成"民兵连类"。

再比如日常生活中有很多的电视机，如小张家的黑白电视机、老王家的液晶电视机、汽车上的车载电视机等都属于电视机的范畴，它们是一个个不同的电视机对象。不难看出，这些代表不同的电视机对象之间存在很多实质性的共同点。例如，都可以接收并播放电视信号，都可以调节音量、画面效果，于是我们可以从中抽象出一个电视机类。简单地说，类是同类对象的集合与抽象。

3. 类和对象的关系

"类"用来描述同种对象的公共属性和特点。我们可以通过类比发现对象间的相似性（即对象间的共同属性），并以此为基础形成"类"。从这个意义上来说，类是一种抽象的数据类型，它是所有具有一定共性的对象的抽象，而属于该类的某一个对象则是类的一个实例，是该类实例化的结果。

因此，类与对象是抽象的概念与具体的实例的关系。这种关系在现实世界中也很容易理解。例如我们从各式各样的电视机中抽象出"电视机类"，那么某一台具体的电视机（如"老王家那台2003年出产的三星牌液晶电视机"）就是"电视机类"的一个实例。再比如我们可以将各式各样的自行车抽象出一个"自行车类"。它所包含的公共属性有架子尺寸、车轮尺寸、自行车颜色和原材料，它们都可以转弯、被移动和被修理等。每一辆具体的自行车就是属于"自行车类"的一个"对象"，如图2-2所示。

类可以看作是产生对象的设计蓝图或模板。例如椅子、桌子、沙发这些对象都具有一些相同的特征，由于这些相同的特征，它们可以归为一类，称为家具类。我们可以将家具类看成是产生椅子、桌子、沙发等对象的一个模板，椅子、桌子、沙发等对象的属性和行为都是由家具类所决定的。因此，类可以看作是产生对象的设计蓝图或模板。在面向对象程序设计中，通常是先声明一个"类"，再利用它去定义若干个同类型的对象。

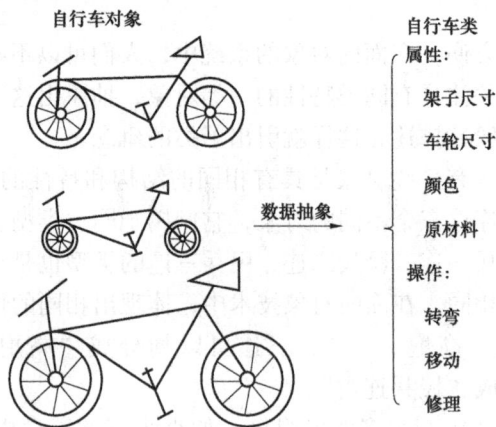

图 2-2　自行车和自行车类的关系

下面是用 C++语言声明的一个学生类：

```
class stud
{
    int num;            //学号
    char name[10];      //姓名
    char sex;           //性别
    void display();     //服务
};
void display()
{
...
//输出学号、姓名、性别
...
}
stud stud1, stud2;      //定义了两个 stud 类的对象
```

上面这段代码声明了一个名字为 stud 的类。它除了包含学号、姓名、性别等属性外，还包含一个与这些属性相关的服务，即成员函数 display（）。display（）用来输出学生的学号、姓名和性别。声明完 stud 类后，代码的最后一行利用它定义了两个同类型的对象 stud1 和 stud2。

4. 类与类之间的聚合关系

如前所述，复杂的对象可以由若干个简单对象组合而成。复杂对象和简单对象之间是一种包含关系，在面向对象技术中这种关系被称为聚合关系。

例如，飞机由机身、引擎、机翼和尾翼这四部分组成。在面向对象系统中描述它们时，可将这四个部分都定义成对象类，然后由这四个对象类组成飞机类，如图 2-3 所示。这四个对象类在飞机类中以成员对象的身份存在，当飞机类被创建时，这四个对象类将自动被创建。它们之间所体现的正是一种对象类之间的聚合关系。

```
                    ┌────────┐
                    │ 飞机类  │
                    └────┬───┘
        ┌────────┬───────┴──────┬─────────────┐
     ┌──┴───┐ ┌──┴───┐    ┌─────┴──┐    ┌──────┴──┐
     │ 机身类 │ │ 引擎类 │    │ 机翼类  │    │ 尾翼类   │
     └──────┘ └──────┘    └────────┘    └─────────┘
```

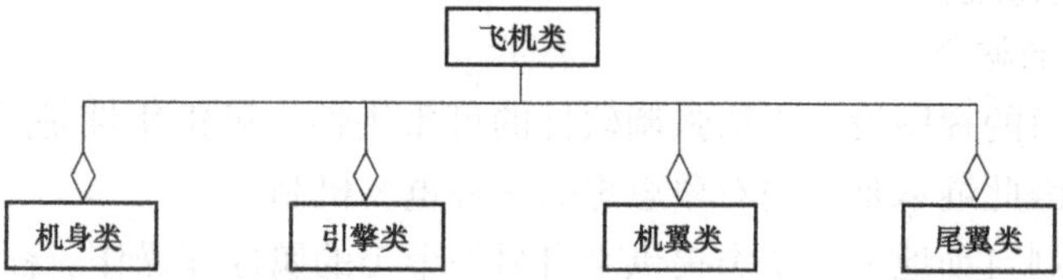

图 2-3   对象类之间的聚合关系

三、消息（Message）

客观世界中各式各样的对象并不是孤立存在的，它们之间是相互作用、相互联系的。例如前面我们所例举的对象王东，他是一个电器工程师，他可以为别人修理电器，也可以给别人讲计算机课。除去这些向他人提供的服务外，他也要接受其他对象提供的服务，如吃饭、穿衣、娱乐等。正是客观世界中各个对象之间的相互作用、联系，才构成了世间各种不同的系统。

在面向对象系统中，对象之间的联系是通过消息来传递的。消息是对象之间相互请求或相互协作的途径，是要求某个对象执行某个功能操作的说明。通常我们把发送消息的对象称为发送者，接收消息的对象称为接收者。

什么是消息？我们通过前面的例子来叙述。对于王东来说，他要吃饭但不需要自己亲自去种地，他要穿衣也不必亲自去织布，他可以请求别人来帮助解决这些问题。这里的"请求"便是一个人与其他人进行交互的手段。同样，他什么时候修电器，什么时候讲课，也需要在得到其他对象的"请求"后才进行。在面向对象技术中，这个"请求"本身就是发送的"消息"。在日常生活中，除去"请求"以外还有"命令"，如上级对下级的命令等，这些"命令"也是一种"消息"。

消息具有三个性质：

（1）同一对象可以接收多个不同形式的消息，产生不同的响应；

（2）相同形式的消息可以传递给不同的对象，不同对象所作出的响应可以是截然不同的；

（3）消息的发送可以不考虑具体的接收者，对象可以响应消息，也可以对消息不予理会。

在计算机程序中，消息是用函数语句来实现的。如在前面定义的 C + + "stud"类中，如果要输出对象 stud1 的学号、姓名和性别，可以用下面一条语句来实现：

```
stud1.display();
```

四、继承机制

1. 继承的概念

面向对象的程序设计方法强调软件的可重用性，可重用性是通过"继承"来实现的，因此继承是面向对象思想的一种重要机制。

继承机制自动地为一个类提供来自另一个类的属性和操作。程序员在建立新类时，只需在新类中定义原有类中没有的成分即可，这使得已有代码的利用率和程序员的工作效率都得到提高。例如已经定义了"马"的特征，现在来说明什么是"公马"，只需在"马"的基础上增加"雄性"这一特征即可，不必从头说明什么是马。如果想进一步说明什么是"白色的公马"，只需在"公马"的基础上再说明"颜色是白的"即可。也就是说："公马"继承了"马"的全部特征，并在此基础上加上"雄性"的新特征；"白公马"继承了"公马"的全部特征，再加上"白色"的新特征。

继承机制可以使新的类直接获得原有类的数据成员和函数成员，而不必去重复定义它们。新类一般称为"子类"或"派生类"，原有类称为"父类"或"基类"。子类和父类之间的关系类似于子女和父母之间的关系。例如，在长相上子女一般都会"继承"父亲、母亲的一些性状，但是子女也会有区别于父亲、母亲的体貌特征；再比如，子女一般也都会"继承"父亲、母亲的一些财产，但子女也会通过工作、投资等途径赚取新的财富。定义一个子类或派生类时，可以在一个已经存在的父类的基础之上来进行，把这个已经存在的父类的内容作为自己的内容，并加入若干新的内容。

继承是子类自动共享父类的数据结构和方法的机制，这是类之间的一种关系。在过去，软件开发人员开发新的软件时，已有软件中能被直接选用且完全符合要求的部件并不多，一般都要进行许多修改才能使用，实际上有相当部分需要重新编写，工作量很大。通过类的继承关系，以一个已有的类为基础生成一些派生类（子类），在派生类中保存父类中有用的数据和服务，去掉（屏蔽掉）不需要的部分。子类还可以再生成孙类……。编写面向对象的程序时，开发人员可以把注意力放在实现有用的子类上面，对已有的类加以整理和分类就有可能使这些类被重复使用。软件设计者可以最大限度地重用已有软件，对已有的类根据需要进行裁剪和修改，在此基础上集中精力编写子类新增加的部分即可。继承机制简化了对象、类的创建工作量，增加了代码的可重用性。

2. 类图（Class Diagram）

有了继承机制，就有了反映类之间层次关系和结构的类图。在 UML（Unified Modelling Language）中，类图用来表示系统中所有类之间关系的轮廓。采用类图的形式可以很形象地表示基类和派生类之间的关系，帮助我们更直观地了解一个系统的体系结构。图 2-4 就是几个简单的类图。

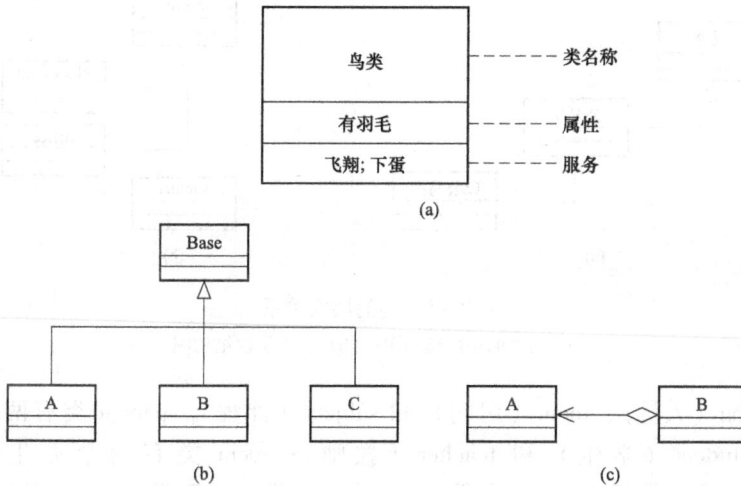

图 2-4　简单类图

（a）类图中矩形框的含义；（b）类之间的继承关系；（c）类之间的聚合关系

在类图中，类由矩形框表示。如图 2-4（a）中的"鸟类"矩形框，它分为三层，第一层显示类的名称，第二层显示类的属性，第三层显示类的服务（操作或方法）。

类之间的关系可以通过各种线条和箭头来表示。如图 2-4（b）中定义了 Base、A、B、C 四个类，其中的空心三角表示继承关系。图 2-4（c）中的菱形（空心）箭头表示聚合关系，A 类由若干个 B 类聚合而成。

前文所述的三个对象类马、公马、白公马，公马类是从马类中派生出来的，白公马类是从公马类中派生出来的。如果以马类为基准，那么公马类就是一个派生类；如果以白公马类为基准，那么公马类又是一个基类。我们用图 2-5（a）来表示这些类的派生关系。

再比如，在一个学校中有教师、学生，有办公室、教室和课程。对此可以设计一个类层次，用 Object 类作为所有类的公共基类。Object 类有三个派生

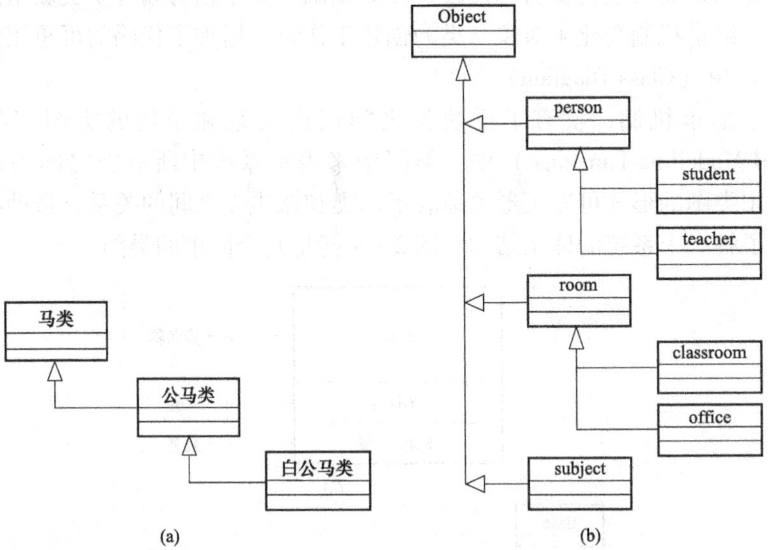

图 2-5　类的层次关系

（a）马类的层次结构图；（b）类的层次结构图

类：person（人员）、room（房间）和 subject（课程）。person 类有两个派生类，即 student（学生）和 teacher（教师）；room 类有两个派生类，即 classroom（教室）和 office（办公室）。将这些类关系用类图给出，如图 2-5（b）所示。

图 2-6　IEC 61850 标准中的类图

3. IEC 61850 标准中的类图

图 2-6 中的 SERVER、LOGICAL-DEVICE、LOGICAL-NODE、DATA、DateAttribute 是 IEC 61850 标准采用面向对象建模的方法设计的抽象类。由图 2-6 可以看出，Name 类是 LOGICAL-DEVICE、LOGICAL-NODE、DATA 和 DateAttribute 类的公共基类，这四个类均从 Name 类继承了 ObjectName 和 ObjectReference 属性。

另外，图 2-6 中的这些类自

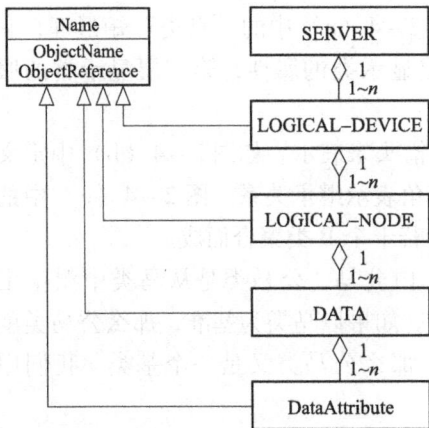

上而下分为 5 个层级，即 SERVER、LOGICAL-DEVICE、LOGICAL-NODE、DATA 和 DateAttribute。上一层级的类由若干个下一层级的类"聚合"而成，例如 SERVER 类由若干个 LOGICAL-DEVICE 类聚合而成，LOGICAL-DEVICE 类又由若干个 LOGICAL-NODE 类聚合而成，最底层的 DATA 类由若干 DataAttribute 组成。这种关系类似于军队中的一个师由若干个团"聚合"而成，一个团由若干个连组成，一个连由若干个班组成。

第二节 OSI 网络通信模型

一、网络通信模型概述

计算机网络是通过光缆、双绞线等媒介将两台以上计算机互联的集合。通过网络，一台计算机可以与一台或多台计算机进行通信，实现网络资源共享。

计算机在进行网络通信时，可能会出现各种各样的问题，如硬件故障、网络拥塞、报文延迟或丢失、报文数据损坏、报文重复或顺序错乱等。为了保证网络畅通，计算机必须有专门负责管理网络通信的软件来处理这些问题。这些软件采用了分层解决的办法，将网络要完成的功能细分成一个个小的层次，每一个层次专注于解决其中的一个问题或完成一项具体任务。各层之间紧密联系，在相邻层之间设置接口，通过通信服务原语进行联系。

在计算机网络产生之初，每个计算机厂商都有一套自己的网络结构体系，它们之间互不兼容。为此，国际标准化组织在 1997 年成立了一个分委会，专门研究一种用于开放系统互连的体系结构 OSI（Open Systems Interconnection）。"开放"一词的意思是：只要遵循 OSI 标准，这个系统可以和位于世界任何地方的、同样也遵循 OSI 标准的其他任何系统进行连接。这个分委会提出了 OSI 参考模型，即著名的 OSI 七层模型，它定义了连接各种计算机的标准框架。

OSI 参考模型分为七层，从底向上分别是物理层、数据链路层、网络层、传输层、会话层、表示层和应用层，如图 2 - 7 所示。除物理层外，几乎每一层都以软件代码实现。

物理层、数据链路层、网络层和传输层所关心的是数据传输、交换和变换等问题，即通信子网所涉及问题；而上面的会话层、表示层和应用层所关心的是应用程序、网络服务问题，即资源子网所涉及的问题。IEC 61850 标

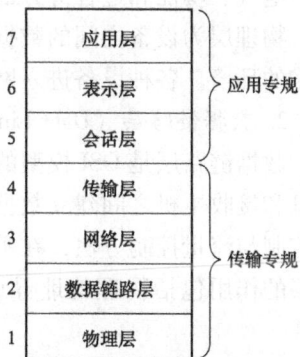

图 2 - 7 OSI 参考模型

准使用 OSI 的应用专规（A-Profile）和传输专规（T-Profile）来描述不同的通信栈，如图 2−7 所示，应用专规对应 OSI 七层模型的高三层，它们分别是应用层、表示层和会话层，即"资源子网"；传输专规对应 OSI 七层模型的低四层，它们分别是传输层、网络层、数据链路层和物理层，即"通信子网"。

提示：)))

网络工程师们常常设计一套记忆方法以记住 OSI 的七层模型。一种方法是：用每层名称的第一个字组成一句口诀，从物理层开始，到应用层结束，即为"物""数""网""传""会""表""应"。

OSI 七层模型的制定不仅提供了网络系统间互连的参考模型，也为实际网络的建模、设计提供了重要参考工具和理论依据，同时也为我们提供了进行网络设计与分析的方法。OSI 参考模型可以让我们了解信息是如何在网络中流动的（如何从一台计算机的应用程序到达另一台计算机的应用程序），它也是解决各种网络问题所必须掌握的内容。

二、OSI 模型各层的功能

提示：)))

首先说明，以下对各层功能的解释可能有不恰当之处，但目的只是为了方便读者理解抽象的理论和术语。

1. 物理层（Physical Layer）

物理层是 OSI 参考模型的第一层，也是最底层。它是整个 OSI 系统的基础。物理层的主要功能是完成发送端和接收端之间原始比特流的传输，并在机械、电气、功能和过程等方面对传输介质进行详细规范。

物理层为设备之间的数据通信提供传输媒体及互连设备，为数据传输提供可靠的环境。各种设备进入网络进行互联时必须遵守物理层协议。

2. 数据链路层（Data Link Layer）

数据链路层是 OSI 模型的第二层。在物理层的基础上，数据链路层在发送主机和接收主机之间建立数据链路连接，传输以帧为单位的数据包，并采用差错控制与流量控制方法，在不可靠的物理介质上提供可靠的数据传输。数据链路层的作用包括物理地址寻址、数据帧的组装、流量控制、数据的检错与重发等。

从图 2−8 可以看出，发送端和接收端的数据链路层所做的工作正好相反。在发送端，它的主要功能是将从网络层接收到的数据包分割成特定格式的数据帧，然后将这些数据帧下传给物理层；在接收端，它把物理层接收到的有用数据提取出来，然后上传给网络层处理。

图2-9是一个简化的数据帧结构图。需要说明的是，不同的数据链路层协议对应着不同类型的帧，所以帧有多种，其具体格式也不尽相同。如图2-9所示，帧是一种数据包，它既携带原始数据，也携带能使数据正确到达目的地的控制信息。我们在邮局寄信（信就相当于图2-9中原始数据）时，必须把信放到一个信封里才能够邮寄，否则邮局是不同意寄送的。这里的信封就相当于帧，信本身就是原始数据。在寄信时所填写的收件人地址就是目的地址，所填写的寄件人地址就是源地址。

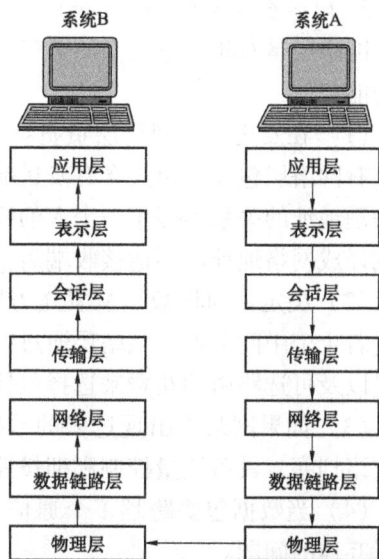

图2-8　两台主机之间的数据传递

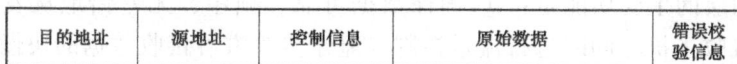

目的地址	源地址	控制信息	原始数据	错误校验信息

图2-9　一个简化的数据帧结构

帧不仅包含原始数据、发送方和接收方的地址，还包括纠错和控制信息。纠错和控制信息能够确保帧无差错地到达接收方。我们可以用一个形象一些的例子对纠错和控制信息的功能加以说明。

提示：

为了更充分地理解数据链路层中纠错和控制信息的功能，暂且假设计算机同人类一样进行通信。假如你处在一个挤满学生、嘈杂的大教室里，你想向正在上课的王老师提出一个问题："王老师，你能更详细地解释一下OSI七层模型中数据链路层的功能吗？"因为教室里很嘈杂，以至于王老师可能只听到问题的一部分，例如她可能听到"详细地解释一下OSI七层模型…"。这时王老师会说："我没有听见你的话，请重复一遍好吗？"类似地由于电子干扰或网线问题，这种错误会经常发生在网络中。当发现信息有丢失时，接收端的数据链路层会要求发送端重发该信息。这就是数据链路层纠错功能。

3. 网络层（Network Layer）

网络层是 OSI 参考模型的第三层，位于传输层和数据链路层之间。网络层的功能包括：

（1）在发送端，网络层负责将数据链路层提供的帧组装成数据包，包中封装有网络层包头，包头含有发送端主机和接收端主机的网络地址。网络地址和物理地址的关系类似于一个人的姓名和他的身份证号，网络层负责将物理地址翻译成网络地址。到达接收端后，数据包再被还原成数据帧。

（2）决定如何将数据从发送方路由到接收方。从发送方到接收方可能要经过若干个中间节点，网络层通过综合考虑发送优先权、网络拥塞程度、服务质量以及可选路由的花费来选择最佳的路径，也就是进行路由选择。

（3）如果网络中出现过多的数据包会造成阻塞，因此网络层还要能够消除网络拥塞，具备流量控制和拥挤控制能力。

（4）当数据包要跨越多个通信子网才能到达目的地时，网络层还要解决网际互连的问题。

4. 传输层（Transport Layer）

传输层经常被认为是 OSI 参考模型中最重要的一层。

传输层的主要功能是：① 确保数据可靠、顺序、无差错地从发送主机传输到接收主机，同时进行流量控制（基于接收方可接收数据的快慢程度规定发送方的发送速率）；② 按照物理网络能处理数据包的最大尺寸（例如以太网无法接收大于 1512 字节的数据包），发送方主机的传输层将较长的数据包进行强制分割，生成较小的数据段；③ 对每个数据段安排一个序列号，以便数据段到达接收方主机的传输层时，能按照序列号以正确的顺序进行重组。

数据传输完毕后，接收方的传输层将发送一个 ACK（应答）信号，以告知发送方数据已被正确接收。如果数据有错，接收方的传输层将请求发送方重新发送数据。如果数据发出后在给定时间内发送方未收到 ACK 应答信号，发送方的传输层将认为数据已经丢失从而重新发送它们。

5. 会话层（Session Layer）

会话层常被称作网络通信的"交通警察"。会话层的功能包括：① 建立通信链接，保持通信链接过程的畅通，终止通信链接；② 对两个节点之间的对话进行同步；③ 判断通信是否被中断，以及中断后决定从何处重新发送。

会话层负责建立、管理、终止不同主机之间的通信链接，控制会话过程的有效进行。例如当通过电话线拨号上网时，我们的个人电脑将首先向电信营业商发送链接请求，营业商服务器上的会话层将与个人电脑上的会话层进行协商，然后建立链接。如果电话线突然从墙上插孔脱落，那么个人电脑上的会话层将检测到连接中断并重新发起链接。

会话层的另一个功能是在两个网络节点间进行同步。假如两台机器之间正在传输一个大文件（需要2h传完），如果在这段时间网络隔一段时间就出现一次故障，那么每一次传输中途失败后，都不得不重新传送这个文件，当网络再次出现故障时，可能又会半途而废。为了解决这个问题，会话层提供了一种方法，即在数据中插入同步点。数据传输因网络故障而中断后，可以不必从头开始传输，仅重传最近一个同步点以后的数据。这其实就是断点下载的原理。

最后，会话层还会监测会话参与者的身份，确保只有获得授权的主机才可加入会话。

6. 表示层（Presentation Layer）

表示层是应用程序和网络语言之间的翻译官。表示层将来自应用层的数据转换成网络能理解的"公共语言"，以保证发送端主机的信息可以被接收端主机的应用程序所理解。另外，表示层还负责数据的解密与加密。如果通过网络查询银行账户，那么账户数据在发送端将由表示层进行加密；相应地，接收端主机的表示层将对接收到的数据进行解密。

除此之外，表示层还负责对图片和文件格式信息进行解码和编码。

后面将会讲到，IEC 61850标准在表示层采用了ASN. 1规范。ASN. 1是抽象语法标记（Abstract Syntax Notation One）的英文缩写，对计算机通信来说，它的应用是一个具有里程碑意义的变革。它使得通信双方可以重点关注信息交换的内容，而非具体的编、解码过程。正是由于采用了ASN. 1的编码规范，IEC 61850标准已不再关心具体的通信过程，而是把重点放在了变电站内IED之间的数据交换模型和互操作规范上，因此ASN. 1的应用是IEC 61850标准在实用性、规范性、灵活性和易扩展上都强于传统规约的原因之一。

7. 应用层（Application Layer）

OSI模型的第七层是应用层。应用层为操作系统或应用软件提供访问网络的接口，并提供常见的网络应用服务（包括文件传输、文件管理以及电子邮件的信息处理等）。需要注意的是，应用层并不是指在网络上运行的应用程序（如某种网络游戏软件）。另外，应用层也会向表示层发出请求。例如，如果要在网络上运行某个网络游戏，你的请求将由应用层传输到网络。

制造报文规范MMS（Manufacture Message Specification）是一种在工业自动化领域获得广泛应用的应用层协议。后面将会讲到，IEC 61850标准将其大部分模型和服务都映射到MMS协议上，它们是IEC 61850标准的核心内容。

三、OSI 模型的应用案例

下面以处理电子邮件为例来详细解释 OSI 模型各层的功能。

第一步需要登录到网络，打开电子邮箱，然后选择接收哪一封邮件。此时，应用层将识别你的选择，并发出一个"从远程邮件服务器获取数据"的请求包。随后该请求包被应用层传递到表示层。

表示层首先判定如何对邮件的原始数据进行格式化，并且判断是否需要加密。然后，它对原始数据进行格式化转换，并将转换后的请求包传递到会话层。

会话层接收到表示层发出的已完成格式化的请求包后，会赋给它一个标记符。该标记符是向网络的其余部分指示你有权限传输数据的一种专用控制帧。随后会话层将请求包传递到传输层。

在传输层，邮件的原始数据以及上面几层所添加的控制信息被分割成一个个的数据块，以准备在数据链路层打包成帧。如果数据块太大，在一个数据帧里放不下，传输层再将它分割成更小的块，同时为每一个数据块安排一个序列号。然后传输层将数据块逐个传递到网络层。

网络层对传输层传来的数据块添加地址信息，以使数据链路层能知道数据的源地址与目标地址。然后网络层将带有地址信息的数据块传递到数据链路层。

在数据链路层，数据块被打包成单个帧。使用"帧"将减少网络中数据丢失与错误的概率。这是由于每个数据帧内部有错误校验序列 FCS，该序列由数据链路层插入到帧的尾部。除此之外，数据链路层还为数据帧添加一个帧头，以存放由网络层增加的目标地址和源地址信息。然后数据链路层将数据帧传递到物理层。

最后，数据帧到达物理层后，物理层的网卡对数据帧既不作解释，也不添加信息，它只是简单地将数据转换成二进制比特流，发送到网络上传输。

数据到达邮件服务器后，邮件服务器的对数据的处理过程与上述过程正好相反。

在上面的例子中可以了解到，在发送端，OSI 模型中的每个层（从应用层开始，到物理层终止）都对它所处理的数据添加一些控制、格式化或地址信息，随着信息积累越来越多，数据块变得越来越大；接收端将从物理层数据传递到应用层时，将解释和使用各层添加的信息。图 2－10 描绘了数据从个人计算机传输到邮件服务器穿过 OSI 各层模型的过程。

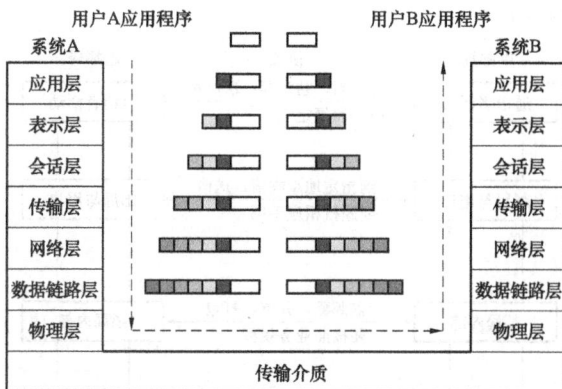

图 2 - 10　数据穿越 OSI 各层模型的过程

四、对等通信与协议数据单元（PDU）

1. 对等层通信原则

OSI 七层结构中，每一层的功能相对其他层都是独立的，即各层只能负责本层的功能。例如数据链路层只能处理帧头，而不能查看第三层网络层的 IP 数据包头，IP 数据包头只有接收端主机的第三层才可以查看。因此，各层封装的内容对于其他层来说是不可理解的。

如图 2 - 11 所示，主机在进行通信时，发送端主机依照 OSI 参考模型的定义，自上而下层层封装数据。由于某层封装的内容对于其他层来说是不可理解的，所以接收端主机必须在和发送端主机相同的层次上才能读懂该数据的含义，这种通信方式称作对等层通信。在这种通信方式下，发送端主机第 M 层所发送的数据就是接收

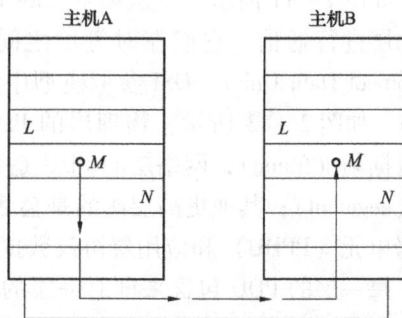

图 2 - 11　对等层通信原则

端主机第 M 层所接收到的数据，即每一层只和对端相同的层进行交流。

这就类似于邮递系统。如图 2 - 12 所示，当北京的一位朋友向上海的一位朋友发信的时候，他只需要在信上写清楚收信人地址和发信人地址，并投递到当地的邮局即可。至于当地的邮局怎么样将信发出去，他并不关心。上海的朋友收到邮局送来的信后，也并不关心信是怎么到达这里的，他只要知道这封信是北京的朋友发出的并且信是寄给他的就可以了（信封上写有寄信人地址和收信人地址）。两个朋友间用信交流的方式相当于处于同一层中信息之间的交

流，即"对等层通信"。

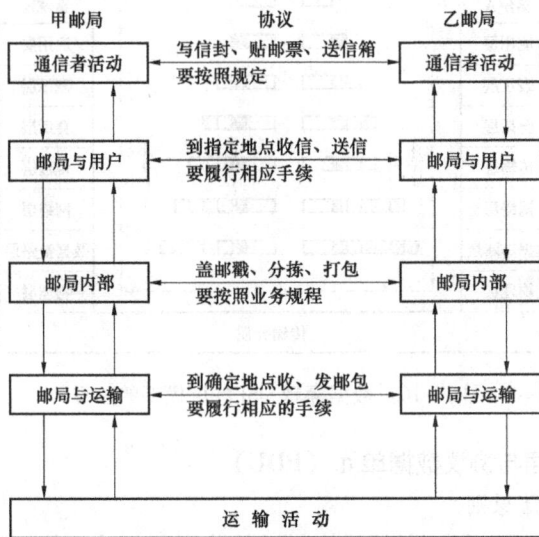

图 2 - 12　邮局的对等层通信

2. 协议数据单元 PDU

如图 2 - 11 所示，发送端主机的每一层使用自己层的协议与接收端主机对应的层进行通信，它们在对等层之间交换的信息被称为协议数据单元 PDU（Protocol Data Unit）。OSI 参考模型中的每一层都将建立自己的协议数据单元 PDU。如图 2 - 13 所示，物理层的 PDU 是数据位（bit），数据链路层的 PDU 是数据帧（frame），网络层的 PDU 是数据包（packet），传输层的 PDU 是数据段（segment）；其他更高层次的是会话层协议数据单元（SPDU）、表示层协议数据单元（PPDU）和应用层协议数据单元（APDU）。

每一层的 PDU 包含来自上一层的数据以及当前层的附加信息，然后这个 PDU 被传送到较低的下一层。除物理层外，几乎参考模型中的几乎每一层都以软件代码实现，PDU 在各层软件代码之间来回传送。

3. 层间通信——数据的封装与解封

这里可以用一个形象一些的例子对封装和解封的概念加以说明。我们在邮局发信时，必须把信放到信封里，并写清楚收信人地址和发信人地址，才能把信发出。这个过程就是一个打包过程。类似地，发送端主机向接收端主机发送信息时，数据也必须打包，这个打包的过程就是"封装"；而与此相对应，接收端主机收到数据包后，必须将包打开，才能得到所需信息，这个过程就是"解封"。

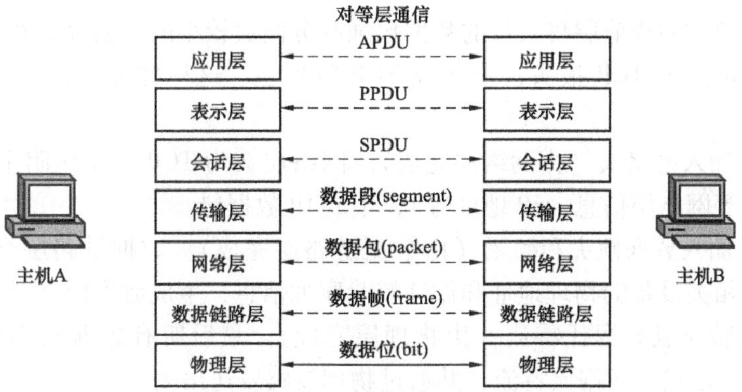

图 2 – 13　对等层通信

　　数据通过网络进行传输时，要从高层逐层向下传递，发送端主机需要先把数据装到一个特殊协议报头中，这个过程就是封装。每一层的数据就是协议数据单元 PDU。

　　下面仍以发送电子邮件为例，详细解析数据封装的具体过程，如图 2 – 14 所示。

图 2 – 14　封装过程

　　（1）生成数据（由应用层、表示层和会话层完成）。当我们发送电子邮件时，首先要用一个软件程序将信写好，然后这个软件会将信的内容转换成能在网络上传输格式的数据（即图 2 – 14 中的上层数据）。

（2）数据分段（由传输层完成）。按照物理网络所能处理的数据包的最大尺寸，发送方的传输层将较长的数据包强制分割成较小的数据段，并为这些小的数据段填充上 TCP 报头，封装成 TCP 数据包。这样才能在网络上可靠地传输。

（3）加入网络头（由网络层完成）。网络层会为 TCP 数据包附上源地址、目的地址等网络层信息（IP 地址等），生成 IP 数据包。

（4）加入数据帧头和帧尾（由数据链路层完成）。数据链路层会为 IP 数据包加上相关设备的物理地址和循环校验序列信息，生成数据帧。

（5）转换成数据比特流（由物理层完成）。最后所有数据帧都被转换成"0"、"1"格式的数据比特流，并通过物理线路发送出去。

如图 2 - 15 所示，数据解封装的过程与封装正好相反，具体如下：

（1）接收主机的物理层收到比特流后，交给数据链路层。

（2）数据链路层剥去数据帧首部（MAC 头和 LLC 头）和尾部（帧校验序列）后，把剩余的部分交给网络层。

（3）网络层剥去首部 IP 头后，取出数据剩余的部分交给传输层。

（4）传输层剥去报文首部 TCP 头后，取出报文的剩余数据部分交给应用层。

（5）应用层对剩余数据进行处理后，把它交给应用软件（如电子邮件程序）。

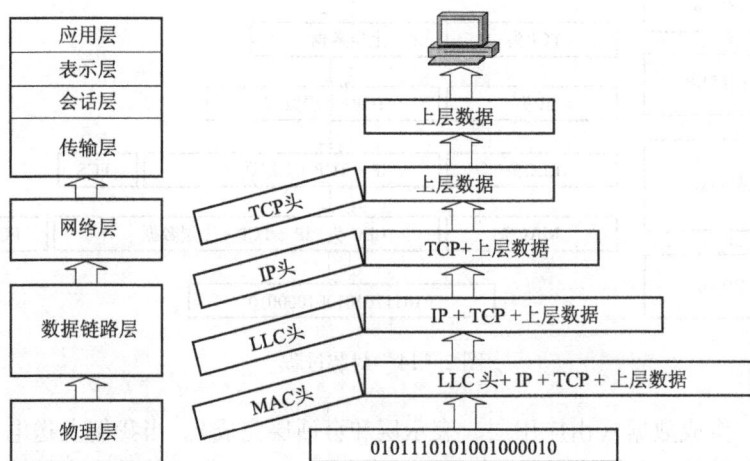

图 2 - 15　解封装过程

第三节　TCP/IP 网络模型

一、TCP/IP 协议的由来

在讨论了 OSI 七层模型的基本内容后，我们不能不回到网络技术的现实发展状况中来。制定 OSI 七层模型的初衷是希望为网络体系结构与通信协议的发展提供一种国际标准，但实际上完全符合各层协议的商用产品很少；与此同时，随着 Internet（因特网）在全世界的飞速发展，因特网中使用的 TCP/IP 网络体系结构却得到了普及。TCP/IP 已经成为事实上的国际标准。

提示：

后面将会讲到，IEC 61850 标准的核心通信协议栈在映射到 MMS 时，共有两种映射方式可供选择：一种是完全采用 OSI 的七层互连模型；第二种是将低四层映射到 TCP/IP 协议。由于 TCP/IP 是事实上的标准，熟悉和掌握 TCP/IP 技术的人也较多，而且各种软件平台和开发环境对 TCP/IP 通信也有良好的支持，所以采用 TCP/IP 协议是一种便于开发的选择。目前几乎所有基于 IEC 61850 标准的开发都采用映射到 TCP/IP 的方式，反过来采用这种方式也极大地推广了 IEC 61850 标准的应用。

传输控制协议 TCP（Transmission Control Protocol）和网际协议 IP（Internet Protocol）来源于美国国防部高等研究规划局（DARPA）的 ARPANET 网，现在已成为因特网的通信协议。从名称上看 TCP/IP 包括两种协议（即传输控制协议和网际协议），但事实上 TCP/IP 是一组协议，它包括多种能完成各种功能的协议，如远程登录、电子邮件和文件传输等，而 TCP 协议和 IP 协议仅是保证数据完整传输的两个最基本的协议。目前 TCP/IP 泛指以 TCP/IP 为基础的一个协议集。

虽然 TCP/IP 协议不是 OSI 标准，但它是目前最流行的商业化的协议，被公认为当前的工业标准或"事实上的标准"。它之所以能迅速发展，不仅仅是因为它是美国军方指定使用的协议，更重要的是它恰恰适应了世界范围内数据通信的需要。TCP/IP 协议具有以下几个优点：

（1）开放的协议标准，可以免费使用，并且独立于特定的计算机硬件与软件操作系统。

（2）独立于特定的网络硬件，可以运行在局域网中，也适用于广域网和互联网中。

（3）统一的网络地址分配方案，使得所有 TCP/IP 设备在网络中都拥有唯一的地址。

（4）标准化的高层协议，可以提供多种用户服务。

二、TCP/IP 模型

如图 2 - 16 所示，TCP/IP 模型与 OSI 参考模型有不少差别。它只有四个层次，即应用层、传输层、互联层与网络接口层。应用层是最高层，相当于 OSI 七层模型中的最高三层（应用层、表示层和会话层）；接下来与 OSI 传输层相当的是 TCP/UDP 传输层；再往下是与 OSI 网络层相当的 IP 互联层；最底层的网络接口层与 OSI 的数据链路层、物理层相对应。

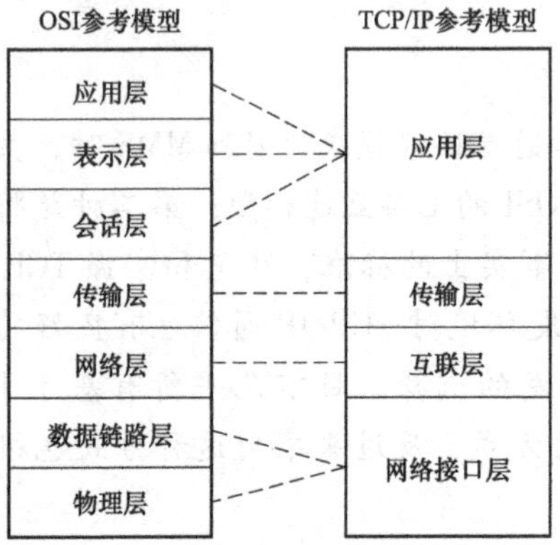

图 2 - 16 TCP/IP 参考模型与 OSI 模型

从图 2 - 16 中可以明显看出，TCP/IP 与 OSI 参考模型的主要区别有两点：

（1）无表示层和会话层。这是因为实际应用中所涉及的表示层和会话层功能较弱，所以这两个层被归并到应用层中。

（2）无数据链路层和物理层。这是因为建立 TCP/IP 模型的首要目标是实现异构网的互联，所以在该模型中未涉及底层网络的实现细节。TCP/IP 模型通过网络接口层屏蔽底层网络之间的差异，然后向上层提供统一格式的 IP 报文，以实现不同物理网络之间的互联互通。

1. 网络接口层

网络接口层是 TCP/IP 模型的最低层，大致对应 OSI 七层模型中的数据链路层和物理层。在发送端，网络接口层负责接收互联层的 IP 数据包并通过底层物理网络发送出去；在接收端负责从底层物理网络上接收物理信号转换成数据帧，抽出 IP 数据包，交给互联层。目前变电站中常用的网络接口层通信标准是 IEEE 802.3 以太网协议。

2. 互联层（IP 层）

互联层对应 OSI 七层模型中的网络层，负责相邻计算机之间的通信。其功能包括以下三方面：

（1）在发送端，互联层收到来自传输层的数据发送请求后，将数据装入 IP 数据包，填充 IP 报头（源地址、目的地址信息），选择去往目的主机的路径，然后将数据包发往适当的网络接口。

（2）负责相邻主机之间 IP 数据包的传送。首先互联层检查 IP 数据包的合法性，然后进行路由选择。假如本机就是该 IP 数据包的目的主机，则去掉报头，将 IP 数据包剩下的部分交给本机传输层处理；假如本机不是该 IP 数据包的目的主机（即数据包尚未到达目的主机），则继续转发该数据包。

（3）处理路由选择（路径）、流量控制、拥塞控制等问题。

IP 协议是 TCP/IP 互联层最重要的协议，所有的 TCP、UDP 等数据都以 IP 数据包的格式传输。各个厂家生产的网络系统和设备，相互之间不能互通的主要原因是它们所传送数据的格式不同。IP 协议实际上是由一组软件程序组成的协议软件，它能够把各种不同格式的数据统一转换成"IP 数据包"格式，这种转换是因特网的一个重要特点。网络中的计算机通过安装 IP 软件，使各种计算机都能在因特网上实现互通，所以 IP 协议对于网络通信有着重要意义。

需要说明的是，IP 协议是一种无连接不可靠的协议。IP 数据包在传送中可能会丢失、损坏，到达目的主机的顺序有可能错乱。IP 协议把这些恢复工作交由高层协议（TCP）负责。

3. 传输层

TCP/IP 模型的互联层（IP 层）提供的是无连接的数据传输服务，IP 数据包传送时可能会出现丢失、重复或乱序的情况，因此在 TCP/IP 网络结构体系中传输层的作用就变得极为重要。

TCP/IP 模型中传输层的作用与 OSI 参考模型中传输层的作用是一样的，即在发送主机和目的主机之间提供可靠的数据传输。TCP/IP 传输层协议有两个，即 TCP（传输控制协议）和 UDP（用户数据报协议）。在 IEC 61850 标准中，SNTP 对时服务在传输层采用 UDP 协议，其余映射到 MMS 的服务（如报告、控制和定值等），在传输层均采用 TCP 协议。

TCP 提供的是面向连接的服务。面向连接意味着通信双方在彼此交换数据之前必须先建立一个 TCP 连接，待数据传送结束后再释放连接。这一过程与打电话很相似，两个人如果要通电话，必须先拨号——建立连接，等到对方应答后才能相互通话——传递信息，通话完毕后还要挂电话——释放连接。

UDP 提供无连接的服务。UDP 在正式传送数据之前不需要与对方先建立连接。这一过程与发手机短信很相似，我们在发短信的时候，不用管对方手机状态如何，只需要输入对方手机号就直接发送。UDP 协议没有建立连接的过程，所以它的通信效率高；但也正因为如此，它的数据传输不如 TCP 协议可靠。

TCP 协议和 UDP 协议各有所长、各有所短，适用于不同要求的通信环境，二者之间的区别见表 2-1。

表 2 − 1	TCP 协议和 UDP 协议的区别	
功能	TCP 协议	UDP 协议
是否连接	面向连接	无连接
传输可靠性	可靠	不可靠
应用场合	传输大量数据	少量数据
速度	慢	快

4. 应用层

除核心的互联层和传输层协议之外，TCP/IP 模型还包括几个应用层协议，如进行文件传递的文件传输协议 FTP、用于管理 TCP/IP 网络设备的简单网络管理协议 SNMP 以及进行电子邮件发送和接收的简单邮件传输协议 SMTP。这些协议工作于 TCP 或 UDP 协议之上，负责将用户的请求翻译成网络可识别的格式的数据。

三、端口与套接字

端口是计算机网络通信领域一个非常重要的概念。如图 2 − 17 所示，当网络上的两台主机进行通信的时候，实际上是在两台主机的进程之间交换数据。

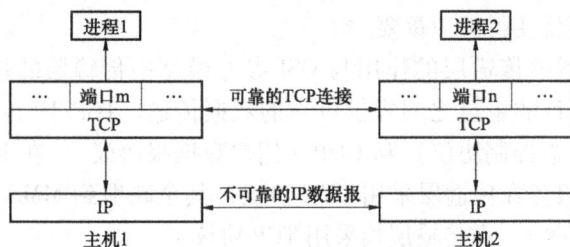

图 2 − 17　TCP—进程之间的连接

TCP/IP 协议中的端口是逻辑意义上的端口，相当于两台计算机进程间的大门。如果将计算机比喻成一座写字楼，那么这座大楼有很多入口（端口），进到不同的入口中，就可以找到不同的公司（进程）。因此，端口与进程是一一对应的关系。

由于同一时刻同一台主机上可能会有多个网络应用进程在运行，多个进程同时与外界进行通信，所以需要对它们进行区分。TCP/IP 协议使用端口号标识不同的端口或进程，每一个端口都拥有一个端口号。通过网络 IP 地址和端口号的组合【IP：端口号】，可以唯一地标识主机上的各个网络通信进程。这个组合【IP：端口号】又称为套接字（Socket）。正是由于套接字的应用，才使得一台主机上的某个 IP 地址可以被多个 TCP 连接所共享，如图 2 - 18 所示。

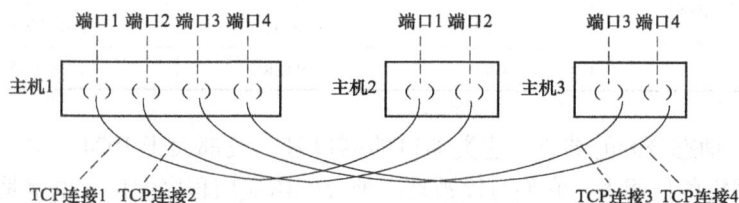

图 2 - 18　端口的概念示意图

当两台主机进行通信时，为了表明数据是由源端主机的哪一个进程发出的，以及要访问的是目的主机的哪一个进程，TCP/IP 协议在传输层封装数据段时，会把发出数据的进程的端口号作为源端口号，把接收数据的进程的端口作为目的端口号，添加到数据段的头中，从而使主机能同时维持多个 TCP 连接，使不同进程的数据不至于混淆。

端口号是一个 16bit 的地址，其取值范围是 0 ～ 65535。由于 TCP 和 UDP 协议是两个完全独立的软件模块，因此各自的端口号也相互独立，即各自可独立拥有 65536 个端口。

端口共有三种类型，即保留端口、动态分配的端口和注册端口。这三种不同的端口可以根据端口号加以区分。

（1）保留端口。保留端口的端口号一般都小于 1024。它们基本上都被分配给已知的应用层协议固定使用，见表 2 - 2。目前，这一类端口的端口号已经被广大网络用户接受，形成了标准，在各种网络应用中调用这些端口号就意味着使用它们所代表的应用协议。这些端口由于已经有了固定的使用者，所以不能被动态地分配给其他应用程序。

表 2 - 2　　　　　　　　　　TCP 和 UDP 保留端口号

协议类别	端　口　号	关　键　字	说　　　　明
UDP 保留端口 举例	69	TFTP	简单文件传输协议
	161	SNMP	简单网络管理协议
	520	RIP	RIP 路由选择协议
TCP 保留端口 举例	21	FTP	文件传输协议
	23	Telnet	远程登录协议
	25	SMTP	简单邮件传输协议

协议类别	端　口　号	关　键　字	说　　明
TCP 保留端口 举例	80	HTTP	网页浏览服务
	110	POP3	邮件服务
	1080	SOCKS	代理服务

（2）动态分配的端口。这类端口的端口号一般都大于1024。这一类的端口没有固定的使用者，它们可以被动态地分配给应用程序使用。也就是说在使用应用软件访问网络的时候，应用软件可以向操作系统申请一个大于1024的端口号，临时代表这个软件与传输层交换数据，并且使用这个临时端口与网络上的其他主机进行通信。

（3）注册端口。注册端口比较特殊，它也是固定为某个应用层服务的端口，但是它所代表的不是已经形成标准的应用层协议，而是某些软件厂商开发的应用程序。某些软件厂商通过使用注册端口，使它的特定软件享有固定的端口号，而不用向系统申请动态分配的端口号。一般情况下，这些特定的软件如果要使用注册端口，其厂商必须向端口的管理机构注册。大多数注册端口的端口号大于1024。

四、TCP 协议简介

TCP 是 TCP/IP 协议簇中最具代表性的协议之一，它是主机之间传送大量数据并要求可靠传输的首选协议。为了保证数据传输的可靠性，TCP 采用了以下多种机制。

（1）TCP 协议规定，接收主机收到 TCP 连接发送端发出的数据（报文段）后，必须发回确认信息。

（2）当 TCP 发送端发出一个报文段后，它会启动一个定时器，设定一个最大延时，等待接收端及时发回确认信息。如果在计时器超时的时候仍然没有收到确认信息，发送方则认为报文段已经丢失，会重新发送该段数据。

（3）IP 数据包传送时可能会出现乱序的情况，由于 TCP 报文段被封装到 IP 数据包中传输，所以 TCP 报文段的到达也可能会乱序。为此，TCP 接收方将对收到的乱序的数据进行重新排序，然后以正确的顺序递交给应用层。

（4）IP 数据包传送时还可能会出现重复的情况，因此接收方将丢弃重复的 TCP 报文段。

（5）每一个 TCP 报文段均附带校验和（CheckSum）信息，目的是检测数据在传输过程中有无变化。接收方利用校验和检查收到数据的正确性。如果收到的报文段的校验和有差错，接收方将丢弃这个报文段，不会为这个报文段发回确认信息。

（6）TCP 还能提供流量控制功能。TCP 连接的每一方都有固定大小的缓冲区，接收方只允许发送方发送"接收方缓冲区"所能容纳的数据。这种机制能够防止较快主机和较慢主机不匹配造成的数据缓冲区溢出问题。

（一）TCP 报文段的格式

TCP 的协议数据单元 PDU 被称为报文段（Segment）。TCP 通过报文段的交互来建立连接、传输数据、发出确认、进行差错校验、流量控制及关闭连接。TCP 报文段的格式只有一种，如图 2 - 19 所示，它分为 TCP 首部和数据两部分。所谓首部，就是 TCP 为了实现可靠传输所附加的控制信息；而数据则是指由高层（如应用层）传送来的用户数据。

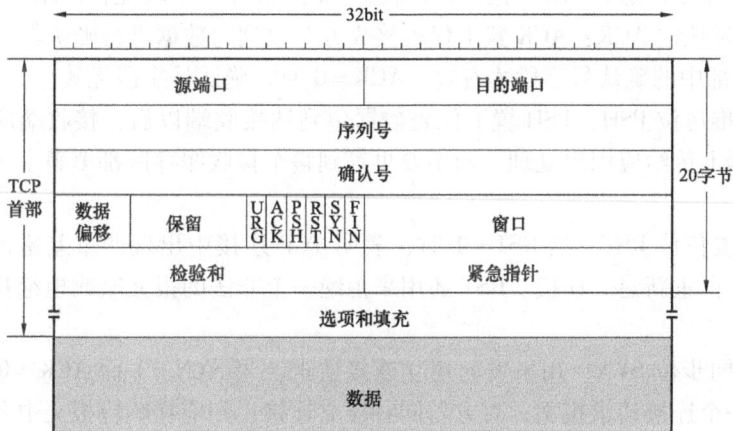

图 2 - 19　TCP 报文段的格式

TCP 报文段中各字段的含义如下。

（1）源端口和目的端口：各占 16bit，分别是 TCP 报文段的源端口号和目的端口号。

（2）序列号：长度为 32bit。TCP 对应用层传来的数据的每一个字节都编上一个序号，因此每一字节都拥有一个序号。接收方将根据序号对接收到的数据包按照正确的顺序进行重组，同时判断是否有重复数据。图 2 - 19 中的序列号是本报文段中所携带数据的第一个字节的序号。

（3）确认号：长度为 32bit。通信双方使用确认号来对收到的数据进行确认，其含义是该确认号以前（不包括该确认号）的所有数据均已正确收到，希望再接收该确认号以后的数据。因此，确认号和对方下次发送的报文段中的第一个字节的序号相同，也就是下一个报文段首部中的序列号。

了解序列号和确认号的变化规律，对于查找通信故障、进行网络分析具有十分重要的作用。TCP 通信主要包括建立连接、数据传输和关闭连接三个过程，序列号和确认号在每个过程中的变化规律是不同的。

（4）数据偏移：占 4bit。它表示图 2 - 19 中的"数据"字段起始处距离该 TCP 报文段起始处有多远，实际上就是 TCP 首部的长度。由于首部中含有可选项，因此 TCP 首部的长度是不固定的，所以数据偏移字段是必要的。

（5）保留：长度为 6bit，供将来扩展使用。

（6）标志位：标志位字段占 6bit，分别是紧急位 URG、确认位 ACK、推送位 PSH、复位位 RST、同步位 SYN 和终止位 FIN。

1）紧急位 URG：URG 置 1 表示此段报文应尽快传送，而不需要再按原来的排队顺序来传送。URG 需要与后面的"紧急指针"字段配合使用。

2）确认位 ACK：ACK 置 1 代表接收方对收到的数据进行确认。当 ACK = 1 时，首部中的确认号字段才有效；ACK = 0 时，确认号字段无效。

3）推送位 PSH：PSH 置 1 代表数据包到达接收端以后，接收端应立即将本段数据上传给应用层处理，而不要再等到整个接收缓存区都填满了之后再向上传递。

4）复位位 RST：当 RST = 1 时，表明 TCP 连接中出现严重差错，必须释放，然后再重新建立连接。RST 还用来拒绝一个非法的报文段或拒绝打开一个连接。

5）同步位 SYN：用来发起建立连接请求。当 SYN = 1 而 ACK = 0 时，表明这是一个连接请求报文；对方若同意建立连接，则应在响应报文中令 SYN = 1 和 ACK = 1。

6）终止位 FIN：用来释放一个连接。当 FIN 置 1 时，表明数据已发送完毕，请求释放连接。

（7）窗口：长度为 16bit。窗口字段用来进行流量控制，即控制对方发送的数据量，单位为字节。接收方利用窗口字段，告知发送方它期望每次收到的数据的长度。

（8）校验和：占 2 个字节。如前所述，校验和用于监测数据在传输过程中的任何变化，发送方在发送前进行计算得到校验和的具体值，接收方利用校验和验证收到的数据是否正确。

（9）紧急指针：长度为 2 个字节。它是一个偏移量，它的值和序列号相加后就是本报文段中紧急数据最后一个字节的序号。接收方通过紧急指针可以知道紧急数据共有多长。只有当 URG = 1 时，紧急指针字段才有效。

（10）选项和填充。TCP 选项域字段只能是表 2 - 3 中列出的七种字段之一，如本端所能"接收的报文段的最大长度"、是否"允许选择性确认"等。选项域字段长度应为 32bit 的整数倍，当不满足这个条件时，需要用全 0 的字段加以填充。

表 2－3   TCP 选 项 域

种类	长度	含 义	种类	长度	含 义
0	—	选项列表末尾	4	2	允许选择性确认
1	—	无操作	5	X	选择性确认
2	4	接收报文段最大长度	8	10	时间戳
3	3	窗口比例			

如图 2－19 所示，除选项和填充字段外，其余 TCP 首部的长度为 20 个字节（160bit）。

（11）数据。数据字段就是由高层（即应用层、表示层和会话层）所生成的协议数据，如图 2－19 所示。

（二）TCP 的通信流程

1. 建立连接

如前所述，TCP 是一种面向连接的传输层协议。面向连接意味着通信双方在彼此交换数据之前必须先建立一个 TCP 连接，待数据传送结束后要释放连接。如图 2－20 所示，TCP 采用了一种"三次握手"的机制来建立一个连接，如果三次握手成功，则连接建立成功，可以开始传送数据信息。连接可以由任何一方发起，也可以由双方同时发起。

如图 2－20 所示，三次握手分别为：

第一次握手：源主机 A 向目的主机 B 发出一个 TCP 连接请求报文段。报文段首部中的 SYN（同步）标志位置 1，表示源主机 A 想与目标主机 B 进行通信。同时，主机 A 为本次连接选择了一个初始序列号（Seq），其值 x 是主机 A 随机生成的。

第二次握手：目的主机 B 收到主机 A 发出的连接请求后，如果同意建立连接，则会发回一个 TCP 确认。确

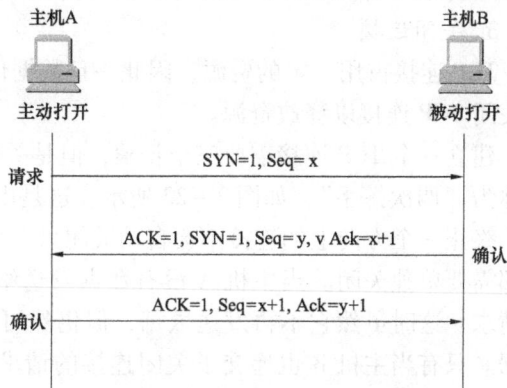

图 2－20   三次握手建立 TCP 连接

认报文段首部中的确认位 ACK 和同步位 SYN 同时置 1，表示主机 B 对主机 A 作出了应答，同时也向主机 A 发出了连接请求。报文段中的确认号（Ack）是上一个报文段中的序列号 x+1；序列号 y 是主机 B 随机生成的一个值。

第三次握手：主机 A 收到主机 B 发回的确认报文段后，再对主机 B 发出确认信息。该报文段中的序列号是上一个报文段中的确认号值（x+1），确认号是上一个报文段中的序列号 y+1。

三次握手可以完成两个重要的功能：一是确保连接双方做好传输准备；二是使双方统一初始序列号。

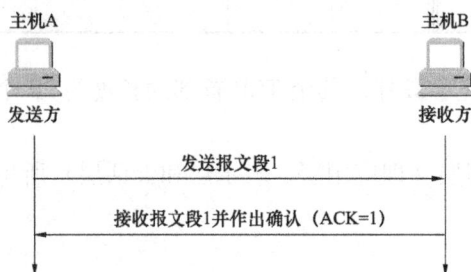

主机A　　　　　　　　　　　　　　　主机B

发送方　　　　　　　　　　　　　　　接收方

发送报文段1

接收报文段1并作出确认（ACK=1）

图 2-21　四次挥手释放 TCP 连接

2. 传输数据

TCP 连接建立之后，通信双方就可以开始进行数据传输了。为了保证数据传输的可靠性，接收方必须要对发送方发出的数据进行确认，如图 2-21 所示。

其简要过程如下：

（1）发送数据：主机 A 向主机 B 发送携带用户数据的报文段，每个报文段都带有序列号和确认号，用来保证所传输的数据可以按照正确的顺序进行重组。

（2）确认收到：主机 B 收到该报文段后，会向主机 A 发送一个确认报文段，确认报文段中的序列号等于上一个报文段中的确认号值，而确认号为上一个报文段中的序列号 + 该数据包中所带数据的大小。

序列号和确认号的数值从图 2-20 第三步中所确定的初始值开始递增。

3. 关闭连接

TCP 连接占用一定的资源，因此一旦数据传输工作完毕后，发送方需要主动关闭 TCP 连接以释放资源。

建立一个 TCP 连接需要三个步骤，但是关闭一个连接需要经过四个步骤，被称为"四次挥手"，如图 2-22 所示。这是由于 TCP 连接是全双工的工作模式，终止一个方向上的连接不会自动关闭另一个方向上的连接，因此两个方向上都需要单独关闭。当主机 A 没有数据发送给对方时，即向对方发出关闭连接请求。这时虽然它不再发送数据，但仍然可以在这个 TCP 连接上继续接收数据。只有当主机 B 也递交了关闭连接的请求后，这个 TCP 连接才会完全关闭。因此完全关闭 TCP 连接必须由通信双方共同完成。

正常关闭连接的四个步骤如下：

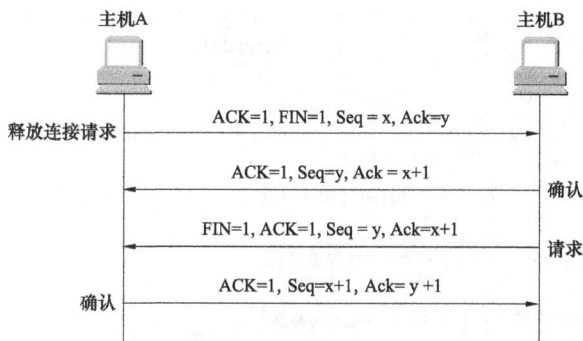

图 2-22 四次挥手释放 TCP 连接

第一步：主机 A 在完成它的数据发送任务后，会主动向主机 B 发出释放连接请求报文段，同时不再继续发送数据。该报文段首部中终止位 FIN 和确认位 ACK 均为 1，ACK 置 1 表示对最后一次收到的数据进行确认，FIN 置为 1 表示请求关闭该方向上的 TCP 连接。另外，该报文段的序列号等于主机 A 最后一次收到的报文段中的确认号；而确认号为主机 A 最后一次收到的报文段中的"序列号 + 该报文段中数据字段的长度"。

第二步：主机 B 收到主机 A 发送的释放连接请求包后，将对主机 A 发送确认报文段，以关闭该方向上的 TCP 连接。该报文段首部中的确认位 ACK 置 1，序列号为第一步中的确认号值，确认号为第一步的数据包中的序列号 x + 1。

第三步：同理，主机 B 在完成它的数据发送任务后，也会向主机 A 发送一个释放连接请求报文，请求关闭 B 到 A 这个方向上的 TCP 连接。该报文段首部中的终止位 FIN 和确认位 ACK 同时置 1，序列号仍为 y，确认号仍为 x + 1，与第二步中的值相同。

第四步：主机 A 收到主机 B 发送的释放连接请求报文后，将对主机 B 发送确认信息，以关闭该方向上的 TCP 连接。在该报文段中，序列号为第三步中的确认号值，而确认号为第三步中的序列号 + 1。

经过四次报文交互以后，整个 TCP 连接被全部释放。

（三）TCP 通信报文分析

下面以变电站中 IEC 61850 客户端和服务器之间的实际报文为例，介绍 TCP 通信的主要过程，即建立连接、数据传输和关闭连接。

1. 建立 TCP 连接

图 2-23 是在变电站现场捕捉得到的一个 TCP 报文截图。为了界面清晰以方面解读，图中仅展示了 TCP 传输层报文。

```
⊟ Transmission Control Protocol, Src Port: 42669 (42669), Dst Port: iso-tsap (102)
    Source port: 42669 (42669)
    Destination port: iso-tsap (102)
    Sequence number: 0    (relative sequence number)
    Header length: 32 bytes
  ⊟ Flags: 0x0002 (SYN)
        0... .... = Congestion window Reduced (CWR): Not set
        .0.. .... = ECN-Echo: Not set
        ..0. .... = Urgent: Not set
        ...0 .... = Acknowledgment: Not set
        .... 0... = Push: Not set
        .... .0.. = Reset: Not set
        .... ..1. = Syn: Set
        .... ...0 = Fin: Not set
    window size: 49640
    Checksum: 0x5769 [correct]
  ⊟ Options: (12 bytes)
        Maximum segment size: 1460 bytes
        NOP
        Window scale: 0 (multiply by 1)
        NOP
        NOP
        SACK permitted
```

源端口 → Source port

目的端口 → Destination port

序列号 → Sequence number

数据偏移 → Header length

同步位 → Syn: Set

窗口 → window size

校验和 → Checksum

接收报文段最大长度 → Maximum segment size

窗口比例 → Window scale

无操作 → NOP

允许选择性确认 → SACK permitted

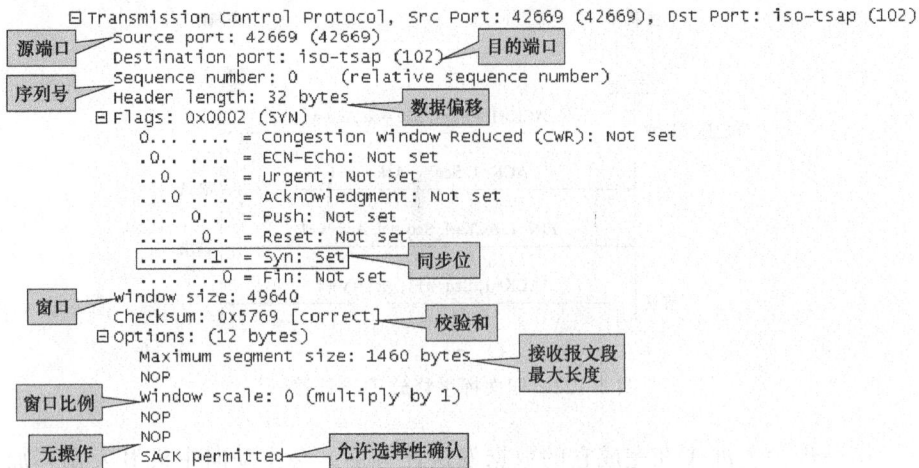

图 2 – 23   建立 TCP 连接第一步

图 2 – 23 中的同步标志位 Syn 为 1，代表这是一个建立 TCP 连接请求报文。源端口号 42669 是客户端随机产生的；目的端口号 102 在服务器侧是一个固定值。在报文中，初始序列号是客户端随机生成的，其实际值为 1860298182，但为了方便用户分析，MMS Ethereal 软件将其解析为相对值 0。

对照图 2 – 19 中 TCP 报文段格式的定义，不难理解该 TCP 报文其余各字段的含义。

服务器收到客户端发出的 TCP 连接请求后，将会对该请求进行确认；同时，服务器也会向客户端发出连接请求，所以图 2 – 24 中，同步标志位 Syn 和

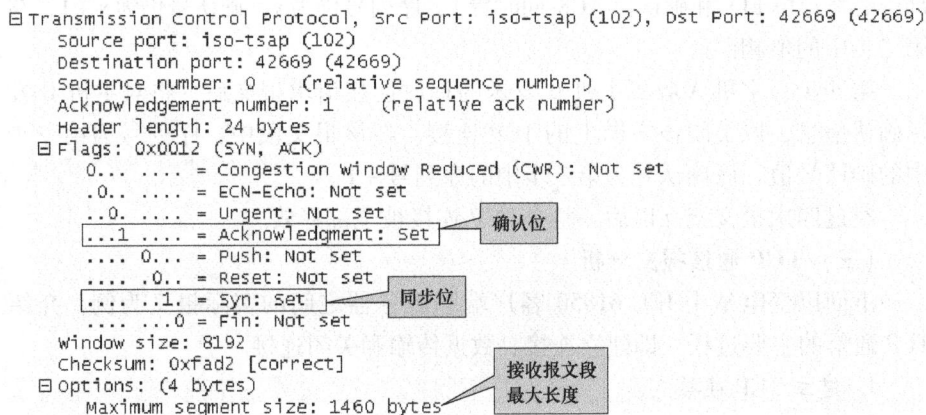

```
⊟ Transmission Control Protocol, Src Port: iso-tsap (102), Dst Port: 42669 (42669)
    Source port: iso-tsap (102)
    Destination port: 42669 (42669)
    Sequence number: 0    (relative sequence number)
    Acknowledgement number: 1    (relative ack number)
    Header length: 24 bytes
  ⊟ Flags: 0x0012 (SYN, ACK)
        0... .... = Congestion window Reduced (CWR): Not set
        .0.. .... = ECN-Echo: Not set
        ..0. .... = Urgent: Not set
        ...1 .... = Acknowledgment: Set
        .... 0... = Push: Not set
        .... .0.. = Reset: Not set
        .... ..1. = Syn: Set
        .... ...0 = Fin: Not set
    Window size: 8192
    Checksum: 0xfad2 [correct]
  ⊟ Options: (4 bytes)
        Maximum segment size: 1460 bytes
```

确认位 → Acknowledgment: Set

同步位 → Syn: Set

接收报文段最大长度 → Maximum segment size

图 2 – 24   建立 TCP 连接第二步

确认标志位 Ack 同时置 1。报文中的序列号是由服务器随机产生的，MMS Ethereal 软件也将其解析为一个相对值 0；报文中的确认号在图 2-23 中初始序列号基础上加 1（0+1=1）。

客户端在收到第二步中服务器发出的 TCP 连接请求后，将对服务器再进行一次确认，如图 2-25 所示。在这个报文段中，确认号在上一个报文段中序列号的基础上加 1（0+1=1）；序列号等于上一个报文段中的确认号。

```
□ Transmission Control Protocol, Src Port: 42669 (42669), Dst Port: iso-tsap (102)
     Source port: 42669 (42669)
     Destination port: iso-tsap (102)
     Sequence number: 1      (relative sequence number)
     Acknowledgement number: 1     (relative ack number)
     Header length: 20 bytes
  □ Flags: 0x0010 (ACK)
       0... .... = Congestion Window Reduced (CWR): Not set
       .0.. .... = ECN-Echo: Not set
       ..0. .... = Urgent: Not set
       ...1 .... = Acknowledgment: Set          ◁── 确认位
       .... 0... = Push: Not set
       .... .0.. = Reset: Not set
       .... ..0. = Syn: Not set
       .... ...0 = Fin: Not set
     Window size: 49640
     Checksum: 0x70a7 [correct]
```

图 2-25　建立 TCP 连接第三步

经过以上三次报文交互，客户端和服务器之间就建立了双向的 TCP 连接。

2. 数据传输

图 2-26 所示是客户端向服务器发出的一个 MMS 服务报文。该报文中推送位 Push 置 1，表示接收端收到此段报文后应立即上传给应用层处理，而不要等到整个接收缓存都填满了之后再向上传递。图中的"Next Sequence Number（下一个序列号）"是 MMS Ethereal 软件为了方便用户查找下一个连续的报文段，而根据本报文段的序列号和所携带数据的长度自动计算得出的。本报文段的序列号为 217，所携带的用户数据长度为 66 个字节，二者相加后为 283，与"下一个序列号"的值完全吻合。需要注意的是，"Next Sequence Number"字段在实际报文中是不存在的。

图 2-27 所示是服务器对图 2-26 中 MMS 报文段的确认。该报文段的序列号与上一个报文段中的确认号相同；该报文段中的确认号等于"上一个报文段中的序列号 + 上一个报文段所携带数据的长度"（217+66=283），与图 2-26 中报文段中"下一个序列号"的值相同。

3. 关闭连接

如前所述，关闭一个 TCP 连接需要经过四个步骤，被称为"四次挥手"。

图 2-28 中的报文由客户端主动发出。终止位 Fin 置 1，表明这是一个关

```
☐ Transmission Control Protocol, Src Port: 42669 (42669), Dst Port: iso-tsap (102)
     Source port: 42669 (42669)
     Destination port: iso-tsap (102)
     Sequence number: 217    (relative sequence number)
    [Next sequence number: 283    (relative sequence number)]]───── 下一个序列号
     Acknowledgement number: 183     (relative ack number)
     Header length: 20 bytes
☐ Flags: 0x0018 (PSH, ACK)
        0... .... = Congestion window Reduced (CWR): Not set
        .0.. .... = ECN-Echo: Not set
        ..0. .... = Urgent: Not set
        ...1 .... = Acknowledgment: Set
        .... 1... = Push: Set        ───── 推送位
        .... .0.. = Reset: Not set
        .... ..0. = Syn: Not set
        .... ...0 = Fin: Not set
     Window size: 49640
     Checksum: 0xb2a8 [correct]              数据长度为66个字节
☐ TPKT, Version: 3, Length: 66
☐ ISO 8073 COTP Connection-Oriented Transport Protocol
☐ ISO 8327-1 OSI Session Protocol
☐ ISO 8327-1 OSI Session Protocol
☐ ISO 8823 OSI Presentation Protocol
☐ ISO/IEC 9506 MMS
```

图 2 – 26   数据传输—请求

```
☐ Transmission Control Protocol, Src Port: iso-tsap (102), Dst Port: 42669 (42669)
     Source port: iso-tsap (102)
     Destination port: 42669 (42669)
     Sequence number: 183    (relative sequence number)
    [Acknowledgement number: 283]    (relative ack number) ──── 确认号
     Header length: 20 bytes
☐ Flags: 0x0010 (ACK)
        0... .... = Congestion window Reduced (CWR): Not set
        .0.. .... = ECN-Echo: Not set
        ..0. .... = Urgent: Not set
        ...1 .... = Acknowledgment: Set        ──── 确认位
        .... 0... = Push: Not set
        .... .0.. = Reset: Not set
        .... ..0. = Syn: Not set
        .... ...0 = Fin: Not set
     Window size: 8126
     Checksum: 0x1102 [correct]
```

图 2 – 27   数据传输—确认

闭 TCP 连接请求报文；确认位 Ack 也同时置 1，表示客户端对最后一次收到的
报文进行确认。

　　服务器收到图 2 – 28 中的关闭 TCP 连接请求报文后，会向客户端发送一帧
确认报文，如图 2 – 29 所示。该确认报文中，序列号等于上一帧请求报文中的
确认号；确认号等于上一帧请求报文中的序列号加 1（563 + 1 = 564）。

　　经过以上两帧报文，从客户端到服务器方向上的 TCP 连接已经被关闭。

　　服务器在完成它的数据发送之后，也会向客户端发送一帧关闭 TCP 连接
请求报文，如图 2 – 30 所示，以关闭从服务器到客户端方向上的 TCP 连接。该

```
☐ Transmission Control Protocol, Src Port: 42669 (42669), Dst Port: iso-tsap (102)
      Source port: 42669 (42669)
      Destination port: iso-tsap (102)
      Sequence number: 563    (relative sequence number)
      Acknowledgement number: 1993    (relative ack number)
      Header length: 20 bytes
   ☐ Flags: 0x0011 (FIN, ACK)
      0... .... = Congestion Window Reduced (CWR): Not set
      .0.. .... = ECN-Echo: Not set
      ..0. .... = Urgent: Not set
      ...1 .... = Acknowledgment: Set          ◁━ 确认位
      .... 0... = Push: Not set
      .... .0.. = Reset: Not set
      .... ..0. = Syn: Not set
      .... ...1 = Fin: Set                     ◁━ 终止位
   window size: 49168
   Checksum: 0x6884 [correct]
```

图 2－28　关闭 TCP 连接第一步

```
☐ Transmission Control Protocol, Src Port: iso-tsap (102), Dst Port: 42669 (42669)
      Source port: iso-tsap (102)
      Destination port: 42669 (42669)
      Sequence number: 1993    (relative sequence number)
      Acknowledgement number: 564    (relative ack number)
      Header length: 20 bytes
   ☐ Flags: 0x0010 (ACK)
      0... .... = Congestion Window Reduced (CWR): Not set
      .0.. .... = ECN-Echo: Not set
      ..0. .... = Urgent: Not set
      ...1 .... = Acknowledgment: Set          ◁━ 确认位
      .... 0... = Push: Not set
      .... .0.. = Reset: Not set
      .... ..0. = Syn: Not set
      .... ...0 = Fin: Not set
   window size: 8192
   Checksum: 0x0895 [correct]
```

图 2－29　关闭 TCP 连接第二步

报文中的确认号和序列号与图 2－29 中上一帧报文的确认号和序列号相同。

```
☐ Transmission Control Protocol, Src Port: iso-tsap (102), Dst Port: 42669 (42669)
      Source port: iso-tsap (102)
      Destination port: 42669 (42669)
      Sequence number: 1993    (relative sequence number)
      Acknowledgement number: 564    (relative ack number)
      Header length: 20 bytes
   ☐ Flags: 0x0011 (FIN, ACK)
      0... .... = Congestion Window Reduced (CWR): Not set
      .0.. .... = ECN-Echo: Not set
      ..0. .... = Urgent: Not set
      ...1 .... = Acknowledgment: Set          ◁━ 确认位
      .... 0... = Push: Not set
      .... .0.. = Reset: Not set
      .... ..0. = Syn: Not set
      .... ...1 = Fin: Set                     ◁━ 终止位
   window size: 8192
   Checksum: 0x0894 [correct]
```

图 2－30　关闭 TCP 连接第三步

客户端收到图 2 – 30 中的关闭 TCP 连接请求报文后，将会对服务器发出确认报文，如图 2 – 31 所示。该报文中，序列号等于上一帧请求报文中的确认号，确认号等于上一帧请求报文中的序列号加 1（1993 + 1 = 1994）。

```
⊟ Transmission Control Protocol, Src Port: 42669 (42669), Dst Port: iso-tsap (102)
    Source port: 42669 (42669)
    Destination port: iso-tsap (102)
    Sequence number: 564     (relative sequence number)
    Acknowledgement number: 1994    (relative ack number)
    Header length: 20 bytes
⊟ Flags: 0x0010 (ACK)
    0... .... = Congestion Window Reduced (CWR): Not set
    .0.. .... = ECN-Echo: Not set
    ..0. .... = Urgent: Not set
    ...1 .... = Acknowledgment: Set          ← 确认位
    .... 0... = Push: Not set
    .... .0.. = Reset: Not set
    .... ..0. = Syn: Not set
    .... ...0 = Fin: Not set
    Window size: 49168
    Checksum: 0x6883 [correct]
```

图 2 – 31　关闭 TCP 连接第四步

经过以上两帧报文，从服务器到客户端方向上的 TCP 连接也被关闭。

4. TCP-Keepalive 报文

TCP-Keepalive 是通信双方为了监视连接是否中断而定期发送的心跳报文。例如当网线突然断掉或者任何一端的主机突然断电或重启动，此时正在发送或接收数据的一方就会因为没有任何连接中断的通知而一直等待下去，也就是会被长时间卡住。启用 TCP 中的 KeepAlive 机制可以避免这种情况的出现。

以图 2 – 32 和图 2 – 33 为例，当 TCP 连接处于正常状态时，主机 A 每隔 T_1（如 1000ms）定期发出探测报文（见图 2 – 32），主机 B 收到探测报文后会发出 Keepalive 应答报文（见图 2 – 33）。如果主机 A 没有收到应答报文，即探测报文没有返回，那么就以 T_2（如 5000ms）的间隔继续发送探测报文。重发几次后，如果探测报文都没有返回，主机 A 就可以得出结论——TCP 连接已经断开了。

在国内数字化变电站工程中，远动子站和间隔层装置之间一般使用双网热备用模式，即双网同时建立 TCP 连接，但只在其中的一个网络上使能报告控制块，另一个热备用网络用 TCP-Keepalive 机制监视连接是否正常。一旦发现正常通信的主网络故障，远动装置立即将热备用的网络切换为运行，重新使能报告控制块。

五、UDP 协议简介

UDP 是无连接的传输层协议，源主机在传送数据之前不需要和目标主机

```
⊟Transmission Control Protocol, Src Port: iso-tsap (102), Dst Port: 42669 (42669)
   Source port: iso-tsap (102)
   Destination port: 42669 (42669)
   Sequence number: 1992    (relative sequence number)
   [Next sequence number: 1993    (relative sequence number)]
   Acknowledgement number: 562    (relative ack number)
   Header length: 20 bytes
⊟Flags: 0x0010 (ACK)
      0... .... = Congestion Window Reduced (CWR): Not set
      .0.. .... = ECN-Echo: Not set
      ..0. .... = Urgent: Not set
      ...1 .... = Acknowledgment: Set
      .... 0... = Push: Not set
      .... .0.. = Reset: Not set
      .... ..0. = Syn: Not set
      .... ...0 = Fin: Not set
   Window size: 8192
   Checksum: 0x0897 [correct]
⊟[SEQ/ACK analysis]
   ⊟[TCP Analysis Flags]
      [This is a TCP keep-alive segment]
```

图 2-32　TCP-Keepalive 探测报文

```
⊟Transmission Control Protocol, Src Port: 42669 (42669), Dst Port: iso-tsap (102)
   Source port: 42669 (42669)
   Destination port: iso-tsap (102)
   Sequence number: 563    (relative sequence number)
   Acknowledgement number: 1993    (relative ack number)
   Header length: 20 bytes
⊟Flags: 0x0010 (ACK)
      0... .... = Congestion Window Reduced (CWR): Not set
      .0.. .... = ECN-Echo: Not set
      ..0. .... = Urgent: Not set
      ...1 .... = Acknowledgment: Set
      .... 0... = Push: Not set
      .... .0.. = Reset: Not set
      .... ..0. = Syn: Not set
      .... ...0 = Fin: Not set
   Window size: 49168
   Checksum: 0x6885 [correct]
⊟[SEQ/ACK analysis]
   ⊟[TCP Analysis Flags]
      [This is an ACK to a TCP keep-alive segment]
```

图 2-33　TCP-Keepalive 应答报文

建立连接，目标主机在收到 UDP 报文后，也不需要给出确认信息。每个报文段的可靠性依赖应用程序保证。因此，UDP 本身属于不可靠的传输协议，可能会出丢包现象。

1. UDP 报文段的格式

UDP 报文段的格式如图 2-34 所示。

与 TCP 相比，UDP 报文段只有少量的字段，如源端口号、目的端口号、长度、校验和等，各个字段功能与 TCP 报文相应字段一样。

（1）源端口与目的端口：各占 16bit，其作用与 TCP 报文段中的端口号字

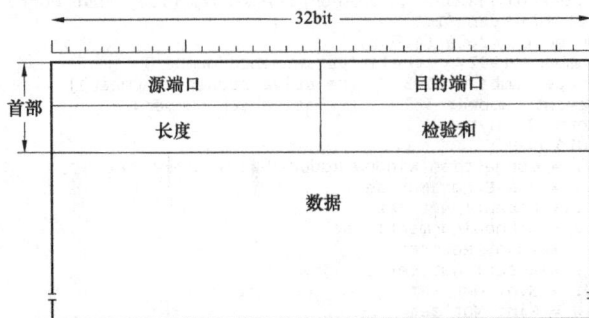

图 2-34　UDP 报文段的格式

段相同，用来标识源端和目标端的应用进程。

（2）长度字段：占 16bit，其值为 UDP 首部和 UDP 数据的总长度，以字节为单位。

（3）校验和字段：占 16bit，用来对 UDP 首部和 UDP 数据进行校验。对 UDP 来说，此字段是可选项，而 TCP 报文段中的校验和字段是必须有的。

2. UDP 通信报文分析

在 IEC 61850 标准中，SNTP 对时服务在传输层采用 UDP 协议，图 2-35 是在变电站中捕捉到的一个 SNTP 对时报文。

```
⊟ User Datagram Protocol, Src Port: 1133 (1133), Dst Port: ntp (123)
    Source port: 1133 (1133)
    Destination port: ntp (123)
    Length: 56
    Checksum: 0x961d [correct]
⊞ Network Time Protocol          UDP数据部分
```

图 2-35　UDP 对时报文

从图 2-35 可以看出，相对于 TCP 报文，UDP 报文更加简单和直观。正因为 UDP 协议只有较少的控制选项，在数据传输过程中延迟较小，所以数据传输效率较高，在一定条件下，UDP 的运行速度要比 TCP 快 40%。但 UDP 报文没有确认号和序列号字段、流量控制字段等，可靠性较差。

第四节　以太网技术基础

以太网是当今局域网最通用的通信协议。

一、局域网的特点

局域网（LAN）是指较小地域范围内（1km 或几千米）的计算机网络，一般是一栋建筑内或一个单位内的几栋建筑物内的计算机互连后组成的小型网络。在采用分层分布式计算机监控系统的变电站中，变电站自动化系统的各种设备，如后台主机、操作员站、继电保护、测控等装置就组成了一个小型的局域网。

局域网的主要特点是：

（1）覆盖的地理范围有限，适用于公司、校园、工厂、机关、军营等一个单位范围内的计算机与各类终端设备联网；

（2）具有较高的数据传输速率、较低的误码率，数据传输质量高；

（3）通信延迟时间低，可靠性较好；

（4）能按广播方式或组播方式进行通信。

二、以太网（Ethernet）

以太网是最常用的一种局域网。从第一个以太网标准出现至今，虽然才不到 30 年，但是以太网在有线和无线领域蓬勃发展，取得了世人瞩目的成绩。从出现至今，以太网的运行速度提高了多个数量级，从 10Mbit/s 到 100Mbit/s 再到 1000Mbit/s，乃至出现了 10Gbit/s 的以太网原型。同时以太网低廉的端口价格和优越的性能，使其在不到 30 年的发展时间里占据了整个局域网市场约 85% 的份额。

以太网协议在局域网中占据了统治地位，成为事实上的标准，使以太网几乎成了局域网的代名词。以太网高度灵活、相对简单、易于实现和成本低廉的特点，使其成为变电站局域网中各种设备之间网络通信的主流技术，全双工交换式以太网成为变电站内各种设备之间组网的首选。

1. 以太网发展简史

以太网最早由 Xerox 公司发明，在 1980 年由 DEC、Intel 和 Xerox 三家公司联合开发成为一个标准。1982 年 IEEE 802.3 标准的颁布标志着符合国际标准、具有高度互通性的以太网产品将会出现。IEEE 802.3 标准规定以太网采用载波侦听多路访问/冲突检测（CSMA/CD）媒体访问机制。随后，以太网产品在局域网中得到了广泛应用。

为了提高网络带宽，1990 年一种能同时提供多条传输路径的以太网设备出现，这就是以太网交换机，它标志着以太网从共享时代进入了交换时代。以太网交换机是一个多端口网络设备，不仅将竞争信道的端口数减少到 2 个，还支持在几个端口间同时传输数据。它的出现改变了共享式集线器多个端口共享 10Mbit/s 带宽的局面，显著地提高了网络的整体带宽。

1993 年，全双工以太网的出现又改变了之前以太网半双工的工作模式，不仅使以太网的传输速度又翻了一番，还彻底解决了多个端口的信道竞争问题。1995 年，IEEE 802.3u 规范的颁布标志着以 100Mbit/s 速度运行的快速以太网时代的来临。1998 年 IEEE 802.3z 规范的颁布，又使以太网进入了高速网络的行列，传输速度达到了 1000Mbit/s（1Gbit/s）。

2. IEEE 802 模型与协议标准

1980 年 2 月，IEEE 成立了局域网标准委员会（简称 IEEE 802 委员会），专门从事局域网标准化工作，并制定了 IEEE 802 系列标准。IEEE 802.3 标准是该标准系列中的一个分册。

IEEE 802 标准系列具体包括：

（1）IEEE 802.1 局域网体系结构、网络互联与网络管理；

（2）IEEE 802.2 逻辑链路控制（LLC）；

（3）IEEE 802.3 CSMA/CD 访问控制方法与物理层规范；

（4）IEEE 802.4 令牌总线（Token-Bus）访问控制方法与物理层规范；

（5）IEEE 802.5 令牌环（Token-Ring）访问控制方法；

（6）IEEE 802.6 城域网访问控制方法与物理层规范；

（7）IEEE 802.7 宽带局域网规范；

（8）IEEE 802.8 光线传输规范；

（9）IEEE 802.9 综合数据话音网络；

（10）IEEE 802.10 网络安全与保密；

（11）IEEE 802.11 无线局域网访问控制方法与物理层规范；

（12）IEEE 802.12 100VG – AnyLAN 访问控制方法与物理层规范。

IEEE 802 标准所描述的局域网参考模型与 OSI 七层参考模型的关系如图 2 – 36 所示。IEEE 802 参考模型只对应 OSI 七层参考模型的数据链路层与物理层，它将数据链路层划分成逻辑链路控制 LLC（Logical Link Control）子层与介质访问控制 MAC（Media Access Control）子层。

如图 2 – 37 所示，逻辑链路控制 LLC 子层的主要功能是：① 建立和释放数据链路层的逻

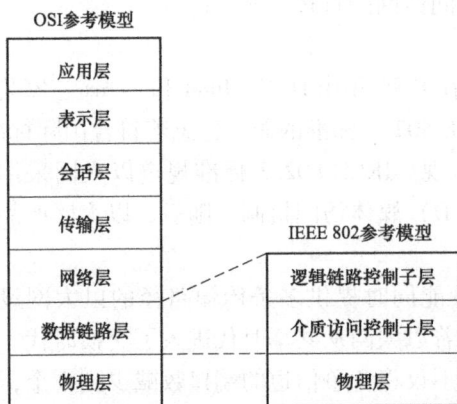

图 2 – 36　IEEE 802 模型与 OSI 参考模型的关系

辑连接；② 提供与上一层网络层的接口；③ 差错控制；④ 给帧加上序号。

介质访问控制 MAC 子层有两大主要功能：一是介质访问控制；二是数据的封装和解封，包括发送方的数据封装和接收方的数据解封。

发送数据时，将从 LLC 子层提交的 PDU（协议数据单元）封装上 MAC 子层的头部和尾部，

图 2-37　LLC 子层与 MAC 子层的关系

成为 MAC 帧，然后将其传递给 MAC 子层的"发送方介质访问控制"部分以准备发送。封装的具体流程是：首先将一个前导码和一个帧起始定界符添加到帧的开头部分，然后填上目的地址字段和源地址字段，计算出 PDU 的字节数，填入数据长度字段，最后求出循环冗余校验码附加到帧校验序列。完成数据封装后的 MAC 数据帧格式如图 2-38 所示。

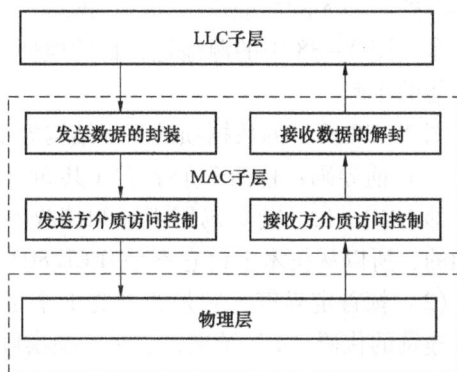

字段	前导码	帧首定界符	目的地址	源地址	长度/类型	数据	帧校验序列
字节数	7	1	6	6	2	46~1500	4

图 2-38　MAC 数据帧格式（IEEE 802.3 版本）

接收数据时的流程与发送时相反，将 MAC 数据帧去掉头部和尾部（包括前导码、帧首界定符、源地址、目的地址、长度和帧校验序列），成为 LLC 子层 PDU，同时检查该数据帧的目的地址字段，以确定是否需要接收该数据帧。如目的地址符合要求，将数据段交由 LLC 子层处理，并进行差错检验。

3. 以太网的 MAC 帧结构

如前所述，在以太网的发展历程中，先后出现了若干不同的版本，不同版本的以太网数据帧结构也相应存在细微的区别。图 2-38 所示的是 IEEE 802.3 版本中的数据帧格式。

如图 2-38 所示，可以把数据帧想象为一列有许多车厢的火车。原始数据就是其中一些装载货物的车厢。除去载货的车厢外，每列火车还需要有担负其

他功能的车厢才能保证正确到达目的地，例如至少需要一个火车头和最后一节的守车。图 2-38 中的源地址、目的地址、帧校验序列等就相当于这些担负其他功能的车厢。

图 2-38 所示的数据帧的基本结构如下：

（1）前导码：包括 7 个字节（共 56 位）的二进制"1"、"0"间隔的代码，即 1010…10。前导码用于通知接收方做好接收准备。前导码是在物理层添加的，所以从技术上讲它不是 IEEE 802.3 数据帧的一部分。

（2）帧首定界符：它是长度为 1 个字节的二进制序列，即 10101011。以两个连续的代码"1"结尾，表示一帧实际开始，以方便接收方对实际帧的第一位定位。

前导码和帧首界定符只控制数据帧的传输过程，起辅助功能，无实际含义。在帧首界定符之后的才是有真正意义的实际报文，由"目的地址 + 源地址 + 类型 + 数据 + 帧校验序列"组成。

（3）目的地址：它说明了数据帧将发送到何处，占 6 个字节，具体格式如图 2-39 所示。

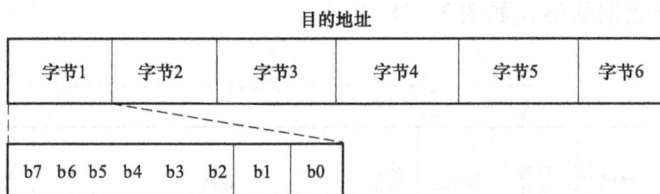

目的地址

字节1	字节2	字节3	字节4	字节5	字节6

b7 b6 b5 b4 b3 b2	b1	b0

图 2-39 物理地址字段

如果目的地址第一个字节的 b0 位为"0"，表示该地址为单播地址，该地址仅指定网络中的某一个特定节点；如果 b0 位为"1"，其余位不全为"1"，表示该地址为组播地址，该地址指定网络上的多个节点，表示数据帧会被一组节点同时接收；如果目的地址 6 个字节全为"1"（用十六进制表示为"FF：FF：FF：FF FF：FF"），那么该地址是广播地址，该地址指定网络上所有的节点，数据帧会被网络上所有的节点同时接收。

（4）源地址：它标明了帧从哪里来，与目的地址一样占 6 个字节，具体格式与目的地址的一样。源地址只能是单播地址。

源地址可以是全球或本地唯一的。如图 2-39 所示：如果源地址第一个字节的 b1 位为"0"，表示该地址为全球唯一地址；b1 位为"1"，表示该地址为本地唯一地址。

（5）长度/类型：这个字段长度为 2 个字节，具体含义有两种：

1）在 IEEE 802.3 版本中，这个字段表示紧随其后的数据段的长度，以字节为单位。

2）在以太网 V2.0 版本（由 DEC、Intel 和 Xerox 三家公司联合制定）中，这个字段用来指定接收数据的高层协议的类型。表 2 - 4 列出了部分已分配的协议类型。

表 2 - 4　　　　　　　　　　　部分已分配的协议类型

类　　型	协　　议
0x0800	IP
0x0806	地址解析协议 ARP
0x809B	AppleTalk

（6）数据：在经过物理层和数据链路层的处理之后，包含在帧中的原始数据将被传递给在类型字段中指定的高层协议（例如当类型字段 = 0x0800 时，数据将被会传递给 IP 协议）。

另外，数据段的长度最小应当不低于 46 个字节。如果小于 46 个字节，则发送方会自动填充 "0" 代码补齐，以确保整个帧的长度不低于 46 字节。

（7）帧检验序列：它位于数据帧尾部，共占 4 个字节（32bit），为循环冗余检验码（CRC），用于检验从目的地址开始至数据段的内容是否正确（除前导码、帧首定界符和帧检验序列以外）。当发送方发出数据帧时，一边发送，一边逐位进行循环冗余检验，最后形成一个 32bit 的循环冗余检验序列，该序列被填在数据帧尾部一起在网络上传输。接收方接收后，从目的地址开始，同样边接收边逐位进行循环冗余检验。最后，如果接收方形成的检验码和发送方的校验码相同，则表示数据帧未被破坏；反之，接收方则认为数据帧被破坏，然后通过一定的机制要求发送方重发该帧。

4. 共享式以太网

最初的以太网采用 CSMA/CD 媒体访问机制，任何连接到网络上的设备都可以在任何时间访问网络。但是在向网络上发送数据之前，设备必须首先检测网络是否空闲：如果网络上没有任何数据传送（空闲），设备就把所要发出的数据发送到网络上；否则，该设备只能等待网络下一次出现空闲的时候再发送数据。

由于以太网允许任何一台网络设备在网络空闲时发送信息，没有任何集中式的管理措施，所以非常有可能出现多台设备同时检测到网络处于空闲状态，进而同时向网络发送数据的情况。这时，发出的信息会相互碰撞（冲突）而导致损坏。设备必须等待一段时间之后，才能重新发送数据。冲突发生后，设备究竟在何时重新发送数据帧，需要专门的补偿算法来确定。

CSMA/CD 媒体访问方法的技术特点有：

（1）CSMA/CD 方法的算法简单，易于实现。目前有多种 VLSI（超大规模集成电路）可以实现 CSMA/CD 方法，这对于降低以太网成本、扩大其应用范围是非常有利的。

（2）CSMA/CD 适用于办公自动化等对数据传输实时性要求不严格的应用环境。

（3）CSMA/CD 在网络通信负荷较低时表现出较好的吞吐率与延迟特性。但是，当网络通信负荷增大时，由于冲突增多，网络吞吐率下降，传输延迟会增加。因此，CSMA/CD 适用于通信负荷较轻的应用环境中。

5. 交换式以太网

在过去 20 年间，个人计算机的处理速度迅速上升，而价格却在很快下降，进一步促进了个人计算机更广泛的应用。大量用于办公自动化与信息处理的个人计算机都必须联网，造成了局域网规模不断增大，网络通信数据量进一步增加。局域网的带宽和性能不能适应快速发展的需求，促使人们研究高速局域网技术，希望通过提高网络带宽、改善局域网的性能来适应各种新的应用要求。

提示：

人们经常习惯性将数据传输速率称为信道带宽，或带宽。例如 Ethernet 的传输介质上数据传输速率为 10Mbit/s，那么它的带宽是 10Mbit/s。

如前所述，最初的以太网采用 CSMA/CD 访问控制方法。这种机制是建立在"共享网络介质"的基础上，即保证连接在网络上的每个设备都能"公平"地享用网络带宽。假设某个 Ethernet 局域网其带宽为 10Mbit/s，网络中有 N 个节点，那么每个节点平均能分配到的带宽为 10/NMbit/s。当局域网规模不断扩大，节点数 N 不断增大时，显然每个节点平均能分配到的带宽将越来越少。因为 N 个节点共享一条 10Mbit/s 的公用信道，当网络节点数 N 增大时，网络负荷会随之加重，冲突和重发现象将大量发生，网络效率会急剧下降，网络传输延迟也会增长，网络服务质量下降。

为了克服网络规模与网络性能之间的矛盾，人们采取了三种行之有效的方案。

第一种方案是提高 Ethernet 的数据传输速率，从 10Mbit/s 提高 100Mbit/s，甚至 1Gbit/s。

第二种方案是将一个大型局域网划分成多个子网，每个子网作为一个小型的 Ethernet 运行，这样每个子网内部的节点数 N 减少，性能得到改善。子网与子网之间通过路由器互联。

第三种方案是将"共享介质方式"改为"交换方式"，由此导致了"交换式以太网"的研究与产品开发。交换式以太网的核心设备是交换机，它可以在其多个端口之间建立多个并发连接。共享介质方式与交换方式以太网的区别如图 2−40 所示。

图 2−40　共享介质方式与交换方式以太网的区别

三、交换机（Switch）

1. 交换机工作原理

典型的局域网交换机结构与交换过程如图 2−41 所示。图中的交换机有 6 个端口，端口 1、4、5、6 分别连接设备 A、B、C、D，交换机在"地址映射表"内建立端口号与该端口上所接设备的 MAC 地址之间的对应关系。

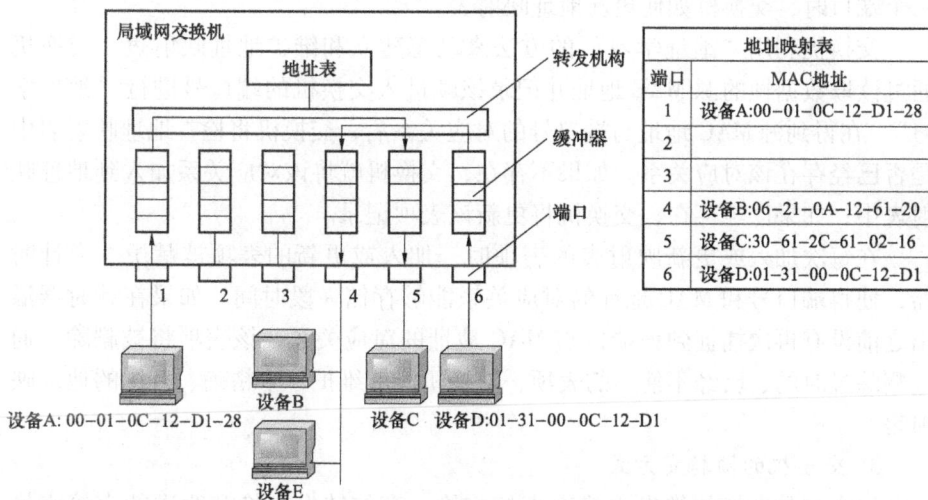

地址映射表	
端口	MAC地址
1	设备A:00−01−0C−12−D1−28
2	
3	
4	设备B:06−21−0A−12−61−20
5	设备C:30−61−2C−61−02−16
6	设备D:01−31−00−0C−12−D1

图 2−41　交换机结构与交换过程示意图

当设备 A 向设备 C 发送数据帧时，设备 A 需要在该数据帧的目的地址字段填上目的地址，该目的地址就是设备 C 的物理 MAC 地址（30－61－2C－61－02－16）。然后交换机控制中心检索地址映射表，根据"地址映射表"内端口号和 MAC 地址的对应关系（如图 2－41 所示，30－61－2C－61－02－16 对应的端口号为 5），找出数据帧目的地址对应的输出端口号，最后为设备 A 到设备 C 建立端口 1 到端口 5 的连接。

如果设备 A 与设备 D 要同时发送数据（例如设备 A 要向设备 C 发送数据帧，设备 D 要向设备 B 发送数据帧），交换机的交换控制中心根据"地址映射表"内的对应关系，在为设备 A 到设备 C 建立端口 1 到端口 5 的连接的同时，又为设备 D 到设备 B 建立端口 6 到端口 4 的连接。这种端口之间的连接可以根据需要同时建立多条，也就是可以在多个端口之间建立多个并发连接。

当设备 A 向设备 E 发送数据帧时，假设交换机控制中心发现设备 E 的地址在地址映射表中并不存在，在这种情况下，为了保证数据帧能够到达正确的目的地，交换机将向除端口 1 之外的所有端口转发该数据帧。当设备 E 发送应答帧或发送数据帧时，交换机就可以很方便地获得设备 E 与交换机端口的对应关系，并将得到的信息存储到地址映射表中。

2. 地址映射表的建立与维护

交换机是利用"地址映射表"进行数据交换的，因此该表的建立和维护十分重要。建立和维护交换机中的地址映射表需要解决两个问题：一是交换机如何知道哪个设备连接到哪个端口；二是当设备从交换机的一个端口转移到另一个端口时，交换机如何更新地址映射表。

交换机利用"地址学习"的方法来动态建立和维护地址映射表。交换机通过读取数据帧的源 MAC 地址并记录该帧进入交换机的端口号进行"地址学习"。在得到源 MAC 地址与端口号的对应关系后，交换机将检查地址映射表中是否已经存在该对应关系。如果不存在，交换机就将该对应关系加入到地址映射表中；如果已经存在，交换机将更新该表项记录。

在每次加入或更新映射表的表项时，加入或更新的表项被赋予一个计时器，使得端口号和 MAC 地址的对应关系能够存储一段时间。如果在计时器溢出之前没有再次捕捉到该端口与 MAC 地址的对应关系，该表项将被删除。通过删除过时的、已经不使用的表项，交换机能够维护一个精确、有用的地址映射表。

3. 交换机的帧转发方式

以太网数据帧的转发方式有直接交换、存储转发交换和改进的直接交换三种。

（1）直接交换方式。在直接交换方式中，交换机只要接收并检测到目的地址字段，就立即把该帧转发出去，而不管这一帧数据是否出错。这种方式的优点是交换延迟时间短；缺点是缺乏差错检测能力，不支持不同输入/输出速率的端口之间的帧转发。

（2）存储转发交换方式。在存储转发方式中，交换机首先完整地接收整个数据，并进行差错检测。如果接收帧是正确的，则根据帧目的地址确定输出端口号，然后再转发出去。这种方式的优点是具有帧差错检测能力，并能支持不同输入/输出速率的端口之间的帧转发；缺点是交换延迟时间会加长。

（3）改进的直接交换方式。改进的直接交换方式将上述两种方式结合起来。它在接收到数据帧的前 64 字节后，判断数据帧的帧头字段是否正确，如果正确则转发出去。对于短的数据帧来说，交换延迟时间与直接交换方式比较近；而对于长的数据帧来说，由于它只对帧的帧头字段进行差错检测，因此交换延迟时间将会减少。

4. 交换机对组播报文的处理

在网络中报文的发送存在着三种方式，即单播、广播、组播。报文采用单播（Unicast）方式传输时，发送方会为每一个接收者单独传输一份信息，发送方和接收者之间是"一对一"的关系；如果有多个接收者存在，网络上就会重复地传输多份相同内容的信息，这样将会大量占用网络资源。报文采用广播（Broadcast）方式传输时，交换机会把信息一次性地传送给网络中所有的用户，不管他们是否需要，任何用户都会接收到广播来的信息，同样也会占用大量的带宽。

随着 Internet 的迅速普及以及一些宽带应用的发展（如视频会议、视频点播、网络音频应用等），采用单播/广播技术构建的传统网络显得越来越拥挤，已经无法满足新兴宽带网络应用在带宽、实时性方面的要求。于是人们提出各种解决网络拥挤的方案，而组播正是其中一项比较有优点的技术。组播（Multicast）又称为多播，采用组播方式时，一个发送者将数据同时发送给多个（一组）接收者，发送方和接收者之间是"一对多"的关系。发送方只需发送一份数据，交换机或路由器会复制该数据并将其传送给同组中其他的接收者。组播提高了数据传送效率，减少了骨干网络出现拥塞的可能性。在 IEC 61850 中，IEC 61850 - 9 - 2❶ SV（Sampled Value）采样值服务和 GOOSE 服务均采用了组播通信机制，有效地解决了一个数据源同时向多个接收者发送实时

---

❶ IEC 61850 的 9 - 1 和 9 - 2 部分均包括有关 SV 的内容，为了区分，在 SV 前加 9 - 1 和 9 - 2 表示对应部分所指的 SV。

数据的问题。

交换机在转发单播报文的时候，数据帧的目的地址是接收者的 MAC 地址。而在转发组播报文时，传输目标不再是一个具体的接收者，而是一组不确定的成员，所以不能再使用接收者的 MAC 地址作为目的地址，而需使用组播地址作为目的地址。组播地址是逻辑上的 MAC 地址。

交换机在转发组播数据时是根据组播地址表来进行的。在组播地址表中，每个组播地址对应的输出端口不是一个，而是一组。转发数据时，交换机根据数据的组播地址查找组播地址表。如果在组播地址表中能查找到对应的条目，交换机就把这个组播数据复制成多份（每个组播地址对应多个输出端口），每份转发到一个端口；如果查找不到相应的条目，就把该组播数据广播发送，即向接收端口所在 VLAN 内的所有端口上转发。

如前所述，在单播的情况下，交换机通过读取数据帧的源 MAC 地址并记录该帧进入交换机的端口号进行"地址学习"，并利用"地址学习"来动态建立和维护地址映射表。而在组播的情况下地址学习是行不通的，这是因为组播地址出现在数据帧的目的地址字段而不是源地址字段上，交换机无法进行学习，所以交换机无法通过地址学习来自动更新和维护组播地址表。

（1）静态组播配置。可以采用静态配置的方法来解决该问题，即通过手工来配置交换机的组播地址表。静态配置交换机组播地址表的方法原理简单，但是配置过程比较复杂。另外这种方式也不够灵活，每台装置连接的交换机端口必须固定不变，当变电站系统扩建或交换机故障更换时必须修改或重设交换机组播配置，存在一定的安全风险。

目前有两种标准的数据链路层组播管理协议可用于交换机动态组播配置，它们是 GMRP 和 IGMP Snooping。

（2）GMRP 动态组播管理协议。GMRP（GARP Multicast Registration Protocol）组播注册协议是通用属性注册协议（GARP）的一部分，用于维护交换机中的动态组播注册信息。所有支持 GMRP 特性的交换机都能够接收来自其他交换机的组播注册信息，来动态更新本机的组播注册信息。同时也能将本机的组播注册信息向其他交换机传播，以使同一子网内所有支持 GMRP 特性的设备的组播信息达成一致。GMRP 传播的组播注册信息既包括本地交换机上手工配置的静态组播注册信息，也包括由其他交换机动态注册到本地交换机上的组播注册信息。

GMRP 基本原理如图 2-42 所示。当一台装置想加入某一个组播组时，它首先发出一个"GMRP 加入消息"，交换机将收到该消息的交换机端口加入到组播组中，并将该消息广播发送到同一 VLAN 中其他所有装置上（其中一台装置作为组播源）。这样组播源就可以知晓各个组播成员的存在。当组播源向组播组发送组播报文时，交换机只把该报文从先前加入到该组播组的端口转发出去，从而实现 VLAN 内的二层组播。

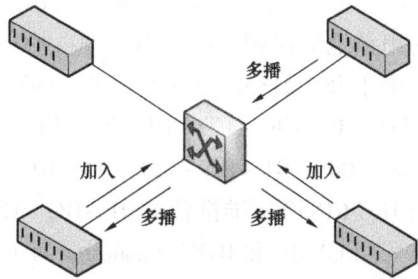

图 2 – 42　GMRP 基本原理

此外，交换机会周期性发送 GMRP 查询。如果装置想留在组播组中，它就会响应 GMRP 查询，在这种情况下交换机不进行任何操作；如果装置不想留在组播组中，它既可以发送一个 leave 消息也可以不响应 GMRP 查询。一旦交换机收到装置的 leave 消息或在计时器设定期间没有收到响应消息，它便从组播组中删除该装置。

GMRP 简单明了、容易理解，但需要装置网卡驱动程序的支持，目前有这种能力的网卡较少，所以应用不是很广泛。

（3）IGMP Snooping 组播管理协议。IGMP Snooping 是 Internet Group Management Protocol Snooping（互联网组管理协议窥探）的简称，它是运行在二层以太网交换机上的组播约束机制，用于管理和控制组播组。IGMP 协议是网络层组播管理协议，运行在网络层；而 IGMP snooping 是 IGMP 的寄生协议，运行在数据链路层，采用监听 IGMP 报文的方式实现数据链路层组播管理。

运行 IGMP Snooping 的交换机通过对收到的 IGMP 报文进行分析，为交换机端口和组播 MAC 地址建立起映射关系，并根据这样的映射关系转发组播数据。当交换机监听到装置发出的 IGMP 主机报告报文时，交换机就将该装置加入到相应的组播地址表中；当监听到装置发出的 IGMP 离开报文时，交换机就删除与该装置对应的组播表项。通过不断地监听 IGMP 报文，交换机就可以在数据链路层建立和维护组播地址表。然后，交换机就可以根据组播地址表进行组播报文转发。IGMP Snooping 协议的基本原理如图 2 – 43 所示，其中询问和报告均为三层 IGMP 报文。

IGMP 用于网络层 IP 组播地址过滤，根据因特网编号授权委员会 IANA（Internet Assigned Numbers Authority）规定，组播报文的 IP 地址使用 D 类 IP 地址，其范围是 224.0.0.0 ～ 239.255.255.255。另外

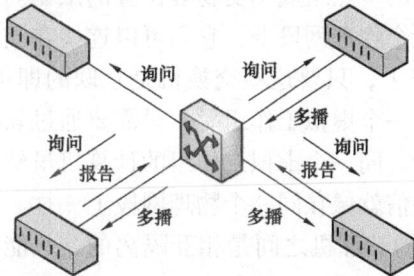

图 2 – 43　IGMP Snooping 协议的基本原理

IANA 规定组播地址的高 24bit 位以 01 – 00 – 5E 开头，所以由 D 类 IP 地址映射到的组播地址在 01 – 00 – 5E – 00 – 00 – 00 ～ 01 – 00 – 5E – 7F – FF – FF 范围内。由于 IEC 61850 标准推荐的 GOOSE 组播地址范围是 01 – 0C – CD – 01 – 00 – 00 ～ 01 – 0C – CD – 01 – 01 – FF，9 – 2 SV 组播地址范围是 01 – 0C – CD – 04 – 00 – 00 ～ 01 – 0C – CD – 04 – 01 – FF，因此采用 IGMP Snooping 协议不能使用 IEC 61850 标准推荐的 01 – 0C – CD – × × – × × – × × 系列组播地址。

采用 GMRP 和 IGMP Snooping 两种组播管理协议均可以实现二层交换机组播动态过滤，避免静态配置的复杂设置。但 GMRP 更适合于 GOOSE 和 9 – 2 SV 组播报文过滤，这是由于 GOOSE 和 9 – 2 SV 报文只在数据链路层传输，变电站各种装置可以不必支持更高层次（网络层）的 IGMP，另外组播地址也不受范围限制。

数字化变电站中的交换机和各类装置必须支持 GMRP 组播管理协议才能实现动态组播分配，但是 GMRP 的实现需要装置网卡驱动程序的支持，目前只有部分设备厂家的装置能支持 GMRP 协议。因此，GMRP 协议在变电站中还没有获得广泛应用。如果没有人工设置静态组播地址表，交换机就对 VLAN 范围内的 GOOSE 和 9 – 2 SV 组播报文全部广播转发。

四、虚拟局域网（VLAN）与 IEEE 802.1Q 标准

1. 虚拟局域网的基本概念

在传统的局域网中，一个工作组通常是在同一个网段上，每个网段可以是一个逻辑工作组或子网，多个子网之间通过路由器来交换数据。如果一个工作组的计算机要转移到另一个工作组，就需要将该计算机从一个网段撤出，连接到另一个网段内，甚至要重新布线。因此，工作组的组成受到所在网段物理位置的限制。

虚拟局域网是建立在局域网交换机之上的，它以软件方式将局域网设备从逻辑上划分（不是从物理上划分）成一个个网段（更小的局域网），从而实现虚拟工作组内部的数据通信。虚拟工作组的节点组成不受物理位置的限制。同一虚拟工作组的成员不一定要连接在同一个物理网段上，它们可以连接在同一个交换机上，也可以连接在不同的交换机上，只要这些交换机是互联的即可。当一台计算机从一个虚拟工作组转移到另一个虚拟工作组时，只需要通过软件设定，不需要改变它在网络中的物理位置。同一个虚拟工作组的计算机虽然分布在不同的物理网段上，但它们之间的通信就像在同一个物理网段上一样。需要说明的是，不同虚拟局域网（VLAN）的计算机之间是相互隔离的，只能通过路由器或三层交换机通信。

虚拟局域网的结构如图 2 – 44 所示。

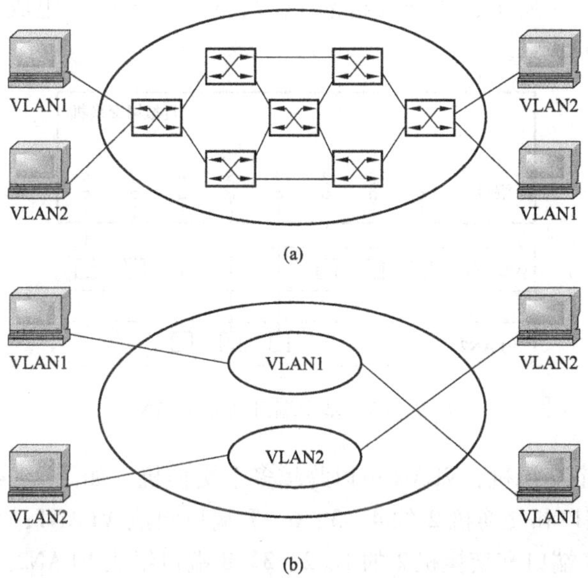

图 2 - 44 虚拟局域网的结构示意图

（a）物理结构；（b）逻辑结构

VLAN 发展很快，世界上主要的交换机厂商在他们的交换机设备中都实现了 VLAN 协议。在一个支持 VLAN 技术的交换机中，可以将它的以太网口划分为几个组，如生产组、工程组、市场组等。这样，组内的各个用户就像在同一个网段内（可能各组的用户位于很多的交换机上，而非一个交换机）一样。另外，不是本组的用户就无法访问本组的成员，在一定程度上提高了各组的网络安全性。

2. VLAN 的实现方法

虚拟局域网的概念是从传统局域网引申出来的。虚拟局域网 VLAN 在功能和操作上与传统局域网基本相同。它与传统局域网的主要区别在于"虚拟"二字上，即 VLAN 的组网方法与传统局域网不同。同属于某个 VLAN 的一组主机可以位于不同的物理网段上，但是并不受物理位置的束缚，相互之间通信就好像在同一个局域网中一样。VLAN 可以跟踪主机位置的变化，当主机的物理位置发生改变时，无需人工重新布线。因此，VLAN 的组网方法十分灵活。

交换技术本身就涉及网络的多个层次，因此 VLAN 也可以在网络的不同层次上实现。不同 VLAN 组网方法的区别，主要表现在对 VLAN 成员的定义方法上，通常有以下四种。

（1）根据端口划分 VLAN。这种划分方法是根据以太网交换机的端口来划分的。如图 2－45 所示，该交换机的 1、2、3、7、8 端口组成 VLAN1，端口 4、5、6 组成 VLAN2。

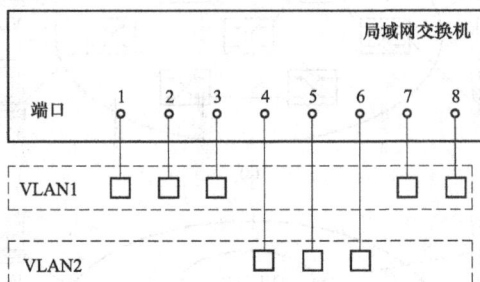

图 2－45　基于端口划分 VLAN

如果有多个交换机，VLAN 可以跨越多个交换机。如图 2－46 所示，交换机 1 的 1、2 端口和交换机 2 的 4、5、6、7 端口组成 VLAN1；交换机 1 的 3、4、5、6、7、8 端口和交换机 2 的 1、2、3、8 端口组成 VLAN2。即同一 VLAN 可以跨越多个以太网交换机。

图 2－46　跨越多个交换机的 VLAN

根据交换机端口划分 VLAN 是目前最常用的方法，IEEE 802.1Q 协议就是规定如何根据交换机端口来划分 VLAN 的标准。这种划分方法的优点是定义 VLAN 成员时非常简单，只要将所有的端口都定义一下就可以了；它的缺点是如果某个 VLAN 的用户位置发生了变化，必须重新进行 VLAN 设置。

（2）根据 MAC 地址划分 VLAN。这种划分方法是根据每个主机的 MAC 地址来划分的，即对每个 MAC 地址的主机都配置它属于哪个组。由于 MAC 地址是与硬件相关的地址，所以这种划分 VLAN 方法的最大优点就是当主机物理位置移动时（例如从一个交换机换到其他的交换机时），VLAN 不用重新配置。从这个角度上说，这种根据 MAC 地址的划分方法是基于用户的 VLAN 实现的。

这种方法的缺点是初始化时，所有的主机用户都必须进行配置，如果有几百个甚至上千个用户的话，配置工作量将非常大。而且这种划分方法也导致了交换机执行效率降低，因为在每一个交换机的端口都可能存在很多个 VLAN 组的成员。

（3）根据网络层地址划分 VLAN。这种划分方法是根据每个主机的网络层地址（例如 IP 地址）划分的。

这种方法的优点是主机的物理位置改变了，不需要重新配置它所属的 VLAN，用户可以随意移动主机而无须重新配置网络地址。另外，这种方法不需要附加的帧标签来识别 VLAN，减少了网络的流量。

缺点是相对于前面两种方法，这种方法的效率低，因为检查每一个数据包的网络层地址比检查 MAC 地址要花费更多的时间。

（4）根据 IP 组播划分 VLAN。IP 组播实际上也是一种 VLAN 的定义，可以认为一个组播组就是一个 VLAN 组。这种划分方法将 VLAN 扩大到了广域网，因此这种方法具有更大的灵活性，而且也很容易通过路由器进行扩展。当然这种方法不适合局域网，主要缺点是效率不高。

通过上面介绍可以看出，各种不同的 VLAN 定义方法有各自的优缺点，所以很多厂商的交换机都支持多种实现方法，这样网络管理者可以根据自己的实际需要进行选择。

需要说明的是，由于变电站过程层网络上的 GOOSE 报文和 9 - 2 采样值报文只在数据链路层传输，没有第三层（IP 层）的封装结构，所以上述第三、第四种 VLAN 划分方法不适用于变电站过程层网络。另外变电站一旦投运后，变电站内的各种装置一般不再频繁移动，所以基于端口划分 VLAN 是最适合、最可靠的方式。

3. IEEE 802.1Q VLAN 标准

以前许多厂商都声称他们的交换机实现了 VLAN，但各个厂商实现的方法都不相同，所以彼此是无法互连的。这样用户一旦买了某个厂商的交换机，就无法再购买其他厂商的了。为了打破 VLAN 依赖单一厂商的局面，确保不同厂商产品之间的互操作性，保护用户对网络设备的投资，IEEE 发布了 802.1Q 标准。它主要规定了基于交换机端口来划分 VLAN 的实现方法。IEEE 802.1Q 标准的发布成为 VLAN 发展史上的里程碑，目前获得了广泛的应用。

如图 2 - 47 所示，IEEE 802.1Q 标准在普通以太网帧的"源地址"字段后添加了 4 个字节的信息，称为 Tag 字段（或标签头）。这种格式的数据帧被称为带有 802.1Q 标记的帧（Tagged Frame）。普通的以太网帧由于没有这 4 个字节标志，称为未标记的帧（Untagged Frame）。

如图 2 - 47 所示，这 4 个字节的 Tag 标签头包含了 2 个字节的标签协议标记 TPID（Tag Protocol Identifier）和 2 个字节的标签控制信息 TCI（Tag Control

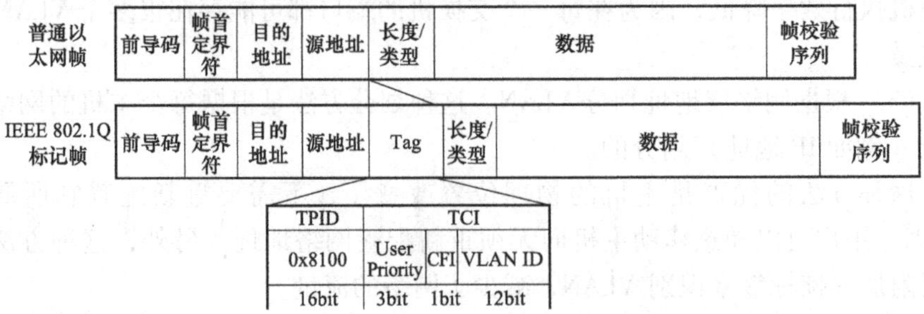

图 2 - 47 普通以太网帧和 802.1Q 标记帧

Information)。它们的详细含义如下：

（1）TPID：TPID 是 IEEE 定义的新类型，它的值固定为 0x8100。从图 2 - 47 中可以看出，IEEE 802.1Q 标记帧中 TPID 的位置和普通以太网帧中 EtherType（类型）字段的位置相同，都在源地址字段后，它们所起的作用也类似。数据帧的接收方通过这 2 个字节的值判断数据帧的类型：若这 2 个字节的值等于 0x8100，则表示该帧是一个带 IEEE 802.1Q 标签的帧；假如这 2 个字节的值等于 0x0800，则表示该帧是一个封装了 IP 报文的普通以太网帧。

（2）User Priority（用户优先级）：该字段有 3bit，包括 0 ～ 7 共 8 个优先级别。详细的定义见下一节中的 IEEE 802.1P 标准。

（3）CFI（Canonical Format Indicator）（规范格式标记）：以太网数据帧中的 CFI 总被设置为 0。

（4）VID：VLAN ID 是虚拟局域网标识，用于标记该数据帧应该发送到哪个 VLAN。该字段长度为 12bit，共支持 2^{12} = 4096 个不同的 VLAN。有效的 VID 应从 1 开始。VID = 0 表示 VLAN 功能未被启用，只带有优先级标志而 VID = 0 的数据帧也称为优先级标记数据帧。

4. 交换机对 Tag 标签头的处理过程

如前所述，在源地址字段后添加了 Tag 标签头的数据帧称为带 802.1Q VLAN 标签的 Tagged 帧；不带 VLAN 标志，或只带有 802.1P 优先级标志而 VID = 0 的数据帧，称为不带 VLAN 标签的 UnTagged 帧。

当交换机收到带 VLAN 标签的数据帧时，它将读取 Tag 标签头中的 VID 信息来识别它们所属的 VLAN。根据 VID 信息和数据帧的目的地址，交换机将数据帧转发到目标端口或其他交换机上。当 Tagged 帧跨越交换机传输时，沿途不同的交换机将凭借帧中的 VID 信息，识别该数据帧属于哪一个 VLAN。因此当 VLAN 跨越多台交换机时，应当采用 Tagged 标签帧在交换机之间传送 VLAN 信息。

除了带 VLAN 标签的 Tag 帧以外，交换机还需要能够处理不带 VLAN 标签的 UnTagged 帧。这是由于许多旧式网卡不支持 802.1Q 协议，不具备在数据帧源地址字段后添加 Tag 标签头的能力，只能发送不带 VLAN Tag 标签的普通帧。所以需要给连接这类网卡的交换机端口添加一个属性，用来决定收到的 UnTagged 数据帧属于哪个 VLAN。这个属性就是 PVID（Port-base VLAN ID）。

PVID 是基于端口的 VLAN ID，它是交换机端口的一个属性，可以被人工设置。PVID 用来标记端口收到的 UnTagged 帧。当端口收到一个 UnTagged 帧时，交换机会将本端口的 PVID 作为该帧的 VID，为该帧打上 Tag 标签，然后把该帧转发到和本端口 PVID 相同的 VLAN 当中去。

另外，许多旧式网卡收到标签帧后，它们会因为读不懂 Tag 标签而丢弃该帧。例如 IEEE 802.1Q 标签帧的最大长度已由 1518 字节增加到 1522 字节，很多网卡和旧式交换机会由于帧"尺寸过大"而丢弃标签帧。为了适应这种情况，交换机的端口可以被设置成 Untagged/Tagged 模式，Untagged 端口输出的帧不带 VLAN 标签；Tagged 端口输出的帧带 VLAN 标签。Untagged 端口用来连接不支持 IEEE 802.1Q 的设备；Tagged 端口用来连接支持 IEEE 802.1Q 的设备。

下面通过一个实例深入分析 VLAN 的通信过程。

图 2 - 48 中共有两个 VLAN：VLAN2 和 VLAN3。其中设备 1、2、5、6 属于 VLAN2；设备 3、4、7、8 属于 VLAN3；设备 9 既属于 VLAN2，也属于 VLAN3。设备 1～8 均不支持 IEEE 802.1Q 协议；设备 9 支持 IEEE 802.1Q 协议。

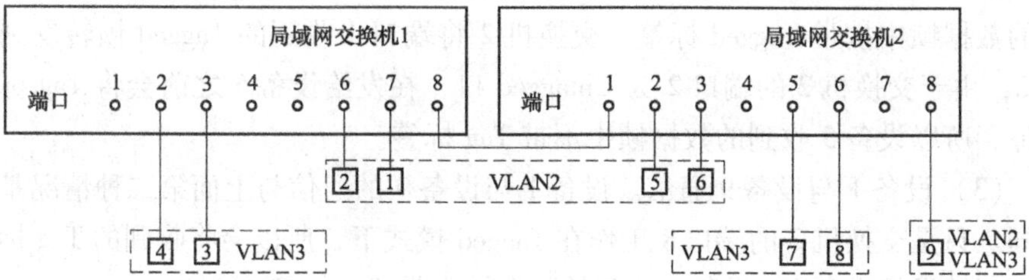

图 2 - 48　VLAN 拓扑结构图

根据上述要求，交换机 1 的 6、7 端口，交换机 2 的 2、3 端口需要划分到 VLAN2 中；交换机 1 的 2、3 端口，交换机 2 的 5、6 端口需要划分到 VLAN3 中。这 8 个端口连接的设备均不支持 IEEE 802.1Q，因此应设成 Untagged 模式。交换机 1 通过端口 8 和交换机 2 的端口 1 级联，由前面的分析可知，级联端口发出的数据帧中应含有 VLAN 标签，因此这两个端口应设成 Tagged 模式。交换机 2 的端口 8 连接支持 IEEE 802.1Q 的设备 9，也应设成 Tagged 模式。各端口的参数设置情况见表 2 - 5。

表 2 - 5   交换机端口参数设置情况

交换机 1			交换机 2		
端口	PVID	Untagged/Tagged	端口	PVID	Untagged/Tagged
2	3	Untagged	1	2	Tagged
3	3	Untagged	2	2	Untagged
6	2	Untagged	3	2	Untagged
7	2	Untagged	5	2	Untagged
8	2	Tagged	6	3	Untagged
—	—		8	2	Tagged

（1）设备 1 与设备 2 通信。设备 1 发出的数据帧为不带 VLAN 标签的 Untagged 帧，交换机 1 的端口 7 收到该帧后会打上 Tag 标签，Tag 标签头中的 VID = PVID = 2。端口 6 收到端口 7 转发的 Tagged 帧，由于端口 6 为 Untagged 口，在将该帧发送给设备 2 之前会将 Tag 标签去掉，因此设备 2 收到的数据帧中没有 Tag 标签。

（2）设备 1 与设备 5 通信。交换机 1 的端口 7 收到来自设备 1 的 Untagged 帧，端口 7 为此帧打上 Tag 标签，然后将该帧转发到交换机 1 的端口 8；交换机 1 的端口 8 与交换机 2 的端口 1 级联，由于端口 8 为 Tagged 模式，所以它发出的数据帧中携带 Tagged 标签。交换机 2 将端口 1 收到的 Tagged 帧转发到端口 2，由于交换机 2 的端口 2 为 Untagged 口，在发给设备 5 之前会将 Tag 标签去掉，所以设备 5 收到的数据帧中不带 Tag 标签。

（3）设备 1 与设备 9 通信。设备 1 与设备 9 的通信与上面第二种情况基本相同。只是交换机 2 的端口 8 工作在 Tagged 模式下，所以会将收到的 Tag 标签帧直接转发给设备 9，设备 9 收到的数据帧中带 Tag 标签。

（4）设备 9 与设备 1 通信。设备 9 发出的帧中带 Tag 标签，与之相连的交换机 2 端口 8 收到该帧后会保持 Tag 标签不变，并根据该 Tag 标签中携带的 VID 信息进行转发。交换机 2 的端口 1、交换机 1 的端口 8 收到和发出的都是带标签的 Tagged 帧，由于交换机 1 的端口 7 为 Untagged 口，在发出数据帧前会将 Tag 标签去掉，所以设备 1 收到的数据帧中不带 Tag 标签。

5. VLAN 技术的优点

任何新技术要得到广泛支持和应用，肯定存在一些关键优势。VLAN 技术也一样，它的优势主要体现在以下三个方面：

（1）控制网络上的广播流量。如前所述，每一个 VLAN 实际上都是一个独立的子网。VLAN 之间相互隔离，一个 VLAN 内部的广播包不会转发到其他 VLAN 中，因此每个 VLAN 是一个独立的广播域。常规以太网中大量的广播报文浪费了大量带宽，通过划分 VLAN 可以有效解决大量广播报文带来的带宽消耗问题，有助于减少主干网的流量，提高网络速度，更加有效地利用带宽。

如前所述，在智能变电站过程层网络中，9-2 采样值和 GOOSE 组播报文实际上是以广播的形式在交换机上传输的。通过划分 VLAN 的方法可以有效解决因大量广播报文带来的带宽消耗问题，隔离产生大量数据输出的设备（如电子式互感器合并单元），减少广播流量，节省网络带宽，保证重要报文的实时性。

（2）提高网络的整体安全性。网络上经常会传送一些保密的、关键性的数据。传统局域网存在安全性问题，因为网络上的所有用户都能进行监听，用户只要插入任一个活动端口就可监听该网段上的报文。由于每个 VLAN 是一个单独的广播域，VLAN 之间相互隔离，采用 VLAN 提供的安全机制，网络管理员可以限制 VLAN 中用户的数量，可以限制特定用户的访问，控制广播组的大小和位置，甚至锁定网络成员的 MAC 地址。这样，就限制了未经安全许可的用户和网络成员对网络的使用。

（3）增加网络连接的灵活性，方便网络管理。借助 VLAN 技术，能将位于不同地点的不同用户组合在一起，形成一个虚拟的网络环境，就像使用本地局域网一样方便灵活。在添加、删除和移动网络成员时，不用重新布线，也不用直接对成员进行配置，可以降低移动或变更工作站地理位置的开销。采用 VLAN 技术，用户可以根据业务需要快速组建和调整 VLAN，可以更容易地对整个网络进行集中管理。

五、IEEE 802.1P 优先级标准

如前所述，IEEE 802.1Q 标准在普通的以太网帧中添加了 4 个字节的 Tag 标签头。该标签头中含有 3bit 的 User Priority 优先级字段。IEEE 802.1Q 标准并没有对优先级字段进行详细定义，这部分定义被放在 IEEE 802.1P 标准中。所以 IEEE 802.1P 是 IEEE 802.1Q 标准的扩充协议，它们协同工作。

IEEE 802.1P 原本是在商用网络中用于改进多媒体语音视频服务质量的，但由于利用它可以对数据链路层上传输的帧进行优先级分类，所以它的出现对

改进工业以太网的实时性有很大的意义。Tag 标签中优先级字段有 3bit，表明 IEEE 802.1P 能够提供 8（2^3）个优先级别。最高优先级为 7，应用于最重要的网络流量。如图 2-49 所示，当各种优先级的数据帧在交换机排队时，较高优先级的数据帧能够优先通过。

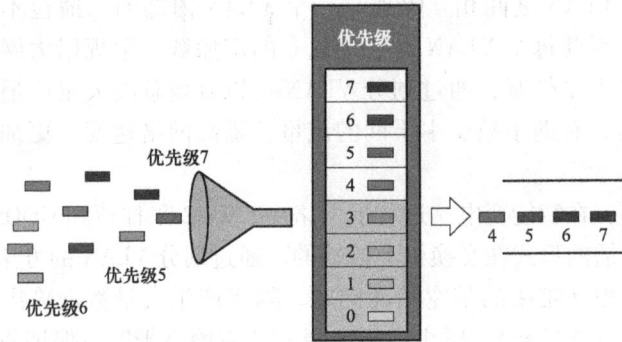

图 2-49　交换机对不同优先级数据帧的处理

当变电站通信网络负载较轻时，采用传统的交换式以太网能够满足时延确定性要求；但是当网络负载较重时（例如 9-2 采样值组网），交换机内可能出现较大的排队时延，甚至发生数据帧丢失。因此引入基于 IEEE 802.1P 的优先级机制，将重要的数据帧（例如与保护动作相关）赋予较高优先级，使其能在网络上优先传输，可以减少时延抖动和传输延迟，保证重要报文传输的实时性。

交换机具备识别数据帧优先级的能力，意味着不同优先级的数据帧在交换机端口处不能再共享同一个缓冲区。交换机需要为每个端口维护多个缓冲队列，有多少个优先级就应该有多少个缓冲队列（二者数目应该相同），如图 2-50 所示。当数据帧到达交换机端口后，根据数据帧中优先级的值，交换机将其分配到不同优先级的缓冲队列中，使优先级较高的实时数据得以迅速转发。需要指出的是，虽然 IEEE 802.1P 协议规定了 8 个优先权级别，但是目前几乎所有交换机最多只能提供 4 个不同的端口优先级缓冲队列，有的快速以太网交换机只能提供 2 个优先级缓冲队列。

当缓冲区的数目小于优先级的数目时，不同优先级的数据帧之间会发生冲突。低优先级的数据帧会阻塞高优先级的数据帧，当端口流量过载时这种情况会急剧恶化。这不但会造成交换机缓存溢出丢失数据包，而且会使得已经在缓存中的高优先级数据包处理异常，造成高优先级数据包大量积压排队然后猝发。

图 2 - 50　优先级队列缓冲区

六、交换机端口镜像

所谓端口镜像，是指交换机把一个或多个端口的数据复制到一个或多个目的端口的方法。如图 2 - 51 中，通过设置可以将交换机端口 4 接收和发送的数据帧完全相同地复制到端口 5 上。被复制的端口 4 称为镜像源端口，端口 5 称为镜像目的端口。

如前文所述，在交换式以太网中单播报文的发送者和接收者之间是"一对一"的关系，交换机只会在固定的两个端口之间转发单播报文，别的端口无法收到该报文的数据。

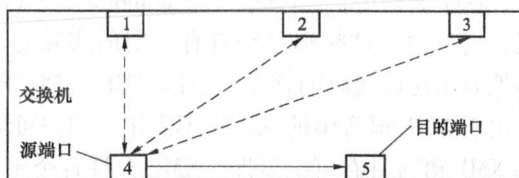

图 2 - 51　交换机端口镜像原理

为了能够实时监视进出网络的所有数据包，满足网络分析、监控管理以及故障定位的需要，目前中档以上的交换机一般都能提供端口镜像功能。通过镜像功能把一个或多个端口的数据复制到某一个镜像目的端口上，这样即使单播报文也可以在镜像目的端口上实时捕获得到，从而实现对网络的全面监听。

IEC 61850 标准中的 MMS 服务映射到 TCP/IP 协议上，因此 MMS 报文在交换机内采用单播方式传输。如果要分析变电站某台装置的 MMS 报文，必须要将连接该装置的交换机端口镜像到另一个端口上才能捕获到。

需要注意的是，端口镜像会加重交换机负载，有可能造成设备工作不稳定。另外，同时将多个源端口镜像到一个目的端口，如果各源端口数据流量总和太大，目的端口有可能无法处理而造成丢包现象。

第五节 XML 语言基础

XML 是 eXtensible Markup Language 的缩写，翻译成中文是"可扩展的标记语言"，是由万维网联盟 W3C（World Wide Web Consortium）的 XML 工作组于 1996 年开发的。"可扩展"的意思是用户可以根据需要创建自己的标记符。

XML 是一种简单的数据存储语言，使用一系列简单的标记符来描述数据。这些标记符可以由用户自己创建。例如有一本关于 XML 的教材，那么可以用下面一段 XML 文档来描述它：

```
<mybook>
    <title>XML 教程</title>
    <author>张三</author>
    <price>30.00</price>
</mybook>
```

在这个文档中，<title>、<author>、<price>等语句就是我自己创建的标记符（Tag）。这些标记符具有一定的实际意义，另外一个懂英文的人能很容易地看出这段代码的含义。所以 XML 文档易于阅读，具备自描述性。

由于 XML 语言中的标记符不固定，用户可以根据需要创建自己的标记符，因此 XML 语言具有可扩展性。XML 允许各个不同的行业（如通信、化学、电力等）发展与自己特定领域有关的标记语言。在某个行业中使用 XML 时，逐渐将标记符固定下来就形成一种只在本行业中专用的标记语言。如化学中的化学标记语言（CML）、通信中的无线标记语言（WML），就是 XML 与特定行业相结合形成的特定标记语言。当然这些语言各自具有特定的语法与语义，脱离了本行业就不再具有实际意义。

虽然存储时 XML 要比二进制数据占用更多的空间，但 XML 极其简单，易于掌握和使用。XML 已经在计算机网络应用编程、新型数据库系统、网络数据交换和跨平台编程中发挥越来越重要的作用。XML 正在成为电子商务运营和数据管理的核心技术。

IEC 61850 - 6 部分定义了一种变电站配置描述语言 SCL（Substation Configuration Language）。SCL 就是利用 XML 的可扩展性，以 XML 1.0 版本为基础，根据变电站配置的特殊需求定义的一种电力行业专用标记语言，它在语法上遵循 XML 的语法规定。SCL 的应用使得变电站设备自描述、设备的在线配置及相互之间的互操作可以方便地实现。

一、XML 文档内容

首先来看一个简单的 XML 文档，具体代码如下：

```
1  <? xml version = " 1.0" encoding = " GB2312" ? >
2  <mybook >
3      <title >XML 教程 </title >
4      <author sex = " male" >张三 </author >
5      <price >30.00 </ price >
6      <! - -This is RMB - - >
7  </mybook >
```

上述代码的含义如下：

第 1 行是一个 XML 声明，表示该文档遵循 XML1. 0 版的规范。

第 2 行定义了文档中的第一个元素 < mybook >。< mybook > 也称为根元素。紧接着第 3、4、5 行分别定义了三个子元素 < title >、< author >、< price >，分别表示书名、书的作者和价格。

第 4 行中的 sex 是 < author >元素的属性，提供了 < author >的额外信息。

第 6 行是文档的注释信息，便于读者的阅读和理解。

第 7 行表示根元素的结束。

下面分别介绍 XML 文档的各个组成部分。

1. 元素（Element）

元素是 XML 文档的基本组成部分。所有的 XML 数据都必须包含在元素中。上面的文档中，"mybook"、"title"、"author"、"price" 是元素的名字，"XML 教程"、"张三"、"30. 00" 是元素的内容。元素可以包含其他的元素。

（1）XML 元素的命名规范。XML 元素的命名必须遵守下列规范：

1）元素的名字可以包含字母、数字和其他字符，但不能包含空格；不能以数字或者标点符号开头，也不能以 XML（或者 xml、Xml、xML）开头。

2）可以采用非英文的字符或字符串作为元素的名字，例如 < 歌曲 >、< 文章 >等，但是有一些软件不支持这种命名，所以最好使用英文字母来命名。

（2）起始标记符和结束标记符。

1）一个代表元素开始的分隔符被称作起始标记符。起始标记符是一个包含在尖括号里的元素名。上面文档中的 < mybook >、< title >、< price >等都是合法的起始标记符。需要说明的是，XML 对大小写敏感，所以 < BOOK >、< book >、< bOOK >是不同的标记符。

2）代表元素结束的分隔符被称作结束标记符。结束标记符由一个反斜杠

和元素名组成，也被包含在尖括号中。上面文档中的 </mybook>、</title>、
</price>等都是结束标记符。每一个结束标记符都必须与其对应的起始标记
符相匹配，所以一个完整的元素应该是如下形式：

<起始标记符>包含的内容</结束标记符>

例如前面文档中：

<title>XML 教程</title>

（3）XML 元素的类型。XML 一共有四类元素，分别如下：

1）空元素。如果一个元素不包含任何文本，那么它就是个空元素。空元
素有两种书写方式，其作用是完全相同的，如下所示：

```
<book> </book>
<book/>
```

2）仅含文本的元素。有些元素仅含文本内容，如前面文档中的 <title>
和 <price>。

```
3 <title>XML 教程</title>
5 <price>30.00 </price>
```

3）含子元素的元素。一个元素可以包含其他的元素，元素之间形成嵌
套。被包含的元素称为子元素（child），容器元素称为母元素（parent）。需要
说明的是，子元素还可以再包含子元素，形成多级嵌套。

例如：

```
<mybook>
    <computer>
        <title> XML 教程</title>
    </computer>
</mybook>
```

4）混合元素。混合元素既含有文本，也含有子元素，例如：

```
<DVD>
    经典电视剧
    <title>红楼梦</title>
    <format>电视剧</format>
</DVD>
```

（4）元素的嵌套。XML 对元素有个非常重要的要求，即它们必须正确地嵌套。如果一个元素在另一个元素内开始，那么也必须在同一个元素内结束。例如下面的一段文档：

```
<mybook>
    <title> XML 教程 </mybook>
</title>
```

<mybook> 和 <title> 之间有相互重叠的区域，这在 XML 中是严格禁止的。在遇到没有正确使用的嵌套标记符时，XML 的解析程序会立刻发出一个"not Well-formed"的错误报告，然后退出处理。该文档的正确格式应该为：

```
<mybook>
    <title> XML 教程 </title>
</mybook>
```

2. 属性（Attribute）

属性是对元素进一步的描述和说明，它也是由用户自己定义的。一个元素可以拥有多个属性，每个属性都有它自己的名称和数值。当元素包含属性时，常被称为复合类型元素（Complex Type）。

注意特定名称的属性在同一个元素中只能出现一次，另外属性值需要包含于单引号或双引号中，它的基本格式如下：

```
<元素名 属性名 ="属性值">
```

例如上面文档中的 sex 属性：

```
<author sex ="male"> 张三 </author>
```

另外，我们可以将属性改写为嵌套的子元素。例如下列代码：

```
<DVD id ="1">
    <title> 红楼梦 </title>
    <format> 电视剧 </format>
</DVD>
```

将 id 属性改为子元素，代码可以改为：

```
<DVD>
    <id>1</id>
    <title> 红楼梦 </title>
    <format> 电视剧 </format>
</DVD>
```

上面的属性和子元素两种写法都是可以接受的。但是在 XML 中，最好避免使用属性，这是因为使用属性所编写的 XML 文档比较难以阅读和难以被程序处理。所以最好使用元素来描述数据。属性仅用来描述那些与数据关系不大的额外信息。

3. 注释

注释可以出现在 XML 文档中的任何位置。注释以" < ! - "开始，以" - >"结束。注释内的任何元素和属性都被忽略。如果希望屏蔽掉 XML 文档的一部分，只需用注释标记括住那个部分即可。要恢复这个注释掉的部分，只需除去注释标记即可。注释的语法如下：

```
< ! - - 这里是注释信息 - - >
```

例如前面文档中：

```
< ! - - This is RMB - - >
```

注释并不影响 XML 文档的处理，良好的注释能够使文档更加便于维护和共享。

二、XML 语法简介

1. 格式良好的 XML 文档

虽然 XML 允许用户灵活地定义自己所需要的标记符，但 XML 文档必须遵循一定的规则。严格按照规则定义的 XML 文档称为格式良好（well-formed）的 XML 文档。

XML 文档必须满足以下六项基本规则：

（1）必须有 XML 声明语句，这在前面已经提到过。XML 声明是 XML 文档的第一句，它的作用是告诉处理程序，这个文档是 XML 文档。

（2）注意大小写。在 XML 文档中，大小写代表不同的标记符。在编写 XML 文档时要注意减少因为大小写不匹配而产生的文档错误。

（3）所有文档必须有且只有一个包含所有其他内容的根元素，如前面例子中的 < mybook > 和 </mybook >。根元素的起始标记要放在所有其他元素的起始标记之前；根元素的结束标记要放在所有其他元素的结束标记之后。

（4）属性值必须使用引号。XML 中规定，所有属性值必须加引号（可以是单引号，也可以是双引号），否则将被视为错误。

（5）所有的开始标记符必须有相应的结束标记符。在 XML 中，所有标记符必须成对出现，有一个开始标记，就必须有一个结束标记。空标记符必须被关闭，例如前面的空元素。

```
<book ></book >
<book/ >
```

（6）标记符必须正确嵌套。

另外，对于所有标记符以外的空白内容，XML 解析器都会保留并不加修改地传递给应用程序。

2. 有效的 XML 文档

从上面可以看出，XML 文档中的标记大多是由用户自己定义的。如果同行业内的两家公司要用 XML 文档相互交换数据，它们之间必须有一些约定，例如编写 XML 文档时可以用哪些标记、母元素中能够包括哪些子元素、各个元素出现的顺序、元素中的属性怎样定义等。这样它们用 XML 交换数据时才能够畅通无阻。

这种约定可以是文档格式定义 DTD（Document TypeDefinition），也可以是 XML Schema（模式）。由于 DTD 存在不少缺点，微软（Microsoft）开发了 XML Schema 作为 DTD 的替代品。XML Schema 文档本身也是 XML 文档，而不像 DTD 使用自成一体的语法，因此 Schema 简单易懂，了解 XML 语法规则的人都可以很快地理解它。另外，用户和开发者可以使用相同的工具来处理 XML Schema 和其他 XML 信息。

严格按照某种 Schema 规则定义的 XML 文档称为有效（Valid）的 XML 文档。

3. XML 文档"格式良好"和"有效"的关系

一个格式良好的 XML 文档不一定是有效的文档，但有效的 XML 文档一定是格式良好的文档。一个有效的 XML 文档既应该是格式良好的文档，同时还应符合 XML Schema 模式所定义的规则。

三、命名空间（Namespaces）

正是由于命名空间的引入，XML 才得到了广泛的应用。命名空间为 XML 提供了一种避免元素命名冲突的方法。

1. 命名冲突

在 XML 中，元素名称是由用户自己定义的，当两个不同的文档使用相同的元素名时，就会发生命名冲突。

例如第一个 XML 文档在 table 元素中包含了水果的信息：

```
<table >
    <td >苹果</td >
    <td >香蕉</td >
</table >
```

第二个 XML 文档在 table 元素中包含了一件家具的信息（餐桌）：

```
<table>
    <name>餐桌</name>
    <width>80</width>
    <length>120</length>
</table>
```

当这两个 XML 文档片段在一起使用时，就会发生命名冲突的问题。因为这两个文档都包含 <table> 元素，而这两个 <table> 元素的定义和所包含的内容又各不相同。我们可以使用前缀来解决命名冲突问题。第一个包含水果信息的 XML 文档可以改为：

```
<fruit:table>
    <fruit:td>苹果</fruit:td>
    <fruit:td>香蕉</fruit:td>
</fruit:table>
```

第二个包含家具信息的 XML 文档可以改为：

```
<furniture:table>
    <furniture:name>餐桌</furniture:name>
    <furniture:width>80</furniture:width>
    <furniture:length>120</furniture:length>
</furniture:table>
```

现在命名冲突不存在了，这是因为两个文档都对各自的 table 元素添加了前缀，table 元素在两个文档中分别是 <fruit：table> 和 <furniture：table>。通过使用前缀，我们创建了两种不同类型的 table 元素。这种解决冲突的思路就是命名空间。下面将详细介绍命名空间的定义和用法。

2. 命名空间的定义

在 XML 中，命名空间是用统一资源标记符 URI（Uniform Resource Identifier）标示的一个虚拟空间。统一资源标记符 URI 是一串用来标记因特网资源的字符，例如因特网的网络地址 http：//www. w3. org/。

命名空间是防止具有相同名字的元素之间冲突的一种方法，它通过给元素名添加 URI 的方法来区别这些相同名称的元素。与前面仅仅使用前缀的方法不同，命名空间需要我们为元素添加一个 xmlns（XML Namespace）属性，并且 xmlns 属性要被放置于元素的开始标记之中。

xmlns 属性的定义格式为：

```
xmlns:prefix ="URI"
```

prefix 是定义的命名空间的前缀，可以由用户自由选择。

仍然以前面两个文档为例，我们为 < table > 元素添加一个 xmlns 属性，第一个包含水果信息的 XML 文档为：

```
<h:table xmlns:h ="http://www.w3.org/TR/html4/" >
    <h:td>苹果</h:td>
    <h:td>香蕉</h:td>
</h:table>
```

第二个包含家具信息的 XML 文档为：

```
<f:table xmlns:f ="http://www.w3school.com.cn/furniture" >
    <f:name>餐桌</f:name>
    <f:width>80</f:width>
    <f:length>120</f:length>
</f:table>
```

命名空间需要在 XML 文档的开头部分声明，一般被放置在元素的开始标记处。当命名空间被放置在元素的开始标记中时，所有带有相同前缀的子元素都会与同一个命名空间相关联。

3. 命名空间的用法

命名空间有两种使用方法，即默认的命名空间和明确声明的命名空间。前面的定义其实属于明确声明的命名空间。下面介绍默认命名空间的定义方法。

为元素定义默认的命名空间不需要指定前缀 *prefix*，而且使用默认命名空间的所有元素和属性都不需要任何前缀。它的定义格式为：

```
xmlns ="URI"
```

下面这两段文档就是使用默认命名空间的定义方式。

第一个包含水果信息的 XML 文档为：

```
<table xmlns ="http://www.w3.org/TR/html4/" >
    <td>苹果</td>
    <td>香蕉</td>
</table>
```

第二个包含家具信息的 XML 文档为：

```
<table xmlns = "http://www.w3school.com.cn/furniture" >
   <name >餐桌 </name >
   <width >80 </width >
   <length >120 </length >
</table >
```

提示：

用于标示命名空间的网络地址 URI，其唯一的作用是赋予命名空间一个唯一的名称，因此它仅仅是一种区别的标志。XML 解析器并不需要从这个网络地址查找信息，因此该地址不会被 XML 解析器调用。

第六节　XML Schema　基　础

XML Schema 是 2001 年 5 月正式发布的 W3C 标准，目前已经成为定义 XML 文档结构和内容事实上的标准，被广泛地应用在多个领域。IEC 61850 标准就利用 XML Schema 定义了 SCL 文件的具体语法结构。IEC 61850 标准的第 6 部分使用了 8 个 Schema 文件定义了 SCL 文件中的各种元素属性，及其所属的数据类型，保证 SCL 文件格式统一规范。

一、XML Schema 定义的内容

XML Schema 用来定义和描述 XML 文档的结构和内容。它定义 XML 文档中存在哪些元素、属性以及这些元素之间的关系，并且可以定义元素、属性所属的数据类型。XML Schema 语言也称作 XML Schema 定义，其缩写为 XSD（XML Schema Definition）。

XML Schema 定义的内容具体包括以下五方面：

（1）定义可出现在文档中的元素和属性；

（2）定义元素和属性的默认值以及固定值；

（3）定义哪些元素是子元素，子元素出现的顺序和数目；

（4）定义元素是否为空 null，或者是否可包含文本；

（5）定义元素和属性的数据类型。

二、XML Schema 文档的语法结构和用法

1. XML Schema 的语法结构

XML Schema 本身是 XML 文档，也使用 XML 语法。

Schema 文档的语法结构如下：

```
1 <? xml version = "1.0"? >
2 <xs:schema xmlns:xs = "http://www. w3. org/2001/XMLSchema" >
3 ...
4 </xs:schema >
```

文档的第 1 行是声明语句，它与普通 XML 文档的声明语句是相同的。

文档第 2 行就是根元素 < schema >。根据 W3C 标准的规定，所有的 Schema 文档都必须使用 < schema > 元素作为根元素。

命名空间采用了明确声明的格式，"xs" 为前缀。虽然在语法上允许任意选取前缀，但是按照惯例我们一般使用 "xs"。用于构造 Schema 文档的元素和数据类型一般来自于" http：//www. w3. org/2001/XMLSchema"这个命名空间。

2. XML Schema 的用法

下面是一个简单的 XML 文档 "note. xml"：

```
<? xml version = "1.0"? >
<note >
    <to >George </to >
    <from >John </from >
    <heading >Reminder </heading >
    <body >Don't forget the meeting!  </body >
</note >
```

下面是 XML Schema 定义文档 "note. xsd"，它定义了上面 note. xml 中的元素：

```
<? xml version = "1.0"? >
<xs:schema xmlns:xs = "http://www. w3. org/2001/XMLSchema"
    elementFormDefault = "qualified" >
    <xs:element name = "note" >
    <xs:complexType >
        <xs:sequence >
            <xs:element name = "to" type = "xs:string"/>
            <xs:element name = "from" type = "xs:string"/>
            <xs:element name = "heading" type = "xs:string"/>
            <xs:element name = "body" type = "xs:string"/>
        </xs:sequence >
    </xs:complexType >
</xs:element >
</xs:schema >
```

这个片断：

```
elementFormDefault = "qualified"
```

指出当任何 XML 实例文档使用 "note. xsd" 中声明过的元素时，必须被命名空间限定，即 XML 实例文档中所使用的元素都必须携带该命名空间的前缀。

从 "note. xsd" 中可以看出，note 被定义成复合类型的元素，包含 to、from、heading、body 四个简单类型的元素。更多有关复合类型和简易类型的知识将在下面的章节介绍。

在 "note. xml" 中可以对 "note. xsd" 进行引用，如下所示：

```
< ? xml version = "1.0"? >
< note xmlns:xsi = "http://www.w3.org/2001/XMLSchema - instance"
    xsi:schemaLocation = "http://www.w3school.com.cn note.xsd" >
    < to > George < /to >
    ...
</note >
```

xmlns：xsi 代表 XML Schema 实例命名空间。一旦声明了 xmlns：xsi，就可以使用 schemaLocation 属性了，如下面文档片段：

```
xsi:schemaLocation = "http://www.w3school.com.cn note.xsd"
```

xsi：schemaLocation 的属性值包含两部分：第一部分是需要使用的命名空间"http：//www.w3school.com.cn"；第二部分是 XML schema 文件所处位置的相对路径"note. xsd"。

三、XML Schema 中的数据类型

XML Schema 中的数据类型可以分为简单数据类型和复杂数据类型两类。

1. 简单数据类型

简单数据类型又可以分为内置数据类型和用户自定义的简单数据类型两类。

（1）内置数据类型。内置数据类型是 XML Schema 中定义的一些原始数据类型，包括 Primitive 原始数据类型和 Derived 派生数据类型。这两种数据类型是 XML Schema 中各种数据类型最基本的构成单元。我们可以利用这些基本类型来描述元素的内容和属性值，也可以利用它们去定义新的数据类型。常用的 Primitive 原始数据类型见表 2－6。

表 2 − 6   常用的 **Primitive** 原始数据类型

数据类型	描　述
string	XML 中任意的合法字符串
boolean	布尔量，其值为 true 或 false
decimal	表示十进制的数字
float	表示 32 位单精度的浮点实数
double	表示 64 位双精度的浮点实数
anyURI	代表一个 URI，用来定位文件

Derived 派生数据类型是由 Primitive 原始数据类型或其他的 Derived 数据类型派生出的。常用的 Derived 派生数据类型见表 2 − 7。

表 2 − 7   常用的 **Derived** 派生数据类型

数据类型	描　述
integer	表示具有可选前导符号（ + 或 − ）的十进制数字序列 （由 decimal 派生出）
long	表示一个整数，其最小值为 -2^{63}，最大值为 $2^{63}-1$ （由 integer 派生出）
int	表示一个整数，其最小值为 -2^{31}，最大值为 $2^{31}-1$ （由 long 派生出）
nonNegativeInteger	表示大于或等于零的整数（由 integer 派生出）
positiveInteger	表示大于零的整数（由 nonNegativeInteger 派生出）
unsignedLong	表示一个整数，其最小值为 0，最大值为 $2^{64}-1$ （由 nonNegativeInteger 派生出）
unsignedInt	表示一个整数，其最小值为 0，最大值为 $2^{32}-1$ （由 unsignedLong 派生出）
normalizedString	表示规格化的字符串（由 string 派生出）

（2）用户自定义的简单数据类型（simpleType）。XML Schema 中的简单数据类型除了上面介绍的 Primitive 和 Derived 内置数据类型外，还有一类是由用户自定义的简单数据类型。这一类数据类型是用户在已经存在的 Primitive 和 Derived 类型基础上派生定义的。

定义的语法如下：

```
<xs:simpleType name = "自定义的数据类型名称" >
    <xs:restriction base = "内置数据类型的名称" >
    … 自定义数据类型的内容…
    </xs:restriction >
</xs:simpleType >
```

其中，simpleType 是 XML Schema 中的一个很重要的关键字，代表所定义的是一个简单数据类型。

restriction 称为限定，用于为 XML 数据定义可以接受的值。常用的 restriction 关键字及其含义见表 2 – 8。

表 2 – 8　　　　　　　　　　　restriction 关键字及其含义

关键字	含　义
enumeration	指定一个可选值的列表，用户只能在该列表中选值
fractionDigits	限定最大的小数位数，必须大于等于 0，用于控制精度
length	指定数据的长度，必须大于或等于 0
maxExclusive	指定数据的最大值，数据的值必须小于此值
maxInclusive	指定数据的最大值，数据的值必须小于或等于此值
maxLength	指定数据长度的最大值
minExclusive	指定数据的最小值，数据的值必须大于此值
minInclusive	指定数据的最小值，数据的值必须大于或等于此值
minLength	指定数据长度的最小值
pattern	指定数据的显示规范，定义可接受的字符的精确序列
totalDigits	定义所允许的阿拉伯数字的精确位数，必须大于 0
whiteSpace	定义空白字符（换行、回车、空格以及制表符）的处理方式

例如我们可以定义一种简单数据类型，用于存放电话号码。具体定义代码如下：

```
1 <xs:simpleType name = "phone" >
2    <xs:restriction base = "xs:string" >
3       <xs:length value = "8"/ >
4       <xs:pattern value = "\d{4} - \d{3}"/ >
5    </xs:restriction >
6 </xs:simpleType >
```

第 1 行表示这个自定义的数据类型名称为 phone；第 2 行使用 restriction 关键字来指出这个数据基于 string 基本类型；第 3 行表示只能容纳 8 个字符；第 4 行中的 "\d{4} – \d{3}" 是一个正则表达式，\ d 表示阿拉伯数字，{} 用来指定表达式中数字的个数，"\d{4} – \d{3}" 指出这种类型的数据必须匹配 dddd – ddd 的模式（d 表示 0～9 之间的数字）。下面这个 XML 元素就符合 phone 数据类型的定义：

```
<phone> 0532 –789 </phone>
```

提示：

pattern 元素的 value 属性值必须是一个正则表达式。正则表达式是由普通字符（例如字母 a～z）以及特殊字符（元字符）组成的文字模式。正则表达式实际上是一个模板，它描述了一种字符串应该匹配的模式。我们可以用它来检查一个字符串是否符合某种特定的模式。关于正则表达式中常用的符号及用法读者可参阅相关的文献，本书不再详述。

我们也可以自定义枚举数据类型。例如定义一个新类型 sex，sex 类型从 string 类型导出，它的值要么是 male，要么是 female，定义代码如下：

```
1 <xs:simpleType name ="sex" >
2     <xs:restriction base ="xs:string" >
3         <xs:enumeration value ="male"/ >
4         <xs: enumeration value ="female"/ >
5     </xs:restriction >
6 </xs:simpleType >
```

同样也可以定义数值型数据类型。例如创建一个新类型 num，其值在 20～100 之间，定义代码为：

```
1 <xs:simpleType name ="num" >
2     <xs:restriction base ="xs:positiveInteger" >
3         <xs: maxInclusive value ="100"/ >
4         <xs: minInclusive value ="20"/ >
5     </xs:restriction >
6 </xs:simpleType >
```

2. 复合数据类型（complexType）

在 XML Schema 中，那些既拥有自己的内容，又包含自身属性和子元素的元素数据类型称为复合数据类型。复合数据类型的定义语法如下：

```
<xs:complexType name="自定义数据类型名称">
    ...自定义数据类型的内容(包括子元素和属性的声明)...
</xs:complexType>
```

下面的文档代码给出了一个复合数据类型定义的实例。该数据类型名称为 studentname，包含 firstname 和 lastname 两个子元素。

```
<xs:complexType name="studentname">
    <xs:sequence>
        <xs:element name="firstname" type="xs:string"/>
        <xs:element name="lastname" type="xs:string"/>
    </xs:sequence>
</xs:complexType>
```

四、XML Schema 中的元素声明

根据所属的数据类型，XML 元素可以分为简单元素和复杂元素两种。无论是简单元素还是复杂元素，在 XML Schema 中都要使用 element 元素来声明。

（一）简单元素的声明

1. 简单元素的定义

简单元素又称为简易元素，是指那些仅包含文本，不包括属性和子元素的元素。文本可以是数字、字符串或用户自定义的简单类型的数据。下面的 quantity 元素就是一个简单元素：

```
<quantity>66</quantity>
```

2. 简单元素的声明方式

在 Schema 文件中声明一个简单元素时，必须使该元素与某一种简单数据类型相关联。简单元素声明的语法如下：

```
<xs:element name="元素名称" type="数据类型名称" default="默认值"
fixed="固定值"minOccurs="nonNegativeInteger"
maxOccurs="nonNegativeInteger/unbounded">
```

- name：指定要声明的元素的名称。
- type：指定该元素的数据类型。
- default：指定该元素的默认值，defalt 是可选的。
- fixed：指定该元素的固定值，fixed 是可选的。

- minOccurs：指定该元素在 XML 文档中最少应出现的次数。如果为 0，则该元素是可选的，可以不出现在文档中；如果大于 0，则该元素在 XML 文档中至少要出现指定的次数。minOccurs 本身是可选的，其默认值为 1。

- maxOccurs：指定该元素在 XML 文档中最多能出现几次。如果为大于 0 的整数，则该元素在 XML 文档中最多能出现指定的次数；如果为 unbounded，则该元素可以出现任意多次。maxOccurs 也是可选的，其默认值为 1。

如果 minOccurs 单独出现，其取值只能为 0 或 1；如果 maxOccurs 单独出现，则它必须取为大于等于 1 的整数。

下面的 Schema 文档声明了四个简单类型的元素 productname、description、price、quantity：

```
1 <xs:element name = "productname" type = " xs:string "/>
2 <xs:element name = "description" type = " xs:string "/>
3 <xs:element name = "price" type = " xs:positiveInteger "/>
4 <xs:element name = "quantity" type = " xs:nonNegativeInteger "/>
```

从该 Schema 文档中可以看出：productname、description 元素的值必须是字符串；price 的值必须是大于 0 的整数；quantity 的值必须是大于等于 0 的整数。下面这个 XML 文档片段中的四个简单元素就符合上述要求：

```
1 <productname>水浒传</productname>
2 <description>中国古典名著</description>
3 <price>25.00</price>
4 <quantity>35</quantity>
```

（二）复合元素的声明

1. 复合元素定义

复合元素又称为复杂元素，是指包含属性或子元素的元素。

下面是四种复合元素的例子：

1）复合元素 "product"，仅包含属性，文本是空的：

```
<product pid = "1345"/>
```

2）复合元素 "employee"，仅包含子元素：

```
<employee>
    <firstname>John</firstname>
    <lastname>Smith</lastname>
</employee>
```

3）复合元素 "food"，包含属性和文本：

```
< food type = "dessert" > Ice cream < /food >
```

4）复合元素 "description"，既包含子元素又包含文本：

```
< DVD >
    经典电视剧
    < title > 红楼梦 < / title >
    < format > 电视剧 < / format >
< /DVD >
```

2. 复合元素的声明方式

在 XML Schema 中共有两种声明复合元素的方式：

1）通过直接命名的方式对复合元素进行声明，例如下面文档中的 "employee"：

```
< xs:element name = "employee" >
    < xs:complexType >
        < xs:sequence >
            < xs:element name = "firstname" type = "xs:string"/ >
            < xs:element name = "lastname" type = "xs:string"/ >
        < /xs:sequence >
    < /xs:complexType >
< /xs:element >
```

这种方式称为匿名类型的声明。如果采用这种方式，那么在 XML 文档中仅有 " employee" 可使用所定义的复合类型。

2）采用与声明简单元素类似的方式，使用 type 属性，语法格式如下：

```
< xs:element name = "元素名称" type = "数据类型名称" >
```

与简单元素的声明方式不同的是，复合元素声明中 type 属性的值必须是一个复杂数据类型。上面文档中的 "employee" 元素，在这种声明方式下为：

```
1 < xs:element name = "employee" type = "personinfo"/ >
2     < xs:complexType name = "personinfo" >
3         < xs:sequence >
4             < xs:element name = "firstname" type = "xs:string"/ >
5             < xs:element name = "lastname" type = "xs:string"/ >
6         < /xs:sequence >
7     < /xs:complexType >
```

第 1 行表示该复合元素的名字为 employee，所属的数据类型是 personinfo。

第 2～7 行给出了复杂数据类型 personinfo 的详细定义。这段定义的含义是：在 XML 文档中出现的所有名字为 employee 的元素都必须包含两个子元素，这两个子元素的名字必须为 firstname、lastname，且必须属于字符串类型。第 3 行的＜xs：sequence＞表示，这两个子元素必须按照 firstname →lastname 的先后顺序依次出现。

如果采用这种声明方式，那么可以有多个复合元素同时使用该"personinfo"类型，例如：

```
<xs:element name = "employee" type = "personinfo"/ >
<xs:element name = "student" type = "personinfo"/ >
<xs:element name = "member" type = "personinfo"/ >
```

另外，利用 complexContent 关键字可以对已有的复合类型的元素进行扩展。例如下面的文档就是以"personinfo" 为基础，添加另外一些元素形成的"fullpersoninfo"复合元素：

```
<xs:element name = "employee" type = "fullpersoninfo"/ >
<xs:complexType name = "fullpersoninfo" >
    < xs：complexContent >
        <xs:extension base = "personinfo" >
            <xs:sequence >
                <xs:element name = "address" type = "xs:string"/ >
                <xs:element name = "city" type = "xs:string"/ >
                <xs:element name = "country" type = "xs:string"/ >
            </xs:sequence >
        </xs:extension >
    </xs:complexContent >
</xs:complexType >
```

3. 复合元素声明中的 mixed 属性

如果复合元素中既包含子元素又包含文本，如下所示：

```
<contract >
    购房合同
    <item > 共 10 条 </item >
</ contract >
```

那么不管此元素是否包含属性，在声明的时候都必须在 complexType 元素上把 mixed 属性的值设为 true：

```
<xs:element name = "contract" type = "class"/>
    <xs:complexType name = "class" mixed = "true">
        <xs:sequence>
        <xs:element name = "item" type = "xs:string"/>
        </xs:sequence>
    </xs:complexType>
```

五、XML Schema 中的属性声明

在 XML Schema 中，需要使用 attribute 元素来声明 XML 文档中的属性，其声明语法如下：

```
<xs: attribute name = "属性名称" type = "数据类型名称" default = "默认值" fixed = "固定值" use = "optional/required">
```

- name：用来指定自定义属性的名称。
- type：指定该属性所属的数据类型，注意只能是简单数据类型。
- default：用来指定该属性的默认值，defalt 是可选的。
- fixed：用来指定该属性的固定值，fixed 是可选的。注意 fixed 值的概念和 default 值的概念是互斥的，同时声明 fixed 和 default 属性是不允许的。
- use：说明该属性是强制还是可选的。若为 required，说明属性是强制的；若为 optional，说明是可选的。默认情况下 use 的值是 optional。

在 XML 文档中，所有的属性都附加在元素上，拥有属性的元素都是复合元素。在 XML Schema 中，< xs：attribute > 一定是 < schema > 根元素、< complexType > 元素或者 < attributeGroup > 属性组元素的子元素。

以下是一个带有属性的 XML 复合元素实例：

```
<name age = "27">
<first>Smith</first>
</name>
```

下面是对应的 schema 定义：

```
1 <xs:element name = "name">
2     <xs:complexType>
3         <xs:element name = "first" type = "xs:string"/>
4         <xs:attribute name = "age" type = "xs:integer" use = "optional "/>
5     <xs:complexType>
6 </xs:element>
```

上面文档的第 4 行定义了一个名字为 age 的属性，它的值必须是一个整数。需要注意的是，<xs：attribute> 应该在 complexType 定义的最后进行定义。

在 XML 文档中，所有的属性都附加在元素上，拥有属性的元素都是复合元素。在 XML Schema 中，<xs：attribute> 一定是 <Schema> 根元素、<complexType> 元素或 <attributeGroup> 属性组元素的子元素。

六、元素组和属性组的创建

在 XML Schema 中，我们可以将用户定义的相关元素和属性组合成元素组和属性组。XML Schema 提供了下列元素用来组合元素和属性：

- sequence：指定组中的子元素在父元素内按照一定的顺序出现。
- all：组中的子元素在父元素内可以按照任意顺序出现。
- group：用通用名组合成组。
- choice：同一时刻只能使用组中子元素的其中之一。
- attributeGroup：创建属性组。

1. sequence 元素

凡是在 sequence 元素中定义的一列元素，必须按照指定的顺序依次显示。语法如下：

```
<xs:sequence>
    子元素 1 的声明
    子元素 2 的声明
    …
</xs:sequence>
```

例如下面代码的第 4～6 行声明的 one、two、three 三个子元素，它们在 XML 文档中必须要按照 one→two→three 的顺序出现，否则这个文档就不是一个有效的 XML 文档。

```
1  <xs:element name = "name">
2      <xs:complexType>
3          <xs:sequence>
4              <xs:element name = "one" type = "xs:string"/>
5              <xs:element name = "two" type = "xs:string"/>
6              <xs:element name = "three" type = "xs:string"/>
7          </xs:sequence>
8      </xs:complexType>
9  </xs:element>
```

2. choice 元素

choice 元素用于多个子元素之间互斥的情况。具体语法如下：

```
<xs:choice>
    子元素 1 的声明
    子元素 2 的声明
    ...
</xs:choice>
```

例如下面代码的第 4 ~ 6 行声明的 one、two、three 三个子元素，它们在 XML 文档中只能出现一个；若有两个或两个以上同时出现，那么该文档就不是一个有效的 XML 文档。

```
1  <xs:element name = "name">
2      <xs:complexType>
3          <xs: choice>
4              <xs:element name = "one" type = "xs:string"/>
5              <xs:element name = "two" type = "xs:string"/>
6              <xs:element name = "three" type = "xs:string"/>
7          </xs: choice>
8      </xs:complexType>
9  </xs:element>
```

3. group 元素

group 元素可以将一系列元素组合成一组，定义的语法如下：

```
<xs:group name = "组名">
    子元素 1 的声明
    子元素 2 的声明
    ...
</xs:group>
```

- name 是元素组的名字，不能包含冒号。

例如下面的文档中定义了一个 custname 元素组，该元素组由 firstname 元素和 lastname 元素组成。当 custname 组被引用时，这两个元素就同时被引用了。

```
<xs:group name = "custname">
    <xs:sequence>
```

```
        <xs:element name = "firstname" type = "xs:string"/>
        <xs:element name = "lastname" type = "xs:string"/>
    </xs:sequence >
</ xs:group >
```

group 元素被引用时的语法如下：

```
<xs:group ref = "组名"/>
```

下面这句代码就引用了前面定义的 custname 元素组：

```
<xs:group ref = "custname"/>
```

4. all 元素

all 元素常用于 complexType 和 group 元素中。all 元素中定义的子元素可以按照任意顺序出现，这些子元素在默认情况下是必须要出现的，而且至多出现一次。具体语法如下：

```
<xs:all minOccurs = "0/1" maxOccurs = "大于 0 的整数" >
    子元素 1 的声明
    子元素 2 的声明
    …
</xs:all >
```

例如下面的文档就在 complexType 中定义了一个 all 元素组：

```
1 <xs:element name = "personname" >
2     <xs:complexType >
3         <xs: all minOccurs = "1" >
4             <xs:element name = "one" type = "xs:string"/>
5             <xs:element name = "two" type = "xs:string"/>
6             <xs:element name = "three" type = "xs:string"/>
7         </xs: all >
8     </xs:complexType >
9 </xs:element >
```

5. attributeGroup 元素

attributeGroup 元素可以把一组属性组合在一起，以便定义复杂类型时使用。具体定义语法如下：

```
<xs: attributeGroup name = "组名" >
    属性 1 的声明
    属性 2 的声明
    …
    属性 n 的声明
</xs: attributeGroup >
```

例如下面的文档中定义了一个 depdesig 属性组，该属性组由 ID 属性和 SEX 属性组成。

```
<xs: attributeGroup name = "depdesig" >
    <xs: attribute name = "ID" type = "xs:string"/ >
    <xs: attribute name = "SEX" type = "xs:string"/ >
</xs: attributeGroup >
```

attributeGroup 元素被引用时的语法如下：

```
<xs: attributeGroup ref = "组名"/ >
```

下面文档代码中的第 4 行就引用了前面定义的 depdesig 属性组：

```
1  <xs:element name = "EMPLOYEE" type = "emptype "/ >
2  <xs:complexType name = "emptype " >
3      <xs:group ref = "custname" >
4      <xs:attributeGroup ref = " depdesig "/ >
5  </xs:complexType >
6  <xs:group name = "custname" >
7      <xs:sequence >
8          <xs:element name = "firstname" type = "xs:string"/ >
9          <xs:element name = "lastname" type = "xs:string"/ >
10     </xs:sequence >
11 </xs:group >
```

七、Schema 模式重用

XML Schema 的定义具有可重用性，在一个 Schema 文件中定义的内容能够被另一个 Schema 文件引用。Schema 的重用可以采用 include 元素或 import 元素实现。

1. include 元素

include 元素可以用来引用（或包含）外部具有明确地址的 Schema 定义。它的语法如下：

```
< include id = "ID" schemaLocation = "filename"/ >
```

- id：用来指定元素的 ID，ID 必须是唯一的。该属性是可选的。
- schemaLocation：被引用的 Schema 文件的地址。

在使用 include 元素时需要注意，被引用的和引用的 Schema 文件必须同属于同一个目标命名空间（targetNamespace）。目标命名空间需要在 < schema > 根元素的 targetNamespace 属性中声明，格式如下：

```
< schema xmlns = "http://www.w3.org/2001/XMLSchema"
    targetNamespace = "http://www.iec61850.org/study " >
    ...
</schema >
```

2. import 元素

import 元素和 include 元素能够完成同样的功能。不同的是，import 元素对目标命名空间没有限制，被引用的和引用的 Schema 文件可以来自不同的目标命名空间。它的语法如下：

```
< import id = "ID" namespace = " namespace " schemaLocation =
"filename"/ >
```

- id：用来指定元素的 ID，ID 必须是唯一的。该属性是可选的。
- namespace：被引用的外部 Schema 文件的目标命名空间，一般以 URI 的形式出现。
- schemaLocation：被引用的 Schema 文件的地址。

3. Schema 重用实例

下面通过实例讲解如何使用 include 元素和 import 元素实现模式重用。

第一个 Schema 文件 firstschema. xsd 定义了一个简单数据类型 bid，目标命名空间为 http：//www.a/b，内容如下：

```
1 < schema xmlns = "http://www.w3.org/2001/XMLSchema"
    targetNamespace = "http://www. a/b" >
2     < xs:simpleType name = "bid" >
3         < xs:restriction base = "xs:string" >
4             < pattern value = "[A]\d{4}"/ >
5         </xs:restriction >
6     </xs:simpleType >
7 </schema >
```

第二个 Schema 文件 secondschema. xsd 定义了一个简单数据类型 aid，目标命名空间也是"http：//www. a/b "，内容如下：

```
1 < schema xmlns = "http://www. w3. org/2001/XMLSchema"
    targetNamespace = "http://www. a/b" >
2     < xs:simpleType name = "aid" >
3         < xs:restriction base = "xs:string" >
4             < pattern value = "[c]\d{4}"/ >
5         </xs:restriction >
6     </xs:simpleType >
7 </schema >
```

第三个 Schema 文件 thirdschema. xsd 与 secondschema. xsd 除了目标命名空间不同以外，其余内容均相同。内容如下：

```
1 < schema xmlns = "http://www. w3. org/2001/XMLSchema"
    targetNamespace = "http://www. c/d" >
2     < xs:simpleType name = "aid" >
3         < xs:restriction base = "xs:string" >
4             < pattern value = "[c]\d{4}"/ >
5         </xs:restriction >
6     </xs:simpleType >
7 </schema >
```

（1）include 元素应用实例。第四个 Schema 文件 fouthschema. xsd 要用到 firstschema. xsd 和 secondschema. xsd 中所定义的简单类型，所以需要对它们进行引用。由于 fouthschema. xsd 和 firstschema. xsd、secondschema. xsd 的目标命名空间相同，均为" http：//www. a/b "，所以引用时应该采用 include 元素。fouthschema. xsd 内容如下：

```
1 < schema xmlns = "http://www. w3. org/2001/XMLSchema" xmlns:prd =
"http://www. a/b "
    targetNamespace = "http://www. a/b" >
2     < include schemaLocation = "firstschema. xsd"/ >
3     < include schemaLocation = "secondschema. xsd"/ >
4     < element name = "book" type = "prd:booktype"/ >
5     < complexType name = "booktype" >
6         < sequence >
```

```
7              <element name = "title" type = "string"/>
8          </sequence >
9          <attribute name = "bookid" type = "prd:bid"/>
10         <attribute name = "authorid" type = "prd:aid"/>
11    </complexType >
12 </schema >
```

从上面文档第 1 行 xmlns：prd = "http：//www.a/b" 可以看出，对于命名空间 "http：//www.a/b" 所定义的类型必须加上前缀 prd，如第 4 行、第 9 行和第 10 行；而命名空间 "http：//www.w3.org/2001/XMLSchema" 所定义的类型就不需要加前缀了，因为此命名空间是默认引用的方式。

（2）import 元素应用实例。第五个 Schema 文件 fifthschema.xsd 要用到 firstschema.xsd 和 thirdschema.xsd 中所定义的简单类型，由于它们的目标命名空间并不相同，所以需要采用 import 元素引用其他目标命名空间中的 schema 定义。

fifthschema.xsd 内容如下：

```
1 < schema xmlns = "http://www.w3.org/2001/XMLSchema" xmlns:prd =
"http://www.a/b"
    xmlns:p = "http://www.c/d" targetNamespace = "http://www.a/b" >
2 < import namespace = " http://www.c/d " schemaLocation = "thirdschema.xsd"/ >
3     < include schemaLocation = " firstschema.xsd "/ >
4     < element name = "book" type = "prd:booktype"/ >
5     < complexType name = " booktype " >
6        < sequence >
7           < element name = "title" type = "string"/ >
8        </ sequence >
9        < attribute name = "bookid" type = "prd:bid"/ >
10       < attribute name = "authorid" type = "p:aid"/ >
11    </ complexType >
12 </ schema >
```

fifthschema.xsd 模式文件所在的目标命名空间与 firstschema.xsd 模式文件是一样的，都是 "http：//www.a/b"，所以引用 firstschema.xsd 模式文件使用的是 include 元素，如第 3 行所示。而 thirdschema.xsd 模式文件所在的目标命名空间是 "http：//www.c/d"，与 fifthschema.xsd 模式文件的目标命名空间不同，所以应该使用 import 元素引入 thirdschema.xsd 模式文件，如第 2 行所示。

另外，对于命名空间 "http：//www. a/b" 中所定义的类型必须加上前缀 prd，如第4行、第9行；对于命名空间 "http：//www. c/d " 中所定义的类型必须加上前缀 p，如第 10 行。而命名空间 " http：//www. w3. org/2001/ XMLSchema" 中所定义的类型就不需要加前缀了，因为此命名空间是默认引用的方式。

第七节　常用软件工具

一、Altova XMLSpy 2007

Altova XMLSpy 2007 是目前应用最广泛的 XML 开发工具，可以用于各种 XML 文档的编辑与处理。Altova XMLSpy 2007 能够以多种视图格式显示和编辑 XML 文档，还能进行文档格式良好性检查（well-formed）和模式有效性验证（Schema Validation）。

在 Windows 操作系统下 Altova XMLSpy 2007 软件的安装过程比较简单，同常见的应用软件安装过程没有太大区别，在此不再赘述。从 Windows 操作系统下的【开始】菜单中启动 Altova XMLSpy 2007 后，打开本章第五节中的 XML 文档 "note. xml"，软件最终的运行界面如图 2－52 所示。

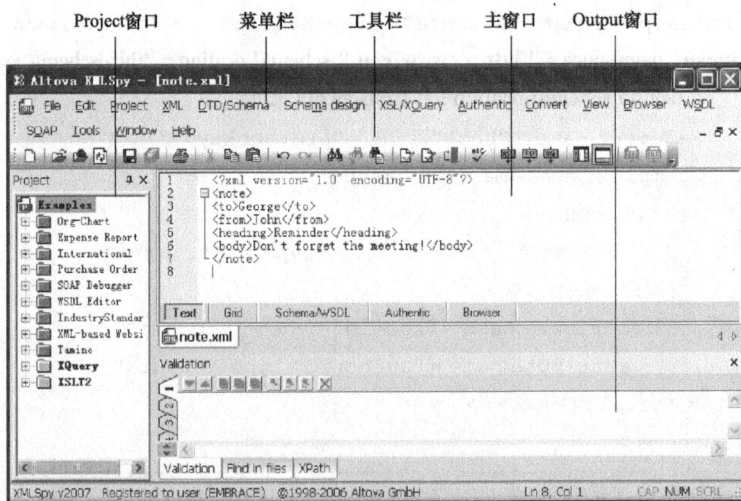

图 2－52　Altova XMLSpy 2007 软件运行界面

1. Altova XMLSpy 2007 图形用户界面

除了图 2－52 界面所示的 Project、Output 窗口外，Altova XMLSpy 2007

还拥有 Info 窗口和 Entry Helpers 窗等。各个窗口的位置和大小都是可以调整的，可以通过菜单栏中的【Windows】菜单来设置这些窗口的打开和关闭。

各个主要窗口的功能如下：

（1）Project 窗口：在该窗口中，XML 文档被组织为工程，方便项目的组织和管理。

（2）主窗口：显示正在编辑的 XML 文档。在主窗口中可以同时打开和编辑多个 XML 文档。若同时打开了多个文档，在主窗口的底部会出现与各个 XML 文档对应的标签，通过点击标签就可以在各个 XML 文档之间进行切换。单击标题栏上的最大化按钮或最小化按钮，可以将 XML 文档窗口放到最大或最小。主窗口底部区域有 Text、Grid、Schema/WSDL、Authentic 和 Browser 五个标签，代表 XML 文档的五种显示视图。

（3）Output 窗口。用于输出各种结果信息，它由 Validation、XPath 和 Find in files 三个页面组成。对 XML 文档进行格式良好性（well-formed）检查和有效性验证（Schema Validation），结果信息会显示在 Validation 页面当中；对 XML 文档进行 XPath 求值，XPath 求值表达式的结果会显示在 XPath 页面中；Find in files 页面的功能与 Microsoft Word 中的查找/替换功能类似，可以查找和替换 XML 文档中的文本、字符和标记等项目，同时显示查找结果。

2. Altova XMLSpy 2007 的常用功能

（1）在多种视图格式下显示 XML 文档。使用 Altova XMLSpy 2007，可以将一个 XML 文档以不同的视图进行显示。例如对于 note. xml，图 2 – 53（a）是在 Text 视图中以普通文本的形式显示。单击 < note > 元素左侧的减号（ – ）可以收缩元素的结构，收缩后减号会变成加号（ + ），单击这个加号可以再次展开元素的结构。

单击主窗口显示区域下面的 Grid 标签，可以切换到 Grid 视图中以树形层次结构表的形式显示 note. xml，如图 2 – 53（b）所示。单击各个元素左侧的黑色箭头可以展开或收缩元素的结构。

单击主窗口显示区域下面的 Browser 标签，可以在 Browser 视图中以浏览器形式显示 note. xml，如图 2 –53（c）所示。同样，单击 < note > 元素左侧的减号（ – ）或加号（ + ）可以收缩或展开元素的结构。

Authentic 视图是以图形化所见即所得的形式显示 XML 文档。由于 IEC 61850 中的 SCL 文档和 Authentic 视图没有太大关联，在此不过多介绍。

Schema/WSDL 视图能够以图形化的用户界面来创建或显示 XML Schema 文

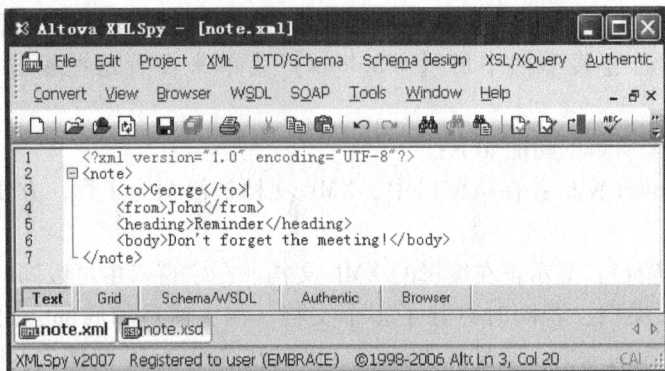

(a)

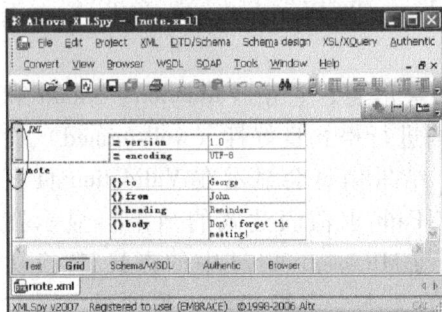

(b)

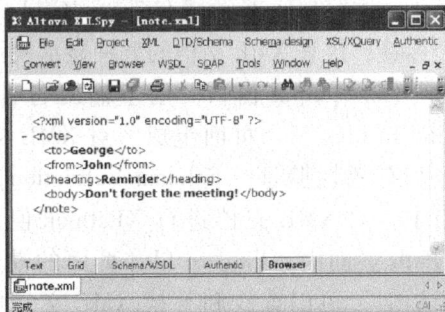

(c)

图 2 – 53   XML 文档的视图显示

（a）Text 视图显示；（b）Grid 视图显示；（c）Browser 视图显示

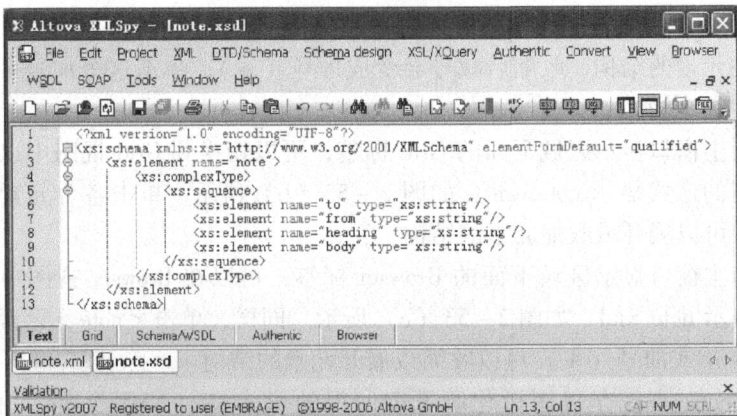

图 2 – 54   XML Schema 的 Text 文本视图显示

档和 WSDL 文档，可以极大简化创建过程。图 2-54 是 Schema 文档 note. xsd 以普通文本格式显示的视图，通过单击主窗口显示区域下面的 Schema/WSDL 标签，可以切换到 Schema/WSDL 视图中以图形化的界面显示。图 2-55 是 Schema 的 Schema/WSDL 视图显示。由于网络服务描述语言 WSDL（Web Services Description Language）文档和 IEC 61850 没有太大关联，在此不做过多介绍。

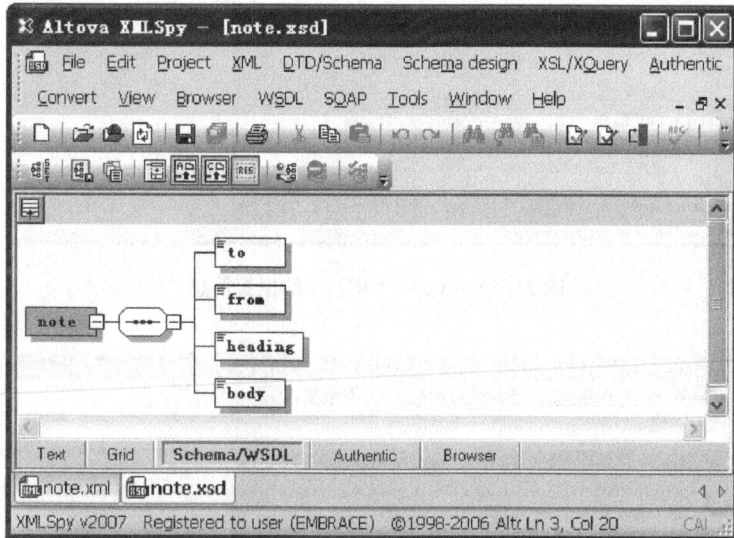

图 2-55　XML Schema 的 Schema/WSDL 视图显示

（2）XML 格式良好性检查。Altova XMLSpy 2007 能够对 XML 文档进行格式良好性检查（well-formed）。选择菜单栏上的【XML】→【Check well-formedness】选项，或者单击工具栏上的按钮，均能启动格式良好性检查。如图 2-56 所示，将 note. xml 中第六行的 </body> 元素改为 ，执行格式检查后 XMLSpy 2007 发出错误报警，具体细节信息在底部 Output 窗口中的 Validation 视图中显示。

另外在切换视图或保存文件时，Altova XMLSpy 也会自动进行格式检查。如果格式上存在问题，Altova XMLSpy 会发出报警，如图 2-57 所示，XML 文档将无法进行视图切换。

（3）XML Schema 有效性验证。Altova XMLSpy 2007 能够对 XML 文档进行 Schema 有效性验证。在进行验证前，应首先将 XML 文档与对应的 Schema 文档相关联。以 note. xml 为例，选择菜单栏上的【DTD/Schema】→【Assign

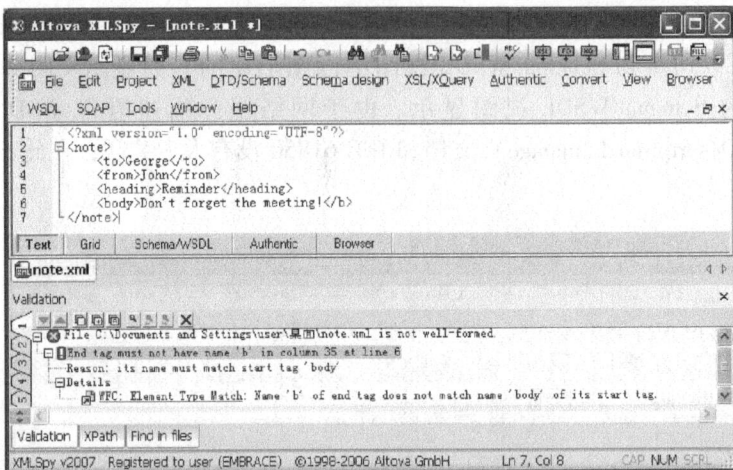

图 2 – 56　Altova XMLSpy 的报警信息

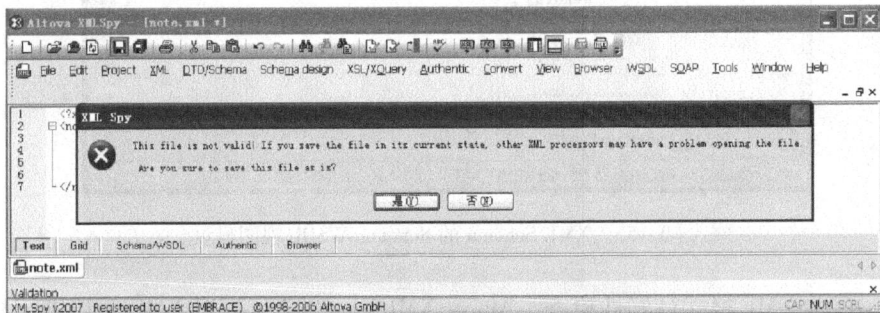

图 2 – 57　Altova XMLSpy 的报警信息

Schema】选项，弹出一个对话框，如图 2 – 58（a）所示，直接点击确定，然后会弹出图 2 – 58（b）所示的对话框，点击它的【Browse】按钮选择 note. xsd 文档，并单击复选框【Make path relative to note. xml】选择以相对路径的形式进行关联，显示如图 2 – 58（c）所示。

　　单击图 2 – 58（c）中对话框的【OK】按钮后，显示 note. xml 文档的代码窗口，如图 2 – 59 所示。

　　选择菜单栏上的【XML】→【Validate】选项、单击工具栏上的 按钮均能启动有效性检查。检查的结果也将在底部的 Validation 视图窗口中显示，如图 2 – 60 所示。

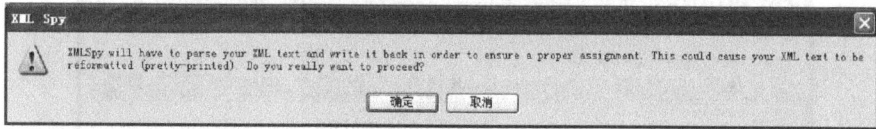

(a)

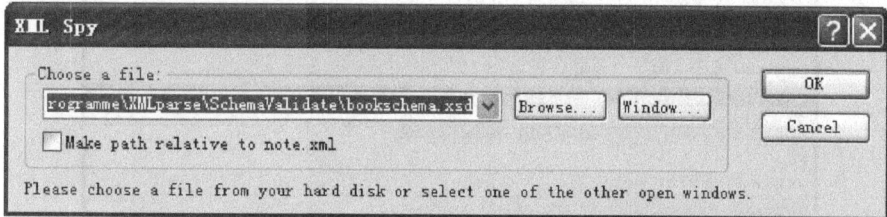

(b)

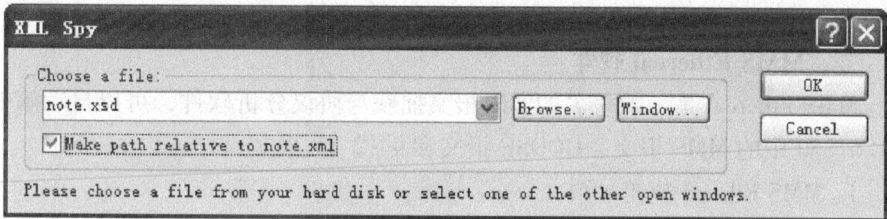

(c)

图 2 - 58   Altova XMLSpy 提示对话框

(a) ~ (c) 提示对话框 1 ~ 3

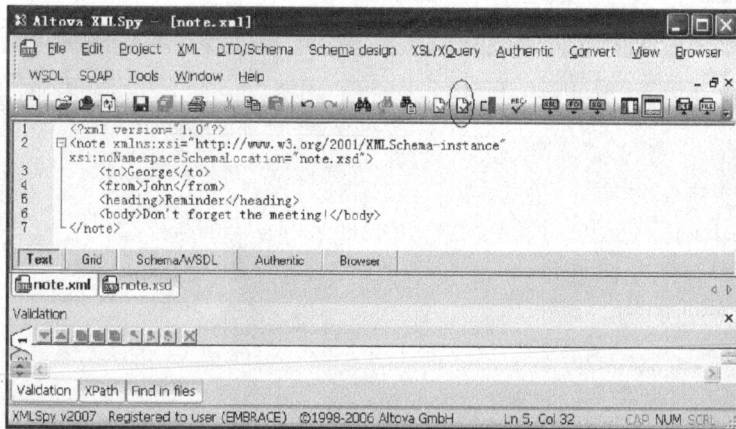

图 2 - 59   关联上 Schema 文件后的 XML 文档

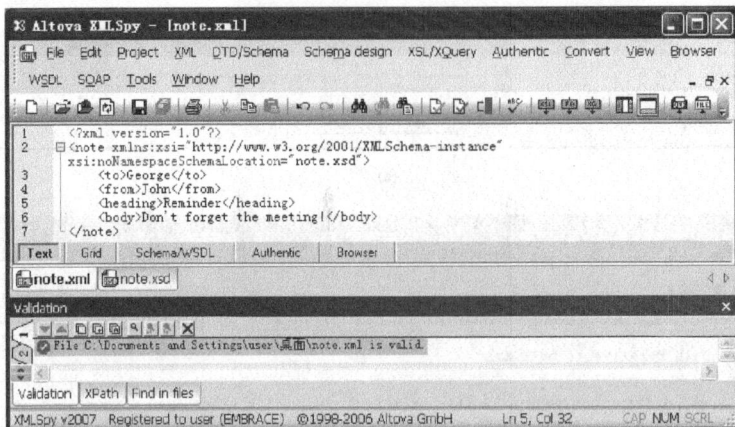

图 2 - 60　Schema 有效性验证结果

二、MMS Ethereal 软件

MMS Ethereal 是一款著名的实时报文捕获与协议分析软件，可以自动解析 IEC 61850 中的 MMS 报文、GOOSE 报文和 9 - 2 SV 报文。

1. MMS Ethreal 使用入门

在 Windows 操作系统下 MMS Ethereal 软件的安装过程也比较简单，在此不再赘述。

假设 MMS Ethereal 软件已经被正确地安装。从 Windows 操作系统下的【开始】菜单中启动 MMS Ethereal 软件，其运行界面如图 2 - 61 所示。

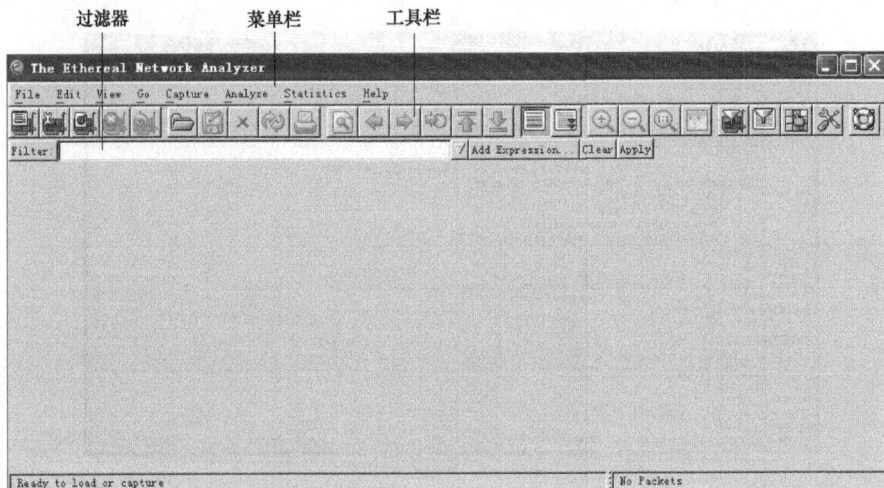

图 2 - 61　MMS Ethereal 软件运行界面

在主界面中点击菜单栏中的【Capture】→【Options】选项，弹出一个图2-62所示的 Capture Options（捕捉选项）对话框。

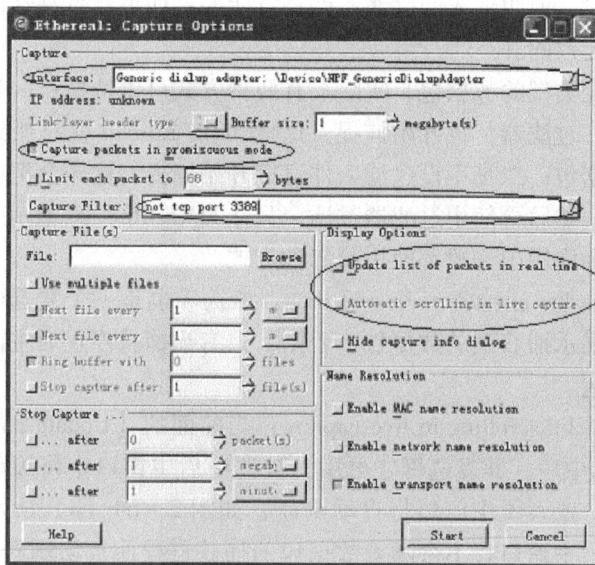

图2-62　Capture Options 对话框

在这个对话框中，各主要选项的含义如下：

（1）Interface：是一个下拉式列表框，列表框选项中含有计算机各个网卡的标识。目前许多个人计算机（尤其是手提式电脑）都拥有多个网卡，如图2-63所示。在开始捕捉前，应该注意在此处选择正确的网卡，如果网卡选择不当，可能捕捉不到数据包。

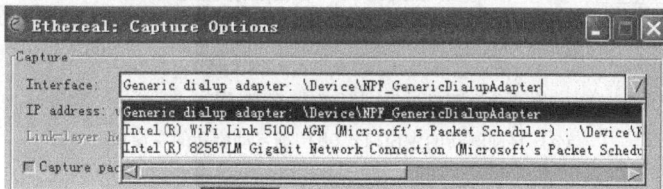

图2-63　Interface 下拉列表框

（2）Capture packets in promiscuous mode：该选项是一个复选框，用于设置是否打开网卡的混杂模式。如果选中，那么网卡处于混杂模式，将捕捉所有路过的数据包，这种模式常用于监听（嗅探）网上的各种报文；如果没有选中，则只捕捉本网卡发出或收到的数据包。在进行 IEC 61850 报文捕获时，将网卡设为混杂模式是一个更方便的选择。

（3）Capture Filter：过滤器，用于设置报文过滤的条件。当 Capture Filter 的背景是绿色时，说明输入的过滤条件是有效的；如果背景是红色，表明输入的过滤条件是无效的。

要捕获特定类型的数据包，实际上有两种方式可供选择：一是在开始捕捉之前就先定义好过滤器，再开始捕捉，这样 MMS Ethreal 就只抓到预先设定的那种类型的数据包；二是不设过滤条件直接开始捕捉，这样会把各种类型的数据包都抓下来，然后再使用过滤器过滤，只让 MMS Ethereal 显示那些指定类型的数据包。实际应用中一般都使用第二种方式。

（4）Update list of packets in real time：该选项也是一个复选框。选中后主窗口中将实时显示捕获到的数据包；否则，只有当捕获停止后主窗口中才显示被捕获的数据包。

（5）Automatic scrolling in live capture：当前面的【Update list of packets in real time】被选中后，此复选框才可用。被选中后主窗口中将滚动显示最新捕获到的数据包，或者说主窗口将自动刷新，如图 2-64（a）所示；如果没有选中此复选框，主窗口将不会随着数据包的捕获进程而自动刷新，如图 2-64（b）所示。

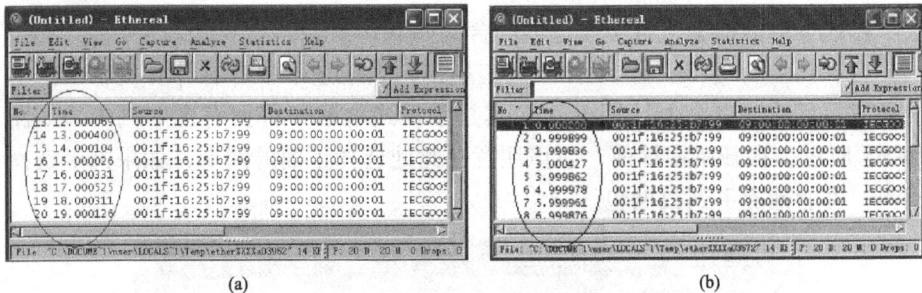

图 2-64　主窗口的刷新

（a）自动刷新的主窗口；（b）不自动刷新的主窗口

当正确设置完 Capture Options 对话框中的相关选项后，通过单击它的【Start】按钮就可以开始报文捕捉。捕捉到的数据包在软件中显示，同时弹出一个图 2-65 所示的统计信息显示窗口。该窗口动态显示各种类型的数据包所占的百分比。当捕获开始后可以将该对话框最小化到任务栏，如果将其关闭或点击【Stop】按钮，均会终止报文捕捉进程。

如图 2-66 所示，MMS Ethereal 软件的主界面由报文列表视图、树形视图和文本框三个部分组成。数据包被捕获后会按照时间先后顺序依次显示在上部的列表视图中。如果在列表视图中用鼠标点击某条报文，该条报文的解析将会由 MMS Ethereal 软件自动完成，解析的结果以树形结构显示在中部的树形视图中。底部的文本框中是以十六进制显示的每条报文的具体编码。

在主界面中点击菜单栏中的【File】→【Save】选项，在弹出的对话框中输入一个名称再单击【Save】按钮，可以将当前捕捉的数据包保存至文件，方便以后再次打开分析。

单击【File】→【Exit】选项，可以退出程序。

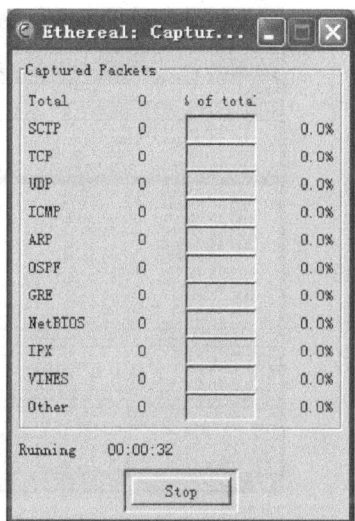

图 2 - 65　数据包统计信息显示窗口

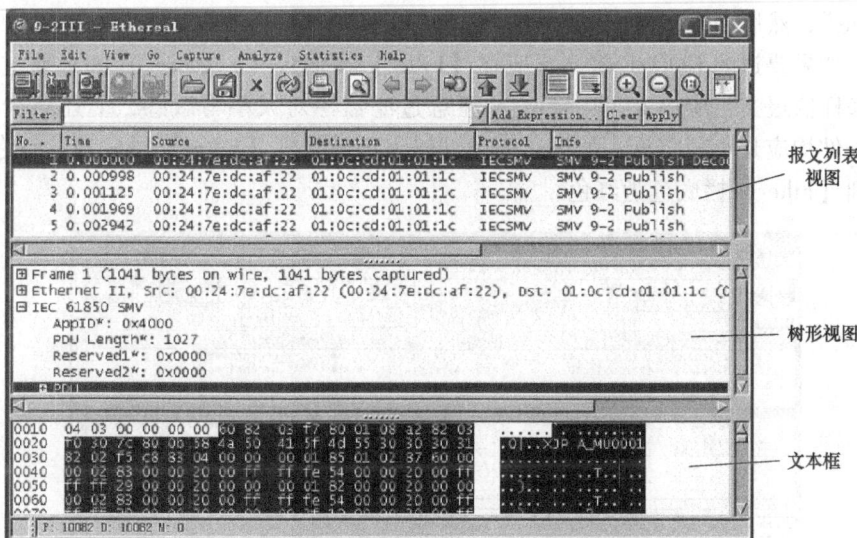

图 2 - 66　MMS Ethereal 软件运行主界面

2. MMS Ethreal 过滤条件的设置

图 2 - 67 所示是不设过滤条件直接在交换机上捕获到的报文。从图中可以看出里面含有各种类型的数据包。如果不进行过滤，直接进行报文的分析非常不方便。

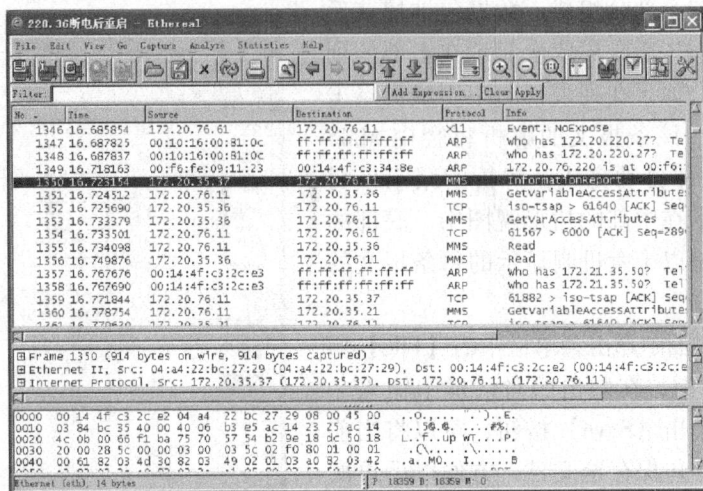

图 2 - 67　过滤之前的报文

　　如果只对 IEC 61850 中的 mms 报文感兴趣，可以在【Filter】栏输入"mms"，然后回车，MMS Ethreal 就只显示 MMS 协议的报文，如图 2 - 68 所示。如果要过滤 GOOSE 报文，应在【Filter】栏输入"iecgoose"；如果要过滤出采样值报文，应输入"iecsmv"。注意过滤器栏对大小写敏感，上述三个过滤条件均应是小写字母。如果过滤条件输入正确，则【Filter】栏底色为绿色，否则【Filter】栏底色为红色。

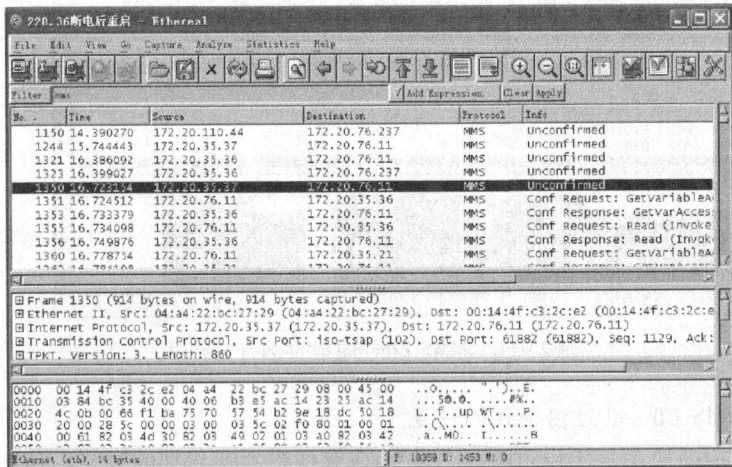

图 2 - 68　经"mms"过滤后的报文

如果想在图 2-68 的基础上做进一步过滤，例如只显示 IP 地址为 172.20.220.36 的装置发出或收到的 MMS 报文，可以在过滤器栏输入以下表达式：

```
(mms) && (ip.src = = 172.20.220.36||ip.dst = = 172.20.220.36)
```

在表达式中："&&"是逻辑"与"操作符；"‖"是逻辑"或"操作符；"ip.src"代表发送 IP 地址；"ip.dst"代表目的 IP 地址。

经过上述表达式过滤后的报文如图 2-69 所示。

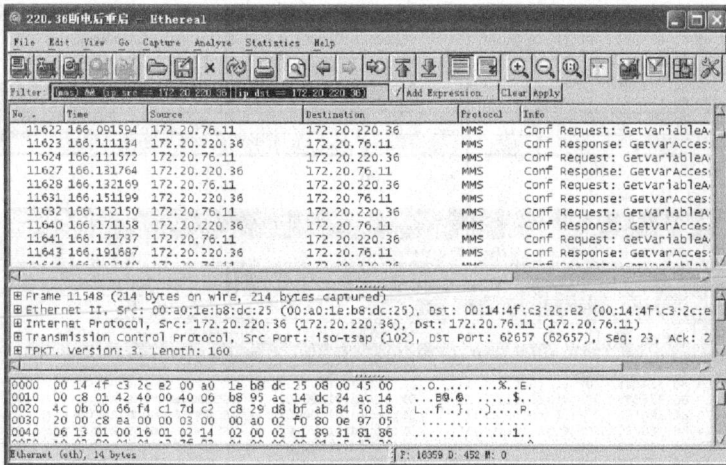

图 2-69　进一步过滤后的 MMS 报文

同样，如果想在图 2-70（a）所示界面中过滤出目的地址为 01：0c：cd：01：00：07 的 GOOSE 报文，可以在过滤器栏输入下列表达式：

```
(iecgoose) && (eth.dst = = 01:0c:cd:01:00:07)
```

经过该表达式过滤后的 GOOSE 报文如图 2-70（b）所示。

三、Wireshark 软件

Wireshark 也是一款常用的 IEC 61850 报文捕获与解析软件。图 2-71 所示是该软件 1.4.0 版本启动后的主界面。

MMS Ethereal 软件和 Wireshark 软件捕获保存的报文文件格式是兼容的，均为 pcap 格式。利用 Wireshark 能够打开 MMS Ethereal 软件捕获的报文，反过来也一样。

与 MMS Ethereal 相比，Wireshark 对 IEC 61850-9-2 采样值报文和 IEEE

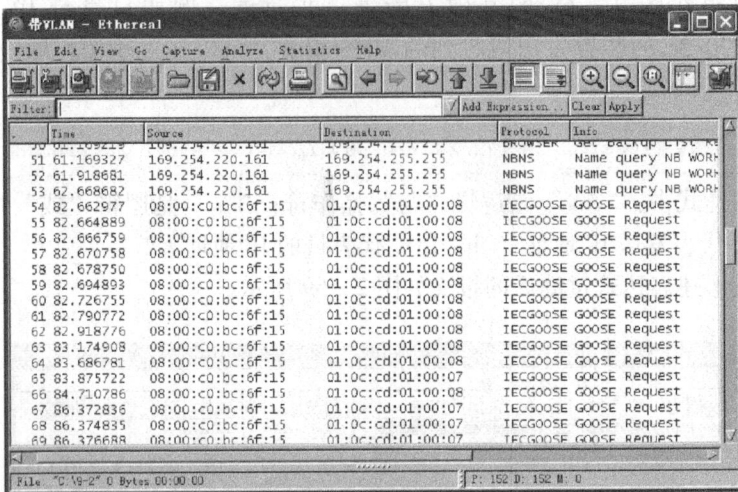

(a)

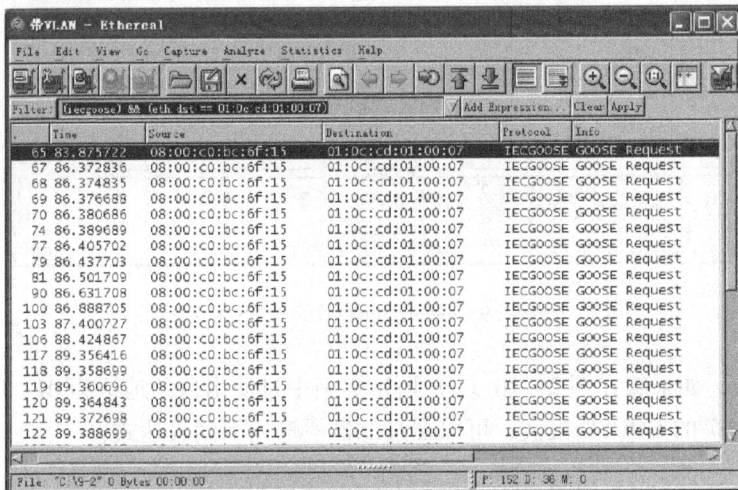

(b)

图 2 - 70　GOOSE 报文过滤

(a) 过滤之前的 GOOSE 报文；(b) 过滤之后的 GOOSE 报文

1588 对时报文有更强的解析功能。如图 2 - 72 所示，Wireshark 能够解析出 9 - 2 报文采样值数据集中各个通道的数据值和品质值，而 MMS Ethereal 无法做到这一点。另外，如图 2 - 73 所示，Wireshark 能够解析各种类型的 IEEE 1588 对时报文，而 MMS Ethereal 不能解析 IEEE 1588 报文。

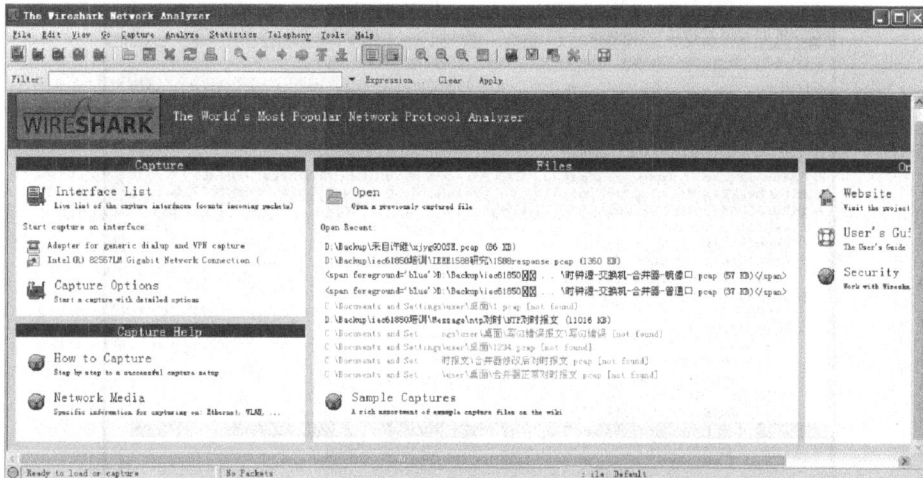

图 2 - 71　Wireshark 软件启动界面

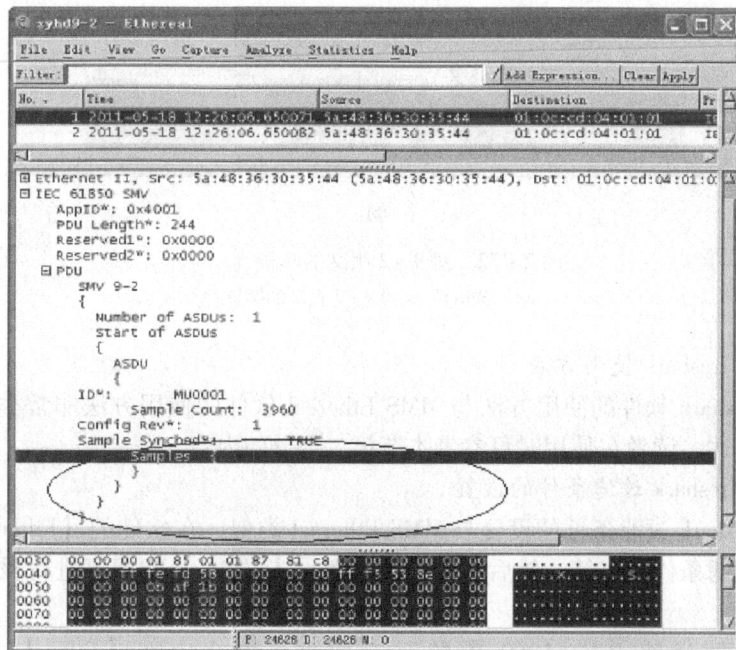

(a)

图 2 - 72　对 9 - 2 报文的解析（一）

（a）MMS Ethereal 对 9 - 2 报文的解析

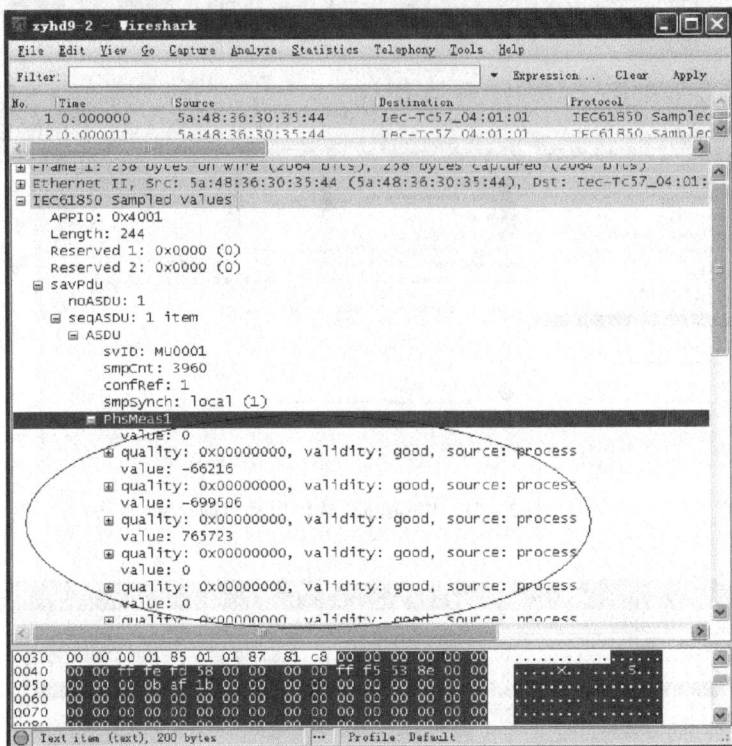

(b)

图 2-72 对 9-2 报文的解析（二）

（b）WireShark 对 9-2 报文的解析

1. Wireshark 使用方法

Wireshark 软件的使用方法与 MMS Ethereal 软件的使用方法非常类似，在此不再赘述，读者在使用时可参考本节第二部分的内容。

2. Wireshark 过滤条件的设置

Wireshark 过滤条件的设置与 MMS Ethereal 类似，在软件的【Filter】栏输入代表过滤条件的字符，然后按回车键或者点击"Apply"即可进行报文显示过滤。

如果要过滤 IEC 61850 中的 mms 报文，那么应在【Filter】栏输入"mms"，然后回车，则 Wireshark 软件主窗口中只显示 MMS 报文。如果要过滤 GOOSE 报文，应在【Filter】栏输入"goose"；如果要过滤出 SMV 报文，应输入"sv"；如果要过滤出 IEEE 1588 对时报文，应输入"ptp"。Wireshark 软件的过滤器栏对字母大小写同样敏感，上述几个过滤条件均应是小写字母。

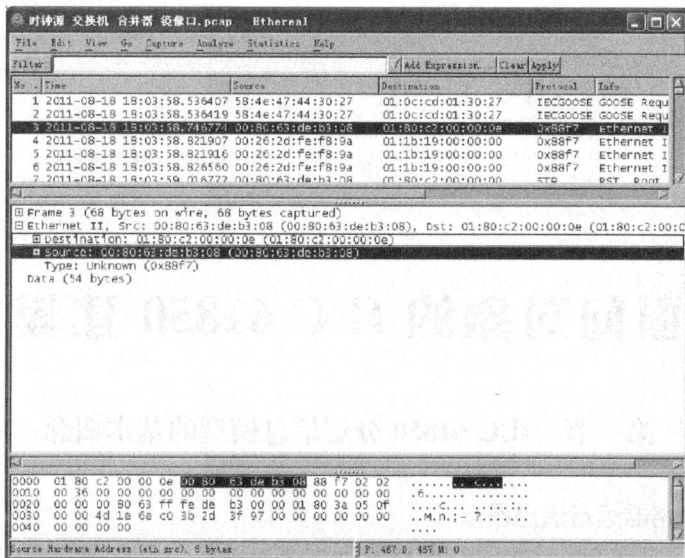

(a)

(b)

图 2-73   对 IEEE 1588 报文的解析

（a）MMS Ethereal 对 IEEE 1588 报文的解析；（b）WireShark 对 IEEE 1588 报文的解析

第三章

面向对象的 IEC 61850 建模

第一节　IEC 61850 分层信息模型的基本概念

一、断路器远方遥控操作

图 3-1 是在变电站中进行断路器远方遥控操作的示意图。图中，左侧是变电站主控室中的监控计算机（在 IEC 61850 中被建模为客户端），其实现了人机接口功能；右侧是一个断路器。二者通过变电站通信局域网连接在一起。运行人员通过监控主机对断路器进行远方控制，监控主机首先向断路器发送一个控制命令（例如合闸），断路器收到命令后进行相应操作，操作完成之后再向监控主机发送一个报告，说明断路器位置已经改变。这个过程中，断路器和监控主机在一起协同工作，称为"互操作"。

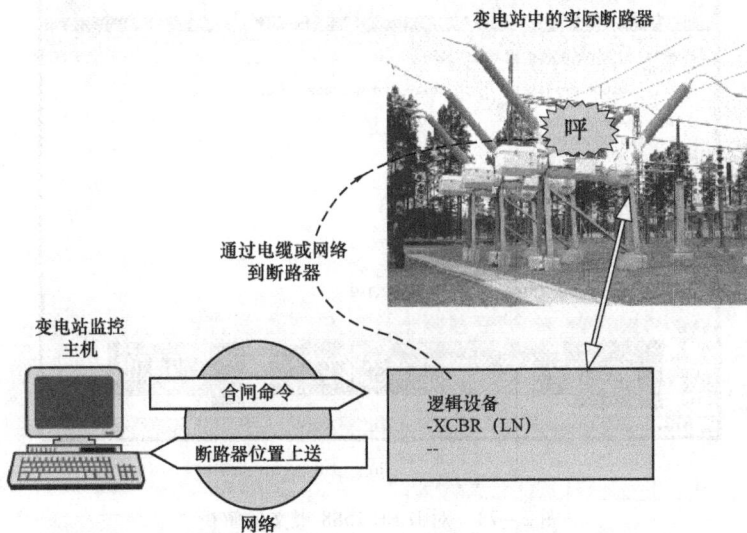

图 3-1　断路器远方遥控操作示意图

为了实现断路器和监控主机之间的互操作，第一监控主机首先要知道断路器的名称是什么，以及如何在变电站通信网络中正确找到该断路器（寻址）；第二它要知道需要向断路器发送什么信息。第一个问题在于，实际工程中不同的用户或制造商可能会用不同的名字来命名断路器，有的可能用"CircuitBreakerl"，有的可能用"CBK-2"；第二个问题是究竟以何种方式传达操作命令，才能使通信双方都能正确理解并执行该命令。这个简单的操作过程揭示了实现互操作的关键，即信息模型和信息交换方法要达到统一，这也正是 IEC 61850 标准所要解决的主要问题。

IEC 61850 标准做了两个方面的标准化工作：第一是对网络上传递的信息内容进行了标准化，例如统一采用"XCBR"作为断路器的标准命名；第二是对这些信息交换的机制进行了标准化。在 IEC 61850 标准中，这一套标准的信息交换机制就是 ACSI（抽象通信服务接口）。

上面的断路器远方控制只是变电站自动化系统执行的诸多任务中的一种。类似的任务还有很多，如操作员在远方切换保护装置的定值区号，装置向后台主机上传测量值、事故顺序记录 SOE 信号等。这些由变电站自动化系统执行的任务，如控制、监视、继电保护等，在 IEC 61850 标准中被称为功能（function）。结合电力生产的实际情况，IEC 61850 标准对变电站自动化系统中常见的功能进行了总结和分类，如图 3-2 所示（括号中的数字对应图 3-2 中圆圈内的数字）：

（1）非常规互感器的采样值输出：指光电式互感器输出的数字量通过过程层网络传输到继电保护或测控装置。

（2）保护和控制 I/O 数据的快速交换：是指间隔层内的数据交换，如保护装置之间的启动失灵、闭锁重合闸等，或者不同间隔测控装置之间的"五防"闭锁。

（3）控制信号和跳闸信号输出：如保护装置动作后的出口跳闸、测控装置按照远方命令对断路器进行合/分操作。

（4）工程维护和配置信息下传：如继电保护工程师对变电站内的继电保护装置进行管理维护，包括向保护装置下传定值信息、切换定值区号等。

（5）监视和控制信息：如间隔层测控装置将采集到的电压、电流、功率模拟量和断路器位置等数字量信息实时上传到站控层监控主机。

（6）变电站和调度中心之间的通信：如远动装置将变电站内的现场数据上送到调度中心，同时下传调度中心的远方遥控、遥调命令。

其他还有时间同步、计量、状态监测等功能。

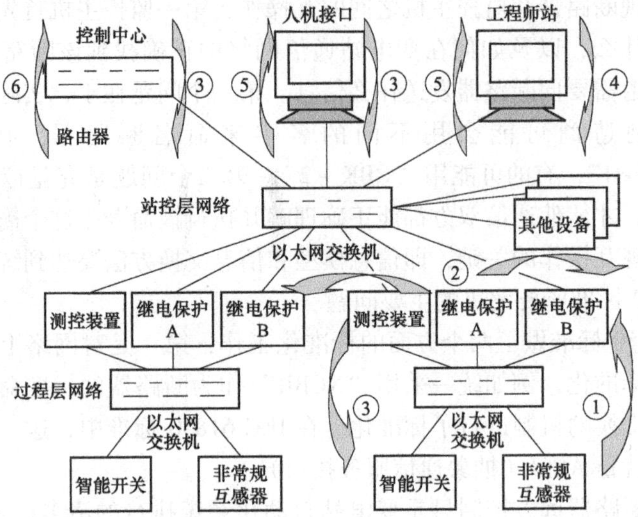

图 3-2 变电站自动化系统拓扑结构

事故顺序记录 SOE (Sequence Of Event) 就是对变电站内的继电保护、自动装置、断路器等在事故时动作的先后顺序自动记录。顺序记录的报告对分析事故、评价继电保护和自动装置以及断路器的动作情况是非常有价值的。

根据电力系统生产过程的特点, IEC 61850 标准的制定者对上述变电站自动化系统的各种功能进行了总结和分析, 从以下三个方面进行了标准化的定义:

(1) 规定变电站自动化系统的哪些功能需要在局域网上进行信息交互, 具体哪些信息需要在网络上传输, 以及如何对这些信息进行标准化的命名和描述 (由 IEC 61850-7-4, IEC 61850-7-3, IEC 61850-7-2 完成)。

(2) 这些信息在网络上如何进行传递, 也就是信息交换机制 (由 IEC 61850-7-2 完成)。

(3) 如何在具体的物理装置上实现这些信息交换机制 (由 IEC 61850-9-2, IEC 61850-8-1 完成)。

IEC 61850 标准引入了智能电子设备 IED (Intelligent Electronic Device) 的概念, 即包含一个或多个处理器的物理装置, 能够接收来自外部的请求 (如数据或控制指令），也能向外发送数据或控制指令。IED 通常用来代表变电站中实际的物理装置，如常见的微机保护装置、测控装置、互感器合并单元、变压器有载分接开关控制器、断路器智能终端、电能表等。

二、断路器设备的信息模型

如前所述，信息模型和信息交换机制的统一是实现设备间互操作的关键，而信息交换机制很大程度上依赖于准确定义（标准化）的信息模型，因此信息模型及其建模方法是 IEC 61850 系列标准的核心。

信息模型用于描述现实世界中对象的某些特征、参数。IEC 61850 标准中的信息模型是对变电站实际物理设备及其功能的一种抽象描述，用于解决通信双方对网络上传递的信息的相互理解问题，是实现互操作的基础之一。变电站设备信息模型的构建在有的文献中也被称为设备建模或数据建模。

不同于以前的通信标准，IEC 61850 标准采用了面向对象的建模方法，从整个变电站到变电站内的各种设备、各个 IED 均被看作对象。IEC 61850 标准为每类对象建立了相应的信息模型。

在软件工程领域，面向对象建模的基本思想是利用计算机逻辑来模拟现实世界中的物理存在，IEC 61850 标准的建模思想与之类似。如图 3-3 所示，右侧的图片代表现实世界中的实际断路器，左侧是 IEC 61850 标准为之建立的抽象信息模型——逻辑节点 XCBR，XCBR 就是断路器的虚拟模型。

图 3-3　断路器的面向对象建模

由第二章面向对象的程序设计思想可知，每个对象或对象类均应包含属性和服务两个要素。XCBR 作为一个代表断路器的对象类，同样也包含这两大要素：

（1）它包含 Pos、BlkOpn 等属性。Pos 代表断路器位置（合位或分位）；BlkOpn 代表跳闸闭锁（当断路器机构的液压压力值低于闭锁值时跳闸会被闭锁；另外，跳闸有时也会被变电站"五防"系统闭锁）……

（2）IEC 61850 标准还定义了与 XCBR 相关的一些操作（服务），如合断路器、分断路器、断路器位置上送等。

三、IEC 61850 模型的基本概念

1. 逻辑节点的概念

逻辑节点 LN（Logical Node）是 IEC 61850 标准面向对象建模的关键部件，也是面向对象概念的集中体现。变电站自动化系统各种功能和信息模型的表达都归结到逻辑节点上实现。

逻辑节点的概念体现了将变电站自动化功能进行模块化分解的一种建模思路。IEC 61850 标准建模的思路就是将变电站自动化系统的功能进行分解，分解的过程就是模块化处理，形成一个一个小的模块。每个逻辑节点就是一个模块，代表一个具体的功能。多个逻辑节点协同工作，共同完成变电站内的控制、保护、测量及其他功能。

为了满足变电站自动化系统的应用需要，IEC 61850 − 7 − 4 标准定义了涵盖变电站一次设备、继电保护、测量控制、计量等领域近 90 个逻辑节点，覆盖了变电站内的各种设备和各种自动化功能，见表 3 − 1。

表 3 − 1　　　　　　　　　逻 辑 节 点 分 组

逻辑节点组	逻辑节点数	LN 名称首字母
系统逻辑节点（System logical nodes）	3	L
继电保护功能（Protection functions）	28	P
继电保护相关的功能（Protection related functions）	10	R
监视控制（Supervisory control）	5	C
通用引用（Generic references）	3	G
接口和存档（Interfacing and archiving）	4	I
自动控制（Automatic control）	4	A
计量和测量（Metering and measurement）	8	M
传感器和监视（Sensors and monitoring）	4	S
断路器和隔离开关（Switchgear）	2	X
互感器（Instrument transformer）	2	T
电力变压器（Power transformer）	4	Y
其他电力设备（Further power system equipment）	15	Z
逻辑节点总数	92	

2. 线路间隔的逻辑节点模型

逻辑节点是变电站 IED 模型的基本组成部件。图 3 − 4 是针对变电站一个

完整线路间隔所建立的信息模型，它包含两个 IED。

图 3 - 4 中，IED1 是一台集成了保护、测量和控制功能的物理装置，IED2 代表了该变电站的监控主机。依照 IEC 61850 标准建模的思路，对 IED1 和 IED2 装置的功能进行了分解，得到了图中各个代表具体功能的逻辑节点。各个逻辑节点所代表的含义见表 3 - 2。

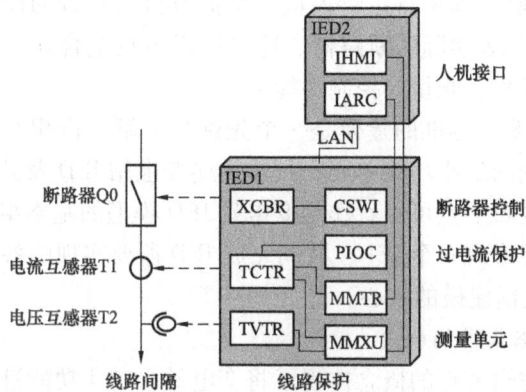

图 3 - 4　一个线路间隔的模型（概念性）

表 3 - 2　　　　　　　　　逻辑节点代表的含义

逻辑节点	中文名称	含　义
XCBR	断路器	能够在故障时切断短路电流
CSWI	断路器控制	能够处理来自运行人员、保护及自动装置的操作命令
PIOC	过流保护	当故障电流值增大到动作值时保护装置会动作
TCTR	电流互感器	将大电流传变为小电流
TVTR	电压互感器	将高电压传变为低电压
MMTR	计量	利用从互感器采集到的电流、电压值计算电能量，用于计费
MMXU	测量	利用采集到的电流、电压值计算其有效值和功率，用于屏幕显示、状态估计和功率监视
IHMI	人机接口	实现人机界面，用于显示测量值和进行设备的各种操作
IARC	存档	将历史数据进行存档，以供将来调阅和查看

如图 3 - 4 所示，XCBR、CSWI、PIOC、TCTR、TVTR、MMTR、MMXU 逻辑节点组合在物理装置 IED1 中。由它们所代表的含义可以看出，IED1 能够实现该间隔线路的过电流保护功能，能够实现对断路器的分合控制。TVTR 和 TCTR 代表电压和电流互感器，能够完成交流采样任务，分别输出电压和电流

的采样值。MMXU 和 MMTR 从 TCTR/TVTR 处取得电流、电压采样值，计算出相电压/线电压有效值、电流有效值、功率因数、有功和无功功率等数值，然后上送给监控主机 IHMI（用于显示）和 IARC（用于存档）。过电流保护 PIOC 根据从 TCTR 处得到的电流值判断是否达到保护动作定值，是否需要动作。如果线路发生短路故障，PIOC 会将跳闸命令传递到 CSWI 逻辑节点，用于跳开断路器。CSWI 能够处理来自运行人员、保护及自动装置的操作命令，直接操作 XCBR。XCBR 代表实际的断路器。这些逻辑节点组合在一起协同工作，共同完成本间隔的保护、测量、控制功能。

因此，IEC 61850 标准的建模是一个先逐步分解、再相互组合的过程。逻辑节点是分解得到的最小功能单元，具体描述变电站 IED 及其组成的自动化系统的各种功能。逻辑节点可以看作是变电站 IED 模型的基本组成部件，多个逻辑节点组合在一起形成一个 IED，共同完成 IED 所要实现的各种功能。逻辑节点是 IEC 61850 数据建模的核心。

3. 数据和数据属性的概念

如前所述，逻辑节点的概念体现了将变电站自动化功能进行模块化分解的一种思路，XCBR 就是分解得到的代表断路器类设备的一个逻辑节点。如图 3 - 5 所示，XCBR 逻辑节点包含 Pos（位置）、BlkOpn（跳闸闭锁）和 CBOpCap（断路器操作能力）等多类信息，限于篇幅，图中只列出了"Position"和"Block to Open"两类信息。Position 代表断路器的位置信息，能够被远方监视和控制；Block to Open 代表断路器拒绝分闸的能力，例如当断路器操动机构的液压压力低于闭锁值时分闸会被闭锁。在 IEC 61850 中，XCBR 包含的 Position 属性（代表开关位置）和 Block to Open 属性（跳闸闭锁）被定义为数据 Pos 和 BlkOpn。Pos 和 BlkOpn 可以看作是对逻辑节点 XCBR 继续分解得到的更小的模块。

实际上 Pos 和 BlkOpn 中所包含的信息还需要作进一步分解，如图 3 - 5 所示，Pos 数据至少包含状态（Status）和控制（Control）两类信息。状态类信息 Status 又包含断路器的实际位置值 Value（分位 off、合位 on、中间位置 intermediate 和损坏状态 bad-state）、该位置数据的品质（quality）和断路器变位时的时标（timestamp）三个方面的信息。控制类信息 Control 包含控制值 ctlVal（on 或 off）、最近一次控制命令的发出者（originator）和控制命令序号（Control Num）。在 IEC 61850 中，Pos 数据下包含的这些 value、quality、timestamp 信息被定义为数据属性 DA（Data Attribute）。

IEC 61850 - 7 - 3 对 Position 和 Block to Open 两类信息进行了归纳和提炼，提出了公用数据类 CDC（Common Data Class）的概念。图 3 - 6 中的 XDIS 是

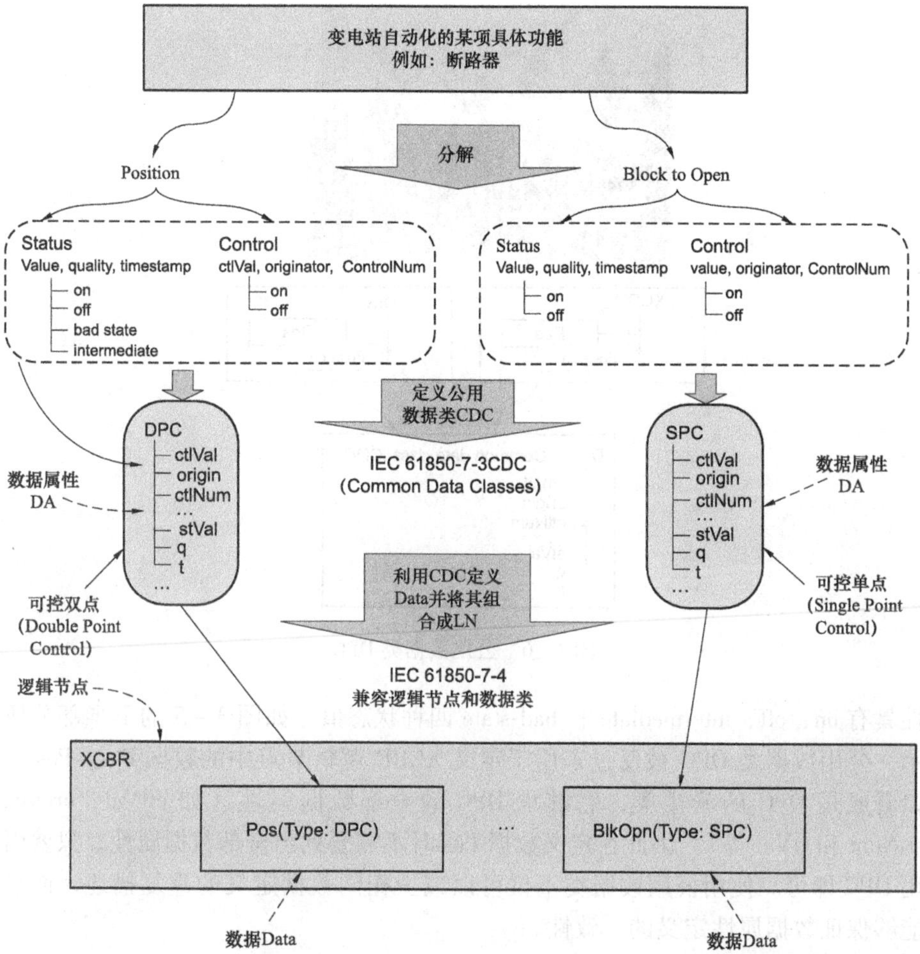

图 3-5　功能的分解和组合过程示意图

代表隔离开关类设备的逻辑节点，它的 Position 所包含的信息和断路器逻辑节点 XCBR 中的 Position 基本类似，因此可以从二者当中提炼出一个公用数据类 DPC。IEC 61850-7-3 共定义了 30 多种公用数据类。公用数据类实际上体现了一种模块化的设计思想，每一个公用数据类均是能够被多次重复使用的模块。例如 DPC 既可以应用于断路器设备的数据模型中，也适用于隔离开关类设备的数据模型定义。这种模块化的方案不仅可以减少相同数据定义的重复描述，提高使用效率，同时也可以大大减少代码量，使得最终的 SCL 配置文件更加精简。

图 3-5 中的 DPC 是从 Position 中提炼出的一个公用数据类，它的 stVal 属

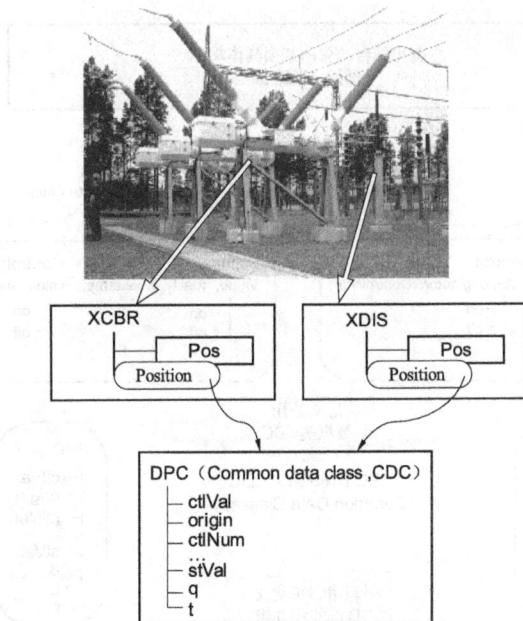

图 3 - 6 公用数据类 DPC

性具有 on、off、intermediate 和 bad-state 四种状态值。如图 3 - 5 的下半部分所示，公用数据类 DPC 被反过来用于定义 XCBR 逻辑节点中的数据 Pos。Pos 可以看成是 DPC 的派生类，它继承 DPC 的全部数据属性（如 ctlVal、origin、ctlNum 和 stVal 等）。因此在定义数据 Pos 时不需要列出全部数据属性，只要引用 DPC 即可。使用公用数据类不仅可以减少相同数据定义的重复描述，而且能够保证数据属性定义的一致性。

图 3 - 7 逻辑节点和数据的关系

类似地，SPC 是从 Block to Open 中抽象出的公用数据类，它的 stVal 具有 on 和 off 两种状态值。SPC 被反过来用于定义 BlkOpn 数据，BlkOpn 继承 SPC 的全部数据属性。如图 3 - 7 所示，Pos 和 BlkOpn 等数据组合在一起形成逻辑节点 XCBR。IEC 61850 - 7 - 4 定义了大约 90 个逻辑节点和 450 个数据类，每个逻辑节点都具有特定的含义——语义。

4. XCBR 逻辑节点的树形结构

XCBR 中的 Pos 数据大约包含 20 个数据属性。如图 3 - 8 所示，这些数据属性可以分为以下四类：

（1）状态类信息 status：包括反映断路器实际位置的状态值 stVal、该 stVal 的数据品质 q 以及断路器变位时的时标信息 t。数据品质 q 能够反映当前状态值 stVal 的有效性，时标 t 中记录了 stVal 上次改变的时间。

（2）控制类信息 control：包括用于操控断路器的 ctlVal、反映断路器在何时接到并处理远方控制指令的时间 operTm、控制指令的发出者 origin 以及控制序号 ctlNum（由命令发出者在控制指令中给出）。

（3）取代：包含人工置数的信息，例如在工程调试中可以根据需要将断路器位置 stVal 人工置成合位或分位。

（4）配置、描述和扩展信息：Pos 中还有几个数据属性用于配置具体操作细节，例如脉冲配置 pulseConfig（采用单脉冲还是持续脉冲、脉冲持续时间、脉冲的个数），还有操作模式 ctlModel 的选择（断路器控制有直接控制、带一般安全措施、带增强性安全措施三种不同的操作模式）等。

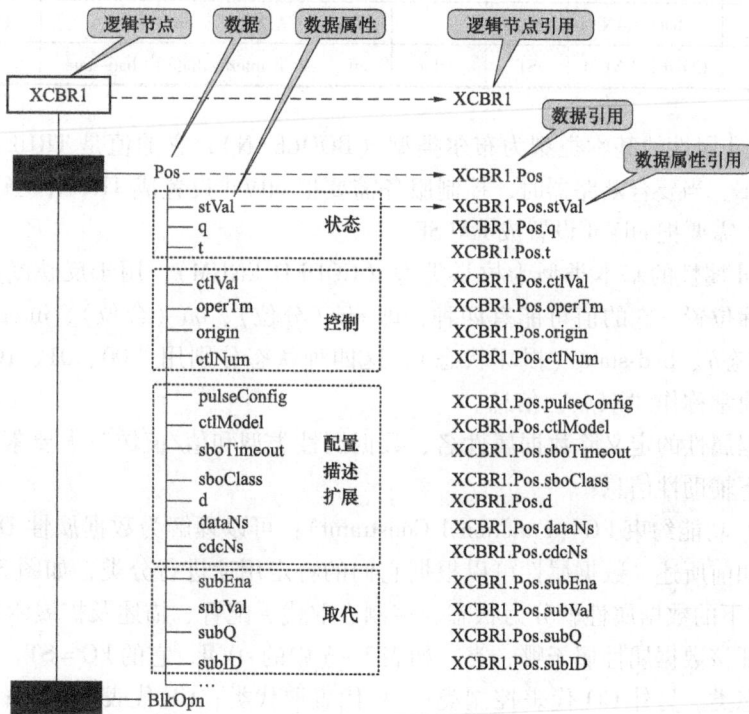

图 3-8　XCBR 的树形结构

由图 3-8 可以看出，逻辑节点 XCBR 下面包含各种类型的数据，每个数据又包含若干数据属性。逻辑节点—数据—数据属性之间是一种树形结构，形成了分层的数据模型。数据属性是该树形模型中最底层的组成部件。

打一个不太恰当的比方，如果把对 IED 的 IEC 61850 建模比喻成盖房子，那么逻辑节点可以看作是盖房子所用的砖头。一块一块的砖头组成了房子，砖头可以看作是盖房子用的基本部件，正如逻辑节点是 IED 建模所用的基本模块一样。砖头由水、沙子和水泥筑造而成，正如逻辑节点由数据和数据属性组成一样，它们之间形成了层层包含的关系。

5. 数据属性的定义

以 ctlVal 和 stVal 两个数据属性为例，IEC 61850 标准对它们的定义见表 3-3。

表 3-3 数据属性 ctlVal 和 stVal 的定义

数据属性名	数据属性类型	FC	TrgOp	值/值域	M/O/C
ctlVal	BOOLEAN	CO		off（FALSE）｜on（TURE）	AC_CO_M
stVal	CODED ENUM	ST	dchg	off｜on｜intermediate｜bad-state	M

ctlVal 属性的基本类型为布尔类型（BOOLEAN），它的值是 TRUE，或者是 FALSE。当要合断路器时，控制服务需要把 ctlVal 设置成 TRUE；当要分断路器时，需要把 ctlVal 设置成 FALSE。

stVal 属性的基本类型为枚举类型（CODED ENUM），用于反映断路器所处的实际位置。它的值可能有四种，即 off（分位）、on（合位）、intermediate（中间状态）、bad-state（损坏状态），这四种状态分别用"00、01、10、11"表示，通常称作"双点"信息。

数据属性的定义除数据属性名、数据属性类型和值/值域三大要素外，还包含以下辅助性信息：

（1）功能约束 FC（Functional Constraint）：可以理解为数据属性 DA 的过滤器。如前所述，数据属性可以根据它们的特定用途进行分类，如图 3-8 中 Pos 数据下的数据属性就分为状态、控制、取代、配置、描述及扩展六类。FC 用于表征该数据属性属于哪一类，如表 3-3 中的 stVal，它的 FC = ST，表明它属于状态类。另外 CO 代表控制类；SV 代表取代类；CF 代表配置类；EX 代表扩展类。

FC 用于表征该数据属性能够被何种服务所访问/操作。某一类的数据属性只能被特定类型的服务所访问。例如表 3-3 中的 ctlVal，它的 FC = CO，表明它只能被控制类服务所访问。

（2）TrgOp = dchg（data change）的含义是当 stVal 的值发生变化时会触发一个报告服务。例如当断路器跳闸时，stVal 的值由 on 变为 off，含有逻辑节点 XCBR 的 IED 会自动向监控主机发送报告，说明断路器位置已发生改变。

（3）M/O/C：表示数据属性是必选的还是可选的，它有可选 option（O）、必选 mandatory（M）、有条件必选 conditional mandatory（X_X_M）或有条件可选 conditional optional（X_X_O）四种类型。如果属性是必选的，那么它在模型中一定要出现。如表 3 – 3 中的 stVal，它的 M/O/C = M，表示它在模型中一定会出现。

6. 对象名与对象引用

与逻辑节点名字一样，数据 Data 的名字一般也是英语缩略语，例如 Pos 是英语单词 Position 的缩写。此外，Data 的名字也可能由几个英文单词的缩略语组合而成。例如 BlkOpn，它由 Blk（Block）和 Opn（Open）组成。IEC 61850 – 7 – 4 的第 4 节专门定义了 260 多个英语缩略语，它们是构造数据 Data 名字的基本单元，所有兼容数据类的名字都由这些缩略语组合而成。当根据应用需要创建新的数据类时，也必须采用这些缩略语构建新数据类的名字。

逻辑节点名字均由 4 个英语大写字母组成（例如 XCBR），它可以添加前缀和后缀，如"Q0XCBR1"就是在 XCBR 基础上添加了前缀"Q0"和后缀"1"。IEC 61850 标准并没有对前缀和后缀进行硬性规定，允许用户自由设置。但数据 Data 和数据属性 DA 的名字一般不能添加前缀和后缀，多数情况下需要与 IEC 61850 标准中的定义保持一致。

如前所述，IEC 61850 标准采用面向对象的方法建立变电站设备的对象模型，逻辑节点、数据和数据属性就是标准所建立的虚拟对象（Object），它们之间形成了一种分层的树形结构。逻辑节点名、数据名和数据属性名在 IEC 61850 标准中被统称为对象名（Object Name）。将不同层次的对象名连接成一串，就形成了对象引用（Object Reference）。对象引用可以直观地标明对象在树形模型中的位置，逻辑节点、数据和数据属性都有各自的引用，如图 3 – 8 中右侧所示。

7. 数据集的概念

数据集（DataSet）是 IEC 61850 标准的核心概念之一，顾名思义，它是一系列"数据"的集合。按照 IEC 61850 标准定义，数据集是有序的数据引用或数据属性引用的集合。

IEC 61850 标准引入数据集的目的是利用数据集对数据进行分组，以方便数据传送。变电站 IED 中存在各种数据，有的需要实时传送（如电流值、电压值、频率值等），有的可以慢些传送（如电度值、功率）。由于高压变电站中存在上百个 IED，而网络通信带宽是有限的，如果这些数据不进行分组而一起发送，有可能会影响数据传输的实时性，甚至会造成通信堵塞。引入数据集的概念后，利用数据集可以方便地对数据进行分组和打包。例如可以将需要实时传输的数据组成一个数据集，将对传输时间要求不苛刻的数据分成另一个数据集，分别传送。

按照变电站中"四遥"信息的分类，可以建立相应的遥测数据集和遥信数据集。表 3 - 4 是按照国内 IEC 61850 工程实施的习惯，对微机保护装置中需要上送的数据进行总结和分类后预定义的数据集。

表 3 - 4　　　　　　　　　　微机保护装置中的数据集

数据集名	数据集描述	备　注
dsTripInfo	保护事件	包含各种保护动作信号
dsRelayEna	保护压板	包含硬压板和软压板数据
dsRelayRec	保护录波	包含保护故障报告信息，例如录波是否完成、故障序号等
dsRelayAin	保护遥测	包含保护装置采集到的电流、电压值
dsRelayDin	保护遥信	包含保护装置采集到的开关量信息
dsAlarm	故障信号	包含所有导致装置闭锁无法正常工作的报警信号
dsWarning	告警信号	包含所有影响装置部分功能，装置仍然继续运行的告警信号
dsCommState	通信工况	包含所有装置 GOOSE、采样值 SV 通信链路的告警信息
dsParameter	装置参数	包含要求用户整定的设备参数，如定值区号，被保护设备名，保护相关的电压、电流互感器一次和二次额定值
dsSetting	保护定值	包含多个定值区的保护定值和控制字
dsLog	日志记录	可包含事件和模拟量数据，实现对历史事件和历史数据的访问

根据 IEC 61850 标准的规定，数据集分为永久性和非永久性两种。永久性数据集一般在配置文件中预定义产生；非永久性数据集可以动态建立和删除（利用 CreatDataSet 服务建立，利用 DeleteDataSet 服务删除）。表 3 - 4 中的数据集属于永久性数据集。

如图 3 - 9 所示，IED 内部的数据利用数据集进行分组后，可以通过报告服务上送到客户端（如变电站监控主机），也可以存储在日志中，作为历史数据供将来查询。

图 3 - 9　报告和日志模型示意图

![提示图标]提示：

　　LOG 是日志的意思。一般服务器在运行时，都会把一些重要的事件信息保存到一个日志文件里，生成历史数据，以供将来查询或调阅。在实际装置中，日志一般被存储在 Flash ROM 等类型的存储器中，即使装置突然掉电，日志文件里的信息也不会丢失；当服务器重启时，重要的事件信息就可以到日志里面去取。假如在保护动作时，IED 突然失电，或者通信网络发生异常，造成后台监控或保护信息子站没有收到即时报告，客户端可以通过日志服务获取当时装置存储的故障信息。通过调阅和分析服务器的日志，用户可以有效地掌握故障情况，及时发现问题和查找故障原因。

　　8. 逻辑设备的概念

　　图 3 - 10 是逻辑节点的基本组成部件示意图。如图所示，逻辑节点中含有数据/数据属性，根据应用需要对数据/数据属性的引用进行分组后形成数据集，数据集通过报告服务向外发送（上送到客户端），也可以存储在日志中以

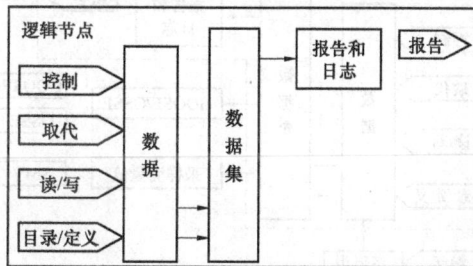

图 3 - 10　逻辑节点的基本组成部件示意图

备检索。除此之外，逻辑节点中还有控制、取代、读/写、目录/定义等通信服务。这些服务是对逻辑节点中数据/数据属性的具体操作，是对象的两大要素"属性"和"服务"之一。

控制服务（Control）用于控制设备的状态。例如复位装置面板上的发光二极管（LED），令其不再闪烁，可以将 LLN0 中的数据 LEDRs 的值设置为 TRUE。

取代（substitution）服务就是用某个固定值替换数据的实际值（人工置数）。例如，可以根据需要（信号传动或联闭锁调试）将断路器位置 stVal 人工置成 TRUE（合位）或 FALSE（分位）。

读（get）和写（set）服务用于对数据或数据集进行读取和设置。

目录服务（Dir）用于检索数据实例的目录信息，例如 GetDataDirectory（读数据目录）。

定义（Definition）服务用于获取数据实例的定义信息，例如 GetDataDefinition（读数据定义）。

逻辑节点及其内部的数据能够代表该设备在变电站自动化系统中具备哪些功能。但是除逻辑节点和数据之外，实际设备中至少还包括以下两类信息：

（1）描述设备本身状态的相关信息，如一次设备的铭牌信息，反映物理装置运行状况的上电次数、失电告警、通信缓存区溢出等信息。

（2）与多个逻辑节点相关的通信服务。与图 3 – 10 中的控制、取代服务不同，有些通信服务（如采样值传输、GOOSE、定值服务）需要同时与多个逻辑节点发生信息交互，这些服务不能定义在某个逻辑节点内部。

逻辑节点模型无法容纳以上两类信息，因此建模时需要增加新的组件。IEC 61850 标准引入了逻辑设备 LD（Logical Device）的概念。如图 3 – 11 所

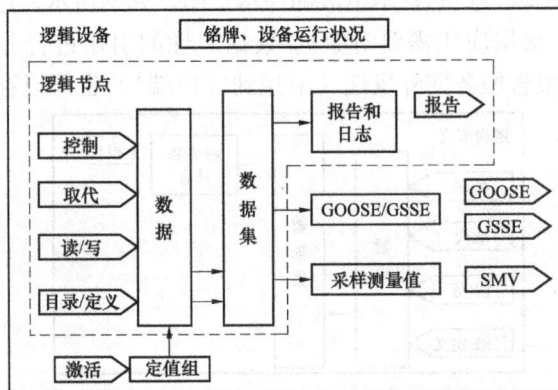

图 3 – 11　逻辑设备的基本组成部件

示，逻辑设备除了包含若干逻辑节点外，还包括上面提到的（1）和（2）两类信息。

逻辑设备可以看作是一个包含若干逻辑节点和相关通信服务的容器。按照 IEC 61850 标准的规定，所有逻辑设备都必须包含 LLN0 和 LPHD 两个逻辑节点，如图 3-12 所示。

一般情况下，IEC 61850 把那些具有公用特性或共同特征的逻辑节点划分到一个逻辑设备中。工程实施中针对实际装置建模时，应根据功能进行逻辑设备的划分。例如按照国内工程实施的习惯，一台保护测控一体化装置一般划分为以下五个逻辑设备。

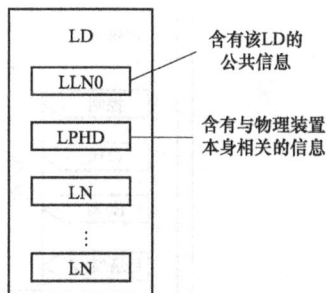

图 3-12　逻辑设备 LD 和 LLN0/LPHD

（1）公用 LD，名字为"LD0"：包括装置本身的信息，如装置自检信息、装置告警信息，还有系统参数等公用信息。

（2）测量 LD，名字为"MEAS"：装置采集的模拟量信息，包括交流量、直流量等。

（3）保护 LD，名字为"PROT"：保护相关功能，包括告警、定值、保护压板、动作事件等。

（4）控制及开入 LD，名字为"CTRL"：装置采集的开关量状态信息和遥控信息。

（5）录波 LD，名字为"RCD"：与录波相关的信息，如录波启动、录波完成等。

需要说明的是，与逻辑节点和数据的标准化命名不同，IEC 61850 并没有对逻辑设备的命名做出统一规定，所以逻辑设备的名字可以由用户自由设置。

9. 服务器的概念

如前所述，工程中针对实际装置建模时，可能根据功能划分成若干个逻辑设备。这些逻辑设备就包含在服务器中，如图 3-13 所示。除了逻辑设备外，服务器中还包含关联、时间同步和文件传输服务。

关联模型主要定义如何在不同的装置之间建立并保持通信链接的机制；时间同步服务用于传输对时信息，它应为报告服务（Report）和日志记录（Log）提供毫秒级精度的时标，为同步采样提供微秒级精度的时标。文件传输服务提供大型数据块（文件）的传输方法，例如保护装置利用文件服务将故障报告文件、录波文件上送到保护信息子站或后台监控主机。

按照 IEC 61850 标准的定义，服务器（Server）模型描述了一个设备"外

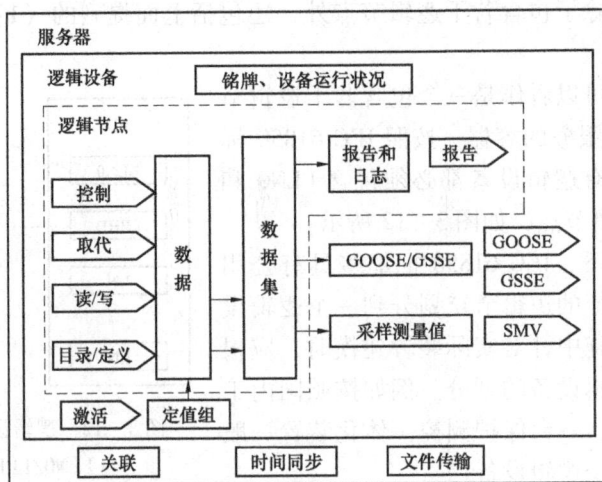

图 3 - 13 服务器的基本组成部件

部可视"的行为。所谓"外部可视",是指其他设备(客户端或另外的 IED)能够通过通信网络访问它内部的资源或数据。IED 中所有的外部可视信息都包含于服务器中。

图 3 - 14 IED 和访问点

针对过程层已经实现数字化通信的间隔层 IED(如采用 GOOSE 技术实现断路器跳闸的微机保护装置),建模时至少需要划分两个不同的服务器,每个服务器至少有一个访问点(Access Point)。如图 3 - 14 所示,这种 IED 通过不同的访问点对上与站控层网络通信,对下与过程层网络通信。访问点描述了 IED 与实际通信网络的连接关系,它可以看作是装置物理通信端口的抽象。

10. 客户端与服务器

IEC 61850 共包含"客户端—服务器"和"发布方—订阅者"两种通信模式。在变电站自动化系统中,站控层设备一般建模为 IEC 61850 客户端,如变电站监控主机、远动工作站;间隔层 IED 一般建模为 IEC 61850 服务器,如微机保护装置、测控装置等,如图 3 - 15 所示。

有的 IED 既扮演服务器的角色,也扮演客户端的角色,如图 3 - 16 所示。

图 3-15　客户端服务器通信模式

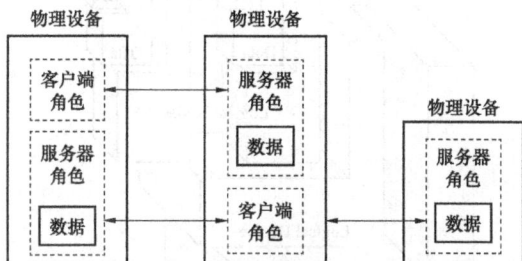

图 3-16　客户端和服务器角色

为了实现智能变电站和调度主站之间的无缝通信，充分发挥 IEC 61850 的优越性，国内有的变电站中采用新型的代理服务器取代传统的远动工作站。如图 3-17 所示，这种代理服务器是一种特殊的 IED，面对变电站内部，它扮演 IEC 61850 客户端的角色，与变电站保护测控装置等 IED 建立通信链接，接收全站多个 IED 的控制、事件、故障、告警、定值、波形等信息；而面对调度主站它扮演服务器角色，负责将变电站上述信息上传给不同的主站客户端，如省调主站和地调主站。

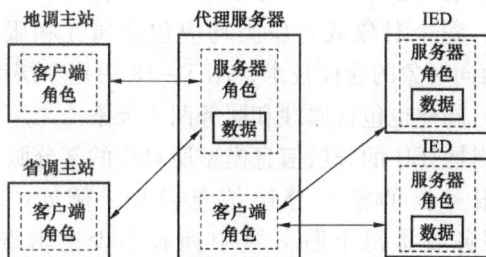

图 3-17　代理服务器的概念

四、IEC 61850 标准的分层信息模型

综上所述，IEC 61850 标准采用了分层分类的建模思想，将变电站中智能电子设备用于通信交换的数据信息建模为分层的信息模型。如图 3-18 所示，

该信息模型包含五个层次，即 Server（服务器）、Logical Device（逻辑设备）、Logical Node（逻辑节点）和 Data（数据）以及 DA（Data Attribute，数据属性）。一般情况下一台物理装置建模为一个 IED，每个 IED 包含一个或多个服务器，每个服务器本身又包含一个或多个逻辑设备，每个逻辑设备包含一组逻辑节点，每个逻辑节点又包含多个数据，每个数据拥有多个数据属性。

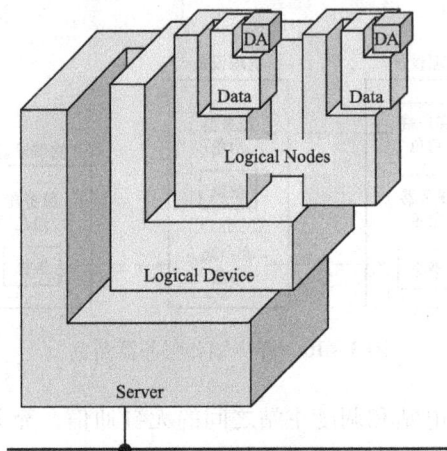

图 3 - 18　IED 的分层信息模型

如果把 Server 比喻成一家宾馆，那么每个 Logical Device 相当于宾馆里面的客房，而 Logical Node 相当于客房里的设施，如床、电视、卫生间设施等，数据 Data 是对这些设施的具体描述，如床有多大，电视是什么牌子的等。

由第二章面向对象的思想可知，对象是一个包含若干属性以及与这些属性有关的服务的集合，每个对象或对象类均应包含属性和服务两个要素。IEC 61850 标准采用了面向对象的建模技术，图 3 - 18 中每个层次的模型（如逻辑设备、逻辑节点等）同样也包含属性和服务两大要素。

图 3 - 19 的左侧是 IED 的分层信息模型所对应的部分服务，客户端能够通过这些服务获取服务器的整个分层信息模型。例如：客户端可以通过 GetServerDirectory 服务收集每个服务器中拥有多少逻辑设备和文件；通过 GetLogicalDeviceDirectory 服务收集每个逻辑设备中的逻辑节点；通过 GetLogicalNodeDirectory 服务收集每个逻辑节点中的数据；通过 GetDataDiretory 服务收集每个数据中的数据属性；通过 GetDataDefinition 服务读取全部或某一个数据属性的定义。利用这些服务，客户端可以得到该服务器完整的分层信息模型。

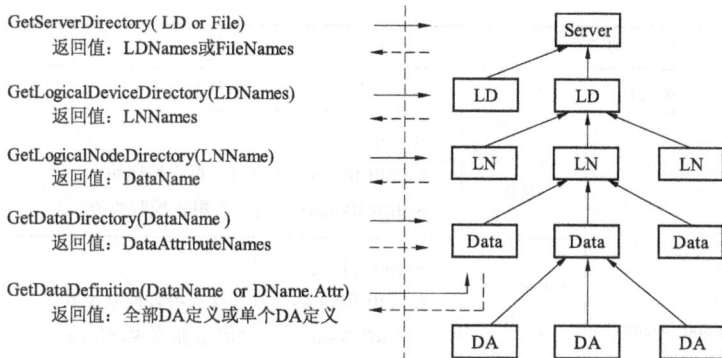

图 3-19 分层信息模型的服务

除了 LD、LN 等基本模型和 GetXXXDirectory 等目录服务外，为了满足变电站自动化系统应用的需要，IEC 61850 标准还进一步定义了下列信息模型和服务：应用关联、数据集、取代、定值组控制、报告和日志、通用变电站事件、采样值传输、控制、时间同步和文件传输，具体见表 3-5。

表 3-5   ACSI 模 型 和 服 务

模　　型	服　　务
Server（服务器）	GetServerDirectory（读服务器目录）
Logical Device（逻辑设备）	GetLogicalDeviceDirectory（读逻辑设备目录）
Logical Node（逻辑节点）	GetLogicalNodeDirectory（读逻辑节点目录） GetAllDataValues（读所有数据值）
Data（数据）	GetDataValues（读数据值） SetDataValues（写数据值） GetDataDirectory（读数据目录） GetDataDefinition（读数据定义）
DataSet（数据集）	GetDataSetValues（读数据集值） SetDataSetValues（写数据集值） CreateDataSet（创建数据集） DeleteDataSet（删除数据集） GetDataSetDirectory（读数据集目录）
Application Association（应用关联）	Associate（关联） Abort（终止） Release（释放）

模　　型		服　　务
Substitution （取代）		SetDataValues （写数据值）
Reporting and logging（报告和日志）	Buffered RCB	Report （报告） GetBRCBValues （读缓存报告控制块值） SetBRCBValues （写缓存报告控制块值）
	Unbuffered RCB	Report （报告） GetURCBValues （读非缓存报告控制块值） SetURCBValues （写非缓存报告控制块值）
	Log CB	GetLCBValues （读日志控制块值） SetLCBValues （写日志控制块值）
	Log	QueryLogByTime （按时间查询日志） QueryLogAfter （查询某条目之后的日志） GetLogStatusValues （读日志状态值）
Control （控制）		Select （选择） SelectWithValue （带值选择） Cancel （取消） Operate （执行） CommandTermination （终止操作命令） TimeActivatedOperate （时间激活操作）
File （文件）		GetFile （读文件） SetFile （写文件） DeleteFile （删除文件） GetFileAttributeValues （读文件属性值）
Transmission of Sampled Values （采样值传输）		SendMSVMessage （发送多播采样值报文） GetMSVCBValues （读多播控制块值） SetMSVCBValues （写多播控制块值）
Setting Group Control （定值组控制）		SelectActiveSG （选择激活定值组） SelectEditSG. （选择编辑定值组） SetSGValues （写定值组值） ConfirmEditSGValues （确认编辑定值组值） GetSGValues （读定值组值） GetSGCBValues （读定值组控制块值）

模　　型		服　　务
GSE（通用变电站事件）	GOOSE	SendGOOSEMessage（发送 GOOSE 报文） GetGoReference（读 GOOSE 引用） GetGOOSEElementNumber（读 GOOSE 元素数目） GetGoCBValues（读 GOOSE 控制块值） SetGoCBValues（写 GOOSE 控制块值）
	GSSE	SendGSSEMessage（发送 GSSE 报文） GetGsReference（读 GSSE 引用） GetGSSEElementNumber（读 GSSE 元素数目） GetGsCBValues（读 GSSE 控制块值） SetGsCBValues（写 GSSE 控制块值）
Time synchronization（时间同步）		—

提示：

　　根据电力系统生产过程的特点和要求，IEC 61850 标准对电力生产所必需的信息传输服务进行了总结，定义了抽象通信服务接口 ACSI（Abstract Communication Service Interface）。"抽象"是指这些通信服务并没有定义特定的报文格式，也没有具体的网络类型，它们独立于具体的底层通信协议。ACSI 仅仅是一个概念性的接口，它本身并没有任何通信功能。实际通信功能是通过特殊通信服务映射（SCSM），映射到具体通信协议（如 MMS）上实现的。

第二节　IEC 61850 分层模型的具体定义

一、IEC 61850 对分层信息模型的具体定义方法

　　在 IEC 61850 中，IED 分层信息模型的具体定义由 IEC 61850 – 7 – 2/3/4 三个部分完成。

　　IEC 61850 – 7 – 2 为 IED 信息模型中的每一层都定义了相应的抽象类，并定义了这些类的属性和服务。属性描述了这个类的所有实例的外部可视特征，而服务提供了访问/操作这些属性的方法。图 3 – 20 是采用统一建模语言（UML）描述的各个类之间的关系图。

（一）各层类之间的聚合关系

　　在图 3 – 20 中，黑宝石箭头表示类之间的聚合关系，空心三角箭头表示类

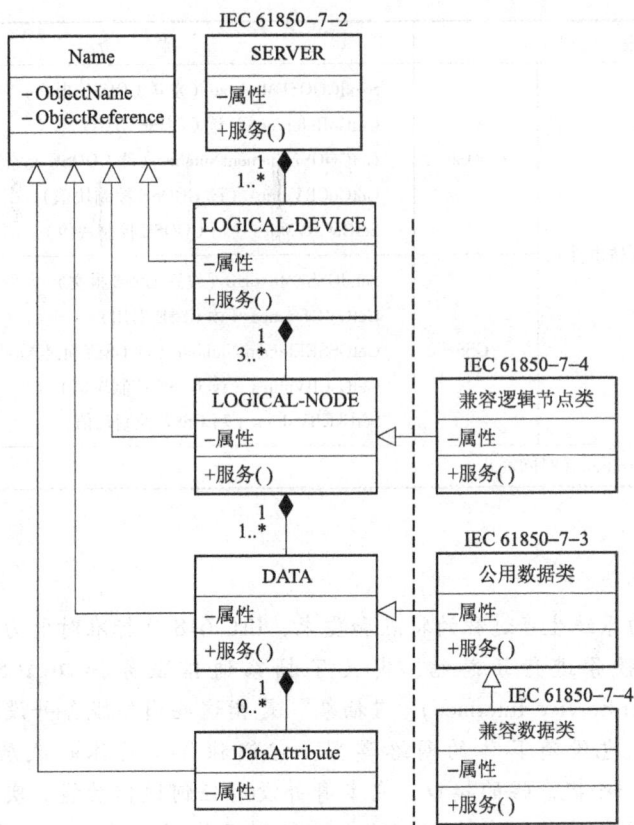

图 3 - 20　IED 模型中各种类的层次结构图

之间的继承关系。如图所示，IED 的分层信息模型自上而下分为五个层级，IEC 61850 - 7 - 2 相应地定义了五个抽象类，即 SERVER（服务器）、LOGICAL-DEVICE（逻辑设备）、LOGICAL-NODE（逻辑节点）、DATA（数据）和 DataAttribute（数据属性）。上一层级的类由若干个下一层级的类"聚合"而成，如 SERVER 由若干个 LOGICAL-DEVICE 聚合而成，LOGICAL-DEVICE 又由若干个 LOGICAL-NODE 聚合而成。这与图 3 - 18 中各层模型之间的包含关系是一致的。

（二）各种类之间的继承关系

Name 类是其他所有类的基类，它包含 Object Name 和 Object Reference 两种属性。图 3 - 20 中虚线左侧的 LOGICAL-DEVICE、LOGICAL-NODE、DATA 和 DataAttribute 类都是从 Name 类中派生出的，它们均从 Name 类继承了 Object

Name 和 Object Reference 属性。需要指出的是，为了保证这些类的通用性，IEC 61850 – 7 – 2 对它们的定义都是比较抽象和笼统的。如果要在实际工程中应用，需要在这些抽象类的基础上进行细化定义，派生出新的子类。在虚线的右侧，IEC 61850 – 7 – 4 中的兼容逻辑节点类是 LOGICAL-NODE 类的派生类；IEC 61850 – 7 – 3 中的公用数据类是 DATA 类的派生类；IEC 61850 – 7 – 4 中的兼容数据类是 IEC 61850 – 7 – 3 公用数据类的派生类。

1. DATA 类的派生

下面以 DATA 类为例，详细解释这种继承关系。

图 3 – 21 的最左侧是 IEC 61850 – 7 – 2 中定义的数据类 DATA 类。DATA 类包含 3 个属性和 4 种服务，这 4 种服务在 IEC 61850 – 7 – 2 中都进行了详细定义，而 3 个属性却没有定义具体的内容。由此可见，DATA 类是比较简单和笼统的，无法满足实际工程应用的需要。

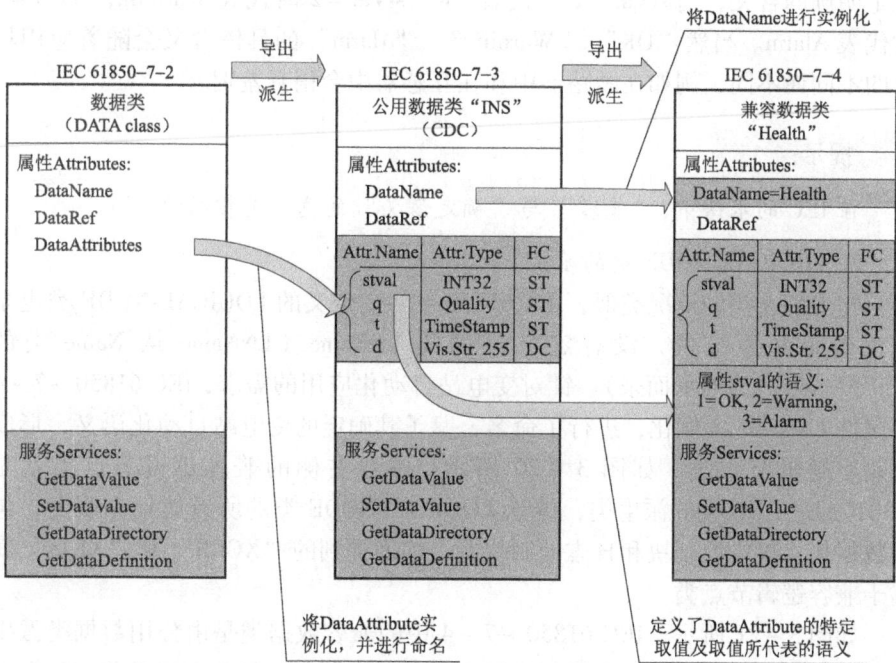

图 3 – 21　DATA 类的继承与派生

IEC 61850 – 7 – 3 在 DATA 类的基础上进行了细化，定义了 30 多个公用数据类（CDC）。如果以 DATA 类为基准，那么这些公用数据类可以看作是 DATA 类的派生类，继承 DATA 类的全部属性和服务。

图 3 – 21 的中部以公用数据类 "INS" 为例说明了具体的派生过程。首先，由于属性 DataAttributes 在 DATA 类中没有定义具体的内容（即没有说明具体含有哪些数据属性），因此 IEC 61850 – 7 – 3 对 DataAttributes 进行了细化定义。以 "INS" 为例，IEC 61850 – 7 – 3 为它定义了 4 个数据属性，分别命名为 "stVal"（状态值）、"q"（品质）、"t"（时标）和 "d"（描述），另外还定义了这 4 个数据属性各自所属的基本类型（Attr. Type）和功能约束（FC）。

到目前为止，INS 中的各个数据属性具体代表何种含义仍然不清楚，INS 具体如何使用也没有明确，在标准中这部分定义由 IEC 61850 – 7 – 4 完成。在图 3 – 21 的最右侧，"Health" 是 IEC 61850 – 7 – 4 中的兼容数据类，它可以看作是公用数据类 INS 的派生类。如图所示，在 Health 类中，属性名 DataName 被命名为 "Health"；数据属性 stVal 还拥有了固定的取值，并且每个值都被赋予了明确的含义，当 stVal = 1 时代表 OK，stVal = 2 时代表 Warning，stVal = 3 时代表 Alarm。当然 "OK"、"Warning"、"Alarm" 的具体含义会随着应用场合的不同而不同，例如在断路器中和在互感器中会稍有差别。

提示：

在 IEC 的术语中，"兼容" 与 "确定语义" 的意思是相同的。

2. LOGICAL-NODE 类的派生

与 DATA 类的情况类似，IEC 61850 – 7 – 2 定义的 LOGICAL-NODE 类也是比较简单和笼统的，没有定义具体的 LNName（LNName 从 Name 类的 ObjectName 属性继承而来）。针对变电站自动化应用的需求，IEC 61850 – 7 – 4 将属性 LNName 实例化，进行了命名，赋予其确定的变电站自动化语义，形成了兼容逻辑节点类。如图 3 – 20 所示，虚线右侧的兼容逻辑节点类就是 LOGICAL-NODE 类的派生类，继承 LOGICAL-NODE 类的所有属性和服务，包括数据集、报告控制块和日志控制块等。前面提到的 "XCBR" 和 "XDIS" 就属于兼容逻辑节点类。

如图 3 – 21 所示，IEC 61850 – 7 – 4 中的兼容数据类是由公用数据类派生出的，兼容数据类拥有公用数据类所有的属性和服务，因此在定义兼容数据类时不需要列出全部数据属性，只要引用对应的父类——公用数据类即可。这样不仅可以减少相同数据定义的重复描述，而且能够保证数据属性定义的一致性。

3. 兼容逻辑节点类与兼容数据类之间的关系

在分层信息模型中，兼容逻辑节点类位于兼容数据类的上一层级，它们是整体与部分的关系，若干个兼容数据类组成兼容逻辑节点类。在对实际设备建模时，我们真正使用的是兼容逻辑节点类和兼容数据类。

（三）IEC 61850 标准的开放性

一方面，通过上述面向对象建模技术的运用，IEC 61850 为 IED 构建起结构化的信息模型。模型中，逻辑节点、数据和数据属性的名字都由 IEC 61850 标准统一定义，这些标准化的命名都具有确定的语义（如 XCBR 代表变电站中的断路器类设备）。这些标准化的命名和它们所代表的变电站自动化语义，是 IEC 61850 标准实现良好互操作的关键。

另一方面，IEC 61850 标准这种面向对象的建模方法，特别是它所定义的抽象类——LOGICAL-NODE 类、DATA 类和公用数据类，使其天然地具有良好的开放性，能够在更广阔的应用领域获得应用。IEC 61850 标准允许用户根据应用需要对其进行扩展。在扩展时只需从抽象类中导出适合新领域的兼容逻辑节点类和兼容数据类，甚至公用数据类，就可以构建起特定应用领域的新模型。例如应用于水电厂自动化监视和控制的 IEC 61850 - 7 - 410 标准，应用于风力发电等分布式能源系统的 IEC 61850 - 7 - 420 标准。由此可看出，IEC 61850 标准面向对象的建模方法具有强大生命力和广泛适用性。

二、分层信息模型的定义举例

1. LOGICAL-NODE 类的定义

IEC 61850 - 7 - 2 对抽象逻辑节点基类 LOGICAL-NODE 的详细定义见表 3 - 6，它是 IEC 61850 - 7 - 4 中兼容逻辑节点类的父类，也可以看作是定义 7 - 4 兼容逻辑节点类的模板。兼容逻辑节点类将继承 LOGICAL-NODE 类的全部定义。

如前所述，属性和服务是对象的两大要素，逻辑节点作为 IEC 61850 标准所建立的虚拟对象，自然也不例外。表 3 - 6 中的每一行列出了一个属性，如 LNName、LNRef、Data 等。

表 3 - 6　　　　　　　　　　　　**LOGICAL-NODE 类**

逻辑节点类		
属　性　名	属性类型	说　明
LNName	Object Name	LOGICAL-NODE 实例的实例名
LNRef	Object Reference	LOGICAL-NODE 实例的路径名
Data [1..n]	DATA	数据

属 性 名	属性类型	说 明
DataSet [0..n]	DATA-SET	数据集
BufferedReportControlBlock [0..n]	BRCB	带缓冲的报告控制块
UnbufferedReportControlBlock [0..n]	URCB	不带缓冲的报告控制块
LogControlBlock [0..n]	LCB	日志控制块
以下属性只存在于 LLN0 中		
SettingGroupControlBlock [0...1]	SGCB	定值组控制块
Log [0..1]	LOG	日志
GOOSEControlBlock [0..n]	GoCB	GOOSE 控制块
GSSEControlBlock [0..n]	GsCB	GSSE 控制块
MulticastSampledValueControlBlock [0..n]	MSVCB	多播采样值控制块

服务 Services：

GetLogicalNodeDirectory ( )

GetAllDataValues ( )

　　IEC 61850 - 7 - 4 定义了约 90 种兼容逻辑节点类，每一个兼容逻辑节点类的名字都是从 LOGICAL-NODE 类的 LNName 属性实例化后得到的。例如，断路器逻辑节点类的 LNName 就定义为"XCBR"。

　　LNRef 用于引用逻辑节点类的实例。与对象引用（Object Reference）一样，LNRef 是由不同层次的对象名字级联后形成的。例如"MyLD/XCBR1"，它表示包含在逻辑设备"MyLD"中的一个逻辑节点类实例"XCBR1"。

　　另外，每个逻辑节点都包含一个或多个数据 Data（[1..n] 表示至少包含一个 Data）。Data 代表该逻辑节点具备何种功能。

　　逻辑节点还可能包含数据集 DataSet（[0..n] 表示可能有也可能没有数据集）。数据集中包含着一系列的数据/数据属性引用，这些引用可能指向同一逻辑节点内定义的数据/数据属性，也可能指向任意逻辑设备下的其他逻辑节点内的数据/数据属性。

　　另外，逻辑节点还可能包含报告控制块（BRCB 和 URCB）和日志控制块（LCB）。一般数据集均有相应的控制块，客户端通过设置控制块参数来实现对服务器中数据集传送方式的控制。与数据集一样，[0..n] 表示逻辑节点可能有也可能没有这些控制块。与 LNName、LNRef、Data 不同的是，IEC 61850 - 7 - 4 中并没有对数据集、报告和日志控制块进行实例化定义，这些定义被留在工程实施阶段进行。

最后 5 个属性（从定值组控制块 SGCB 到多播采样值控制块 MSVCB）只能在 LLN0 中出现。按照标准规定，每个逻辑设备只能包含一个 LLN0。

表 3 – 6 的最后是与逻辑节点类相关的两种服务 GetLogicalNodeDirectory 和 GetAllDataValues。除了这两种服务之外，逻辑节点下包含的各个属性也都有各自相关的服务。例如，Data 类就有 GetDataValues 和 SetDataValues 等多个服务，如表 3 – 5 所示。

图 3 – 22 形象地说明了各层类之间的包含关系，以及逻辑节点类所包含的数据、数据集和控制块之间的关系。由图可见，数据或数据属性可以根据应用需要进行分类和组合，它们的引用组成了各种数据集（如 GOOSE 发送数据集、采样值发送数据集、定值组数据集等）。各种数据集的发送均由相应的控制块进行控制，控制块定义了数据集发送过程的具体细节。SGCB、GoCB、GCB、MSVCB 四种控制块只能出现在 LLN0 中；BRCB、URCB 和 LCB 既可以出现在 LLN0 中，也可以出现在其他任何一种兼容逻辑节点中。按照国内工程实施的习惯，目前 BRCB、URCB 和 LCB 一般也都放在 LLN0 中。

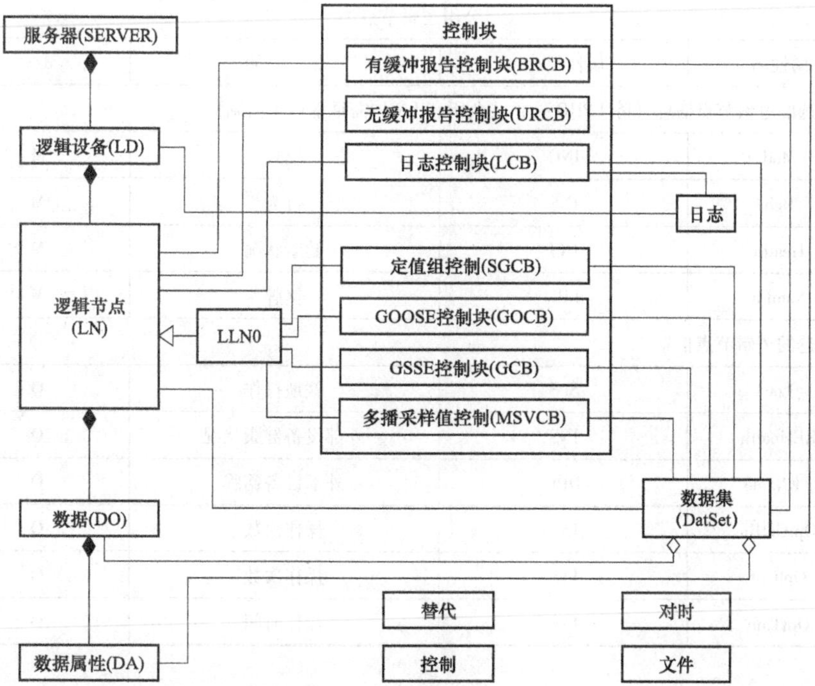

图 3 – 22 ACSI 概念性模型

2. 兼容逻辑节点类和兼容数据类的定义

图3-23用UML类图的方法给出了各种逻辑节点之间的关系，其中的公用逻辑节点类定义见表3-7。

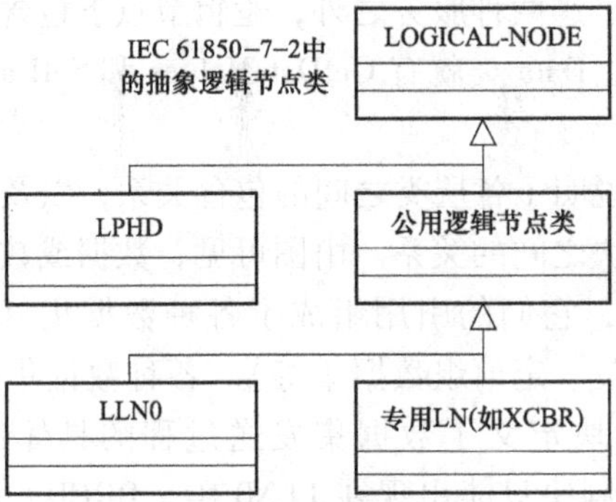

图3-23 逻辑节点之间的关系

表3-7 公用逻辑节点类

公用逻辑节点类			
属性名	属性类型	说 明	M/O
必选的逻辑节点信息（除LPHD外，其余所有LN均需继承该类信息）			
Mod	INC	模式	M
Beh	INS	行为	M
Health	INS	健康状况	M
NamPlt	LPL	铭牌	M
可选的逻辑节点信息			
Loc	SPS	就地操作	O
EEHealth	INS	外部设备健康状况	O
EEName	DPL	外部设备铭牌	O
OptCntRs	INS	操作次数	O
OptCnt	INS	操作次数	O
OptTmh	INS	操作时间	O

数据集 DataSet：从 LOGICAL-NODE 类中派生并实例化。

控制块 Control Block：从 LOGICAL-NODE 类中派生并实例化。

服务 Services：从 LOGICAL-NODE 类中派生并实例化。

如图 3-23 所示，除 LPHD 以外，LLN0 和"XCBR"等专用逻辑节点均是从公用逻辑节点类中派生出的。换言之，公用逻辑节点类是定义 LLN0 和专用逻辑节点的模板。在公用逻辑节点类的基础上进行派生定义时，必须遵循以下原则：

（1）派生出的子类必须继承公用逻辑节点类所有必选的数据。表 3-7 的最后一列规定了这些数据是必选的（M）还是可选的（O）。表中前四个数据 Mod、Beh、Health 和 NamPlt 属于必选的数据，因此它们会出现在所有的子类当中，而且它们在子类中也一定是必选的。

（2）对于可选的数据（O），子类的继承就比较灵活，既可以继承也可以不继承这些可选数据。这些数据被子类继承后，在子类中既可以定义成必选的数据（M/O=M）也可以定义成可选的数据（M/O=O）。

表 3-8 是专用逻辑节点类 XCBR 的定义。它包含的数据共分为四种，即公用逻辑节点信息、控制信息、测量信息和状态信息。公用逻辑节点信息均从表 3-7 中的公用逻辑节点类中继承而来。如表 3-8 所示，Mod、Beh、Health 和 NamPlt 在 XCBR 中仍然是必选的，而 Loc 则根据需要被定义成必选的，EEHealth 被定义成可选的。

另外，XCBR 下的 Mod、Loc、Pos 数据被称为兼容数据类。每个兼容逻辑节点类下面包含若干个兼容数据类。IEC 61850-7-4 的第 6 部分总共列出了大约 500 多种兼容数据类，并给出了每种数据类的具体含义和用法。

需要注意的是，在表 3-8 中看不到 Mod、Pos 这些兼容数据类的详细内容，仅在表的第一列给出了这些数据的名字，在表的第二列给出它们所属的公用数据类。这其实是一种模块化的定义方法。这些兼容数据类的详细内容实际上都位于对应的公用数据类中，例如 Pos 数据的详细内容就在表 3-11 公用数据类 DPC 中。这样在定义兼容逻辑节点类时不需要列出全部数据属性，从而减少了同类数据的重复描述，提高了使用效率。另外公用数据类可以被重复使用，每个公用数据类就是一个标准的模板，对保持数据属性定义的一致性非常关键，有利于在不同 IED 实例之间实现互操作。

表 3-8　　　　　　　　兼 容 逻 辑 节 点 类 XCBR

XCBR			
属性名	属性类型（CDC）	说　　　明	M/O
公用逻辑节点信息（Common LN Information）			
Mod	INC	模式	M
Beh	INS	行为	M

属性名	属性类型（CDC）	说　　明	M/O
Health	INS	健康状况	M
NamPlt	LPL	铭牌	M
Loc	SPS	就地操作	M
EEHealth	INS	外部设备健康状况	O
EEName	DPL	外部设备铭牌	O
OptCnt	INS	操作次数	M
控制（Controls）			
Pos	DPC	断路器位置	M
BlkOpn	SPC	分闸闭锁	M
BlkCls	SPC	合闸闭锁	M
ChMotEna	SPC	投入储能电动机	O
测量（Metered Values）			
SumSwARs	BCR	开断电流和	O
状态信息（Status information）			
CBOpCap	INS	断路器操作能力	M
POWCap	INS	定点分合能力	O
MaxOpCap	INS	满负荷时断路器操作能力	O

3. 公用数据类的定义

IEC 61850 - 7 - 3 一共定义了 30 多种公用数据类（见表 3 - 9），这 30 多个公用数据类分属于 7 个不同的组。

表 3 - 9　　　　　　　　　　公用数据类一览表

组　　名	说明	所包含的 CDC
status information	状态信息类	SPS、DPS、INS、ACT、ACD、SEC、BCR
measurand information	测量信息类	MV、CMV、SAV、WYE、DEL、SEQ、HMV、HWYE、HDEL
controllable status information	可控状态信息类	SPC、DPC、INC、BSC、ISC
controllable analogue information	可控模拟信息类	APC
status settings	状态定值类	SPG、ING
analogue settings	模拟定值类	ASG、CURVE
description information	描述信息类	DPL、LPL、CSD

每一组均有一个定义模板（template）。Pos 所属的公用数据类 DPC 属于可控状态信息类这一组，这一组的定义模板见表 3 – 10。凡是属于这一组的公用数据类，例如 SPC 和 DPC，定义时均要在表 3 – 10 模板的基础上进行。

表 3 – 10　　　　　　　　　　可控状态信息类模板

数据属性名	属性类型	FC	TrgOp	值/值域	M/O/C
DataName	从 IEC 61850 – 7 – 2 中的基类 Data 类中继承				
数据属性	控制和状态类				
	取代类				
	配置、描述和扩充类				

以下通信服务从 IEC 61850 – 7 – 2 中继承

	ACSI 模型	服　　务	该服务只能应用于具有以下 FC 的属性	说　　明
	数据 （Data）	SetDataValues	DC、CF、SV、AX	
		GetDataValues	ALL（CO 除外）	
		GetDataDefinition	ALL	
	数据集 （DataSet）	GetDataSetValues	ALL（CO 除外）	
		SetDataSetValues	DC、CF、SV、AX	
服务	报告（Report）	Report	ALL	
	控制 （Control）	Select	CO	
		SelectWithValue	CO	
		Cancel	CO	
		Operate	CO	
		CommandTermination	CO	
		TimeActivatedOperate	CO	
		Synchrocheck	CO	

由表 3 – 10 的模板可以看出，公用数据类的定义分为数据属性和服务两大部分，这与对象包含两大要素（属性和服务）是一致的。数据属性可以分为三大类，即控制和状态类，取代类，配置、描述和扩充类。各种通信服务在访问数据属性时都会受到一定的限制，都只能访问那些具有特定 FC 的数据属性。例如 GetDataValues 服务能访问除 FC = CO 以外其他所有的数据属性，而 Select 服务只能访问 FC = CO 的数据属性。

表 3 – 11 是在表 3 – 10 模板的基础上定义的公用数据类"DPC"。DPC 由

21 个数据属性（DA）组成，每个数据属性都有各自的名字、所属的基本类型、功能约束（FC）、触发选项（TrgOp）、值/值域以及出现的条件 M/O/C（是强制还是可选的）。

这些数据属性分为控制和状态类，取代类，配置、描述和扩充类三大类。FC＝CO 的数据属性属于控制类，如表 3－11 中的 ctlVal、operTm 等，它们的值可以被远方的客户端通过通信服务进行设置；FC＝ST 的数据属性属于状态类，如 stVal、q 等，它们的状态值可以由报告服务上送给客户端；FC＝CF 的数据属性可以被配置，如 ctlModel、sboTimeout 就用来配置"断路器控制"服务的具体细节；FC＝DC 的数据属性中包含着一些自描述信息；FC＝SV 的数据属性用于实现取代服务；FC＝EX 的数据属性在扩展时使用。

表 3－11　　　　　　　　　公 用 数 据 类 "DPC"

公用数据类 DPC					
数据属性名	属性类型	FC	TrgOp	值/值域	M/O/C
控制和状态					
ctlVal	BOOLEAN	CO		FALSE ｜ TRUE	AC_CO_M
operTm	TimeStamp	CO			AC_CO_O
origin	Originator	CO, ST			AC_CO_O
ctlNum	INT8U	CO, ST		0～255	AC_CO_O
stVal	CODED ENUM	ST	dchg	intermediate ｜ off ｜ on ｜ bad-state	M
q	Quality	ST	qchg		M
t	TimeStamp	ST			M
stSeld	BOOLEAN	ST	dchg		AC_CO_O
取代					
subEna	BOOLEAN	SV			PICS_SUBST
subVal	CODED ENUM	SV		intermediate ｜ off ｜ on ｜ bad-state	PICS_SUBST
subQ	Quality	SV			PICS_SUBST
subID	VISIBLE STRING64	SV			PICS_SUBST
配置、描述和扩充					
pulseConfig	PulseConfig	CF			AC_CO_O
ctlModel	CtlModels	CF			M
sboTimeout	INT32U	CF			AC_CO_O

数据属性名	属性类型	FC	TrgOp	值/值域	M/O/C
sboClass	SboClasses	CF			AC_CO_O
d	VISIBLE STRING255	DC		Text	O
dU	UNICODE STRING255	DC			O
cdcNs	VISIBLE STRING255	EX			AC_DLNDA_M
cdcName	VISIBLE STRING255	EX			AC_DLNDA_M
dataNs	VISIBLE STRING255	EX			AC_DLN_M
服务					
如表 3 – 10 所示					

DPC 里所包含的各个数据属性都有标准化的属性名，如 ctlVal、stVal、q 和 t，它们的名字都是由 IEC 61850 标准统一定义的，在工程实例化应用中不允许被更改。

表 3 – 11 的第三列给出了每个数据属性所属的功能约束 FC。功能约束是数据属性和通信服务之间的联系纽带，它的作用是指出该数据属性能够被哪些通信服务所访问/操作。例如数据属性 stVal 的 FC = ST，由表 3 – 10 可知，GetDataValues 服务和 GetDataSetValues 服务能访问除 FC = CO 以外其他所有的数据属性，当然包括 FC = ST 的数据属性。GetDataDefinition 和 Report 服务不受限制，能访问所有的数据属性。所以 stVal 可以被 GetDataValues、GetDataDefinition、GetDataSetValues 和 Report 这四种服务访问：

表 3 – 11 的最后一列给出了这些数据属性在实例中出现的条件。例如，M/O/C = M 代表该属性是必选的，在实例化时它一定要出现。除 M 和 O 外，最后一列中还出现了 AC_CO_O、PICS_SUBST、AC_DLNDA_M 等比较复杂的条件选项，它们表示在某些特定的情况下该属性是必选的还是可选的。如表中的 subEna、subVal 等属性，它们的 M/O/C = PICS_SUBST，表示如果实例支持取代服务，那么该数据属性是必选的；如果实例不支持取代，则这些数据属性是可选的。IEC 61850 – 7 – 3 的第 5 部分给出了所有这些条件选项的具体含义。

4. 基本数据类型和结构类型的定义

表 3 – 11 的第二列给出了这些数据属性属于哪一种数据类型。由于 IEC 61850 标准在实际工程应用中最终要通过各个装置及后台主机的计算机程序来实现（目前大多采用 C 语言实现），因此逻辑节点、数据和数据属性实际上是计算机程序加工的"原料"。它们必然涉及存储方式（占用多少内存）、取值范围以及所允许进行的操作等问题。与计算机高级语言（如 C 语言、Java 语

言）类似，每个数据属性都有一个所属的数据类型。

按照"值"的不同特性，数据类型可分为两类：一类是不可分解的基本类型，如表 3 - 12 中的整型（INT16）、实型（FLOAT32）、枚举类型（CODED ENUM）等；另一类是结构类型，由若干种基本类型按照某种结构组合而成。结构类型是可以分解的。例如 q 属性所属的 Quality 类型，它就是由 BOOLEAN 类型、CODED ENUM 类型按照表 3 - 13 所定义的结构组成的。

表 3 - 12   基 本 数 据 类 型

类型名	取 值 范 围	说 明
BOOLEAN	0 或 1	
INT8	$-128 \sim 127$	
INT16	$-32\ 768 \sim 32\ 767$	
INT24	$-8\ 388\ 608 \sim 8\ 388\ 607$	用于定义 TimeStamp 类型
INT32	$-2\ 147\ 483\ 648 \sim 2\ 147\ 483\ 647$	
INT128	$-2^{127} \sim 2^{127}-1$	用于计数器
INT8U	无符号整数 $0 \sim 255$	
INT16U	无符号整数 $0 \sim 65\ 535$	
INT24U	无符号整数 $0 \sim 16\ 777\ 215$	
INT32U	无符号整数 $0 \sim 4\ 294\ 967\ 295$	
FLOAT32	32 位单精度浮点类型	
FLOAT64	64 位双精度浮点类型	
ENUMERATED	枚举类型	允许用户扩展
CODED ENUM	枚举类型	不允许用户扩展
OCTET STRING *	八位字节字符串	
VISIBLE STRING *	可视字符串	
UNICODE STRING *	UNICODE 字符串	可以显示中文

*   OCTET STRING、VISIBLE STRING 和 UNICODE STRING 三种基本类型均可用于存放字符串数据，它们在使用时一般带有数字后缀，如 VISIBLE STRING255 和 OCTET STRING64。后缀规定了字符串的最大长度。

表 3 - 13   品 质 **Quality** 类 型

属性名	属性类型	值/值域	M/O/C
Quality 类型定义			
	PACKED LIST		

属性名	属性类型	值/值域	M/O/C
validity	CODED ENUM	good | invalid | reserved | questionable	M
detailQual	PACKED LIST		M
overflow	BOOLEAN		M
outofRange	BOOLEAN		M
badReference	BOOLEAN		M
oscillatory	BOOLEAN		M
failure	BOOLEAN		M
oldData	BOOLEAN		M
inconsistent	BOOLEAN		M
inaccurate	BOOLEAN		M
source	CODED ENUM	process | substituted，默认值是 process	M
test	BOOLEAN	默认值是 FALSE	M
operatorBlocked	BOOLEAN	默认值是 FALSE	M

除 Quality 类型外，IEC 61850 - 7 - 3 的第 6 部分还定义了 AnalogueValue、ScaledValueConfig、RangeConfig、ValWithTrans、PulseConfig、Originator、Unit、Vector、Vector、CtlModels 和 SboClasses 等 12 种结构类型。另外还有一种结构类型 TimeStamp，它的定义位于 IEC 61850 - 7 - 2 中。

5. 触发选项（TrgOps）

表 3 - 11 的第四列给出了 DPC 中数据属性的触发选项 TrgOps（Trigger Options）。在 IEC 61850 中一共有 5 种触发选项，见表 3 - 14。

表 3 - 14　　　　　　　　触发选项（Trigger Option）

TrgOp	含义	相关服务
dchg	data-change 数值变化	当数据属性值发生变化时，会产生报告或生成日志
qchg	quality-change 品质值变化	当品质值发生变化时，会产生报告或生成日志
dupd	data value update 数据更新	当冻结某些数据属性的值或更新其他任何数据属性的值时，会产生报告或生成日志
period	integrity 周期上送	每隔一定时间自动产生一次报告或生成日志。该时间值 IntgPd 既可由客户端通过 ACSI 服务动态设置，也可由 SCL 文件进行配置
—	general-interrogation 总召	该值（GI）一般由客户端通过 ACSI 服务设置，当设置为 TRUE 后会立即产生报告，将数据集中所有成员的当前值上送一次

IEC 61850 – 6 中的 XML Schema 对触发选项 TrgOps 的定义如下：

```
< xs:complexType name = "tTrgOps" >
    < xs:attribute name = "dchg" type = "xs:boolean" use = "optional"
default = "false"/ >
    < xs:attribute name = "qchg" type = "xs:boolean" use = "optional"
default = "false"/ >
    < xs:attribute name = "dupd" type = "xs:boolean" use = "optional"
default = "false"/ >
    < xs: attribute name = " period" type = " xs: boolean " use =
"optional" default = "false"/ >
</xs:complexType >
```

TrgOps 中的 dchg、qchg、dupd 和 period 均为布尔型变量，当需要使能其中的一种或几种触发方式时，在报告/日志控制块中将其设置为 TRUE 即可。上面的 XML Schema 片段还说明在 SCL 配置文件中不能设置总召 GI 的值。GI 值一般由客户端通过通信服务动态设置。

当 GI 设置为 TRUE 后，数据集中所有成员的当前值均要上送，因此这种触发方式和数据集中某个具体的成员无关。类似地，周期上送 period 也是发送整个数据集，每隔一定时间自动将数据集中所有成员的当前值上送，也和数据集中某个具体的成员无关。

图 3 – 24 是 ACSI 报告服务 Report 的实际 MMS 报文截图。左侧的报告控制

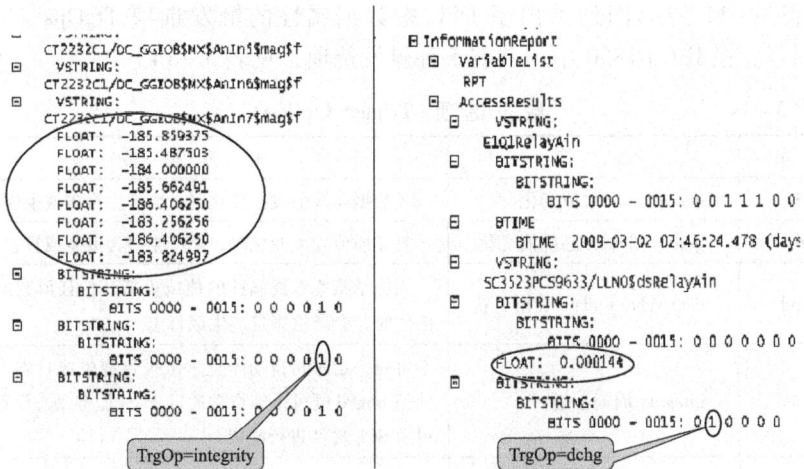

图 3 – 24　触发选项和报告的关系

块将触发选项设置为 TrgOp = integrity（即周期上送），从报文可以看出该数据集的全部 8 个成员值均被上送；右侧的报告控制块将触发选项设置为 TrgOp = dchg（即数据值变化上送），从图中可以看出仅有该数据集中的一个成员值被上送。

触发选项 TrgOp 在报告/日志控制块的属性中设置，如图 3 – 25 所示。在图 3 – 25 的上半部分，报告控制块 1 的 TrgOp = dchg（即仅使能 dchg），所以仅在 stVal 值发生改变时才触发报告。在图 3 – 25 的下半部分，TrgOp = dchg ｜ qchg ｜ integrity，所以 stVal 和 q 值发生改变时均触发报告，此外每隔一定时间，还会周期性地发送一次报告。

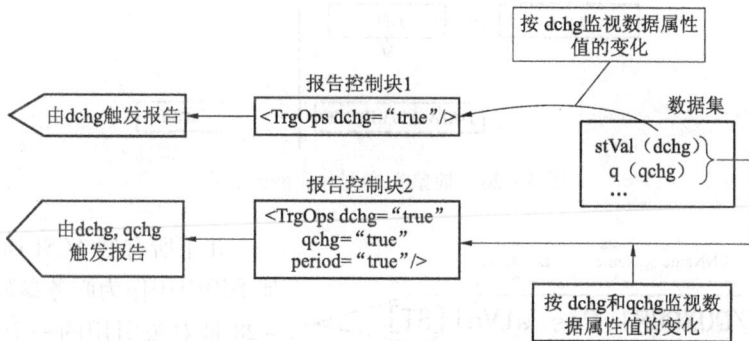

图 3 – 25　触发选项和报告的关系

三、IED 抽象信息模型的实例化

从面向对象的角度来看，前面所介绍的 IED 分层信息模型的每一层，如服务器 SERVER、逻辑设备 LOGICAL-DEVICE、逻辑节点 LOGICAL-NODE 等，都是抽象的类。它们是实际变电站设备模型的模板，是对实际设备进行建模的设计蓝图；实际设备的模型是这些抽象类实例化的结果，二者之间是"类"和"对象"的关系，如图 3 – 26 所示。

图 3 – 26 的左侧采用 UML 类图的方法描绘了 IED 的分层类模型，黑宝石箭头表示类之间的聚合关系，空心三角箭头表示类之间的继承关系；右侧是从左侧类模型中导出的对象实例，"abc"是服务器类对象的名字，"MyLD"是逻辑设备类对象的名字，"Q0XCBR1"是逻辑节点类对象的名字，"Pos"是数据类对象的名字。图 3 – 27 是该实例不同层次的对象名串联在一起形成的对象引用。引用可以直观地标明对象在分层模型中的位置，逻辑节点、数据和数据属性都有各自的引用，如图 3 – 27 所示。

图 3 - 26 抽象类模型和实例的关系

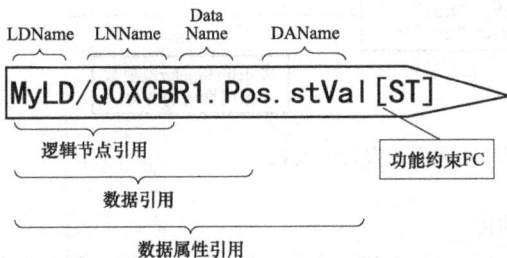

图 3 - 27 引用 Reference

几乎所有的 ACSI 通信服务都采用引用作为服务参数。图 3-28 是对象引用的一个应用实例。客户端在远方遥控断路器，通过 ACSI Operate 服务发出合闸命令（令引用 "MyLD/Q0XCBR1. Pos. ctlVal = on"）；断路器成功合上后，通过 Report 服务向客户端报告断路器的最新位置 stVal、位置发生变化时的时间 t 以及数据品质信息 q（通过引用 "MyLD/Q0XCBR1. Pos" 发送）。触发选项 TrgOp

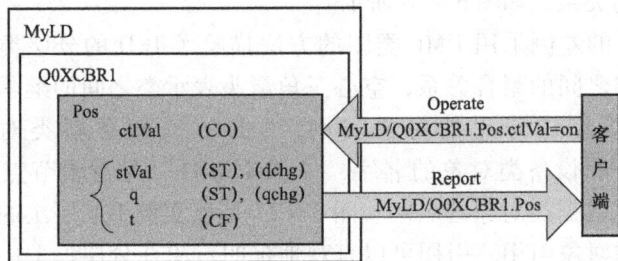

图 3 - 28 抽象数据类的应用举例

决定了究竟在什么情况下触发报告服务，状态值 stVal 的"TrgOp = dchg"代表当 stVal 的值发生变化时会马上触发一次报告，q 的"TrgOp = qchg"表示当品质属性值发生改变时也会触发发送报告。

分层信息模型中的每一层类都由若干属性和服务组成，属性用来描述这个类的所有实例的外部可视特征。由同一类导出的所有实例都拥有相同的属性类型，但具体的属性值随实例的不同而不同。

四、命名空间

在第二章中提到，当拥有相同元素名的两个 XML 文档片段在一起使用时，就会发生命名冲突的问题。为了避免这种现象发生，XML 引入了命名空间的概念。

1. IEC 61850 命名空间（name space）的由来

IEC 61850 标准中也存在类似的情况。以前文提到的数据 Pos 为例，它在不同的应用场合代表不同的含义。如图 3 - 29 所示，在逻辑节点 XCBR 中，Pos 代表断路器类设备的位置状态，Pos 中的数据属性 stVal 有四种值，即分位 off、合位 on、中间位置 intermediate 和损坏状态 bad-state。而 IEC 61400 - 25（IEC 61850 标准在风力发电领域内的延伸）中的逻辑节点 WNAC 也有 Pos 数据，它代表风机吊舱的平面旋转角度，该 Pos 数据含有数据属性 mVal，mVal 是 0°～360°的模拟量。当 XCBR 和 WNAC 出现在同一个逻辑设备中时，相同名字的 Pos 数据分别代表不同的含义，也会发生命名冲突的问题。

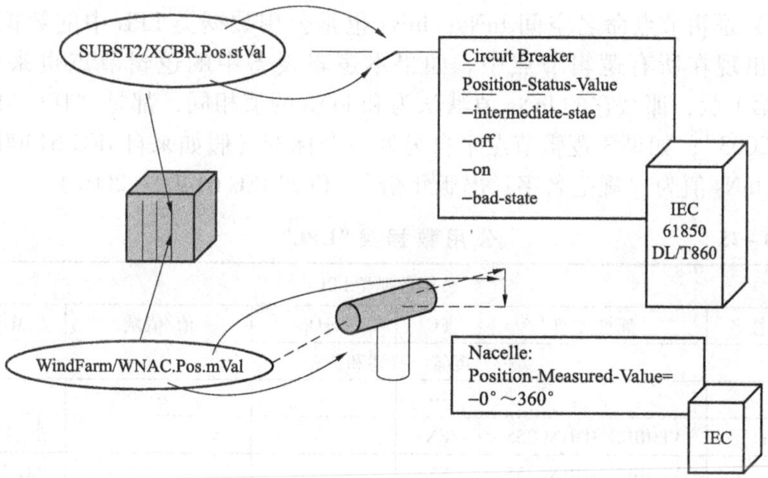

图 3 - 29　数据"Pos"的两种含义

除这种情况外，在实际工程建模中容易引起命名冲突的另一种原因是对标准的扩展应用。如果标准中已有的逻辑节点类、数据类无法满足应用要求，那么设备制造商按照标准规定的原则对逻辑节点类、公用数据类等进行扩展是不可避免的。不同的制造商同时扩展，极有可能出现具有相同名称却又代表不同含义的逻辑节点类或数据类。

为了解决命名冲突的问题，规范各制造商对标准的扩展，IEC 61850 也引入了命名空间的概念。在 XML 中，命名空间是用统一资源标记符 URI（Uniform Resource Identifier）标示的一个虚拟空间，它通过给元素名添加 URI 的方法来区别这些相同名称的元素。在 IEC 61850 中，命名空间也用来区分具有相同名称的元素，每个命名空间都拥有一个唯一的标识符。

2. IEC 61850 对命名空间的定义

在图 3 − 29 中，具有相同名称却又代表不同含义的两个数据"Pos"在一起使用发生了命名冲突。由 IEC 61850 的分层模型可以推断，相同名称的逻辑节点类、公用数据类、数据属性和各种服务控制块在一起使用也很容易发生类似的问题，所以 IEC 61850 一共在逻辑设备、逻辑节点、数据和公用数据类 4 个层次上定义了 4 种命名空间。IEC 61850 − 7 − 3 在公用数据类中定义了 4 种数据属性，分别与这 4 种命名空间相对应。

（1）逻辑设备命名空间 ldNs：ldNs 是公用数据类 LPL 下的数据属性，见表 3 − 15。它的数据类型是字符串（长度不超过 255）。注意 ldNs 只能出现在本逻辑设备的逻辑节点 LLN0 中。按照 IEC 61850 第 1 版建模的智能电子设备，其 ldNs 一般是"IEC 61850 − 7 − 4：2003"。

（2）逻辑节点命名空间 lnNs：lnNs 也是公用数据类 LPL 中的数据属性，它可以出现在所有逻辑节点中。如果本逻辑设备中的逻辑节点也来自 IEC 61850 第 1 版，那么它的 lnNs 值默认为和 ldNs 的值相同，都是"IEC 61850 − 7 − 4：2003"；如果该逻辑节点来自另外一个标准（假如来自 IEC 61400），那么它的 lnNs 值为"规范名字：出版年份"（例如 IEC 61400：2007）。

表 3 − 15   公 用 数 据 类 "LPL"

公用数据类 LPL					
数据属性名	属性类型	FC	TrgOp	值/值域	M/O/C
配置、描述和扩充					
…	…	…	…	…	…
ldNs	VISIBLE STRING255	EX			AC_LN0_EX
lnNs	VISIBLE STRING255	EX			AC_DLD_M
cdcNs	VISIBLE STRING255	EX			AC_DLNDA_M
dataNs	VISIBLE STRING255	EX			AC_DLN_M
服务					
…					

ldNs 和 lnNs 只包含在公用数据类"LPL"中，其他公用数据类中都没有这两个数据属性。而 dataNs 和 cdcNs 在所有的公用数据类中都存在，以满足数据扩充和公用数据类扩充的需要。

（3）数据命名空间 dataNs：根据 IEC 61850 分层模型，数据 data 包含在逻辑节点中。如果数据和包含它的逻辑节点均来自 IEC 61850 - 7 - 4，换句话说 IEC 61850 - 7 - 4 列出的兼容逻辑节点类中包含该数据，则它的 dataNs 的值默认为和 lnNs 的值相同，都是"IEC 61850 - 7 - 4：2003"，这时 dataNs 可以不出现；如果 IEC 61850 - 7 - 4 列出的兼容逻辑节点类中不包含该数据，它来自另外一个规范或者是设备制造商通过扩充生成的，那么需要在它的 dataNs 中标明出处。

如图 3 - 30 所示，MMXU、XCBR 和 GGIO 是 IEC 61850 - 7 - 4 中定义的兼容逻辑节点，它们的 lnNs 都是"IEC 61850 - 7 - 4：2003"。Pos、Phv、A 和 W 4 个数据都是 IEC 61850 - 7 - 4 中定义的（可以在 7 - 4 中对应的逻辑节点下找到，例如 Pos 就在 XCBR 逻辑节点中），所以这 4 个数据的 dataNs 值默认为和 lnNs 的值相同，都是"IEC 61850 - 7 - 4：2003"。而数据 SKStat 是设备制造商根据需要为了实现顺序控制功能而扩充的一个数据，IEC 61850 - 7 - 4 中是没有这个数据的，所以它的 dataNs = "SZNR：2003"，代表它是厂商扩充得到的专用数据。因此按照 IEC 61850 标准扩充数据时应包含 dataNs 数据属性，以标明该数据的来源。

| | | dataNs=
IEC 61850−7−4:2003 | | | | dataNs=
SZNR:2003 | dataNs=
IEC xxxx-x: 200x | |
DATA(CDC) LNName	…	Pos (DPC)	Phv (WYE)	A (WYE)	W (WYE)	SKStat	GenSpd (MV)	WndDir (WPP_MV)
MMXU			✓	✓	✓			
XCBR		✓						
GGIO						✓		
…								
WANC							✓	
WGEN								✓

图 3 - 30　lnNs 和 dataNs 命名空间实例

WANC、WGEN 和它们的数据 GenSpd、WndDir 来自另一个标准（假设为 IEC xxxx - x），所以 dataNs 和 lnNs 值为"IEC xxxx - x：200x"。

（4）公用数据类命名空间 cdcNs：cdcNs 能够标明该公用数据类来自哪一个标准。如果该公用数据类来自 IEC 61850 第 1 版，那么它的 cdcNs 值为“IEC 61850 - 7 - 3：2003”；如果该公用数据类和包含它的逻辑节点不在同一个标准中，就需要在 cdcNs 中标明该公用数据类来自哪一个标准。此外，只要该公用数据类中有一个数据属性是通过扩充生成的（即 IEC 61850 - 7 - 3 列出的公用数据类中不包含该数据属性），就认为该公用数据类来自另一个命名空间，就需要在它的 cdcNs 中标明该命名空间的标识符。

图 3 - 31 中的公用数据类 DPC、MV、WYE 和它们内部的数据属性均来自 IEC 61850 - 7 - 3，所以 cdcNs 值为“IEC 61850 - 7 - 3：2003”。而 STG（String Setting）是为了满足在定值中输入中文字符的需要而扩充的公用数据类，IEC 61850 - 7 - 3 中并没有它，所以它的 cdcNs 属性为“SGCC：2009”，表示 STG 是中国国家电网公司在 2009 年统一扩充的公用数据类。

	CDCame \ DATA Attr	…	ctlVal	q	t	mag	dU	setVal	…
cdcNs= IEC 61850–7–3 : 2003	DPC		✓	✓	✓		✓		
	MV			✓	✓	✓	✓		
	WYE			✓	✓		✓		
	…								
cdcNs= SGCC: 2009	STG						✓	✓	

图 3 - 31　cdcNs 命名空间实例

五、实际 IED 的 IEC 61850 建模

为变电站自动化系统中智能电子设备（IED）建立遵循 IEC 61850 标准的数据模型，是 IEC 61850 标准在工程应用中的关键。理解了 IEC 61850 面向对象的建模思想，就不难建立变电站内 IED 的数据模型。下面以高压线路微机保护装置为例，介绍构建 IED 信息模型的一般方法和步骤。需要说明的是，实际工程中的装置建模比该实例要复杂得多，这里只简单说明一下基本的思路和方法。

为了使介绍更加简洁而且具有一定的代表性，假设该装置仅具有以下功能：

（1）保护功能：主保护为纵联差动保护，后备保护为三段式距离保护、

四段式零序过电流及零序反时限保护。

（2）重合闸功能。

（3）测量功能。

（4）监视告警功能。

（5）故障录波功能。

另外，假设该线路保护装置过程层仍然采用传统的电缆接线，没有实现数字化，仅在站控层采用 IEC 61850 标准通信。

实际 IED 的建模过程如下：

第一步：确定逻辑节点和数据

如前所述，逻辑节点的概念体现了 IEC 61850 标准将变电站自动化功能进行模块化分解的一种建模思路。每个逻辑节点就是分解得到的一个小的模块，代表了某一项具体的功能。多个逻辑节点协同工作，共同完成变电站内的保护、测量、控制以及其他功能。逻辑节点和其内部的数据等于建模的组件。在工程中构建 IED 信息模型，就是从 IEC 61850 中选择合适的逻辑节点和数据，并赋予特定实例值，进行组装工作的过程。

因此构建 IED 信息模型的第一步就是明确该 IED 具有哪些功能，并确定在这些功能中哪些是需要通过网络进行数据交换的（即"外部可视"）。然后根据 IEC 61850 - 7 - 4，将所有需要进行通信的变电站自动化功能分解为若干逻辑节点。在实际的保护功能建模中，先分析一下保护功能，判断标准中已有的逻辑节点类 LN 是否满足功能要求。如果满足，则选用该 LN 类；若不满足，则考虑按照标准规定的原则新建 LN 类，或者选用通用 LN 类（如 GGIO 或 GAPC）代替。新建 LN 类的名称，要符合标准所规定的逻辑节点组相关前缀的要求，不能与已经存在的 LN 类名称相冲突。为了保证各个厂商 IED 之间的互操作性，一般不建议新建 LN 类。

IEC 61850 - 7 - 4 定义的兼容逻辑节点类和它内部的兼容数据类为实际 IED 建模提供了建模组件。根据前面假设的线路保护装置所具有的保护功能，从 IEC 61850 - 7 - 4 中选取的兼容逻辑节点类包括 PDIF（差动保护）、PSCH（纵联通道）、PDIS（距离保护）、PTOC（零序过电流）、PTOC（零序反时限过电流）、PTOC（零序保护）、PTRC（保护跳闸）、RDRE（故障录波）、MMXU（模拟量测量）、GGIO（开关量输入）以及 GGIO（告警）。根据国内习惯，自动重合闸功能一般都归属到保护功能模块中，所以逻辑节点还应该有 RREC（自动重合闸）。表 3 - 16 给出了该装置所有的逻辑节点。

功能描述	兼容逻辑节点类	逻辑节点实例
纵联差动保护	PDIF	PDIF1
	PSCH	PSCH1
三段式距离保护	PDIS	PDIS1
		PDIS2
		PDIS3
四段式零序过电流	PTOC	ZeroPTOC1
		ZeroPTOC2
		ZeroPTOC3
		ZeroPTOC4
零序过电流反时限		ZeroPTOC5
保护跳闸	PTRC	PTRC1
模拟量测量	MMXU	MMXU1
		MMXU2
		MMXU3
		MMXU4
故障录波	RDRE	RDRE1
开关量输入	GGIO	GGIO1
告警		GGIO2
		GGIO3

表 3－16 线路保护装置的逻辑节点

根据 IED 的分层模型以及图 3－8 逻辑节点的基本组成部件可知，每个逻辑节点内都包含一个或多个数据（Data）。一旦确定了该 IED 包含的兼容逻辑节点，也就确定了该逻辑节点内可以拥有哪些兼容数据类。正如前文所述，逻辑节点内的兼容数据类分为必选（M/O＝M）和可选（M/O＝O）两类。"必选"数据是强制性的，兼容逻辑节点类的实例必须具有这些"必选"数据，而"可选"数据则可以根据 IED 功能的实际情况决定取舍。另外如果"必选"和"可选"数据都无法满足 IED 的实际功能要求，还要根据 IEC 61850 对兼容数据类扩展的规定，创建新的数据。因此在确定了所有逻辑节点之后，下一步还需要决定每个逻辑节点中"可选"数据的取舍以及是否需要创建新数据。

由于我国的继电保护配置有其特殊性，现阶段国产继电保护装置与 IEC 61850（或 IEEE）规定的标准继电器有较大差异。实际上在工程实施中可以发现，IEC 61850 所定义的逻辑节点中数据较少，如果不进行扩充，很难满足国产保护装置建模的需要。以差动保护逻辑节点 PDIF 为例，PDIF 中有关定值的数据太少，无法满足国内传统保护的需要，因此扩充新的数据是不可避免的。扩充的部分定值数据见表 3 – 17。需要注意的是，扩充的数据不能与标准中已有的数据发生名称冲突，要尽量采用标准所定义的公用数据类和基本数据类型，并且要标注好该数据的命名空间信息。

表 3 – 17 　　　　　　　　　　 差动保护逻辑节点 PDIF

PDIF			
属性名	属性类型（CDC）	说　　明	M/O
…	…	…	…
定值信息（Settings）			
…	…	…	…
TABlkEna	SPG	TA 断线闭锁差动	O
StrValTABrk	ASG	TA 断线差流定值	O
…	…	…	…

IEC 61850 – 7 – 4 定义的兼容数据类是由公用数据类导出的，根据 IED 的分层信息模型可知，每个公用数据类下包含若干数据属性。因此一旦确定了某个兼容数据类的实例，则该实例就自然拥有了公用数据类中所有的数据属性。由前文可知，公用数据类所包含的数据属性分为"必选"、"可选"、"有条件的必选"和"有条件的可选"等多种。因此在确定了各个逻辑节点的所有数据之后，还必须确定每个数据类中"可选"数据属性的取舍以及是否需要创建新的数据属性。一般情况下 IEC 61850 – 7 – 3 中的公用数据类可以满足 IED 的建模要求，因此不宜扩充新的公用数据类。

综上所述，确定逻辑节点和数据这一步建模的流程如图 3 – 32 所示。

第二步：构建逻辑设备

根据 IED 的分层信息模型，逻辑节点被包含在逻辑设备中，因此下一步工作就是将这些逻辑节点划分到逻辑设备中。

如图 3 – 11 所示，逻辑设备可看作是一个包含逻辑节点和相关服务的容器。逻辑设备的划分宜根据功能进行，通常把那些具有公用特性的相关逻辑节点组合成一个逻辑设备，例如可以将表 3 – 15 中线路保护装置的逻辑节点划分到测量逻辑设备、保护逻辑设备、公用及开入逻辑设备和故障录波逻辑设备中，如表 3 – 18 所示。

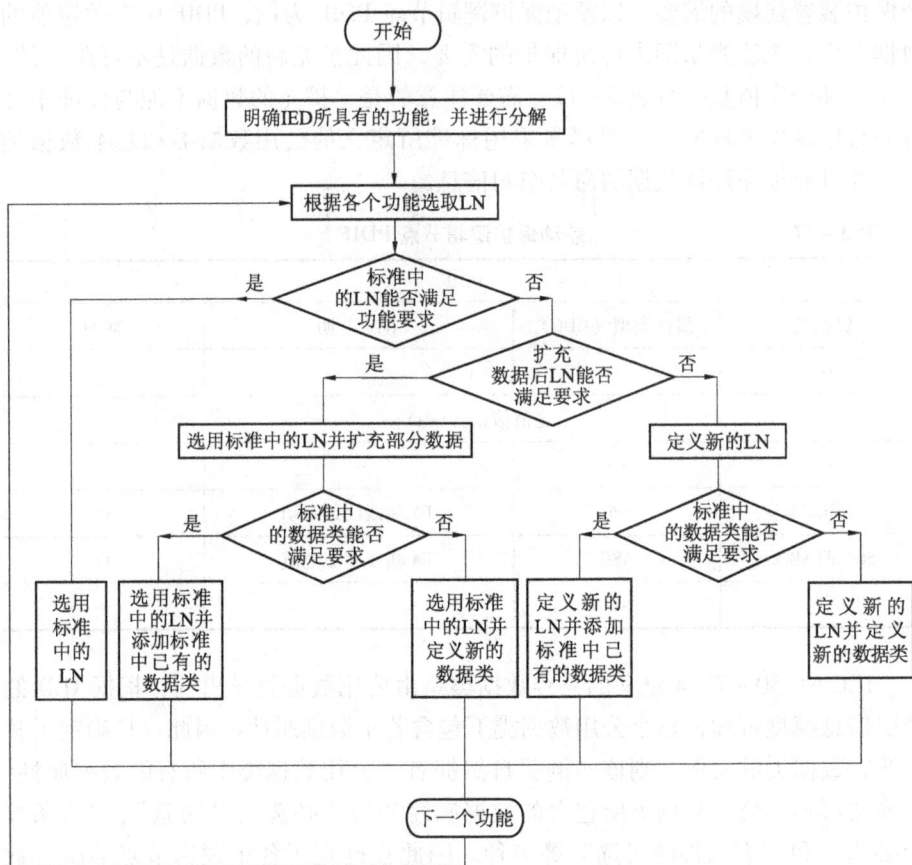

图 3 - 32　建模流程——确定逻辑节点和数据

表 3 - 18　　　　　　　　　　　线路保护装置的逻辑设备

逻辑设备名 LDName	功能描述	包含的逻辑节点实例		
PROT	保护	LLN0	LPHD1	PDIF1
				PDIS1
				ZeroPTOC1
				…
MEAS	测量	LLN0	LPHD1	MMXU1
				MMXU2
				MMXU3
				MMXU4

逻辑设备名 LDName	功能描述	包含的逻辑节点实例		
LD0	公用及开入	LLN0	LPHD1	GGIO1
				GGIO2
				GGIO3
RCD	故障录波	LLN0	LPHD1	RDRE1

逻辑节点零 LLN0 用于存放本逻辑设备的一些公共信息。如图 3 - 22 所示，LLN0 中含有各种数据集、报告控制块、日志控制块、定值组控制块等，还包括若干数据对象实例 DOI。LLN0 中的 DOI 主要包含一些公用的定值信息，例如涉及多个保护功能的定值参数，此外还有保护功能软压板。按照目前国内的习惯做法，保护功能软压板在 LLN0 中统一加 "Ena" 后缀扩充，见表 3 - 19。

表 3 - 19   逻 辑 节 点 零 LLN0

LLN0			
属性名	属性类型（CDC）	说　　明	M/O
…	…	…	…
控制（Controls）			
LEDRs	SPC	复归 LED 灯	O
FuncEna1	SPC	保护功能软压板 1	O
FuncEna2	SPC	保护功能软压板 2	O
…	…	…	…

第三步：构建服务器

服务器描述了一个设备外部可视（可访问）的行为。从 IED 的分层信息模型可知，一个服务器包含一个或多个逻辑设备。由于本装置仅在站控层采用 IEC 61850 标准，因此上述 4 个逻辑设备可整体建模到一个服务器当中（SERVER 类实例），并放在 MMS 访问点 S1 下。通信方式采用客户端/服务器通信模式。

至此就完成了该线路保护装置的建模工作。

对于过程层实现了数字化，例如采用 GOOSE 服务和 9 - 2 采样值服务的全数字化保护装置，建模的方法和步骤与上面的实例类似。不同的是，全数字化的 IED 需要建模为三个服务器，分别放在三个访问点 S1（MMS 服务）、G1（GOOSE 服务）和 M1（采样值服务）下。每个服务器下逻辑设备、逻辑节点和数据的建模方法和步骤均大同小异。S1 访问点下的服务器采用客户端/服务器通信模式；G1 访问点下的服务器采用发布方/订阅者通信模式中的 GOOSE 服务；M1 访问点下的服务器采用发布方/订阅者通信模式中的 IEC 61850 – 9 – 2 采样值传输服务。

第三节　IEC 61850 配置方式与配置文件

一、IEC 61850 的工程配置

1. IEC 61850 配置文件的概念

从工程应用的角度看，IEC 61850 定义分层信息模型的目的是为了利用它描述变电站及站内 IED 的实际配置信息，如变电站开关场一次接线拓扑、站内 IED 的 IP 地址、GOOSE 连线信息等。因此，分层信息模型中的逻辑节点、数据、数据属性以及 ACSI 服务均须根据变电站实际情况进行配置。IEC 61850 – 6 定义了一种专用的变电站配置描述语言 SCL，利用 SCL 可以方便地搭建 IEC 61850 层次化模型，从而采用统一规范的格式对变电站及站内 IED 进行描述。

配置文件是利用 SCL 语言描述变电站设备对象模型后生成的文件，用于在不同厂商的配置工具之间交换配置信息。通过一系列配置文件的传递，不同厂商的智能设备就可以知道与对方通信所需要的数据信息，从而实现通信双方配置信息的交换。因此说，配置文件是基于 IEC 61850 标准的数字化变电站系统功能实现的基础。

IEC 61850 第 1 版中共定义了四种配置文件。

（1）ICD 文件，即 IED 能力描述文件（IED Capability Description）：由装置厂商提供给系统集成厂商。该文件描述 IED 提供的基本数据模型及服务，但不包含 IED 实例名称和通信参数。

（2）SSD（System Specification Description）文件，即系统规范文件：该文件描述变电站开关场一次系统结构以及相关联的逻辑节点，最终包含在 SCD 文件中。

（3）SCD（Substation Configuration Description）文件，即全站系统配置文件：应全站唯一。该文件描述全站所有 IED 的实例配置和通信参数信息、IED 之间的联系信息以及变电站一次系统结构，目前暂时由系统集成厂商负责生成。SCD 文件应包含版本修改信息，明确描述修改时间、修改版本号等

内容。

（4）CID（Configured IED Description）文件，即 IED 实例配置文件：每个装置只有一个，由装置厂商根据 SCD 文件中本 IED 相关信息生成。

2. IEC 61850 配置工具

配置工具应能对导入导出的配置文件进行合法性检查，生成的配置文件应能通过 SCL 的模式 Schema 验证，并能生成和维护配置文件的版本号和修订版本号。配置工具分为装置配置工具和系统配置工具两种。

装置配置工具负责生成和维护装置 ICD 文件，并支持导入 SCD 文件以提取单装置实例配置信息，并下装实例配置信息到装置中完成装置配置。

系统配置工具是系统级配置工具，独立于 IED。它负责生成和维护 SCD 文件，支持生成和导入 SSD 和 ICD 文件。配置人员根据工程实际情况，利用系统配置工具对一次系统和 IED 的关联关系、全站 IED 实例以及 IED 之间的通信交换信息进行配置，完成系统实例化配置，并导出全站 SCD 配置文件，提供给监控后台、远动子站等客户端以及装置配置工具使用。

3. IEC 61850 工程配置流程

工程实施过程中，系统集成商提供系统配置工具，并根据设计图纸和用户需求负责整个系统的配置，生成 SCD 文件；装置厂商提供装置配置工具，从 SCD 文件中导出本装置的 CID 文件。具体配置流程见图 3-33。

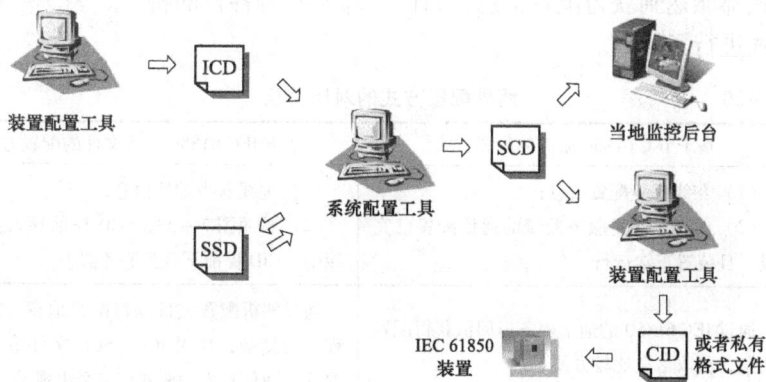

图 3-33　IEC 61850 工程配置流程图

首先，各装置厂家通过自己的装置配置工具生成本装置的 ICD 文件。ICD 文件描述本装置模型包含哪些服务器、逻辑设备、逻辑节点，还有逻辑节点类型、数据类型、数据集、控制块的定义，以及装置通信能力和通信参数的描述。

其次，系统配置工具导入全站中各种类型的二次设备的 ICD 文件和变电站 SSD 文件，然后经过配置人员的工程配置，生成全站 SCD 文件。SCD 文件包含变电站一次系统配置（含一、二次设备关联信息配置）、二次设备配置（包含信号描述配置、GOOSE 连线配置）以及通信网络及参数的配置。SCD 文件应作为后台监控、远动子站以及后续其他配置的统一数据来源。

最后，各装置厂家使用各自的装置配置工具从 SCD 文件中导出本装置的 CID 文件，CID 文件最终将被下载到装置中运行。

4. IEC 61850 的两种配置方式

如前所述，IEC 61850 包含"客户端—服务器"和"发布方—订阅者"两种通信模式。在客户端—服务器模式下，客户端要获取服务器端的数据模型，实际上有两种方式可以选择：

（1）基于 IEC 61850 配置文件的配置方式。如图 3 - 33 所示，由于 SCD 文件中含有全站所有服务器端装置的配置信息，因此客户端可以直接读取并解析 SCD 文件来获取每个服务器的数据模型。

（2）基于 IEC 61850 服务的配置方式。如图 3 - 19 所示，客户端在初始化时，通过一系列 ACSI 通信服务（如 GetServerDirectory 等），来动态读取/上召服务器端的整个分层数据模型信息。

因此，IEC 61850 标准为客户端提供了两种方式来获取服务器端数据模型，两种方式都能达到获得配置信息的目的，却又有着各自的特点。表 3 - 20 对这两种方式进行了比较。

表 3 - 20　　　　　　　　　　　两种配置方式的对比分析

序号	基于 IEC 61850 服务的配置方式	基于 IEC 61850 配置文件的配置方式
1	（1）在线获得配置信息； （2）前提条件是服务器端的通信配置已完成，且装置正常运行	（1）离线获得配置信息； （2）按照图 3 - 33，SCD 提前导入到客户端中，CID 提前下载到服务器中
2	通过 IEC 61850 的通信服务返回值获得配置信息，获取信息比较方便	通过解析配置文件获得配置信息，实现过程比较复杂；如果 ICD、SCD 文件版本管理混乱，通信双方的配置信息会出现不一致
3	无法获得 SSD 文件中的一次系统拓扑关系等信息，因此获得的配置信息不全面	获得的配置信息比较全面，所有的信息都可以得到
4	获得的配置信息并不是永久信息，需要以某种形式保存下来，供系统重上电后重新使用	获得的配置信息以 SCL 文件的形式存在，是永久信息

二、IEC 61850 配置文件结构

IEC 61850 定义的四种配置文件中，CID 文件既可以采用 XML 标准格式，也可以采用厂家自定义的私有格式。在站控层 MMS 通信部分，目前大多数厂家的 CID 文件都采用 XML 标准格式，而在过程层 GOOSE 部分有的厂家采用 txt 文本格式。除 CID 文件外其余三种配置文件必须采用 XML 标准格式，且应符合 IEC 61850 – 6 部分的 SCL 模式（Schema）定义。IEC 61850 – 6 使用了 8 个 XML Schema 文件来严格定义 SCL 配置文件的结构，保证配置信息交互格式统一规范。

IEC 61850 标准以层次化的面向对象的方式来组织描述变电站内设备的信息，这种层次关系在逻辑上是立体的树状结构。SCL 配置文件以 IEC 61850 模型为基础，在结构上采用了与之相对应的树形分层结构。图 3 – 34（a）是单装置 ICD 配置文件结构示意图。

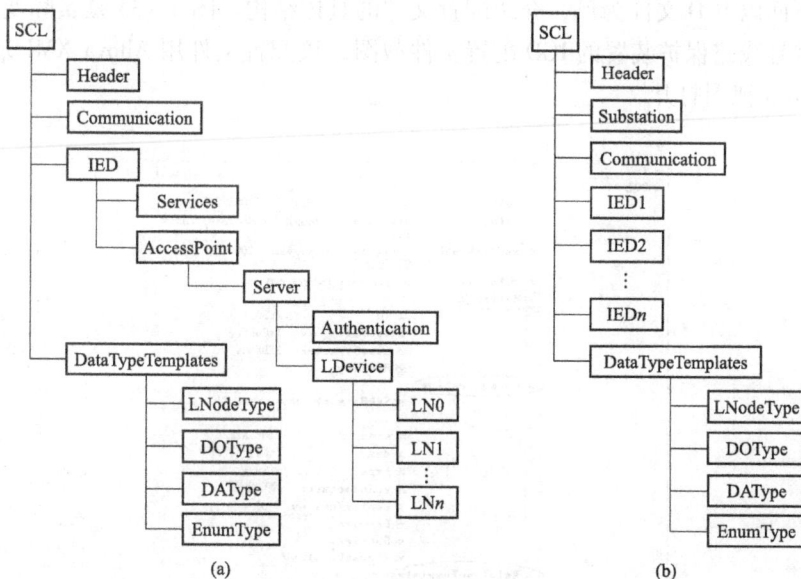

图 3 – 34　ICD 与 SCD 文件结构
（a）单装置 ICD 配置文件结构图；（b）整站配置 SCD 文件结构图

在工程实施中，单装置 ICD 文件需要导入系统配置工具，经集成商配置后生成 SCD 文件。SCD 文件包含全站所有 IED 的实例配置和通信参数、IED 之间的信号联系信息以及变电站一次系统结构。图 3 – 34（b）是整站配置 SCD 文件的结构示意图。

完整的 SCD 文件包括五个部分，即 < Header >、< Substation >、

< Communication >、< IED$_{1\sim n}$ > 和 < DataTypeTemplates >。< Header > 部分包含配置文件的版本信息和修订信息、文件书写工具标识以及名称映射信息；< Substation > 部分包含变电站的功能结构、主元件和电气连接以及相应的功能节点；< Communication > 部分定义了通信子网中 IED 接入点的相关通信信息，包括设备的网络地址和各层物理地址；< IED$_{1\sim n}$ > 部分描述了 IED 的配置情况，包括逻辑设备、逻辑节点、数据对象、数据属性实例和所具备的通信服务能力；< DataTypeTemplates > 部分是可实例化的数据类型模板。< DataTypeTemplates > 部分和 < IED$_{1\sim n}$ > 部分之间是类和实例的关系。

对于 < Header >、< Communication >、< IED$_{1\sim n}$ >、< DataTypeTemplates > 四个部分，无论是 SCD 还是 ICD 文件，其结构均符合 IEC 61850 – 6 中的 SCL 模式 Schema 定义。因此如果能理解 ICD 文件，也就能理解 SCD 文件的结构。

下面以 ICD 文件为例，介绍配置文件的具体结构。图 3 – 35 是实际变电站中某型号线路保护装置的 ICD 配置文件截图，该配置文件用 Altova XMLSpy 软件的 Grid 视图打开。

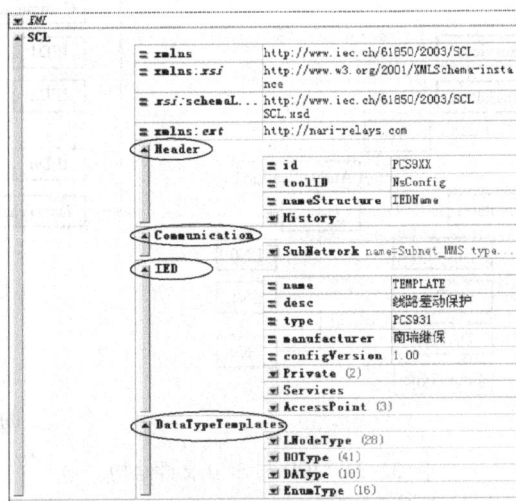

图 3 – 35　实际装置的 ICD 配置文件截图

（一）　< Header > 部分

如图 3 – 36 所示，Header 部分用于标识一个 SCL 配置文件和它的版本。其中 < History > 元素中包含配置文件修订的历史信息，每一条修改记录可包含修改原因 why、修改内容 what、修改人 who、修改时间 when 等信息。

```
<Header revision="0.1" nameStructure="IEDName" version="1.0" id="daming">
    <History>
        <Hitem revision="1" when="2009-5-18 09:40:06" what="加入合并器inputs" version="1"/>
        <Hitem revision="1" when="2009-5-18 10:40:06" what="加入inputs信息不包括750" version="1"/>
    </History>
</Header>
```

图 3-36　ICD 文件 Header 部分结构图

（二）　< Communication > 部分

< Communication >部分主要包含 IED 的通信参数配置信息，一般至少包括一个 type 为 "8-MMS" 的 MMS 通信子网。对于过程层采用 GOOSE 通信的装置，还应包含一个 type 为 "IECGOOSE" 的 GOOSE 通信子网。

（1）如图 3-37 所示，MMS 通信子网部分主要包含装置的网络地址信息，其中最主要的是 IP 地址和子网掩码。这是由于 MMS 服务是运行在 TCP/IP 协议之上的。

图 3-37　ICD 文件 Header 部分结构图

在 < ConnectedAP >元素中，属性 iedName 是该装置的名称，属性 apName 是 MMS 访问点的名称，如下所示：

```
< ConnectedAP iedName = "PL2228B" apName = "S1" >
```

由于 MMS 网上也可能传输 GOOSE 报文（如不同间隔之间的联闭锁信息），因此 MMS 子网部分也可能包含 GOOSE 通信参数信息。

（2）GOOSE 通信子网部分主要包含装置的 GOOSE 通信参数信息，包括 MAC 组播地址、虚拟局域网 VLAN-ID、VLAN 优先级和 APPID 等。另外在 < GSE > 元素中，还有 GOOSE 控制块名 cbName 和所在的逻辑设备实例名 ldInst。

GOOSE 报文发生变位后，通过快速重发机制来保证传输的可靠性，元素 < MinTime > 和 < MaxTime > 被用来设置报文重发的频率和时间间隔。在图中 < MinTime > 元素值为 2ms，表示当发生变位之后，装置需要在 2ms 内补发第二帧报文；< MaxTime > 元素值是 GOOSE 报文心跳时间，表示当恢复正常之后 GOOSE 报文每 5000ms 发送一帧，接收端装置可以此为依据判断 GOOSE 报文是否有丢帧以及通信链路是否中断。

（三）< IED > 部分

如图 3 – 35 所示，< IED > 部分包含私有信息 < Private >、服务能力列表 < Services > 和访问点 < Accesspoint > 三个部分。

1. < Private > 部分

< Private > 部分用于存放装置厂商对 SCL 语言的私有扩展信息。使用 < Private > 部分的好处在于，当配置文件按照图 3 – 33 的流程在不同厂家的配置工具之间进行传递时，< Private > 部分的内容会被原封不动地保存。

2. < Services > 部分

服务能力列表 < Services > 用于描述该 IED 所支持（提供）的 ACSI 服务类型，如图 3 – 38 中出现了元素 < GetDataSetValue/ >，说明该 IED 支持 "GetDataSetValues（读数据集值）" 服务。如果某种服务没有在此列表中出现，则说明该 IED 不支持这种服务。实际在客户端—服务器建立通信关联时，客户端与服务器端将互相告知对方本端所支持的服务类型，具体的通信细节将在第四章第四节介绍。

此外，< Services > 部分还包含一些用于描述 IED 通信能力的配置信息。如图 3 – 38 中 < ConfDataSet max = "32" maxAttributes = "256" / >，表示该 IED 最多可配置 32 个数据集，每个数据集中最多可拥有 256 个数据属性。IEC 61850 – 6 中的表 10 对 < Services > 中每个元素的确切含义进行了详细规定，此处不再赘述。

3. < Accesspoint > 部分

由本章第二节中的介绍可知，IED 的分层信息模型，包括服务器、逻辑设备、逻辑节点、数据和数据属性，均包含在访问点 < Accesspoint > 中。访问点的数量与实际装置结构相对应。图 3 – 39 是过程层实现了数字化，具备 GOOSE 服务和 9 – 2 采样值服务的全数字化保护装置 ICD 文件截图，它拥有 S1

```
<Services>
    <DynAssociation/>
    <SettingGroups>
    <SGEdit/>
    <ConfSG/>
    </SettingGroups>
    <GetDirectory/>
    <GetDataObjectDefinition/>
    <DataObjectDirectory/>
    <GetDataSetValue/>
    <SetDataSetValue/>
    <DataSetDirectory/>
    <ConfDataSet max="32" maxAttributes="256"/>
    <ReadWrite/>
    <ConfReportControl max="32"/>
    <GetCBValues/>
    <ReportSettings cbName="Conf" datSet="Dyn" rptID="Dyn" optFields="Dyn"
    bufTime="Fix" trgOps="Dyn" intgPd="Dyn"/>
    <GOOSE max="64"/>
    <FileHandling/>
    <ConfLNs fixPrefix="true" fixLnInst="true"/>
</Services>
```

图 3 – 38　ICD 文件 Services 部分截图

（MMS 服务）、G1（GOOSE 服务）和 M1（采样值 SV 服务）三个访问点。每个访问点中包含一个服务器 Server。

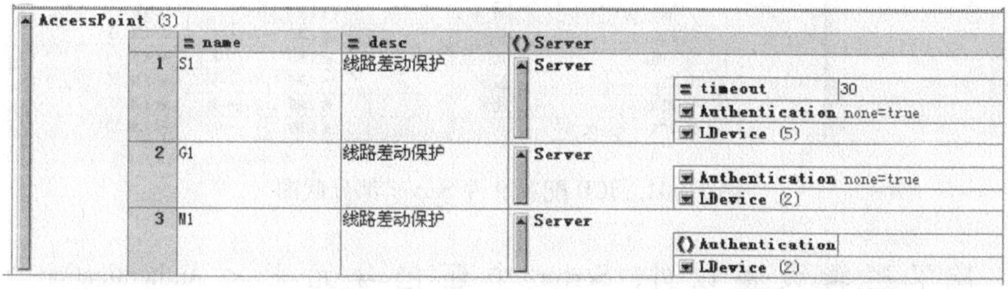

图 3 – 39　全数字化保护装置的 ICD 文件截图（三个访问点）

　　如前所述，SCL 配置文件采用了树形结构，在结构上与分层信息模型相对应，因此理解了 IEC 61850 的层次型模型，也就不难看懂 SCL 配置文件的结构。从图 3 – 40 中可以看到，服务器 Server 中包含逻辑设备 LDevice；逻辑设备中包含逻辑节点零 LLN0 和兼容逻辑节点 LN1 ～ LNn；逻辑节点中包含数据实例 DOI（Instantiated Data Object）；数据实例 DOI 中包含数据属性实例 DAI（Instantiated Data Attribute）或子数据实例 SDI（Instantiated Sub DATA）；SDI 中包含数据属性实例 DAI。

　　图 3 – 41 是该线路的保护装置 ICD 配置文件 Server 部分截图。该装置为保

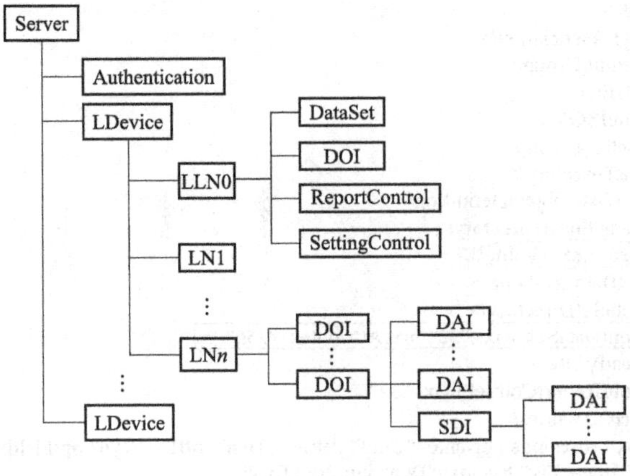

图 3-40　ICD 文件 Server 部分结构图

护测量一体化装置，从该截图中可以看到，服务器 Server 中包含五个逻辑设备 LDevice，分别是“LD0”、“PROT”、“CTRL”、“MEAS” 和 “RCD”。

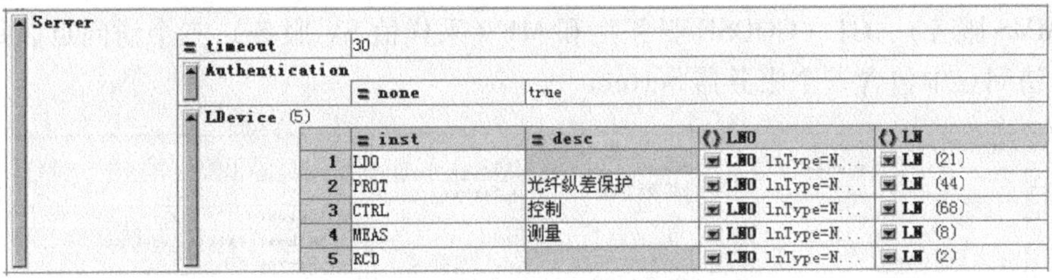

Server

timeout	30

Authentication

none	true

LDevice (5)

	inst	desc	() LN0	() LN
1	LD0		LN0 lnType=N...	LN (21)
2	PROT	光纤纵差保护	LN0 lnType=N...	LN (44)
3	CTRL	控制	LN0 lnType=N...	LN (68)
4	MEAS	测量	LN0 lnType=N...	LN (8)
5	RCD		LN0 lnType=N...	LN (2)

图 3-41　ICD 配置文件 Server 部分截图

除了逻辑设备以外，Server 中还包含元素 <Authentication>。<Authentication> 内含有装置通信认证信息，其属性“none” 默认值为 true，表示无须认证。

图 3-42 中展示了逻辑设备 “PROT” 中 LLN0 的具体构成。如图所示，LLN0 包含 7 个数据集 DataSet、5 个报告控制块 ReportControl 和 18 个数据对象实例 DOI，此外还有 1 个定值组控制块 SettingConrol。

（1）定值组控制块 SGCB。图 3-42 中的 7 个数据集中，dsParameter 和 dsSetting 这两个数据集的成员均为装置定值，其排列顺序应与装置说明书定值单中定值的排列顺序相同。在工程实施中，两个数据集中的定值由客户端通过 GetSGValues（读定值组值）服务读取，一般不通过 Report（报告）服务主动上送。因此，这两个数据集不需要配置相应的报告控制块，而是由 SGCB（定

LN0

lnType	NRNRR_LLN0_90X
lnClass	LLN0
inst	

DataSet (7)

	name	desc	FCDA
1	dsRelayDin	保护遥信数据集	FCDA (41)
2	dsRelayAin	模拟量	FCDA (32)
3	dsTripInfo	保护事件数据集	FCDA (27)
4	dsWarning	告警信号数据集	FCDA (22)
5	dsParameter	设备参数定值	FCDA (6)
6	dsSetting	保护定值数据集	FCDA (72)
7	dsRelayEna	保护压板数据集	FCDA (4)

ReportControl (5)

DOI (18)

SettingControl numOfSGs=10 actSG=1

图 3－42 “PROT” 中 LLN0 的具体构成

值组控制块）控制。

图 3－42 中的 SettingControl 中包含 numOfSGs 和 actSG 两个属性：

```
<SettingControl numOfSGs="10" actSG="1"/>
```

numOfSGs 代表定值区的数量，其值为 10，表示该逻辑设备可提供 10 个定值区。actSG 代表当前处于激活状态的定值区的区号，其值为 1，代表当前 1 区定值处于激活状态。除了这两个属性以外，定值组控制块 SGCB 还有 3 个属性，分别为 EditSG（可编辑状态的定值区号）、CnfEdit（定值确认）和 LActTm（最近一次激活定值区的时间）。

（2）报告控制块。除了 dsParameter 和 dsSetting 定值数据集以外，其余 5 个数据集均需要通过 Report（报告）服务主动上送到客户端，因此都配置了相应的报告控制块。图 3－43 展示了 5 个报告控制块的属性部分。

ReportControl (5)

	name	datSet	intgPd	rptID	confRev	buffered	bufTime
1	brcbRelayDin	dsRelayDin	0	brcbRelayDin5	1	true	0
2	urcbRelayAin	dsRelayAin	5000	urcbRelayAin6	1	false	0
3	brcbTripInfo	dsTripInfo	0	brcbTripInfo7	1	true	0
4	brcbWarning	dsWarning	0	brcbWarning8	1	true	0
5	brcbRelayEna	dsRelayEna	0	brcbRelayEna9	1	true	0

图 3－43 LLN0 中的报告控制块

报告控制块各属性的含义如下：

a）name。属性 name 是报告控制块名，它是报告控制块的唯一标识。

b）datSet。属性 datSet 是该报告控制块所关联的数据集的名字，从 datSet 中可以看出报告控制块和数据集的对应关系。如图 3－43 中第 1 个报告控制块 brcbRelayDin，它的 datSet 为 dsRelayDin，表明数据集 dsRelayDin 将由 brcbRelayDin 所控制的报告服务上送。

c）intgPd。如果报告触发方式选择了周期上送，那么属性 intgPd 的值就是上送的时间周期（以毫秒为单位）。图 3-43 中第二个报告控制块 urcbRelayAin，其 intgPd=5000，表示该数据集所有成员的当前值每 5000ms 上送一次。

d）rptID。rptID 是报告标识符，客户端利用 rptID 来区分不同报告控制块所控制的报告服务。

e）confRev。confRev 是配置版本号，可以理解成数据集配置改变次数计数器。当工程人员通过配置工具对数据集成员进行删除、重新排序等操作后，计数器应加 1。

f）buffered。IEC 61850 的 Report 模型设计了 BRCB（有缓存报告控制块）和 URCB（无缓存报告控制块）两种报告控制类，两者的主要区别见图 3-9。buffered="true" 代表该报告控制块属于 BRCB，buffered="false" 代表该报告控制块属于 URCB。

BRCB 适用于传输遥信变位、保护动作事件等比较重要的信号，而 URCB 比较适合上送普通遥测等刷新较慢、重要性低的数据。

g）bufTime。只有当 BRCB 的报告触发方式为 dchg、qchg 或 dupd 时，属性 bufTime（缓存时间）才有意义。以报告触发方式 dchg（数据变化）为例，数据集中任一成员的数据值发生改变会形成一个图 3-44 所示的内部"事件"，当第一个"事件"到来时，BRCB 会启动定时器。定时器的时间值即为 bufTime（以毫秒为单位）。当定时器计数满后，BRCB 会将在该段时间内接收到的所有"事件"综合到一个"报告"中发出。

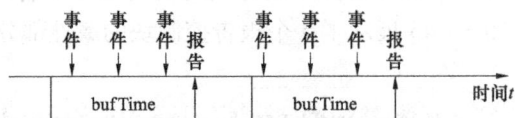

图 3-44　缓存时间 bufTime

bufTime 如果被设置为 0，则每一个内部"事件"到来均会触发一次报告上送。

除了上面几种属性以外，报告控制块中还包含 3 个子元素，即 TrgOps（触发选项）、OptFields（报告选项域）和 RptEnabled（报告使能），如图 3-45 矩形框中所示。

TrgOps（触发选项）已在表 3-14 中做过详细介绍，此处不再赘述。

OptFields（报告选项域）决定了实际 Report 报文中可能出现的各部分内容，以及它们出现的条件。具体包括以下选项：

a）序列号 seqNum（sequence-number）；

b）报告时标 timeStamp（report-time-stamp）；

```
<ReportControl name="brcbRelayDin" datSet="dsRelayDin" intgPd="0" rptID="brcbRelayDin5"
        confRev="1" buffered="true" bufTime="0">
  <TrgOps dchg="true" qchg="false" dupd="false" period="true"/>
  <OptFields seqNum="false" timeStamp="true" dataSet="true" reasonCode="true"
        dataRef="true" entryID="true" configRef="true"/>
  <RptEnabled max="16"/>
</ReportControl>
```

图 3 – 45　报告控制块中的 3 个子元素

c）触发条件 reasonCode（reason-for-inclusion），又称包含原因；

d）数据集名称 dataSet（data-set-name）；

e）数据引用 dataRef（data-reference）；

f）条目号 entryID，又称入口标识；

g）配置版本 configRef（conf-rev）。

当 OptFlds 中的某个选项为 TRUE 时，相应的内容会出现在通信报文中。

RptEnabled 中的属性 max 代表该报告控制块最多能拥有多少个实例。

（3）数据集。IEC 61850 引入数据集的概念后，利用数据集可以对数据进行分组和打包，以方便数据的传送。无论是在客户端—服务器通信模式还是在发布方—订阅者模式下，通信双方都需要预先知道数据集中含有哪些成员、这些成员的排列顺序以及所属的数据类型。一般情况下，IED 会在通信初始化时通过解析 SCL 配置文件获得这些信息。

按照 IEC 61850 的定义，数据集是一系列数据引用或数据属性引用的集合，以清单 3 – 1 中的保护事件数据集 dsTripInfo 为例，它包含 27 个数据引用，包括了本逻辑设备下所有的保护动作信号。

清单 3 – 1：

```
< DataSet name = "dsTripInfo" desc = "保护事件数据集" >
    < FCDA ldInst = "PROT" lnClass = "PTRC" lnInst = "1" doName = "Str"
fc = "ST" / >
    < FCDA ldInst = "PROT" lnClass = "RREC" lnInst = "2" doName = "Op" fc
= "ST" / >
    < FCDA ldInst = "PROT" lnClass = "PDIF" lnInst = "1" doName = "Op" fc
= "ST" / >
    < FCDA ldInst = "PROT" lnClass = "PDIS" lnInst = "7" doName = "Op" fc
= "ST" / >
    ...
< /DataSet >
```

以清单 3-1 中数据集第一个成员为例，它的逻辑设备名为"PROT"，逻辑节点名为"PTRC1"，数据名为"Str"。另外每个数据集成员都有功能约束 fc 属性，这些对象名和功能约束 fc 级联到一起就组成了引用"PROT/PTRC1. Str［ST］"。

如前文所述，数据属性可以根据功能约束 fc 进行分类，fc 可以理解为数据属性的过滤器。如图 3-46 左侧所示，数据"Str"共有 5 个数据属性，其中"general"、"dirGeneral"、"q"、"t"属于状态类（fc = "ST"），"dU"属于描述类（fc = "DC"）。图 3-46 右上角的引用"PROT/PTRC1. Str［ST］"，可以理解为对数据"Str"的 5 个数据属性进行了过滤，最终只留下属性为"ST"的状态类数据属性。

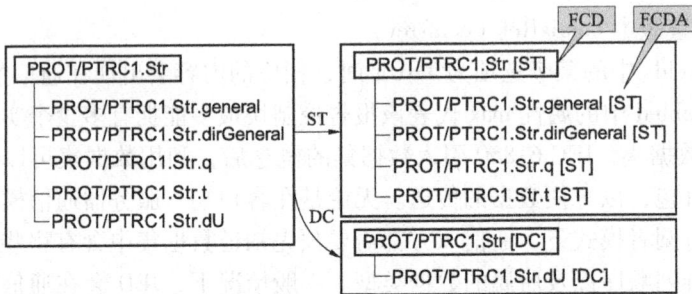

图 3-46　FCD 与 FCDA

引用"PROT/PTRC1. Str［ST］"包含 fc = "ST"的 4 个数据属性，它实际上是具有相同 fc 的数据属性的集合，在 IEC 61850 中它又被称为功能约束数据 FCD。FCD 中每个数据属性引用（如"PROT/PTRC1. Str. general［ST］"）被称为功能约束数据属性 FCDA。

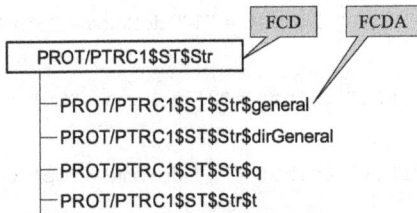

图 3-47　FCD 与 FCDA 在 MMS 中的映射

按照 IEC 61850-8-1 的规定，FCD 与 FCDA 映射到 MMS 后的格式如图 3-47 所示。二者的组成结构分别为：

FCD：< 逻辑设备名 >/< 逻辑节点名 >$ < 功能约束 >$ < 数据名 >。

FCDA：< 逻辑设备名 >/< 逻辑节点名 >$ < 功能约束 >$ < 数据名 >$ < 数据属性名 >。

保护事件、遥信量等重要的状态信号一般都需要携带时标信息，应采用

FCD 方式上送；而遥测值不需要时间，可采用 FCDA 上送。

（4）数据对象实例（DOI）。在分层信息模型中，每个逻辑节点都包含若干数据对象（Data Object），每个数据对象又包含若干数据属性（Data Attribute）。它们等于建模的模板组件，在对实际设备建模时，需要从中选择合适的数据和数据属性，并赋予实例特定值，形成数据实例 DOI（Data Object Instance）和数据属性实例 DAI（Data Attribute Instance）。

清单 3-2 是逻辑节点实例"PDIF1"的片段，限于篇幅只列出了一个数据对象实例"Op"。

在 < LN > 元素中，lnClass 属性代表该逻辑节点属于 IEC 61850-7-4 中的哪一种兼容逻辑节点类，inst 属性是实例号。

lnType 属性代表该逻辑节点引用了哪一种逻辑节点类型（LNType），例如 PDIF1 就引用了"NRR_PDIF_LINE"类型（详细定义见清单 3-3）。"NRR_PDIF_LINE"是 PDIF1 定义的模板，PDIF1 中所有的 DOI 都已经在"NRR_PDIF_LINE"中进行了预定义。反过来说，NRR_PDIF_LINE 中没有的数据（DO）不应该出现在 PDIF1 中。

"desc"属性中含有 SCL 配置文件自带的中文描述信息，是 XML 自描述特性的具体体现。从"desc"中可以看出 PDIF 是电流差动保护逻辑节点，Op 是"纵联差动保护动作"信号。在工程实施中各装置厂家应确保 ICD 文件中 desc 信息填写正确、清晰、无歧义，因为系统集成商将根据 desc 确定信号的用途，有的会直接将 desc 信息作为信号的名称导入后台数据库中。

清单 3-2：

```
    < LN desc = "电流差动保护" lnType = "NRR_PDIF_LINE" lnClass = "PDIF"
inst = "1" >…
        …
        < DOI name = "Op" desc = "纵联差动保护动作" >
            < DAI name = "general" sAddr = "DZYJ:B02.TrpLogic1_F0.TR_CD_
moni"/ >
            < DAI name = "dU" >
                < Val >纵联差动保护动作 < /Val >
            < /DAI >
        < /DOI >
        …
    < /LN >
```

(四) <DataTypeTemplates>部分

<DataTypeTemplates>部分是可实例化的数据类型模板,如图3-34所示,它包含 LNodeType(逻辑节点类型)、DOType(数据对象类型)、DAType(数据属性类型)和 EnumType(枚举类型)四个部分。<IED>部分的逻辑节点/数据对象/数据属性实例,就是由<DataTypeTemplates>实例化后生成的,二者之间是类和实例的关系。

1. <LNodeType>部分

清单3-3是逻辑节点类型"NRR_PDIF_LINE"定义的片段。<LNodeType>元素的 id 属性是该 LNType 的名字,lnClass 属性代表该 LNType 是在哪一种兼容逻辑节点类的基础上扩充的。

清单3-3:

```
< LNodeType id = "NRR_PDIF_LINE"lnClass = "PDIF" >
    < DO name = "Mod"type = "CN_INC_Mod"desc = "Mode"/ >
    ...
    < DO name = "Str"type = "CN_ACD"desc = "Start "/ >
    < DO name = " Op" type = " CN_ACT_3P" transient = " true" desc =
"Operate"/ >
    < DO name = "DifAClc"type = "CN_WYE"desc = "Differential Current "/ >
    ...
< /LNodeType >
```

LNodeType 在结构上与 IEC 61850 分层信息模型相对应,每个 LNodeType 都由一系列数据<DO>组成。<DO>元素的 name 属性是数据对象的名字;desc 属性自带描述信息,用于说明 DO 的用途;type 属性用于说明该 DO 引用了哪一种数据对象类型(DOType)。例如数据"Op"就引用了"CN_ACT_3P"类型(详细定义见清单3-4)。

2. <DOType>部分

清单3-4是数据对象类型"CN_ACT_3P"的定义文本。<DOType>元素的 id 属性是该数据类型的名字,该名字与<LNodeType>中<DO name = "Op" >的 type 属性值相同,用于说明该<DO>引用了哪一种<DOType>。cdc 属性表示该 DOType 是在 IEC 61850-7-3 中哪一种公用数据类的基础上扩充的。

DOType 由一系列数据属性<DA>组成。<DA>元素的 name 属性是数据属性的名字;bType 是该数据属性所属的数据类型;fc 代表该数据属性属于哪一种功能约束；dchg/qchg 是该数据属性的触发选项。

清单 3 - 4：

```
< DOType id = "CN_ACT_3P"cdc = "ACT" >
    < DA name = "general"bType = "BOOLEAN"dchg = "true"fc = "ST"/ >
    < DA name = "phsA"bType = "BOOLEAN"dchg = "true"fc = "ST"/ >
    ...
    < DA name = "t"bType = "Timestamp"fc = "ST"/ >
    < DA name = "dU"bType = "Unicode255"fc = "DC"/ >
</DOType >
```

在前文中曾经提到，数据属性所属的类型分为两种：一种是不可再分解的基本类型；另一种是结构体或枚举类型，由若干种基本类型组合而成。清单 3 - 5 中的数据属性"setMag"就属于结构体类型，其 bType = "Struct"，type 属性的值就是该结构体类型的名字"CN_AnalogueValue"。CN_AnalogueValue 的详细定义位于数据类型模板的 < DAType > 部分中，见清单 3 - 8。

清单 3 - 5：

```
< DOType id = "CN_ASG_SG_EX"cdc = "ASG" >
    < DA name = "setMag"bType = "Struct"type = "CN_AnalogueValue"fc =
"SG"/ >
    < DA name = "units"bType = "Struct"type = "CN_units"fc = "CF"/ >
    ...
</DOType >
```

清单 3 - 6 中的数据属性 stVal 属于枚举类型，其 bType = "Enum"，type 属性的值就是该枚举类型的名字—"Mod"。Mod 的详细定义位于数据类型模板的 < EnumType > 部分中，见清单 3 - 9。

清单 3 - 6：

```
< DOType id = "CN_INC_Mod"cdc = "INC" >
    < DA name = "stVal"bType = "Enum"type = "Mod"dchg = "true"fc = "ST"/ >
    < DA name = "q"bType = "Quality"qchg = "true"fc = "ST"/ >
    < DA name = "t"bType = "Timestamp"fc = "ST"/ >
    ...
</DOType >
```

IEC 61850 中还有一些特殊的的数据类，它们的组成成员本身还属于数据类（DO），形成了一种嵌套结构。例如清单 3 - 7 中的 CN_WYE，它的 SDO 成员 "phsA" 属于 CN_CMV 类型。

清单 3 - 7：

```
< DOType id = "CN_WYE"cdc = "WYE" >
    < SDO name = "phsA"type = "CN_CMV"/ >
    < SDO name = "phsB"type = "CN_CMV"/ >
    …
</DOType >
< DOType id = "CN_CMV"cdc = "CMV" >
    < DA name = "cVal"bType = "Struct"type = "CN_Vector"dchg = "true"fc = "MX"/ >
    < DA name = "q"bType = "Quality"qchg = "true"fc = "MX"/ >
    …
</DOType >
```

SDO 实例化以后就形成了 SDI，如图 3 - 40 中所示。

3. < DAType > 部分

清单 3 - 8 是结构体类型的数据属性类型的定义文本。< DAType > 元素的属性 id 是该结构体类型的名字。该名字与 < DOType > 中 Struct 类型的 < DA > 的 type 属性值相同，用于说明该 < DA > 引用了哪一种 < DAType >。

< DAType > 由一系列 < BDA > 成员组成。< BDA > 成员本身既可以是基本类型，也可以是结构体类型。例如清单 3 - 8 的 "CN_Vector"，其 < BDA > 成员的 bType = "Struct"，type = "CN Analogue Value"，表示 < BDA > 成员 ang 属于结构体类型。

清单 3 - 8：

```
< DAType id = "CN_AnalogueValue" >
    < BDA name = "f"bType = "FLOAT32"/ >
</DAType >
< DAType id = "CN_Vector" >
    < BDA name = "mag"bType = "Struct"type = "CN_AnalogueValue"/ >
    < BDA name = "ang"bType = "Struct"type = "CN_AnalogueValue"/ >
</DAType >
```

4. < EnumType > 部分

清单 3 - 9 是枚举类型 "Mod" 的定义文本，其中元素 < EnumVal > 将可能的取值一一列举出来：on、blocked、test、test/blocked 和 off。"Mod" 取值只

限于列举出来的值的范围内。 < EnumType > 元素的属性 id 是该枚举类型的名字，该名字被清单 3 – 6 中第一个 < DA > 元素 "stVal" 引用，与该 < DA > 的 type 属性值相同，用于说明该 < DA > 引用了哪一种 < EnumType > 。

清单 3 – 9：

```
< EnumType id = "Mod" >
  < EnumVal ord = "1" > on < /EnumVal >
  < EnumVal ord = "2" > blocked < /EnumVal >
  < EnumVal ord = "3" > test < /EnumVal >
  < EnumVal ord = "4" > test/blocked < /EnumVal >
  < EnumVal ord = "5" > off < /EnumVal >
< /EnumType >
```

三、IEC 61850 配置文件在工程应用中的常见问题

如前文所述，IEC 61850 配置文件是利用变电站配置描述语言 SCL 描述变电站设备对象模型后生成的文件。在工程实施中，IED 的 ACSI 通信服务程序一般不做变动；而配置文件要在不同厂商的配置工具之间交换配置信息，经历系统集成商统一组态、装置制造商导出、下载到装置等多个过程。由于各种人为因素有可能出现各种错误，再加上配置文件语法复杂，信息量大，因此很容易出现一系列的合法性和规范性问题。配置文件中的问题如果无法被及时发现，常常影响工程实施的效率和质量。

1. 工程中常见的配置文件问题分析

（1） Mod/Beh/Health 的 stVal 属性基本类型问题。Mod/Beh/Health 是公用逻辑节点中必选的数据对象，IEC 61850 标准的不同分册对这三个数据的数据类型定义并不一致。IEC 61850 – 7 – 4 中的定义如表 3 – 21 所示，Mod/Beh/Health 所属的公用数据类型为 INC 和 INS。由于 IEC 61850 – 7 – 3 定义 INC 和 INS 的 stVal 数据属性是 INT32 类型，所以部分厂商将 Mod/Beh/Health 的 stVal 所属的基本类型定义为 INT32。

表 3 – 21 　　　　　　　　　Mod/Beh/Health 的第一种定义

属性名	属性类型	全　　称	必选/可选
Mod	INC	Mode	必选
Beh	INS	Behavior	必选
Health	INS	Health	必选

IEC 61850 – 6 附录 B 定义了 Mod/Beh/Health 三个枚举型数据，其中 Mod

的定义如清单 3 – 10 所示。按照 IEC 61850 – 6 中 9.5.6 的说明，对于 IEC 61850 – 7 – 4 中数据类的状态值（stVal）和控制值（ctlVal），应以 Enum 类型替代 INT32，所以 Mod/Beh/Health 的 stVal 属性基本类型应采用 Enum 类型。IEC 61850 – 6 附录 D 的扩充示例对此也作了验证，其中 Mod 如清单 3 – 11 所示。

清单 3 – 10：

```
< EnumType id = "Mod" >
    < EnumVal ord = "1" > on < /EnumVal >
    < EnumVal ord = "2" > blocked < /EnumVal >
    < EnumVal ord = "3" > test < /EnumVal >
    < EnumVal ord = "4" > test/blocked < /EnumVal >
    < EnumVal ord = "5" > off < /EnumVal >
< /EnumType >
```

清单 3 – 11：

```
< DOType id = "myMod"cdc = "INC" >
    < DA name = "stVal"fc = "ST"bType = "Enum"dchg = "true"type = "Mod"/ >
    < DA name = "ctlVal"fc = "CO"bType = "Enum""type = "Mod"/ >
    < DA name = "q"fc = "ST"bType = "Quality"dchg = "true"/ >
    < DA name = "t"fc = "ST"bType = "Timestamp"dchg = "true"/ >
< /DOType >
```

（2）Check 的属性基本类型问题。Check 参数用于控制对象在完成控制操作前进行的同期、互锁检查。作为一个数据属性，IEC 61850 – 7 – 2 中定义 Check 的属性类型为压缩表类型（PACKED LIST）。但 IEC 61850 第 1 版 SCL 语言的数据属性基本类型（bType）并不包含压缩表类型，即第 1 版标准没有规定 check 在 SCL 中所属的 bType，所以在工程中出现个别厂商将 dbPos 作为 Check 属性的基本类型。IEC 61850 标准第 2 版的数据属性基本类型中增加了 "check"，所以今后设备厂商建模时应取 "check" 作为 Check 数据属性的 bType。

（3）索引（reference）的有效性问题。索引又称引用，是对象的唯一标识，是由 IEC 61850 分层模型结构的最上层直至引用对象所在层的全部名称级联组成的。配置文件中的数据集和 GOOSE 连线均是索引的集合。

1）如前所述，数据集是有序的数据引用或数据属性引用的集合。工程中常见的错误是数据集中的引用和它所指向的数据/数据属性不匹配，有的引用所指向的数据或数据属性根本不存在。例如某数据集中一条引用为 "CTRL/GGIO4/ST/Ind197"，而实际上 GGIO4 逻辑节点没有 Ind197 这个数据。其他错误还有同一条引用在数据集中重复出现，有的引用所指向的数据/数据属性无实际意义等。

2）目前国内数字化变电站 SCD 文件中的 GOOSE 连线信息采用 Inputs 数据定义实现。Inputs 包含外部输入信号引用和本装置内部输入虚端子的引用。与数据集中引用的错误类似，工程中常出现 GOOSE 外部输入信号的索引、内部虚端子的索引和它们所引用的数据/数据属性不匹配的问题。例如某装置的一个 GOOSE 外部输入信号索引为 "T2A_1200/GOLD/ISidPTRC1. StrBF. stVal"，而实际上在该 SCD 文件中 StrBF 数据的数据属性是 general 不是 stVal，即引用指向了无效的位置。

（4）数据类型模板的常见问题。如前所述，< IED > 部分的逻辑节点/数据对象/数据属性是 < DataTypeTemplates > 部分实例化后生成的，二者之间有严格的对应关系。工程中常出现 < IED > 部分的数据实例和 < DataTypeTemplates > 部分的模板不匹配的问题，具体分为两种：第一种是 < IED > 部分的数据实例在 < DataTypeTemplates > 中找不到对应的数据类型，如某数据模板在 < DataTypeTemplates > 中定义为 PTChkEna，而实例化后该数据名称变成 CTPTChkEna；第二种问题是 < DataTypeTemplates > 部分虽定义了数据类型模板，但在 < IED > 部分并没有实例化，如某装置 ICD 文件定义了 id 为 "SZNR_BP2C_GOOSE_LLN0" 的 LNType，但在 IED 部分并没有该类型的逻辑节点实例。

（5）Communication 通信参数存在的问题。SCD 文件 Communication 部分包含全站所有 IED 的通信参数信息，如装置 IP 地址和 GOOSE 报文 MAC 地址、APPID、GoID 等。根据标准规定，每个 IED 的地址参数都应分配一个全站唯一值，使不同的 IED 之间能够严格区分。由于高电压等级变电站中 IED 数量众多，系统集成商常会配置出错造成装置地址参数重复问题，如 IP 地址重复、APPID 重复等。

另外，ConnectedAP 元素中的 iedName、apName、GSE cbName、GSE ldInst 等参数和 IED 部分的实例配置信息不一致问题也多次出现。例如某装置 MMS 网访问点名 apName 在 IED 实例部分被配置为 "S1"，但在 Communication 部分却被配置成 "A1"。

综上所述，配置文件的问题可以分为语法问题和语义问题两种。语法问题分为 XML 语法错误（配置文件不符合 XML 文件格式）和 SCL 语法错误（配置文件不符合 IEC 61850 – 6 XML schema 的规定）。

2. IEC 61850 配置文件的工程化测试

现有标准中有关 IEC 61850 配置文件测试的内容较少，导致实际工程测试无据可依。IEC 61850 - 10 针对动态测试（即 ACSI 模型和服务映射的测试）提供了 170 多个详细的肯定测试和否定测试用例，而对静态测试（配置文件和数据模型测试）只作了笼统的原则性的要求，列举的测试条目较少，远没有涵盖所有的错误细节。通过对工程中的问题进行分析，结合 DL/T 1146—2009《DL/T 860 实施技术规范》和 Q/GDW 396—2009《IEC 61850 工程继电保护应用模型》对装置建模的具体要求，总结出需要增加的配置文件测试项，具体见表 3 - 22。

表 3 - 22   配置文件的扩展测试项

测 试 项	描 述
IED 通信参数唯一性检查	检查 SCD 文件中 IP 地址、GOOSE 报文 MAC 地址、GOID、APPID 等参数是否重复
IED 通信参数引用有效性检查	检查 Communication 部分的 iedName、apName、GSE cbName、GSE ldInst 等参数和 IED 部分的配置是否一致
数据类型模板是否重复定义	检查 SCD 文件 < DataTypeTemplates > 部分是否有不同名字（即 id 属性）但相同内容的 LNType、DOType、DAType、EnumType
数据类型模板是否未被实例化	检查 ICD/SCD 中是否有未被实例化的数据类型模板
模板与实例是否匹配	检查 ICD/SCD 文件 IED 部分的逻辑节点/数据对象/数据属性实例和它们所引用的数据类型模板是否匹配
数据集索引有效性检查	检查 ICD/SCD 数据集中的索引和它们所引用的数据/数据属性是否匹配，检查索引路径是否有效
GOOSE 连线索引有效性检查	检查 SCD 文件 Inputs 部分中的 GOOSE 连线索引和它们所引用的数据/数据属性是否匹配
数据类型模板检查	检查配置文件数据类型模板中的 DOType、DAType、EnumType 是否符合 Q/GDW 396—2009 标准的统一定义
逻辑设备 LD 的 inst 名是否符合标准规定	检查配置文件中各逻辑设备名是否符合 Q/GDW 396—2009 的规定，如保护逻辑设备名是否为 PROT
报告控制块名、数据集名是否符合 Q/GDW 396—2009 的规定	检查配置文件中预定义的数据集名、报告控制块名是否符合 Q/GDW 396—2009 的统一定义

第四章

MMS 服 务

第一节 MMS 基 础 知 识

ISO/IEC 9506 制造报文规范 MMS（Manufacture Message Specification）是由 ISO 国际标准化组织工业自动化技术委员会 TC184 制定的国际标准。它通过对实际设备进行面向对象建模的方法，实现了网络环境下不同制造商设备之间的互操作。虽然制造报文规范在名称上有"制造"二字，但核心内容与"制造"无关。它是一个通用的国际标准，所提供的服务适用于多种设备、应用和工业门类，现在已广泛应用在工厂制造、石油化工和太空探索等领域。

MMS 在工业自动化领域获得了巨大的成功，成为其他众多工业协议的参考标准。IEC 61850 标准把 MMS 引入电力自动化领域，将其核心 ACSI 服务直接映射到 MMS 标准。前文中提到，电力系统中各种装置运行着不同的操作系统和通信协议，是一个典型的异构系统，存在互操作和信息孤岛问题。映射到 MMS 的 IEC 61850 标准规范了多厂商设备间的通信，有效地解决了异构系统间的通信问题，实现了不同厂商设备之间的互操作。

一、MMS 的主要内容

MMS 规范位于 ISO/OSI 七层参考模型的第七层应用层，它是一个非常庞大的一个协议集。如表 4 - 1 所示，它由六个部分组成。第 1 部分服务规范和第 2 部分协议规范是基础，是 MMS 的核心部分，这两个部分高度抽象，不涉及具体的应用。使用 MMS 来完成具体领域的应用还需要进一步细化，这正是伴同规范（3）～规范（6）所解决的问题。在一定程度上，IEC 61850 标准也可看作是 MMS 核心部分的伴同规范。

表 4 - 1 MMS 规 范 文 档 组 成

编 号	文 档 名 称	说 明	年份
1	ISO/IEC 9506 - 1 Services	服务规范，核心部分	1990
2	ISO/IEC 9506 - 2 Protocol	协议规范，核心部分	1990
3	ISO/IEC 9506 - 3 Comp. Standard for Robots	机器人伴同规范	1992
4	ISO/IEC 9506 - 4 Comp. Standard for Numeric Control	数字控制器伴同规范	1993
5	ISO/IEC 9506 - 5 Comp. Standard for Programmable Logic Controller	可编程逻辑控制器伴同规范	1997
6	ISO/IEC 9506 - 6 Comp. Standard for Process Control	过程控制系统伴同规范	1994

二、MMS 的通信流程

MMS 通信采用客户端/服务器模式，客户端一般是运行监视系统、控制中心等，服务器指一个或者几个实际设备或子系统。在变电站自动化系统中，后台监控系统和保护、测控装置之间的通信是典型的客户端/服务器模式，客户端代表后台主机，服务器则代表保护、测控装置。除后台监控主机外，远动装置、保护信息子站也都是客户端。

MMS 服务可分为带确认（Confirmed）和不带确认（Unconfirmed）两类。

1. 带确认的服务（Confirmed Service）

如图 4 - 1 所示，带确认服务在客户端和服务器之间的通信流程可以分为以下五个步骤：

1）客户端发出一个服务请求（Request）；

2）服务器收到该服务的指示（Indication）；

3）服务器执行必要的操作；

4）若操作成功，服务器发送肯定响应（Response + ），不成功则发送否定响应（Response - ）；

5）客户端收到服务器返回的确认信息（Confirm）。

运行人员在后台监控主机上遥控远方断路器的操作，可以看作上述流程在变电站中典型的应用。具体步骤为：

1）运行人员操作后台机发出某间隔断路器分闸的命令（Request）；

2）该间隔的测控装置从以太网上收到该命令（Indication）；

3）测控装置执行必要的操作，跳开断路器；

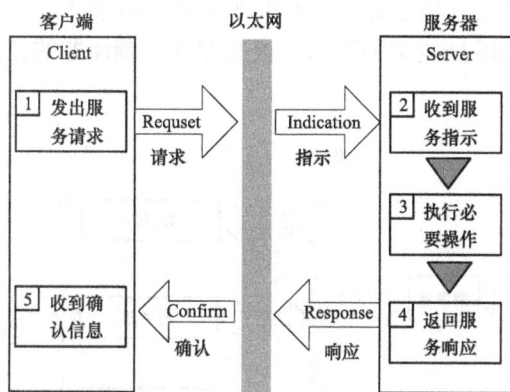

图 4 - 1 MMS 带确认服务的通信流程

4）若断路器分闸成功，则测控装置发出开关变位报告（Response +），若分闸不成功则发送操作失败信息（Response - ）；

5）后台机收到测控装置返回的开关变位报告或操作失败信息（Confirm）。

由于图 4 - 1 所描述的通信服务由客户端发起，并需要服务器最终返回确认信息（Confirm），因此此类服务被称为带确认的服务（Confirmed Service）。

2. 不带确认的服务（Unconfirmed Service）

在 MMS 中，还有一类服务不需要客户端发出服务请求，而由服务器每隔一定时间自动向客户端上送，这类服务称为非确认服务（Unconfirmed Service），如图 4 - 2 所示。在变电站中，测控装置每隔一定时间就向后台监控主机上送所采集的电压、电流值（遥测量），所采用的 MMS 报告（Report）服务就属于非确认服务。

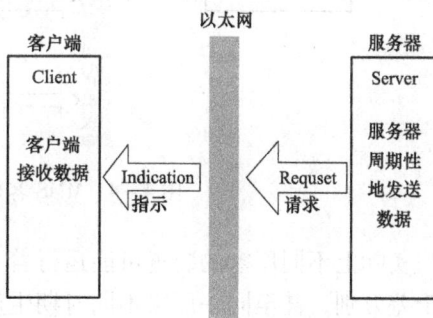

图 4 - 2 MMS 非确认服务的通信流程

三、MMS 的基本思想

假设图 4 - 3 中来自几个不同国家的人要进行交流。如果这些人都不懂对方国家的语言，那么就必须进行语言翻译，交流中必定存在一个翻译环节（假设该环节通过"翻译器"实现）。另外可以定义一种大家都能理解的公共语言。姑且称这种语言为"世界语"（事实上英语是世界上最流行的商务语言，但为了说明问题在此做一个假设）。各个国家的人利用翻译器将本国的语言翻译成世界语，然后他们就可以消除语言障碍进行交流了。MMS 的基本思想就是定义一种大家都能理解的公共语言。在这个例子中，世界语就类似于 MMS 所定义的通信协议和服务，翻译器的作用和 MMS 中的虚拟设备类似。

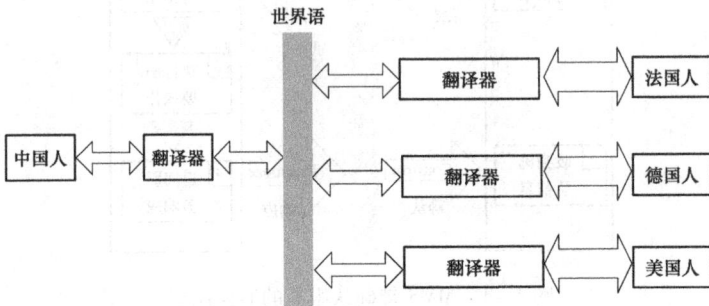

图 4-3　不同国家的人相互交流

假设图 4-4 中的各个装置来自不同的生产厂家，如果要使它们之间实现良好的互操作，就必须对各设备之间的通信内容和通信方式进行规范。

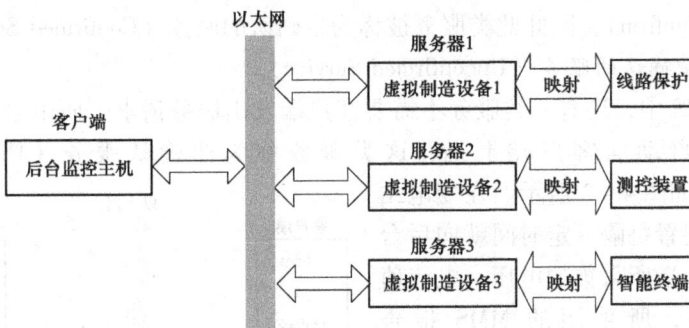

图 4-4　MMS 客户端/服务器模型

实际上不同厂家的装置可能运行着不同的操作系统和程序，硬件结构也可能千差万别，甚至同一厂家不同时期生产的不同型号的装置在硬件和软件上也可能存在差异。所以要达到互操作的目的，就必须首先考虑"屏蔽"掉各装置的具体技术细节（如 CPU 型号、操作系统、程序编程语言、开关量子系统），使各装置在网络通信方式上遵守统一的规定，具有相同或相近的外部接口（外部视图）。

MMS 采用构建虚拟设备的方法来达到隐藏各装置技术细节的目的。虚拟设备由实际设备映射得到，它和装置的具体细节无关，具体通信时信息交互在客户端和虚拟设备之间进行。这样就"屏蔽"掉了装置的技术细节，客户端就可以和不同厂家、不同型号的多种装置进行通信。

虚拟设备在 MMS 中被定义为虚拟制造设备 VMD（Virtual Manufacturing Device）。VMD 也可理解为实际装置的镜像。如图 4-4 所示，实际各装置均映射到虚拟制造设备 VMD，虽然各装置在软、硬件上存在千差万别，但它们映射到的虚拟设备 VMD 却由 MMS 规范统一定义。一个实际装置只要严格遵循 MMS 规范来实现 VMD 模型及 MMS 服务，并完成 VMD 与装置内部之间的映射，就具备了实现互操作的条件，就可以接入系统与其他装置进行互联互通。

MMS 规范的第 1 部分（服务规范）和第 2 部分（协议规范）只定义了统一的 VMD 模型及服务，各个伴同规范用于说明如何具体实现实际设备与虚拟设备 VMD 之间的映射。IEC 61850 标准可以理解成专门描述如何对变电站内的智能电子设备建模，并将其映射到 MMS 的伴同规范。

四、MMS 对象和服务

与 IEC 61850 标准类似，MMS 也采用了面向对象的建模方法，每个对象或对象类均应包含属性和服务两大要素。

MMS 定义了 VMD（虚拟制造设备）、Domain（域）、Program Invoation（程序）、Variable（变量）、Journal（日志）、File（文件）、Event（事件）、Semaphore（信号）、Operator Station（操作站）等对象模型，另外还定义了大概 80 种服务，因此 MMS 是一个非常庞大的协议集。MMS 定义如此众多模型和服务的目的是为了适应不同场合的应用需求，因此没有必要要求这些模型和服务在所有的设备中都得到支持，一般只需要支持一个子集即可。例如有些 MMS 服务用于实现一些高级功能，非常复杂，通常在大多数应用场合中实际设备不需要这些高级功能，所以没有必要支持这些复杂服务。

IEC 61850 标准在映射到 MMS 时就只用到了 MMS 协议的一个子集，只采用了其中的一部分模型及服务。下面只对 IEC 61850 标准用到的 MMS 对象及其服务进行简单介绍。

1. 虚拟制造设备

虚拟制造设备 VMD 是 MMS 中的核心概念之一。如图 4-5 所示，它由实际设备映射得到，因此可以理解为实际设备的镜像。IEC 61850 标准分层信息模型中的服务器就映射到虚拟制造设备。

构建虚拟制造设备 VMD 的目的是为了"隐藏"实际设备的技术细节。如图 4-5 所示，在实际通信时，客户端只和 VMD 模型中的虚拟对象、虚拟变量进行信息交互。对于客户端来说，实际对象、实际变量和客户端之间是相互隔离的。这是因为实际设备和实际对象已映射成虚拟设备和虚拟变量，其技术细节已经被映射程序"屏蔽"掉。虚拟设备、虚拟对象由 MMS 规范统一定义，与实际装置的型号、运行的操作系统和编程语言无关。换句话说，虽然实际各装置在软、硬件上存在千差万别，但它们所映射到的 VMD 却由 MMS 规范统一定义。一个实际装置只要严格遵循 MMS 规范来实现 VMD 模型及 MMS 服务，并完成 VMD 与装置内部之间的映射，屏蔽掉装置的技术细节，就具备了互操作的基础。

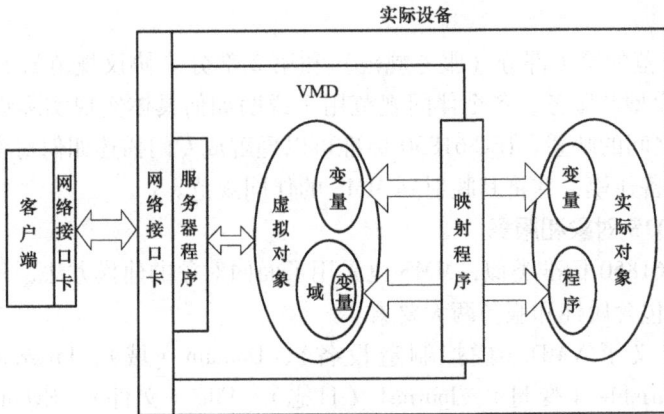

图 4 - 5　虚拟制造设备模型

在 IEC 61850 标准的分层信息模型中，逻辑设备 LD（Logical Device）可以看作是一个包含逻辑节点、数据、数据属性和相关通信服务的容器。虚拟制造设备在 MMS 模型的地位和作用与逻辑设备类似，也可以看作是包含其他 MMS 对象的容器。如图 4 - 5 所示，诸如域、变量、日志、文件等 MMS 对象都包含在 VMD 中。

总体来说，VMD 模型包含以下三方面的内容。

（1）对象（object）：MMS 定义的对象（如域、变量等）以及这些对象的属性（如名字、值、类型），都包含在 VMD 之中。

（2）服务（service）：属性和服务是对象的两大要素。除了对象的属性，MMS 还定义了一系列访问和管理这些对象的通信服务。客户端能够利用这些服务访问和操作 MMS 对象，如利用 Read/Write 服务读/写 VMD 中某个变量的值。

（3）行为（behavior）：VMD 模型还包括当收到客户端发出的服务请求时，

VMD所应表现出的反应机制和应当执行的具体操作。

IEC 61850 标准涉及 VMD 的 MMS 服务主要是 GetNameList（获取 VMD 中的对象列表）。

虚拟制造设备 VMD 只定义了实际装置的外部通信视图，使各装置在网络通信上遵守统一的规定，具有相同或相近的外部接口。对于实际设备实现 VMD 模型的具体细节，如编程语言、操作系统、CPU 型号和 I/O 系统等，MMS 不作规定。这种做法既能使设备之间具有良好的互操作性，同时又不妨碍设备实现技术的升级更新，以适应 IT 技术的迅猛发展。

2. 域

域（Domain）是 MMS 用来管理虚拟制造设备 VMD 执行模式的对象，代表实际装置内的一些资源，如一个程序模块或一个存放数据的内存区。IEC 61850 标准分层信息模型中的逻辑设备映射到域。IEC 61850 标准涉及域的 MMS 服务主要是 GetNameList（获取域中的对象列表）。

3. 有名变量

变量是 MMS 中一个比较重要的概念，分为无名变量（Unamed Variables）和有名变量（Named Variables）两种。在 IEC 61850 到 MMS 的映射中没有用到无名变量，逻辑节点、数据、数据属性、报告/日志/定值组控制块等模型都映射到有名变量。

（1）有名变量的类型。MMS 中的变量既可以是简单类型，也可以是复杂类型。

简单类型是最基本的类型，不能被继续分解为更小的单元。IEC 61850 标准涉及的 MMS 简单变量类型有布尔型（Boolean）、整型（Integer）、无符号整型（Unsigned）、浮点型（Floating-point）、位串（Bit-string）、可视字符串（Visible-string）、八位位组（Octet-string）和 MMS 字符串（MMS string）。

复杂类型由若干种简单类型组合而成，包括数组（array）和结构体（struct）两种。二者的区别在于，数组中的各个成员（component）都必须属于同一种类型，而结构体中的成员可以属于不同的类型。数组、结构体之间可以进行任意嵌套，且层数不限。例如，数组中的成员既可以是一个简单类型的变量，也可以是一个数组或者结构体；与之类似，结构体中的成员也可以是数组或者结构体，如图 4-6 所示。

（2）有名变量的属性。有名变量是 MMS 采用面向对象建模技术建立的对象，属性是有名变量的两大要素之一。除了名字（name）以外，有名变量还拥有以下三个属性：

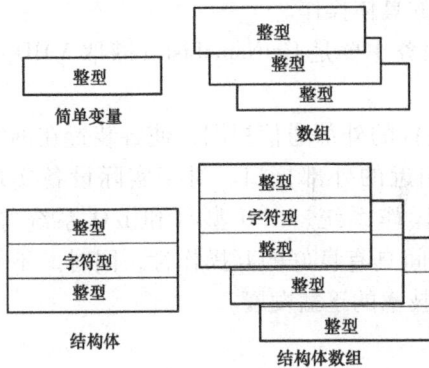

图 4 - 6   MMS 中变量的类型

1）MMS Deletable。MMS Deletable 属性用于说明有名变量能否被 MMS 服务 "DeleteVariableAccess" 删除，值为 "TRUE" 表示能被删除，值为 "FALSE" 表示不能被删除。

2）Type Description。类型描述 Type Description 用于说明该变量所属的类型，例如是属于简单类型还是复杂类型，是整型还是浮点型，等等。Type Description 将在本章第四节中详细介绍。

3）Access Method。Access Method 属性值如果为 "PUBLIC"，则表示该有名变量可以通过地址进行访问，类似于 C 语言中的指针；如果为其他值，则表示不能通过地址访问。

（3）作用域。MMS 中的各种对象，包括域、变量、变量列表等，都有各自的作用域（scope）。作用域又称作用范围，是从空间的角度描述对象的有效范围。例如，国家有统一的法律、法令，各省还可以根据需要制定地方的法规、法令。在甲省，国家统一的法律、法令和甲省的法规法令都是有效的；在乙省，国家统一的和乙省的法规法令都有效，而甲省的法规法令在乙省显然是无效的。

作用域同时也反映了对象的生存有效期，即对象存在时间的长短。MMS 中对象的作用域分为以下三种：

1）vmd-specific。如图 4 - 7 中的有名变量 "NVR1"，它在整个 VMD 范围内都是有效的，包括在域 "Domain1" 和域 "Domain2" 内也有效。同时 "NVR1" 的生存有效期和 VMD 相同，只要 VMD 存在，"NVR1" 就存在；VMD 一旦被删除，"NVR1" 也同时消失。

2）domain-specific。如图 4 - 7 中的有名变量 "NVR5"，它只在域 "Domain1" 内有效。同时 "NVR5" 的生存有效期和 "Domain1" 相同，"Domain1" 一旦被删除，"NVR5" 也同时消失。

类似地，有名变量 "NVR9" 只在域 "Domain2" 内有效。

3）AA-Specific。AA-Specific 的全称是 Application-Association-Specific。这种对象在客户端与服务器建立关联后由客户端创建，并且只能被该客户端使用。只要关联存在，该对象也存在；关联一旦被终止，该对象也同时消失。

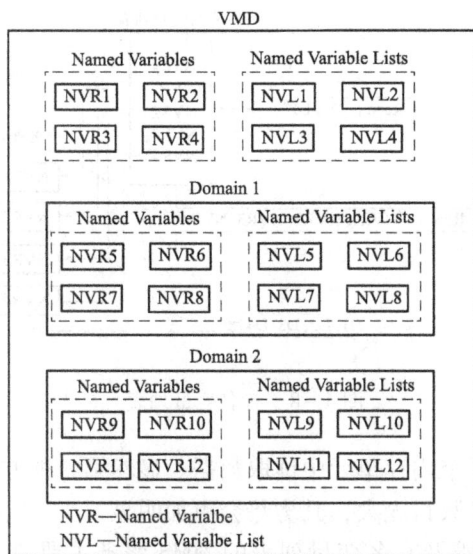

VMD

Named Variables | Named Variable Lists

NVR1 | NVR2 | | NVL1 | NVL2

NVR3 | NVR4 | | NVL3 | NVL4

Domain 1

Named Variables | Named Variable Lists

NVR5 | NVR6 | | NVL5 | NVL6

NVR7 | NVR8 | | NVL7 | NVL8

Domain 2

Named Variables | Named Variable Lists

NVR9 | NVR10 | | NVL9 | NVL10

NVR11 | NVR12 | | NVL11 | NVL12

NVR—Named Varialbe
NVL—Named Varialbe List

图 4 - 7　对象的作用域

IEC 61850 标准涉及有名变量的 MMS 服务主要是 Read（读）、Write（写）、InformationReport（报告服务）、GetVariableAccessAttributes（获取命名变量属性）。

4. 有名变量列表

在前文中曾经提到，IEC 61850 标准为了提高数据传输效率定义了数据集模型，每个数据集包含一系列数据的"索引"。MMS 中的有名变量列表（Named Variable List）与 IEC 61850 标准中的数据集在功能上比较类似，为客户端提供了一种更灵活的同时访问多个有名变量的方法。

图 4 - 8 中的有名变量列表"NVL1"包含"NVR1"、"NVR2"、"NVR3"和"NVR4"4 个变量的路径信息。如图所示，客户端有两种方法去读取这 4 个有名变量的数据值：第一种方法是通过有名变量列表来同时访问 4 个有名变量；第二种方法是直接访问这 4 个变量。第一种方法中将有名变量列表的名字作为 Read 服务的参数 [①Read（"NVL1"）]；第二种方法是将这 4 个有名变量的名字作为 Read 服务的参数 [②Read（"NVR1，NVR2，NVR3，NVR4"）]。

无论哪种方法，服务器均会按照 Read 服务参数中的名字（如"NVL1"或"NVR1"）去内存中寻找相应的存储单元，然后从内存单元中读取数据。如果按照第二种方法，服务器要针对 4 个有名变量去寻址 4 次；而按照第一种方法，服务器只需要针对一个列表名"NVL1"去寻址 1 次，然后按照有名变

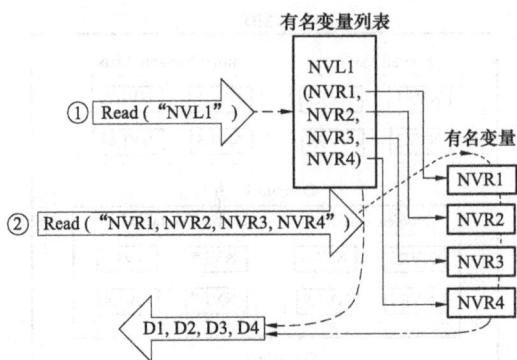

图 4 - 8　有名变量列表

量的路径去指定的 4 个内存单元中读取数据。显然第二种方法将耗费更多的资源和时间，如果变量数目庞大，其劣势会更加明显。

IEC 61850 标准涉及有名变量列表的 MMS 服务主要有 Read（读）、Write（写）、InformationReport（报告服务）、DefineNamedVariableList（创建有名变量列表）、GetNamedVariableListAttributes（读取有名变量列表属性）和 DeleteNamedVariableList（删除有名变量列表）。

5. 文件

文件（Files）模型主要用于服务器和客户端之间的文件传输。利用文件模型定义的各种服务，客户端能够对服务器中的文件进行读取、删除、重命名等各种操作。另外，客户端既能从服务器中上召文件，也能将文件下载到服务器中。

IEC 61850 标准中与文件对象有关的 MMS 服务有 FileOpen（打开文件）、FileRead（读取文件）、FileClose（关闭文件传输）、ObtainFile（下载文件）、FileDelete（删除文件）和 FileDirectory（读取文件目录）。

6. 日志

日志（Journals）是 MMS 中一个重要的模型。一般服务器在运行时，会把一些重要的事件信息保存到一个日志文件中，生成历史数据记录，以供将来查询或调阅。日志文件中的各条记录称为日志条目（entry），每个条目中都含有事件发生的时间信息。通过日志服务，客户端可以从远方获取服务器的历史信息，便于日后的离线分析。用户通过调阅和分析日志，可以有效地掌握系统工况，及时发现问题。

IEC 61850 标准涉及日志的 MMS 服务主要是 ReadJournal（查询日志），客户端既可以按条目生成时间查询，也可以按条目号查询。

第二节　IEC 61850 与 MMS 的映射关系

IEC 61850 总结了电力生产过程的特点和要求，在 IEC 61850 - 7 - 2/3/4 部分定义了抽象的信息模型和服务，并设计了抽象通信服务接口（ACSI），使信息模型和服务独立于底层通信协议和网络类型，信息模型可以在较长时间内保持稳定性。通过特殊通信服务映射（SCSM），IEC 61850 将 ACSI 信息模型和服务映射到底层的通信协议（如应用层协议 MMS）。信息模型和底层通信协议分离，可以更好地适应通信技术的飞速发展。

除 GOOSE、采样值 SV 和时间同步外，ACSI 中的大部分模型和服务都映射到 MMS 协议上，它们是 IEC 61850 通信体系的核心内容。

一、IEC 61850 与 MMS 的对象映射

从通信模型的角度看，由于都采用面向对象的思想，IEC 61850 与 MMS 有许多相似之处。IEC 61850 定义了基于服务器、逻辑设备、逻辑节点、数据、数据属性的结构化分层对象模型，而 MMS 则定义了虚拟制造设备、域、有名变量等分层对象模型；IEC 61850 为了提高数据传输效率定义了数据集模型，MMS 相应有有名变量列表模型；IEC 61850 定义了日志模型，而 MMS 也有日志模型。因此，IEC 61850 对象模型与 MMS 对象模型之间有高度的相关性，不难建立二者之间的映射，如表 4 - 2 所示。

表 4 - 2　　　　　　　　IEC 61850 与 MMS 对象的映射关系

编号	IEC 61850 对象	MMS 对象
1	服务器（Server）	虚拟制造设备（VMD）
2	逻辑设备（Logical Devices）	域（Domain Objects）
3	逻辑节点（Logical Nodes）	有名变量 （Named Variable Objects）
4	数据（Data）	
5	报告控制块（RCB）	
6	定值组控制块（SGCB）	
7	日志控制块（LCB）	
8	控制（Control）	
9	数据集（Data Set）	有名变量列表 （Named Variable List Objects）
10	日志（Logs）	日志（Journal Objects）
11	文件（Files）	文件（Files）

由于 MMS 所建立的对象结构体系只有虚拟制造设备、域和有名变量三层结构，IEC 61850 建立的对象模型却有服务器、逻辑设备、逻辑节点、数据和数据属性五层结构，因此 IEC 61850 和 MMS 之间的对象映射并非一一对应的关系。从表 4-2 可以看出，多种 IEC 61850 对象，包括逻辑节点、数据和各种控制块，都映射到 MMS 的有名变量。

二、IEC 61850 与 MMS 的服务映射

在通信服务方面，IEC 61850 中采用客户端/服务器模型的 ACSI 核心服务部分与 MMS 也有高度的相关性，因此在现阶段，IEC 61850 选择将核心通信服务映射到 MMS。

从表 4-3 可以看出，IEC 61850 ACSI 服务和 MMS 服务之间也并非一一对应的关系。有的 ACSI 服务（如关联服务 Associate）可以直接映射到一个 MMS 的 Initiate 服务，即可完成预定的功能；有的 ACSI 服务需要分解并分别映射到多个 MMS 服务上才能实现最后需要的结果，如 GetFile 服务。还有更多的情况是多个 ACSI 服务映射到同一个 MMS 服务上，最突出的就是 MMS 的读 Read、写 Write 服务。Read 和 Write 服务的抽象级很高，可以满足很多需求。

表 4-3　　　　　　　　　IEC 61850 与 MMS 服务的映射关系

编号	IEC 61850 对象	ACSI 服务	MMS 服务
1	服务器（Server）	GetServerDirectory	GetNamedList
2	逻辑设备（LDevice）	GetLogicalDeviceDirectory	GetNamedList
3	逻辑节点（LNode）	GetLogicalNodeDirectory	GetNamedList
4		GetAllDataValues	Read
5	数据（Data）	GetDataValues	Read
6		SetDataValues	Write
7		GetDataDirectory	GetVariableAccessAttrbute
8		GetDataDefinition	GetVariableAccessAttrbute
9	数据集（DataSet）	GetDataSetValues	Read
10		SetDataSetValues	Write
11		CreateDataSet	DefineNamedVariableList
12		DeleteDataSet	DeleteNamedVariableList
13		GetDataSetDirectory	GetNamedVariableListAttribute
14	报告控制块（RCB）	Report	InformationReport
15		GetBRCBValues	Read
16		SetBRCBValues	Write
17		GetURCBValues	Read
18		SetURCBValues	Write

编号	IEC 61850 对象		ACSI 服务	MMS 服务
19	控制（Control）		Select	Read
20			SelectWithValue	Write
21			Cancel	Write
22			Operate	Write
23			TimeActivatedOperate	Write
24			CommandTermination	InformationReport
25	文件（File）		GetFile	FileOpen，FileRead，FileClose
26			SetFile	ObtainFile
27			DeleteFile	FileDelete
28			GetFileAttributeValues	Sequence of FileDirectory
29	定值组控制块（SGCB）		SelectActiveSG	Write
30			SelectEditSG	Write
31			SetSGValues	Write
32			ConfirmEditSGValues	Write
33			GetSGValues	Read
34			GetSGCBValues	Read
35	日志控制块（LCB）		GetLCBValues	Read
36			SetLCBValues	Write
37			GetLogStatusValues	Read
38			QueryLogByTime	ReadJournal
39			QueryLogAfter	ReadJournal
40	取代（Substitution）		GetDataValues	Read
41			SetDataValues	Write
42	GSE	GOOSE	GetGoCBValues	Read
43			SetGoCBValues	Write
44		GSSE	GetGsCBValues	Read
45			SetGsCBValues	Write
46	关联（Associate）		Associate	Initiate
47			Abort	Abort
48			Release	Conclude

三、MMS 与 IEC 61850 的映射分析

1. ACSI 与应用层的关系

抽象通信服务接口 ACSI 仅仅是一个概念性的接口，本身并不具备任何通信功能。表 4-3 中的各种 ACSI 服务并没有特定的报文格式和编/解码语法，也没有定义具体的网络传输方式，因此它们不能直接用于信息交换，需要映射到底层的通信协议中才能实现通信功能。

ACSI 核心服务原语及其参数将按照 IEC 61850-8-1 的规定进行映射，形成一个或多个应用层协议数据单元 APDU，如图 4-9 所示。APDU 将被递交到较低的下一层，下一层将在上层递交下来的数据前面加上本层的控制信息（报文头），进行数据的封装，然后继续向下传递。数据经过层层封装后，最终在物理层形成二进制比特流，发送到物理线路上。

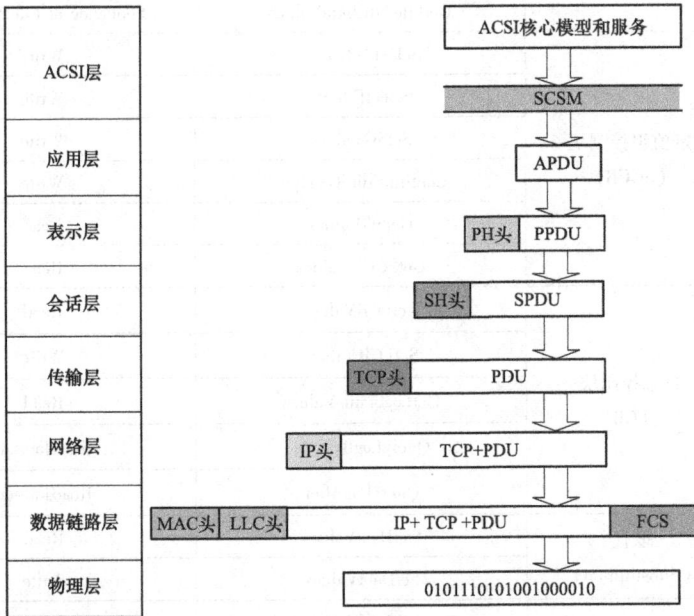

图 4-9　ACSI 与应用层之间的关系

2. 基本数据类型的映射

基本数据类型的映射是最基础的映射。IEC 61850 标准和 MMS 标准各自都定义了一套基本数据类型，具体映射关系见表 4-4。

表 4-4　　　　　　　　　　ACSI 与 MMS 基本数据类型的映射

ACSI 基本类型	MMS 基本类型	取 值 范 围
BOOLEAN	Boolean	0 或 1
INT8	Integer	$-128 \sim 127$
INT16	Integer	$-32\ 768 \sim 32\ 767$
INT32	Integer	$-2\ 147\ 483\ 648 \sim 2\ 147\ 483\ 647$
INT128	Integer	$-2^{127} \sim 2^{127} - 1$
INT8U	Unsigned	无符号整数 $0 \sim 255$
INT16U	Unsigned	无符号整数 $0 \sim 65\ 535$
INT24U	Unsigned	无符号整数 $0 \sim 16\ 777\ 215$
INT32U	Unsigned	无符号整数 $0 \sim 4\ 294\ 967\ 295$
FLOAT32	Floating-point	32 位单精度浮点类型
FLOAT64	Floating-point	64 位双精度浮点类型
ENUMERATED	Integer	枚举类型
CODED ENUM	Bit-string	枚举类型
OCTET STRING	Octet-string	8 位位组，后缀代表了字符串的长度
VISIBLE STRING	Visible-string	可视字符串，后缀代表了字符串的长度
UNICODE STRING	MMS string	UNICODE 字符串，后缀代表了字符串的长度

3. 逻辑设备、逻辑节点的映射

根据表 4-2 列出的 IEC 61850 分层模型与 MMS 对象之间的映射关系，逻辑设备直接映射到 MMS 中的域，逻辑节点实例映射到 MMS 中的有名变量。例如图 4-10 中，逻辑设备"K03"被映射到 MMS 中的域"K03"；逻辑节点实例"Q0CSWI1"被映射到有名变量"Q0CSWI1"。

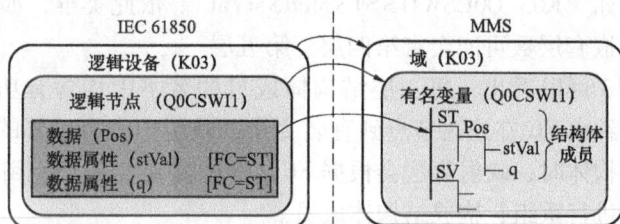

图 4-10　映射关系

很显然有名变量"Q0CSWI1"属于结构体类型，其内部的成员由逻辑节点内的数据"Pos"和数据属性"stVal"、"q"映射得到。如图 4-11 所示，结构体成员名字的组成结构为：

（1）数据成员：＜逻辑节点实例名＞＄＜FC＞＄＜数据名＞，例如 Q0CSWI1＄ST＄Pos。

（2）数据属性成员：＜逻辑节点实例名＞＄＜FC＞＄＜数据名＞＄＜数据属性名＞，例如 Q0CSWI1＄ST＄Pos＄stVal。

结构体内的成员，如"Q0CSWI1＄ST＄Pos"，仍然属于结构体类型，形成了结构体之间的嵌套。

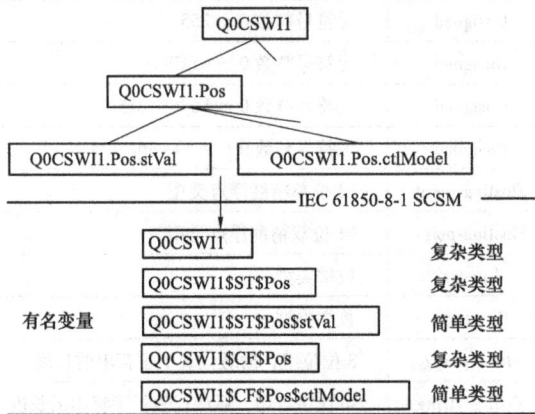

图 4-11　逻辑节点的映射举例

以图 4-12 中逻辑节点"Q0CSWI1"为例，它共含有 7 个数据，每个数据中又含有数据属性（限于篇幅，图中只列出了部分数据的数据属性）。由它映射得到的有名变量"K03/Q0CSWI1"如图 4-13 所示。从图中可以看出，"K03/Q0CSWI1"是一个多层嵌套的结构体。功能约束放在第一层，如"K03/Q0CSWI1＄ST"；数据放在第二层，如"K03/Q0CSWI1＄ST＄Mod"；数据属性放在第三层，如"K03/Q0CSWI1＄ST＄Mod＄stVal"。依此类推，如果数据下含有 SDO，那么嵌套层数可能会有第四层、第五层…

从图 4-13 可以看出，每一层结构体成员的名字中均含有功能约束 FC。实际上，功能约束 FC 在逻辑节点到有名变量的映射中占有重要的地位。在生成有名变量结构体时，映射算法会根据 FC，将逻辑节点中所有相同 FC 的数据属性挑选出来进行重组，构成结构体成员。

以功能约束"ST"为例，"Q0CSWI1"逻辑节点下功能约束为"ST"的数据属性有：数据"Mod"中的 stVal/q/t；"Beh"中的 stVal/q/t；"Health"中的 stVal/q/t；数据"Pos"中的 stVal/q/t；"OpOpn"中的 general/q/t；"OpCls"中的 general/q/t。

K03
　Q0CSWI1
　　Mod — stVal [ST], q [ST], t [ST], ctlModel [CF]
　　Beh — stVal [ST], q [ST], t [ST]
　　Health — stVal [ST], q [ST], t [ST]
　　Namplate
　　Pos — SBOw [CO], Oper [CO], Cancel [CO]
　　OpOpn — stVal [ST], q [ST], t [ST]
　　OpCls — subEna [SV], subVal [SV], subQ [SV], subID [SV], pulseConfig [CF], ctlModel [CF], sboTimeout [CF], sboClass [CF], dU [DC]

有名变量
K03/Q0CSWI1

K03/Q0CSWI1$ST
K03/Q0CSWI1STMod
K03/Q0CSWI1STMod$stVal
K03/Q0CSWI1STMod$q
K03/Q0CSWI1STMod$t
⋮ 结构体成员1

K03/Q0CSWI1$CF
K03/Q0CSWI1CFPos
K03/Q0CSWI1CFPos$pulseConfig$cmdQual
K03/Q0CSWI1CFPos$pulseConfig$onDur
⋮ 结构体成员2

K03/Q0CSWI1$DC
K03/Q0CSWI1DCNamPlt
K03/Q0CSWI1DCNamPlt$vendor
⋮ 结构体成员3

K03/Q0CSWI1$CO
K03/Q0CSWI1COPos
K03/Q0CSWI1COPos$SBOw$ctlVal
⋮ 结构体成员4

K03/Q0CSWI1$SV
⋮ 结构体成员5

图 4 - 12　逻辑节点的映射举例　　　　图 4 - 13　有名变量 "Q0CSWI1" 的结构

以上数据属性会被挑选出来构成结构体成员 "K03/Q0CSWI1 $ ST"。清单 4 - 1 是结构体成员 "K03/Q0CSWI1 $ ST" 的详细内容。

清单 4 - 1:

```
K03/Q0CSWI1$ST

K03/Q0CSWI1$ST$Mod

K03/Q0CSWI1$ST$Mod$stVal

K03/Q0CSWI1$ST$Mod$q

K03/Q0CSWI1$ST$Mod$t

K03/Q0CSWI1$ST$Beh

K03/Q0CSWI1$ST$Beh$stVal

K03/Q0CSWI1$ST$Beh$q

K03/Q0CSWI1$ST$Beh$t

K03/Q0CSWI1$ST$Health

K03/Q0CSWI1$ST$Health$stVal

K03/Q0CSWI1$ST$Health$q

K03/Q0CSWI1$ST$Health$t

K03/Q0CSWI1$ST$Pos

K03/Q0CSWI1$ST$Pos$stVal
```

```
K03/Q0CSWI1$ST$Pos$q
K03/Q0CSWI1$ST$Pos$t
K03/Q0CSWI1$ST$OpOpn
K03/Q0CSWI1$ST$OpOpn$general
K03/Q0CSWI1$ST$OpOpn$q
K03/Q0CSWI1$ST$OpOpn$t
K03/Q0CSWI1$ST$OpCls
K03/Q0CSWI1$ST$OpCls$general
K03/Q0CSWI1$ST$OpCls$q
K03/Q0CSWI1$ST$OpCls$t
```

在生成有名变量结构体时，映射算法会按照表4－5中功能约束FC的排列顺序在逻辑节点内进行遍历搜索。如果对于某种FC没有搜索到一个相应的数据属性，那么这个FC将不会出现在有名变量结构体中。

表4－5　　　　　　　有名变量结构体中FC的排列顺序

1	2	3	4	5	6	7	8	9
MX	ST	CO	CF	DC	SP	SG	RP	LG
10	11	12	13	14	15	16	17	18
BR	GO	GS	SV	SE	MS	SC	US	EX

该映射算法位于 IEC 61850－8－1 的7.3节中，在此不再赘述。

4. 其他映射

IEC 61850 分层信息模型向 MMS 对象的映射还包括数据集映射到有名变量列表、日志（Log）映射到 Journal、文件（Flie）映射到 MMS File 等，这里不再赘述。

第三节　MMS 与 ASN. 1 编解码

ASN. 1 规范的应用，对计算机通信来说是一个具有里程碑意义的变革，它使得通信双方关注信息交换的内容，而非具体的编解码过程。正是采用了 ASN. 1 的编码规范，IEC 61850 标准已不再关心具体的通信过程，而是把重点放在了变电站内 IED 之间的数据交换模型和互操作规范上，因此 ASN. 1 的应用是 IEC 61850 标准在实用性、规范性、灵活性和易扩展性上都强于传统规约的原因之一。

ASN.1 是抽象语法标记（abstract syntax notation one）的英文缩写，它位于 ISO/OSI 七层开放互连模型的第六层表示层。它分为语法规则和编码规则两个部分：语法规则用于描述信息对象的具体构成（格式），如数据类型、内容顺序或结构，下文中的 ASN.1 描述文本就是语法规则的具体应用；编码规则定义了信息的具体编/解码语法。

一、ASN.1 基础

（一）ASN.1 数据类型

ASN.1 中定义的数据类型既有简单的基本数据类型，也有复杂的结构类型。

基本类型是不可再分的，具体包括布尔型（BOOLEAN）、整型（INTEGER）、实型（REAL）、位串类型（BITSTRING）、8 位位组类型（OCTET STRING）、枚举类型（ENUMERATED）、空类型（NULL）和对象标识符（OBJECT IDENTIFIER）等。

除了基本类型，ASN.1 还定义了多种复杂的结构类型，例如：

（1）SEQUENCE：有序的数据集合（序列），由不同类型的数据组成。SEQUENCE 结构强调内部成员的排序。

（2）SEQUENCE OF：有序的数据集合，类似于 C 语言中的数组，由同一类型数据组成。

（3）SET：由不同类型的数据组成的集合，用来描述复杂的信息对象，对内部成员的顺序不作要求，类似于 C 语言中的结构体类型。

（4）CHOICE：选择结构，在列出的内部成员中，只能选择其中之一，类似于 C 语言中的共用体类型。

（二）基本编码规则 BER

ASN.1 提供了多种编码规则，如 BER（basic encoding rules）、DER（distinguished encoding rules）、CER（canonical encoding rules）、PER（packet encoding rules）等。IEC 61850 在 MMS 编码/解码中使用的是 BER 基本编码规则。

1. BER 编码结构

ASN.1 基本编码规则 BER 采用的编码结构由标记（Tag）、长度（Length）以及内容（Value）三个部分构成，一般称为 TLV 结构，如表 4-6 所示。

各部分含义如下：

（1）标记：描述数据的类型。

（2）长度：用于说明 Value 部分的长度。

（3）内容：数据的实际值。

表 4-6
                              BER 编 码 结 构

标记（Tag）	长度（Length）	内容（Value）

需要说明的是，基本编码规则采用 8 位位组作为基本传送单位，因此 TLV 结构的三个部分都由一个或多个 8 位位组组成。

2. 标记

标记 Tag 一共有四种类型，即通用类（Universal）、应用类（Application）、上下文相关类（Context）和专用类（Private）。IEC 61850 涉及的有通用类、应用类和上下文相关类。

表 4-7 是常用的标记分类。标记 Tag 通常由一个或两个 8 位位组构成，bit7、bit6 用于说明标记的类型，例如 "00" 代表通用类，"01" 代表应用类，"10" 代表上下文相关类，"11" 代表专用类；bit5 说明数据是简单类型还是结构类型；bit 4 ~ bit0 是标记编号（Tag 值），不同的 Tag 值代表不同的数据类型。

表 4-7   **常 用 的 标 记 分 类**

bit 7 ~ 6	bit 5	bit 4 ~ bit0	说 明	举 例
00	0		简单类型，通用类	BOOLEAN、INTEGER
00	1		结构类型，通用类	SEQUENCE、SEQUENCE OF 等
01	1	Tag 值	结构类型，应用类	—
10	0		简单类型，上下文相关类	IMPLICIT
10	1		结构类型，上下文相关类	IMPLICIT SEQUENCE、IMPLICIT SEQUENCE OF 等

表 4-8 给出了 ASN.1 规范定义的一批简单通用类数据的 Tag 值，例如 "01h" 代表 BOOLEAN 类型，"02h" 代表 INTEGER 类型。

表 4-8   **ASN.1 中简单通用类数据的 Tag 值**

Tag 值（十六进制）	类 型	Tag 值（十六进制）	类 型
01	布尔型 BOOLEAN	10	SEQUENCE
02	整型 INTEGER	16	IA5STRING
03	位串 BIT-STRING	17	UTCTIME
04	8 位位组 OCTETSTRING	18	GENERALIZETIME
05	NULL	1A	VISIBLESTRING
06	OBJECT IDENTIFER	—	—

ASN. 1 定义的这些 Tag 值无法完全满足 MMS 应用的需要，如无法区分整型（Integer）和无符号整型（Unsigned）两类数据。因此 MMS 扩展定义了一组专用的 Tag 值（主要针对简单类型和上下文相关类），如表 4－9 所示。

表 4－9   MMS 定义的上下文相关类 Tag 值

Tag 值（十六进制）	MMS 变量类型	Tag 值（十六进制）	MMS 变量类型
81	数组 array	87	浮点型 floating-point
82	结构体 struct	89	8 位位组型 octet-string
83	布尔型 boolean	8A	可视字符串型 visible-string
84	位串 bit-string	8C	时间 timeofday
85	整型 integer	8D	bcd
86	无符号整型 unsigned	8E	布尔量数组 boolarray

在 ASN. 1 描述文本中，MMS 自定义的上述 Tag 值需要在类型前使用"［］"来声明，［］中的值是被声明类型的实际 Tag 值。

3. 长度

长度字段用于指明内容 Value 部分所含 8 位位组的数目，注意它不包括标记和长度本身的 8 位位组数目。长度有短格式、长格式和不定长三种。

如果 Value 所含 8 位位组数小于等于 127，那么 Length 采用短格式，此时只占一个字节，最高位 bit7 置 0，bit6 ～ bit0 为长度的二进制编码值。

如果 Value 所含 8 位位组数大于 127，Length 采用长格式，第一个 8 位位组的 bit7 位固定为 1，bit6 ～ bit0 表示后继长度 8 位位组的个数，后继 8 位位组构成的二进制编码值表示 Value 部分实际的长度。

当数据类型是一个结构类型时，可以用不定长格式来代替短格式或长格式。在不定长格式中，长度字段占 1 个 8 位位组，其编码固定为 10000000，它并不表示 Value 的长度，只是用于说明 Length 采用不定长格式。

在 MMS 中长度字段主要采用定长格式。

4. 内容

对于简单类型的数据，如位串 Bitstring，内容 Value 字段中是数据的实际值。

对于结构类型的数据，如 SEQUENCE OF，内容 Value 字段中是一个或多个数据的 TLV，形成了分层的结构，从最外层开始，层层嵌套，最后嵌套至最简单的数据类型为止，如图 4－14 所示。

由上述内容可以看出，ASN. 1 提供了丰富的数据组织形式和灵活的扩展机

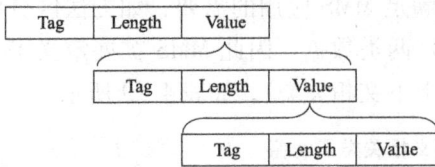

图 4-14　内容 Value 部分的层次嵌套结构

制，可以描述结构非常复杂的数据。

二、MMS 的 ASN.1 编解码

如图 4-15 所示，IEC 61850-7-2/3/4 中定义的服务器、逻辑设备、逻辑节点、数据、数据属性等抽象模型，映射到 MMS 中的虚拟制造设备 VMD、域、有名变量等对象；在通信服务方面，IEC 61850-7-2 中的 ACSI 核心服务映射到 Read、Write、InformationReport 等 MMS 服务。无论是哪一种 MMS 服务，最终都需要生成 MMS PDU，然后经过编码变成二进制数据流，发送到网络上传输。

MMS 协议使用 ASN.1 语法规则描述 MMS PDU 的组成结构（如数据类型、成员顺序等），并且使用 ASN.1 编码规则对 MMS PDU 编码，生成的数据包经过层层封装后，最终形成二进制比特流，发送到物理网络上；解码的过程与之相反。因此，MMS PDU 的 ASN.1 编解码是实现 MMS 的一个关键技术。

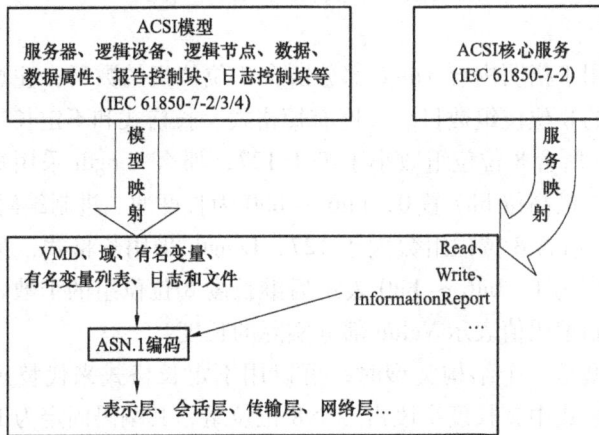

图 4-15　模型/服务与 MMS 之间的映射

下面以一个 Read 服务为例，介绍 MMS PDU 的结构以及编解码过程。图 4-16 是利用 MMS Ethereal 软件在现场捕捉到的一个 Read 服务的请求报文截图，图中黑色部分就是应用层 MMS PDU 的十六进制编码。

在介绍编解码过程之前，首先介绍一下 MMS PDU 的分层嵌套结构。

1. MMS PDU 的数据组织结构

MMS PDU 的数据组织结构也是分层的，从最外层开始，层层向里嵌套，最后嵌套至最基本的数据类型。

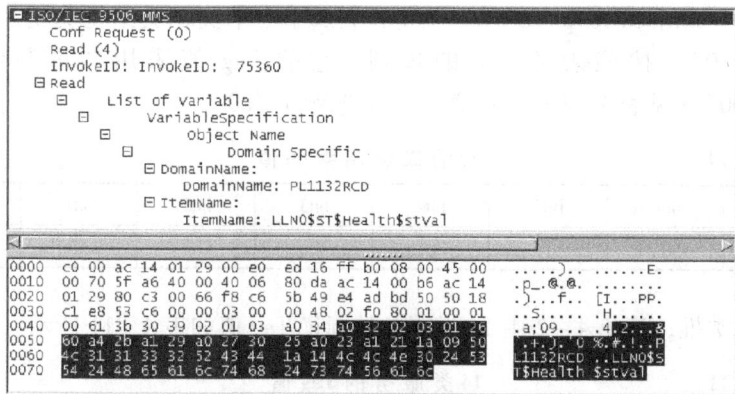

图 4 - 16　Read 服务请求报文

（1）MMSpdu。清单 4 - 2 就是 ISO 9506 - 2 规范对 MMS PDU 结构的定义，采用 ASN. 1 语句表示。它位于分层结构的最外层，可以看作是"根"类型。该结构中共有 14 个成员，代表 14 种服务的 PDU。"CHOICE"关键字表明，编解码时只能在其内部成员中选择其中之一。由于 Read 服务属于带确认的服务，且图 4 - 16 中是请求报文，所以应当选择"confirmed-RequestPDU"这个类型。

清单 4 - 2：

```
MMSpdu:: = CHOICE
{
    confirmed-RequestPDU      [0]   IMPLICIT Confirmed-RequestPDU,
    confirmed-ResponsePDU     [1]   IMPLICIT Confirmed-ResponsePDU,
    confirmed-ErrorPDU        [2]   IMPLICIT Confirmed-ErrorPDU,
    unconfirmed-PDU           [3]   IMPLICIT Unconfirmed-PDU,
    rejectPDU                 [4]   IMPLICIT RejectPDU,
    cancel-RequestPDU         [5]   IMPLICIT Cancel-RequestPDU,
    cancel-ResponsePDU        [6]   IMPLICIT Cancel-ResponsePDU,
    cancel-ErrorPDU           [7]   IMPLICIT Cancel-ErrorPDU,
    initiate-RequestPDU       [8]   IMPLICIT Initiate-RequestPDU,
    initiate-ResponsePDU      [9]   IMPLICIT Initiate-ResponsePDU,
    initiate-ErrorPDU         [10]  IMPLICIT Initiate-ErrorPDU,
    conclude-RequestPDU       [11]  IMPLICIT Conclude-RequestPDU,
    conclude-ResponsePDU      [12]  IMPLICIT Conclude-ResponsePDU,
    conclude-ErrorPDU         [13]  IMPLICIT Conclude-ErrorPDU
}
```

以"Confirmed-RequestPDU"为例,它属于上下文相关结构类型,[ ]中的值为"0",按照表 4 – 7 的规则,它的 Tag 值采用二进制编码为"10100000"(见表 4 – 10),换算成十六进制为"a0"。

表 4 – 10　　　　　　　　　　Tag 的二进制编码值

bit7	bit6	bit5	bit4	bit3	bit2	bit1	bit0
1	0	1	0	0	0	0	0

依此类推,清单 4 – 2 中 14 类服务的标记 Tag 值如表 4 – 11 所示。

表 4 – 11　　　　　　　　　　14 类服务的 Tag 值

MMS PDU	Tag	MMS PDU	Tag
confirmed-RequestPDU	a0	cancel-ErrorPDU	a7
confirmed-ResponsePDU	a1	initiate-RequestPDU	a8
confirmed-ErrorPDU	a2	initiate-ResponsePDU	a9
unconfirmed-PDU	a3	initiate-ErrorPDU	aa
rejectPDU	a4	conclude-RequestPDU	ab
cancel-RequestPDU	a5	conclude-ResponsePDU	ac
cancel-ResponsePDU	a6	conclude-ErrorPDU	ad

(2)Confirmed-RequestPDU。清单 4 – 3 是"Confirmed-RequestPDU"内容(Value)部分的定义。关键字"SEQUENCE"强调内部成员的顺序,因此编码时该 PDU 内部的成员要按顺序排列。

关键字"OPTIONAL"表明,第二个成员和第四个成员是可有可无的。

清单 4 – 3:

```
Confirmed-RequestPDU::=SEQUENCE
{
  InvokeID  Unsigned32,
  ListOfModifiers  SEQUENCE OF Modifier  OPTIONAL,
  Service  ConfirmedServiceRequest,
  Service-ext  [79]Request-Detail  OPTIONAL
}
```

InvokeID 是无符号 32 位整型数据,属于简单通用类型,从表 4 – 8 可知其 Tag 值应为"02"。

第三个成员 Service 属于通用结构体类型,它的类型为"ConfirmedService-

Request"，其内容在下面进行介绍。

（3）ConfirmedServiceRequest。清单4－4是结构"ConfirmedServiceRequest"内容部分的定义。该结构一共包含86个成员，代表86种带确认服务的请求报文。关键字CHOICE表明它是选择型结构，对于Read服务而言，应当选择第5个成员，其类型为"Read-Request"。

清单4－4：

```
ConfirmedServiceRequest::=CHOICE
{
  status          [0]  IMPLICIT Status-Request,
  getNameList     [1]  IMPLICIT GetNameList-Request,
  identify        [2]  IMPLICIT Identity-Request,
  rename          [3]  IMPLICIT Rename-Request,
  read            [4]  IMPLICIT Read-Request,
  write           [5]  IMPLICIT Write-Request,
  ..............
}
```

"Read-Request"属于结构类型，它属于上下文相关类（Context），"[]"中的值为"4"，按照表4－7的规则，它的Tag值采用二进制编码为"10100100"，换算成十六进制为"a4"。

表4－12给出了IEC 61850涉及的14种带确认服务的标记Tag编码值。

表4－12　　　　　带确认服务的Tag值

MMS 服务	Tag	Tag 编码	
		请求报文	应答报文
getNameList	1	a1	a1
Read	4	a4	a4
Write	5	a5	a5
getVariableAccessAttributes	6	a6	a6
defineNamedVariableList	11	ab	8b
getNamedVariableListAttributes	12	ac	ac
deleteNamedVariableList	13	ad	ad
obtainFile	46	bf 2e	9f 2e
readJournal	65	bf 41	bf 41
fileOpen	72	bf 48	bf 48

MMS 服 务	Tag	Tag 编码	
		请求报文	应答报文
fileRead	73	9f 49	bf 49
fileClose	74	9f 4a	9f 4a
fileDelete	76	bf 4c	9f 4c
filedirectory	77	bf 4d	bf 4d

（4）Read-Request。清单 4 – 5 是 "Read-Request" 内容部分的定义。

它包含两个成员，第一个成员 "specificationWithResult" 属于布尔类型，上下文相关类，由表 4 – 9 可知它的 Tag 值应为十六进制数 "83"；它在编解码时经常被省略，默认值为 FALSE。第二个成员属于 "VariableAccessSpecification" 类型，它属于上下文结构类型，"［］"中的值为 "1"，按照表 4 – 7 的规则，它的 Tag 值采用二进制编码为 "10100001"，换算成十六进制为 "a1"。

清单 4 – 5：

```
Read-Request::=SEQUENCE
{
  specificationWithResult     [0]  IMPLICIT BOOLEAN DEFAULT FALSE,
  variableAccessSpecification  [1]  VariableAccessSpecification
}
```

（5）VariableAccessSpecification。清单 4 – 6 是 "VariableAccessSpecification" 内容部分的定义。

清单 4 – 6：

```
VariableAccessSpecification::= CHOICE
{
  listOfVariable              [0]  IMPLICIT SEQUENCE OF SEQUENCE
  {
  variableSpecification            VariableSpecification,
  alternateAccess             [5]  IMPLICIT AlternateAccess OPTIONAL
  }
  variableListName            [1]  ObjectName
}
```

上面 ASN.1 描述中的关键字 CHOICE 表明，参数 VariableAccessSpecification 要么是 listOfVariable，要么是有名变量列表 NamedVariableList。图 4 – 16 中 Read 服务读取的是单个有名变量而非数据集，所以应当选第一个成员 listOfVariable。

关键字"SEQUENCE OF SEQUENCE"表明，listOfVariable 是嵌套的结构体，listOfVariable 本身为"SEQUENCE"类型，其内部成员 variableSpecification 也是"SEQUENCE"类型。

listOfVariable 属于上下文结构类型，其 Tag 值采用二进制编码应为"10100000"，换算成十六进制应为"a0"。它包含两个成员，第一个成员"variableSpecification"属于通用 SEQUENCE 结构类型，由表 4 – 7 和表 4 – 8 可知，它的 Tag 值采用二进制编码为"00110000"，换算成十六进制为"30"；第二个成员属于"AlternateAccess"类型，关键字"OPTIONAL"表明它是可选项。

（6）VariableSpecification。清单 4 – 7 是"VariableSpecification"的内容定义。

清单 4 – 7：

```
VariableSpecification::=CHOICE
{
  name                       [0] ObjectName,
  address                    [1] Address,
  variableDescription        [2] IMPLICIT SEQUENCE
{
  address Address,
  typeSpecification TypeSpecification
},
  scatteredAccessDescription [3] IMPLICIT ScatteredAccessDescription,
  invalidated                [4] IMPLICIT NULL
}
```

大多数情况下，MMS 服务都通过名字去访问有名变量的值，所以应选用第一个成员 name。由上面的描述可知，"name"成员属于 ObjectName 类型。ObjectName 是一个上下文结构类型，其 Tag 值采用二进制编码应为"10100000"，换算成十六进制为"a0"。

（7）ObjectName。清单 4 – 8 是 ObjectName 的内容定义。

清单 4 - 8：

```
ObjectName:: = CHOICE
   {
     vmd-specific          [0] IMPLICIT Identifier,
     domain-specific       [1] IMPLICIT SEQUENCE
     {
       domainID                Identifier,
       itemID                  Identifier
     }
     aa-specific           [2] IMPLICIT Identifier
   }
```

变量名 ObjectName 是选择结构，三个成员分别适用于三种作用域 vmd-Specific、domain-Specific 和 aa-specific。图 4 - 16 中 Read 服务读取的是"域"中的有名变量，因此应当选择 domain-specific。

由关键字"IMPLICIT SEQUENCE"可知，成员 domain-specific 是有序的数据集合，它包含 domainID 和 itemID 两个 Identifier 类型的成员。Identifier 是 MMS 自定义的类型，它是在 ASN.1 基本类型"VisibleString"的基础上派生出的。在 ASN.1 中，可视字符串 VisibleString 是不可再分的基本类型，是 MMS PDU 层次结构的最内层。由此 MMS PDU 多层嵌套结构分解结束。

```
Identifier:: = VisibleString
```

成员 domain-specific 属于上下文结构类型，"〔〕"内的值为 1，由表 4 - 7 可知，它的 Tag 值二进制编码为"10100001"，换算成十六进制为"a1"

由表 4 - 8 的内容可知，Visiblestring 为简单通用类型，其 Tag 值为十六进制"1a"。Visiblestring 内各个字符的编码采用相应的 ASC Ⅱ 代码值即可，如附录 A 所示。

2. MMS PDU 的解码

MMS PDU 的编解码与层次结构是严格对应的。

图 4 - 16 中 MMS PDU 部分的十六进制编码如下：

```
a0 32 02 03 01 26 60 a4 2b a1 29 a0 27 30 25 a0 23 a1 21 1a 09 50 4c 31 31
33 32 52 43 44 1a 14 4c 4c 4e 30 24 53 54 24 48 65 61 6c 74 68 24 73 74 56 61 6c
```

首先分离第一个 Tag 值"a0"，对应 confirmed-RequestPDU，表示该 PDU 是带确认服务的请求报文；"32"是长度 Length 值，表示内容 Value 含有 50 个字节。

"02"是 confirmed-RequestPDU 中 InvokeID 的 Tag 值；"03"表示 InvokeID 的内容部分含有 3 个字节，即十六进制"01 26 60"，换算成十进制为 75360。

"a4"是 ConfirmedServiceRequest 内部成员的 Tag 值，从表 4 – 12 可知对应 Read 服务，"2b"表示后续内容部分有 43 个字节。

"a1"是 Read-Request 内部成员的 Tag 值，对应 variableAccessSpecification；"29"是长度 Length 值，表示内容 Value 含有 41 个字节。

"a0"是 variableAccessSpecification 内部成员的 Tag 值，对应 listofVariable；"27"是长度 Length 值，表示内容 Value 含有 39 个字节。

"30"是 listofVariable 内部成员的 Tag 值，对应 variableSpecification；"25"是长度 Length 值，表示内容 Value 含有 37 个字节。

"a0"是 variableSpecification 内部成员的 Tag 值，对应成员 name，name 属于 ObjectName 类型；"23"是长度 Length 值，表示内容 Value 含有 35 个字节。

"a1"是 ObjectName 内部成员的 Tag 值，对应 domain-specific；"21"是长度 Length 值，表示内容 Value 含有 33 个字节。

"1a"是 domain-specific 内部第一个成员 domainID 的 Tag 值，表示内容所属的类型为可视字符串；"09"是长度，表示 domainID 内容部分含有 9 个字节；"50 4c 31 31 33 32 52 43 44"是字符串的 ASCII 码值（十六进制），通过查阅附录 A 的 ASCII 代码表，可将该字符串翻译为"PL1132RCD"；类似地，第二个成员 itemID 翻译为"LLN0$ ST$ Health$ stVal"。

综上所述，Read 服务的编解码见表 4 – 13。

表 4 – 13　　　　　　　　　Read 服务的编解码

编　码　值	MMSpdu::= CHOICE
a0 32	confirmed-RequestPDU
02 03 01 26 60	InvokeID
a4 2b	ConfirmedServiceRequest（read）
a1 29	variableAccessSpecification
a0 27	listOfVariable
30 25	variableSpecification
a0 23	name
a1 21	domain-specific
1a 09 50 4c 31 31 33 32 52 43 44	"PL1132RCD"
1a 14 4c 4c 4e 30 24 53 54 24 48 65 61 6c 74 68 24 73 74 56 61 6c	"LLN0$ ST$ Health$ stVal"

第四节　MMS 典型报文分析

本节采用"MMS Ethereal"软件对 MMS 报文进行捕获与分析。"MMS Ethereal"是一款著名的协议分析软件，前面的第二章中已经做过介绍，在此不再过多的重复。

一、客户端和服务器间的通信初始化

1. 基于 IEC 61850 通信服务的配置方法

前面提到，在客户端—服务器模式下，客户端要获取服务器端的数据模型，实际上有两种方式可以选择：

第一种方式是客户端直接读取并解析服务器的配置文件，来获取服务器的数据模型。

第二种方式是客户端在初始化时，通过一系列 ACSI 通信服务来动态读取服务器端的各层模型信息。客户端可以通过 GetServerDirectory（读服务器目录）收集每个服务器中拥有多少逻辑设备和文件；通过 GetLogicalDeviceDirectory（读逻辑设备目录）收集每个逻辑设备中的逻辑节点；通过 GetLogicalNodeDirectory（读逻辑节点目录）收集每个逻辑节点中的数据和各种控制块；通过 GetDataSetDirectory（读数据集目录）获得该数据集中所有成员的名称；通过 GetDataDiretory（读数据目录）或 GetDataDefinition（读数据定义）服务读取该数据下所有数据属性的名称和类型。另外，客户端还可以利用 GetAllDataValues 获取逻辑节点中拥有同一功能约束 FC 的所有数据属性。

利用这些 ASCI 服务，客户端可以获得服务器端完整的分层信息模型。

2. 客户端/服务器的通信初始化流程

图 4-17 是利用客户端软件 IEDScout 初始化服务器的通信流程，除了建立关联、释放关联服务外，其他主要是读服务器目录、读逻辑设备目录、读逻辑节点目录和读数据集目录等获取服务器模型的通信服务。

由于高电压等级变电站内 IED 数量众多，且 IED 配置文件信息量大（逻辑节点、数据和数据属性数目庞大），如果每次 IED 上电或后台主机重启都通过一系列 ACSI 服务读服务器模型的话，会耗费相当长的时间，并会产生可观的网络流量。因此在实际变电站中，后台监控系统对 IED 初始化的流程会在图 4-17 的基础上简化。例如有厂商的后台监控系统在与 IED 建立关联后不再读取服务器模型，而去直接设置报告控制块参数，令 IED 启动报告服务主动上送遥测遥信量。当然，这种简化做法的前提是 IED 的实例配置信息已经通过 SCD 文件被正确导入到后台中，否则直接使能报告控制块可能会失败。

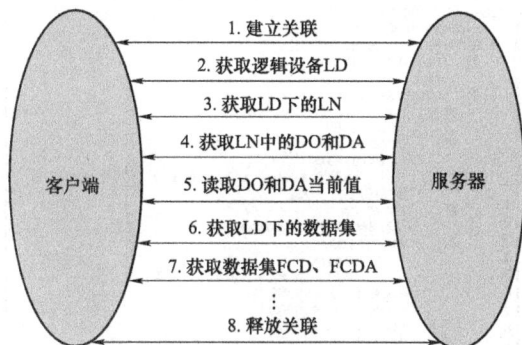

图 4 – 17   IEDScout 访问服务器的通信流程

在通信初始化完成之后，客户端和服务器之间就可以进行正常的通信交互了，如 IED 通过报告服务主动上送遥测量和遥信量、客户端通过控制服务远方遥控断路器的分合等。

二、MMS 典型服务的报文举例

MMS 服务的种类比较多，在此仅介绍并分析现场比较常用的通信服务报文，如报告服务、远方控制、定值服务和文件服务等。

（一）报告服务（Report）

ACSI 报告服务（Report）用于上送变电站保护测控装置中的遥测值、开入量、保护动作、报警等信号，在 MMS 中映射到 InformationReport 服务。开入量、保护动作事件、报警等遥信类数据一般通过缓存报告服务来上送；遥测类数据一般通过无缓存报告服务来上送。

1. 无缓存报告服务

图 4 – 18 是现场捕捉得到的一个 InformationReport 服务报文截图，它是线路保护装置"PL2228B"发出的模拟量上送报告服务。为了界面清晰以方面报文解读，在图中仅展示了应用层报文（通过点击图中"ISO/IEC 9506 MMS"前面的加号展开）。

图 4 – 18 中矩形框内的第 1 行"Unconfirmed（3）"，表示这个报文属于 MMS 非确认服务（Unconfirmed Service）。

第 2 行"InformationReport"表示这个报文属于 MMS 中的 InformationReport 服务。

第 3 行表示该服务传输的是一个有名变量列表（NameVariableList）。

第 4 行是在 VMD 中该数据集的名字（variableListName），为"RPT"。

```
☐ ISO/IEC 9506 MMS
1    Unconfirmed (3)
2  ☐ InformationReport
3     ☐   VariableList
4          RPT
5     ☐   AccessResults
6        ☐    VSTRING:
7             urcbAin1002
8        ☐    BITSTRING:
9             BITSTRING:
               BITS 0000 - 0015: 0 1 0 1 1 0 0 0 0 0
10            UNSIGNED:  532
11       ☐    VSTRING:
12            PL2228BCTRL/LLN0$dsAin
13       ☐    BITSTRING:
14            BITSTRING:
15             BITS 0000 - 0015: 1 1 1
16            FLOAT:  0.000000
17            FLOAT:  0.000000
18            FLOAT:  0.000000
19       ☐    BITSTRING:
20            BITSTRING:
21             BITS 0000 - 0015: 0 0 0 0 1 0
22       ☐    BITSTRING:
23            BITSTRING:
24             BITS 0000 - 0015: 0 0 0 0 1 0
25       ☐    BITSTRING:
26            BITSTRING:
               BITS 0000 - 0015: 0 0 0 0 1 0
```

图 4 - 18   InformationReport 服务报文截图一

📞 提示:)))

下面是 ISO/IEC 9506 - 2 规范对 InformationReport 服务协议数据单元 PDU 的描述，采用 ASN.1 语句表示：

```
InformationReport:: = SEQUENCE
{
  variableAccessSpecification  VariableAccessSpecification,
  listOfAccessResult  [0]IMPLICIT SEQUENCE OF AccessResult
}
```

由上面的描述可以看出，InformationReport 服务的 PDU 由 variableAccessSpecification（参数变量描述）和 listOfAccessResult（访问结果）两部分组成，分别对应图 4 - 18 中矩形框内的第 3 ～ 4 行 variableList 和第 5 ～ 26 行 AccessResults。

如清单 4 - 6 所示，参数 VariableAccessSpecification 要么是 listOfVariable，要么是 NamedvariableList。由此得知，InformationReport 服务传递的参数分为两种：listOfVariable 和 NamedvariableList。当传递的参数是有名变量列表 NamedVariableList 的时候，这个参数是一个 ObjectName 类型的数据集名字，在 IEC 61850 中被定义成一个固定值 "RPT"。

IEC 61850 – 8 – 1 中表 Table 40 对访问结果 listOfAccessResult 的具体内容进行了定义。需要注意的是，这部分定义仅适用于当 InformationReport 传递的是有名变量列表（NamedVariableList）的时候，当传递的是 listOfVariable 时，表 Table 40 的定义不再适用。表 4 – 14 对该表进行了引用，它给出了访问结果 AccessResults 中可能出现的各部分内容以及它们出现的条件。

表 4 – 14　　报告服务传送有名变量列表的访问结果（**AccessResults**）

报告参数名	条　　件	备　　注
报告 ID（RptID）	始终存在	
报告选项域（Reported OptFlds）	始终存在	
顺序编号（SeqNum）	当 OptFlds. sequence-number 为 TRUE 时存在	
入口时间（TImeOfEntry）	当 OptFlds. report-time-stamp 为 TRUE 时存在	
数据集（DatSet）	当 OptFlds. data-set-name 为 TRUE 时存在	
发生缓存溢出（BufOvfl）	当 OptFlds. buffer-overflow 为 TRUE 时存在	BufOvfl、EntryID 仅在 BRCB 中存在，在 URCB 中这两位无意义
入口标识（EntryID）	当 OptFlds. entryID 为 TRUE 时存在	
配置版本（ConfRev）	当 OptFlds. ConfRev 为 TRUE 时存在	
子序号（SubSeqNum）	当 OptFlds. segmentation 为 TRUE 时存在	
有后续数据段（MoreSegmentFollow）	当 OptFlds. segmentation 为 TRUE 时存在	
包含位串（Inclusion-bitstring）	一般应存在	
数据引用（data-reference）	当 OptFlds. data-reference 为 TRUE 时存在	
值（value）	即数据的当前值，始终存在	
原因代码（ReasonCode）	当 OptFlds. reason-for-inclusionI 为 TRUE 时存在	

表 4 – 14 说明，报告服务的 RptID、报告选项域 OptFlds、数据值 Value 和包含位串 Inclusion-bitstring 会始终出现在报文中。图 4 – 19 对图 4 – 18 中 AccessResults 每一部分的含义进行了重新标注，从该图可以看出，RptID、报告选项域、当前数据值和包含位串均出现在了报文中。

图 4 – 19 的第 7 行 "urcbAin1002" 就是该报告的 RptID。需要说明的是，

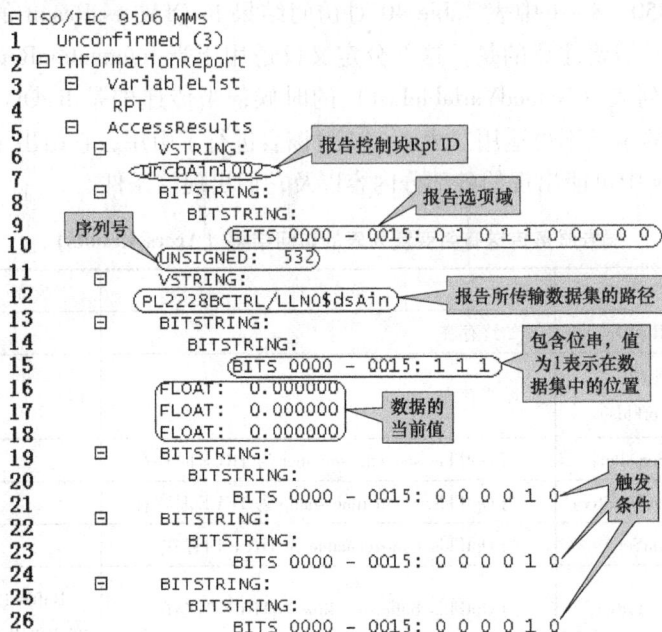

```
☐ ISO/IEC 9506 MMS
1    Unconfirmed (3)
2    ☐ InformationReport
3       ☐    VariableList
4                RPT
5       ☐    AccessResults
6          ☐       VSTRING:                    报告控制块Rpt ID
7                      urcbAin1002
8             ☐          BITSTRING:              报告选项域
9                            BITSTRING:
10                              BITS 0000 - 0015: 0 1 0 1 1 0 0 0 0 0
11   序列号            UNSIGNED:   532
12          ☐       VSTRING:                    报告所传输数据集的路径
13                     PL2228BCTRL/LLN0$dsAin
14            ☐          BITSTRING:              包含位串，值
15                           BITSTRING:          为1表示在数
16           FLOAT:   0.000000                    据集中的位置
17           FLOAT:   0.000000      数据的
18           FLOAT:   0.000000      当前值
19            ☐          BITSTRING:
20                           BITSTRING:          触发
21                              BITS 0000 - 0015: 0 0 0 0 1 0    条件
22            ☐          BITSTRING:
23                           BITSTRING:
24                              BITS 0000 - 0015: 0 0 0 0 1 0
25            ☐          BITSTRING:
26                           BITSTRING:
                               BITS 0000 - 0015: 0 0 0 0 1 0
```

图 4 – 19   InformationReport 服务报文截图二

不同制造商在此处的做法可能不同。在这个报文中它是由该报告的 rptID 和报告实例号组合而成，即 rptID = "urcbAin10"，实例号为 "02"。而有的制造商在此处仅显示报告控制块 rptID，不加实例号后缀。

提示：)))

清单 4 – 9 是该装置的 XML 配置文件中有关该报告控制块（ReportControl）的片段，在该片段中可以看出该报告控制块的 rptID = "urcbAin10"。

清单 4 – 9：

```
< ReportControl name = "urcbAin" datSet = "dsAin" intgPd = "5000" rptID =
"urcbAin10" confRev = "1" buffered = "false" bufTime = "0" >
    < TrgOps dchg = "true" period = "true"/ >
    < OptFields seqNum = "true" timeStamp = "false" dataSet = "true"
reasonCode = "true" dataRef = "false" entryID = "false" configRef =
"false"/ >
    < RptEnabled max = "16"/ >
</ ReportControl >
```

图 4-19 的第 8～10 行是该报告的选项域 OptFlds。该选项域长度为 10 个比特位（bit），每个比特位代表的含义由 IEC 61850-8-1 的表 38 定义。在此，表 4-15 对表 38 进行了重新引用，给出了选项域中各个比特位的含义。

表 4-15　　　　　　　　选项域（**OptFlds**）中各个比特位的含义

比特的位置	含　　义
0	保留（Reserved）
1	序列号（sequence-number）
2	报告时标（report-time-stamp）
3	触发条件（reason-for-inclusion），又称包含原因
4	数据集名称（data-set-name）
5	数据引用（data-reference）
6	缓存区溢出标识（buffer-overflow）
7	条目号（entryID），又称入口标识
8	配置版本（conf-rev）
9	分段号（Segmentation）

由图 4-19 第 10 行可以看出，该报告选项域的值为"0101100000"，从左到右分别对应表 4-15 中的第 0～9 位。比特位为"1"代表在 OptFlds 中对应的选项值为 TRUE，因此"0101100000"表示第 1 位、第 3 位和第 4 位数据集名称这 3 个选项值为 TRUE。

根据表 4-14 的内容，当 OptFlds 中的某个选项为 TRUE 时，相应的内容会出现在访问结果 AccessResults 中；换言之，当某个选项值为 FALSE 时，对应的内容就不会出现在 AccessResults 中。因此"0101100000"表示第 1 位序列号（sequence-number）、第 3 位包含原因（reason-for-inclusion）和第 4 位数据集名称（data-set-name）这三个选项的内容会出现在报文中。从图 4-19 可以看出，报告序列号、数据集路径和包含原因（图中标注为触发条件）均出现在了报文中。在清单 4-9 中，该报告控制块的 <OptFields> 元素中，seqNum = "true"，dataSet = "true"，reasonCode = "true"，可以看出实际报文与配置文件中的配置一致。

图 4-19 的第 11 行"UNSIGNED：532"是该报告的序列号（sequence-number），表示这是自该报告控制块"urcbAin1002"被使能后装置发出的第 532 帧 InformationReport 报文。该报文是一个模拟量上送报告，它每隔一定时间就周期性地重复发送一次，每发送一次报告序列号自动加 1，由此可推断下

一帧报文的序列号应是"533"。

图 4 - 19 的第 12 行"PL2228BCTRL/LLN0＄dsAin"是该报告所传送的数据集的路径（索引）。通过该索引可以确定该数据集在 PL2228B 装置配置文件中的具体位置，即在逻辑设备 CTRL 下的逻辑节点 LLN0 中。

图 4 - 19 的第 15 行是该报告的包含位串（Inclusion-bitstring），代表所传输的数据在数据集中的具体位置。由于实际中有的数据集比较大，里面包含上百个成员，如果每次上送都将所有的数据集成员值传输一遍，会占用大量网络资源，尤其在数据集较多的情况下。利用包含位串，可以有选择地上送一部分数据集成员值。包含位串的位为"1"，相应位的数据集成员值会出现在报文中；反之则不会出现在报文中。

第 15 行的值为"111"，表示该数据集有 3 个成员，由于这个数据集比较小，因此这 3 个成员均被上送。清单 4 - 10 是该装置的配置文件中有关该数据集定义的片段。

清单 4 - 10：

```
< DataSet name = "dsAin"desc = "遥测数据集" >
    < FCDA ldInst = "CTRL"prefix = "CK"lnClass = "RSYN"lnInst = "1"doName
= "DifVClc"daName = "mag. f"fc = "MX"/ >
    < FCDA ldInst = "CTRL"prefix = "CK"lnClass = "RSYN"lnInst = "1"doName
= "DifHzClc"daName = "mag. f"fc = "MX"/ >
    < FCDA ldInst = "CTRL"prefix = "CK"lnClass = "RSYN"lnInst = "1"doName
= "DifAngClc"daName = "mag. f"fc = "MX"/ >
</DataSet >
```

图 4 - 19 的第 16 ～ 18 行是该数据集 3 个成员的当前值。

图 4 - 19 的第 19 ～ 26 行是该报告的触发条件（ReasonCodes）。由图中可以看出，本报文的第 16 ～ 18 行一共有 3 个数据值，相应的第 19 ～ 26 行一共有 3 个触发条件，每个触发条件对应一个数据值，说明该数据的上送原因。触发条件一共含有 6bit，每一位所代表的具体含义在 IEC 61850 - 8 - 1 的 8.1.3.8 中详细定义，如表 4 - 16 所示。图 4 - 19 中的 3 个触发条件均为"000010"，代表这 3 个数据均是周期上送。

表 4 - 16　　　　　　　　触发条件中各个比特位的含义

bit 的位置	内　容	含　　义
0	Reserved	保留位，以便和 UCA2.0 兼容
1	data-change	因数据值改变而触发报告服务

bit 的位置	内 容	含 义
2	quality-change	因品质值改变而触发报告服务
3	data-update	数据值刷新上送
4	integrity	周期上送
5	general-interrogation	总召位，当客户端设置此位为 TRUE 时会触发报告服务

2. 有缓存报告服务

图 4 - 20 是某变电站主变压器测控装置"CT2202"发出的开关量上送报告服务。与图 4 - 19 的无缓存报告服务相比，二者内容大部分内容相同。与图 4 - 19 中内容重复的部分，如 RptID、选项域、触发条件等，图 4 - 20 不再标注。

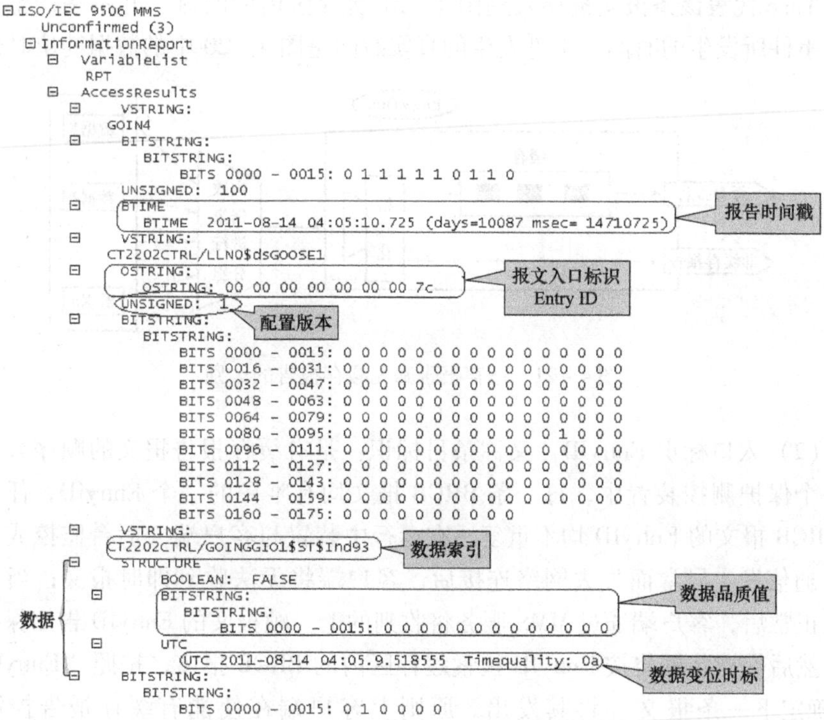

```
ISO/IEC 9506 MMS
   Unconfirmed (3)
   InformationReport
      VariableList
         RPT
      AccessResults
         VSTRING:
            GOIN4
         BITSTRING:
            BITSTRING:
               BITS 0000 - 0015: 0 1 1 1 1 1 0 1 1 0
         UNSIGNED: 100
         BTIME
            BTIME  2011-08-14 04:05:10.725 (days=10087 msec= 14710725)   报告时间戳
         VSTRING:
            CT2202CTRL/LLN0$dsGOOSE1
         OSTRING:
            OSTRING: 00 00 00 00 00 00 00 7c          报文入口标识 Entry ID
         UNSIGNED:  1       配置版本
         BITSTRING:
            BITSTRING:
               BITS 0000 - 0015: 0 0 0 0 0 0 0 0 0 0 0 0 0 0 0 0
               BITS 0016 - 0031: 0 0 0 0 0 0 0 0 0 0 0 0 0 0 0 0
               BITS 0032 - 0047: 0 0 0 0 0 0 0 0 0 0 0 0 0 0 0 0
               BITS 0048 - 0063: 0 0 0 0 0 0 0 0 0 0 0 0 0 0 0 0
               BITS 0064 - 0079: 0 0 0 0 0 0 0 0 0 0 0 0 0 0 0 0
               BITS 0080 - 0095: 0 0 0 0 0 0 0 0 0 0 0 0 1 0 0 0
               BITS 0096 - 0111: 0 0 0 0 0 0 0 0 0 0 0 0 0 0 0 0
               BITS 0112 - 0127: 0 0 0 0 0 0 0 0 0 0 0 0 0 0 0 0
               BITS 0128 - 0143: 0 0 0 0 0 0 0 0 0 0 0 0 0 0 0 0
               BITS 0144 - 0159: 0 0 0 0 0 0 0 0 0 0 0 0 0 0 0 0
               BITS 0160 - 0175: 0 0 0 0 0 0 0 0 0
         VSTRING:
            CT2202CTRL/GOINGGIO1$ST$Ind93       数据索引
         STRUCTURE
            BOOLEAN:   FALSE
            BITSTRING:
               BITSTRING:
                  BITS 0000 - 0015: 0 0 0 0 0 0 0 0 0 0 0 0 0 0 0 0      数据品质值
            UTC
               UTC 2011-08-14 04:05.9.518555  Timequality: 0a     数据变位时标
            BITSTRING:
               BITSTRING:
                  BITS 0000 - 0015: 0 1 0 0 0 0
```

数据

图 4 - 20 开关量上送 InformationReport 服务报文截图

由图 4 - 20 可以看出，该报告选项域 OptFlds 的值为"0111110110"。与图 4 - 19 中的 OptFlds = "0101100000"相比，图 4 - 20 中的报告选项域 OptFlds

多了 4 个值为 TRUE 的选项。根据表 4 - 15 的内容，它们分别为报告时标、入口标识（EntryID）、配置版本和数据引用。需要说明的是，入口标识和缓存溢出（在 OptFlds 中被设置为 0）两个选项是有缓存报告服务所特有的。这两个选项在无缓存报告中无意义。

下面详细解释图 4 - 20 中标识的各部分内容。

（1）报告时标：如图 4 - 20 所示，报告时间戳在 MMS 中被映射为 Binary-Time（BTIME）类型，该类型的值包含 4 个或 6 个 8 位位组（Ostring），分别简称为 BTIME4 和 BTIME6。图 4 - 20 中报告时间的类型是 BTIME6，它的绝对时间值为 "2011 - 8 - 14 04:05:10.725"。BTIME6 类型时间戳由天数 days 和毫秒数 msec 两部分组成，days = 10087 是 2011 年 8 月 14 日距离 1984 年 1 月 1 日的相对天数，msec = 14710725 是距离当天 00:00:00 时刻的毫秒数。

BTIME 时间类型由 ACSI 中的 EntryTime 映射得到。需要注意的是，EntryTime 代表该条报文被存入到图 4 - 21 缓存区内的时刻，并不是产生该报文的事件所发生的时间；事件发生的真实时间是图 4 - 20 中的数据变位时标。

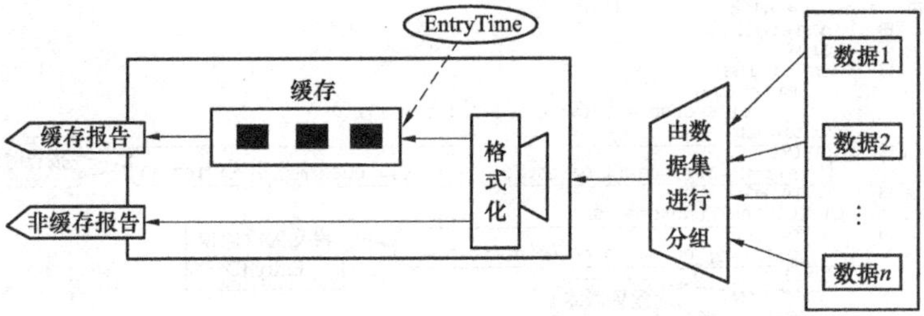

图 4 - 21　缓存报告和无缓存报告的区别

（2）入口标识 EntryID，又称条目标识：是有缓存报告报文的顺序号。在同一个保护测控装置中，每一条 BRCB 报文均有唯一的一个 EntryID，任意两条 BRCB 报文的 EntryID 均不重复。在运行中装置与客户端（后台监控或远动机）通信发生异常而失去网络连接后，客户端将无法收到即时报文；当通信恢复正常后，客户端通过 MMS 服务将收到的上一帧报文的 EntryID 告知保护装置，然后保护装置将按 EntryID 检索缓存区内的 BRCB 报文，按照 "EntryID + 1" 确定下一条报文并将其发出。原则上客户端在使能有缓存报告控制块 BRCB 时，应该为 EntryID 赋一个初值。

（3）配置版本：它是一个计数器，代表报告中的数据集配置改变的次数。当增加、删除或重新排序数据集成员时，配置版本号应该加 1。

（4）数据引用：它代表该报文传输的是数据集中哪个成员的当前值。图

4－20 中的数据集"CT2202CTRL/LLN0＄dsGOOSE1"一共有 170 个成员，清单 4－11 是该数据集的片段。

清单 4－11：

```
< DataSet name = "dsGOOSE1"desc = "GOOSE 接收 1" >
    …
    < FCDA doName = "Ind93"fc = "ST"ldInst = "CTRL"lnClass = "GGIO"lnInst
= "1"prefix = "GOIN"/ >
</DataSet >
```

在图 4－20 中数据引用的值是"CT2202CTRL/GOINGGIO1＄ST＄Ind93"，表示它引用的是装置 CT2202 中逻辑设备 CTRL 下的逻辑节点 GOINGGIO1 中的数据 Ind93。在 CT2202 这个装置的配置文件中，数据 Ind93 属于"CN_SPS"类型。CN_SPS 类型的详细定义如清单 4－12 所示，它一共包含 8 个数据属性 DA。但"CT2202CTRL/GOINGGIO1＄ST＄Ind93"用功能约束 "ST" 对这 8 个 DA 进行了过滤，因此最终的报文只包含 fc =" ST" 的 stVal、q 和 t 三个 DA。

清单 4－12：

```
< DOType id = "CN_SPS"cdc = "SPS" >
    < DA name = "stVal"bType = "BOOLEAN"dchg = "true"fc = "ST"/ >
    < DA name = "q"bType = "Quality"qchg = "true"fc = "ST"/ >
    < DA name = "t"bType = "Timestamp"fc = "ST"/ >
    < DA name = "subEna"bType = "BOOLEAN"fc = "SV"/ >
    < DA name = "subVal"bType = "BOOLEAN"fc = "SV"/ >
    < DA name = "subQ"bType = "Quality"fc = "SV"/ >
    < DA name = "subID"bType = "VisString64"fc = "SV"/ >
    < DA name = "dU"bType = "Unicode255"fc = "DC"/ >
</DOType >
```

（5）数据内容。由前面的分析可知，"CT2202CTRL/GOINGGIO1＄ST＄Ind93" 包含 stVal、q 和 t 三个数据属性，这三个数据属性的功能约束 fc 均为"ST"。如图 4－20 所示，"Ind93"在该报告中是一个结构体类型 structure 的数据，它包含一个布尔量、一个数据品质和一个变位时标。

1）stVal 就是该布尔量，在图 4－20 中它的值是 FALSE。

2）q 是该 stVal 的数据品质，在 IEC 61850－7－3 中它属于 Quality 类型。第三章中的表 3－13 给出了 Quality 类型的具体定义。Quality 类型在 MMS 中被映射成位串类型 BitString，它一共有 13bit，IEC 61850 - 8 - 1 的表 16 中定义了每个比特位所代表的具体含义，表 4 - 17 对该表进行了重新引用。根据表 4 - 17 中对应的选项，结合 q 各个比特位的实际值可以确定该数据的品质是否正常。在图 4 - 20 中，q 的当前值为"0000000000000"，代表该数据的品质无任何异常。

表 4 - 17　　　　　　　　品质 q 各个比特位的含义

比特位 bit	IEC 61850 - 7 - 3 Quality		位串 Bit-String	
	属　性　名	属　性　值	值	默认值
0 ~ 1	合法性（Validity）	好 good	00	00
		坏 invalid	01	
		保留 reserved	10	
		可疑 questionable	11	
2	溢出 overflow		TRUE	FALSE
3	超量程 outofRange		TRUE	FALSE
4	坏基准值 badReference		TRUE	FALSE
5	振荡 oscillatory		TRUE	FALSE
6	故障 failure		TRUE	FALSE
7	过时数据 oldData		TRUE	FALSE
8	不相容 inconsistent		TRUE	FALSE
9	不准确 inaccurate		TRUE	FALSE
10	源 source	过程 process	0	0
		取代 substituted	1	
11	测试位 test			
12	操作员闭锁 operatorBlocked			

3）t 是数据变位时标，代表 stVal 值发生变化的时间。在 IEC 61850 - 7 - 3 中它属于 TimeStamp 类型，在 MMS 中被映射为 UTC 时间。它由具体的时间值和时间品质 TimeQuality 两部分组成。IEC 61850 - 8 - 1 中的表 15 对时间品质 TimeQuality 进行了详细定义，表 4 - 18 对该表进行了重新引用。

在图 4 - 20 中，t 的时间值为"2011 - 8 - 14 04:05:9.51855"，时间品质 TimeQuality 的值等于"0a"。"0a"是个十六进制数，换算成二进制为"00001010"。从左到右它分别对应表 4 - 18 中的第 0 ~ 7 位，由"00001010"

可以算出 $n=10$，表示该时间值的精确度为 $1/2^{10}\text{s} \approx 1\text{ms}$。

表 4 – 18　　　　　　　时间质量 TimeQuality 各个比特位的含义

比特位	值	含义
0		闰秒已知（Leap Second Known）
1		时钟源故障（Clock Failure）
2		时钟未同步（Clock Not Synchronized）
3～7		秒的小数部分的时间精度
	00000	$n=0$，精度为 $1/2^0=1\text{s}$
	00001	$n=1$，精度为 $1/2^1=0.5\text{s}$
	00010	$n=2$，精度为 $1/2^2=0.25\text{s}$
	00011	$n=3$，精度为 $1/2^3=0.125\text{s}$
	00100～11000	精度为 $1/2^n\text{s}$，n 由左侧的二进制值换算得到
	11000～11110	无效
	11111	未定义

UTC 时间类型和 BTIME6 时间类型是可以相互换算的，在 IEC 61850 – 8 – 1 的附录 F 中有具体的换算公式。

另外由表 4 – 3 可以看出，InformationReport 服务既可以由 IEC 61850 报告模型的 Report 服务映射得到，也可以由控制模型中的 CommandTermination 服务映射得到。由 CommandTermination 服务映射的 InformationReport 服务用来传输远方遥控操作的返回信息，将在下文中介绍。

（二）控制服务（Control）

变电站中断路器及隔离开关的远方遥控、继电保护装置软压板的远方投退等操作都可以由 IEC 61850 中的控制服务完成。

在 IEC 61850 中，控制服务可以分为加强型控制和普通控制两大类。加强型控制需要对控制的结果进行校验，以判断执行是否成功；普通控制不需要校验执行结果，控制过程随着执行的结束而结束。加强型控制又分为带预置和不带预置两种，即分为加强型选择控制和加强型直控。普通控制也分为带预置和不带预置两种，即分为选择型控制和直控。

加强型选择控制方式多用于对执行过程的可靠性要求较高的场合，如断路器及隔离开关遥控、保护软压板投退等。其他一些要求快速执行而不要进行任何校验的场合会选用直控方式，直接对控制对象进行控制，一步执行完毕即控制结束，如保护测控装置的远方复归、变压器有载调压开关挡

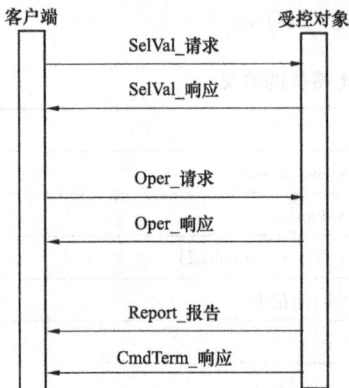

图 4 - 22　加强型选择控制报文时序

位升降的急停等。

这四种控制方式中，以加强型选择控制应用最多。下面以加强型选择控制方式为例介绍控制服务的实现流程。

图 4 - 22 是加强型选择控制方式典型的通信报文交互流程。图中涉及的 ACSI 通信服务有遥控选择 SelectWithValue（SelVal）、执行 Operate（Oper）、命令终止 CommandTermination（CmdTerm）服务，此外还有取消（Cancel）、时间激活操作（TimeActivatedOperate）等。遥控操作成功后，受控对象状态如果发生了变化，还会触发一个报告服务（Report），向客户端上送受控对象的最新状态。

1. 遥控选择服务请求报文

由表 4 - 3 中的定义，遥控选择服务 SelectWithValue 被映射到 MMS 中的 Write 服务。图 4 - 23 是该 Write 服务的报文截图，为了界面清晰以方便解读，在图中仅展开了应用层报文。

图 4 - 23　遥控选择服务请求报文截图

图 4 - 23 中第 1 行为"Conf Request（0）"。"Conf"表示这个报文属于带

确认服务（Confirmed Service）类型，"Request"表示这个报文是客户端发出的服务请求。

第2行"Write"表示这个报文是MMS中的写服务。

第3行"InvokeID"是整型数据。MMS中的每一种带确认服务都有InvokeID参数，如Read、Write、GetVariableAccessAttrbute服务等。另外MMS中规定，对于每一种带确认服务，其响应报文的InvokeID和请求报文的InvokeID是相同的。

从第4行开始的部分均属于Write服务的协议数据单元（PDU）。它由变量列表ListofVariable和数据Data两部分组成。

提示：

下面是ISO/IEC 9506－2规范中对Write服务协议数据单元PDU的定义，采用ASN.1语句表示：

```
Write-Request::= SEQUENCE
{
  variableAccessSpecification      VariableAccessSpecification,
  listOfData                       [0] IMPLICIT SEQUENCE OF Data
}
```

由上面的描述可以看出，Write_Request服务PDU由variableAccessSpecification和listOfData两部分组成，分别对应图4-23中椭圆内的ListofVariable和矩形框内的Data。

下面结合图4-23分别介绍变量列表ListofVariable和数据Data。

（1）变量列表ListofVariable。listofVariable由一个或多个变量组成。它使得客户端能够在一次Write服务中同时访问多个变量。

Object Name又分为域名DomainName和项目名ItemName两部分，二者组合起来就是代表受控对象的变量名。在图4-23中，该变量名为"CT2202CTRL/CSWI1COPos$SBOw"。

（2）数据Data的内容是受控对象"CT2202CTRL/CSWI1COPos-$S-BOw"的数据属性值，该值为结构体类型。

清单4-13是该装置的XML配置文件中有关该数据属性定义的片段。从中可以看出，该结构体中一共有6个成员。

清单 4 - 13:

```
<DAType id="CN_SBOw_Oper_SDPC">
  <BDA name="ctlVal"bType="BOOLEAN"/>
  <BDA name="origin"bType="Struct"type="CN_Originator"/>
  <BDA name="ctlNum"bType="INT8U"/>
  <BDA name="T"bType="Timestamp"/>
  <BDA name="Test"bType="BOOLEAN"/>
  <BDA name="Check"bType="Check"/>
</DAType>
```

参照清单 4 - 13 的定义，下面详细解释图 4 - 23 中矩形框内各成员的含义：

1) 控制值 ctlVal 是布尔型变量，以断路器遥控为例，False 代表分闸操作，True 代表合闸操作。图 4 - 23 中矩形框的第二行就是该控制值 ctlVal，其值为 TRUE。

2) 第二个成员 origin 主要包含控制命令发出者的信息。它本身又是一个结构体类型的数据，清单 4 - 14 是配置文件中该数据的详细定义。

清单 4 - 14:

```
<DAType id="CN_Originator">
  <BDA name="orCat"bType="Enum"type="orCategory"/>
  <BDA name="orIdent"bType="Octet64"/>
</DAType>
```

origin 包含 orCat 和 orIdent 两个子成员。

orCat 属于枚举类型，它各个取值的含义见表 4 - 19。在图 4 - 23 矩形框的第 4 行中它的值为 "2"，表示该控制命令是由站控层后台主机上发出的。

表 4 - 19　　　　　　　　　　　枚举类型 **orCat** 的定义

枚举值	含　　义	解　　释
0	not-supported	不支持的类型
1	bay-control	由间隔层发起的控制操作，如在测控装置上进行遥控
2	station-control	由站控层发起的控制操作，如在后台主机上进行遥控
3	remote-control	由远方发起的控制操作，如调度中心通过远动装置进行遥控
4	automatic-bay	间隔层自动发起的遥控操作，如由备用电源自动投入装置发出的自投控制

枚举值	含 义	解 释
5	automatic-station	站控层自动发起的控制操作，如后台顺控程序发起的遥控
6	automatic-remote	远方自动发起的控制操作，如调度顺控程序发起的遥控
7	maintenance	调试工具发起的控制操作，如调试人员通过客户端工具发起的遥控
8	process	没有控制操作时出现的状态值变位，如由于继电保护动作导致的断路器跳闸

orIdent 是控制命令发出者的标识，它的值一般是控制命令发出者的网络地址（如 IP 地址），也可以为空（NULL）。

3）控制序号 ctlNum 是无符号 8 位整型变量，它的取值范围是 0 ~ 255。在图 4-23 矩形框的第 6 行中它的值为"60"，表示这是后台主机对该对象发起的第 60 次遥控操作。

4）时标 T 代表主机发出该遥控命令的时刻，它属于 UTC 时间类型。在图 4-23 中，T 的时间值为"2011-08-14 04:03:58.000000"，时间品质 TimeQuality 的值等于"00"，由表 4-18 可知，它的时间精度为 1s。

5）检修位 Test 是布尔型变量，值为 False 表示正常状态，True 表示检修状态。在图 4-23 矩形框的第 9 行中可以看到它的值为 False。

6）校验位 Check 用于控制对象在完成操作前进行同期、互锁检查。作为一个数据属性，在 SCL 语言中 Check 所属的基本类型为"check"，在 MMS 中映射到位串类型（BitString），长度为 2bit。表 4-20 是 Check 各取值的含义。

表 4-20   校验位 Check 各取值的定义

值	含 义	解 释
00	no-check	不进行任何检查
01	synchrocheck	检同期
10	interlocking-check	联闭锁逻辑检查
11	both	既检同期也检查联闭锁

2. 遥控选择服务响应报文

图 4-24 是 SelectWithValue 服务的响应报文，用于返回遥控选择结果。如果遥控选择成功，则服务器端将以肯定确认响应，否则将以否定确认响应，并给出否定响应的原因。

下面是 ISO/IEC 9506 - 2 规范中对 Write 服务响应报文 PDU（协议数据单元）的定义，采用 ASN. 1 语句表示：

```
Write-Response:: = SEQUENCE OF CHOICE
{
  Failure  [0]IMPLICIT DataAccessError,
  Success  [1]IMPLICIT NULL
}
```

如果遥控选择成功，则 Write_Response 服务的 PDU 值为 Success；如果写服务失败，则 PDU 值是 Failure。

图 4 - 24 中第 1 行为"Conf Response（1）"。"Conf"表示这个报文属于 MMS 带确认服务（Confirmed Service）；"Response"表示这个报文是服务器端发出的响应报文。

```
⊟ ISO/IEC 9506 MMS
1    Conf Response (1)
2    Write (5)
3    InvokeID: InvokeID:  52827
4  ⊟ Write
5        Data Write Success
```

图 4 - 24 遥控选择肯定响应报文截图

第 2 行"Write"表示这条报文属于 MMS 中的写服务。

第 3 行"InvokeID"等于"52827"，与图 4 - 23 中请求报文的 InvokeID 值相同。

从第 4 行开始的部分属于 Write 服务的协议数据单元（PDU）。

图 4 - 25 是遥控选择失败的报文实例。当遥控选择失败后，服务器端会发出一帧否定响应报文（Write 服务），如图 4 - 25 所示。

```
⊟ ISO/IEC 9506 MMS
1    Conf Response (1)
2    Write (5)
3    InvokeID: InvokeID:  18096
4  ⊟ Write
5        Data Write Failure; type-inconsistent (7) 7
```

图 4 - 25 遥控选择否定响应报文截图

另外，服务器还会给出否定响应的原因，利用 InformationReport 服务上送否定响应的具体细节。图 4 – 26 是服务器端发出的 LastAppError 报告，报告由变量列表 ListofVariable 和访问结果 AccessResults 组成。变量列表中只有一个变量，其名字为 LastAppError；访问结果包含 5 个部分，分别为受控对象、错误类型、命令发出源（Origin）、控制序号（ctlNum）和原因（AddClause）。受控对象、控制序号和命令发出源在前面已经做过介绍，此处不再赘述。

错误类型是枚举类型，其取值范围及含义分别为：0—正常，1—未知，2—超时测试失败，3—操作测试失败。

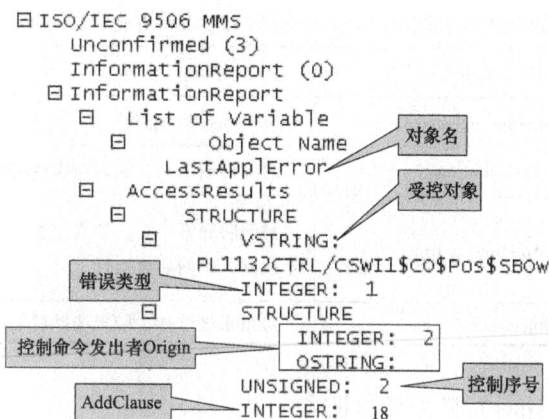

图 4 – 26 LastAppError 报告截图

错误原因（AddClause）也属于枚举类型，它各个取值的含义见表 4 – 21。

表 4 – 21   AddClause 各取值的含义

枚举值	含　义	解　释
0	Unknown	未知原因
1	Not-supported	不支持
2	Blocked-by-switching-hierarchy	被开关闭锁
3	Select-failed	选择失败
4	Invalid-position	无效的位置，如受控对象的属性值为无效时
5	Position-reached	位置达到，如对已在合位的开关进行合闸
6	Parameter-change-in-execution	执行中参数改变，如执行过程中参数发生变化
7	Step-limit	步限制，如挡位值已到最大或最小值
8	Blocked-by-Mode	被模型闭锁，如模型中 LN 的 ctlModel 值为非控制值
9	Blocked-by-process	被过程闭锁，如过程层异常
10	Blocked-by-interlocking	被联锁闭缩，如不符合"五防"联锁条件

枚举值	含　义	解　释
11	Blocked-by-synchrocheck	被检同期闭锁，如检同期合闸时，同期条件不满足
12	Command-already-in-execution	命令已经在执行中，如在发遥控执行后，又发取消命令
13	Blocked-by-health	被健康状况所闭锁，如 health 值异常引起闭锁
14	1-of-n-control	1 对 n 控制
15	Abortion-by-cancel	被 Cancel 取消终止
16	Time-limit-over	时间限制结束，如遥控执行超时后
17	Abortion-by-trip	被陷阱异常中止，如在遥控选择之后执行之前发生跳闸，跳闸后再执行
18	Object-not-selected	对象未被选择，如未选择对象直接控制

3. Operate（Oper）服务请求报文

在遥控选择成功后，根据图 4－22 中的通信流程，客户端会马上发出执行报文（Operate），对受控对象进行实际操作。Operate 报文结构分为变量列表 ListofVariable 和数据 Data 两部分。从图 4－27 中可以看出，Operate 报文的结构与 SelectWithValue 报文的结构相同，数据 Data 部分都属于清单 4－13 中的"CN_SBOw_Oper_SDPC"数据属性类型。

4. Operate（Oper）服务响应报文

Operate 服务的响应报文用于返回执行操作的结果。如果执行成功，则服务器端将以肯定确认响应，否则将以否定确认响应，并给出否定响应的原因。

Operate 服务的响应报文也和 SelectWithValue 服务的响应报文结构相同。肯定确认响应的报文如图 4－28 所示；否定响应和 LastAppError 报告报文参见图 4－25 和图 4－26，在此不再赘述。

5. CommandTermination（CmdTerm）服务

当 Oper 服务执行完毕后，如果 Oper 服务执行成功，且服务器端收到正常的变位信息，则服务器将向客户端发出肯定的命令终止服务（CmdTerm），表明控制过程结束；如果 Oper 服务执行不成功，服务器端将向客户端发出否定

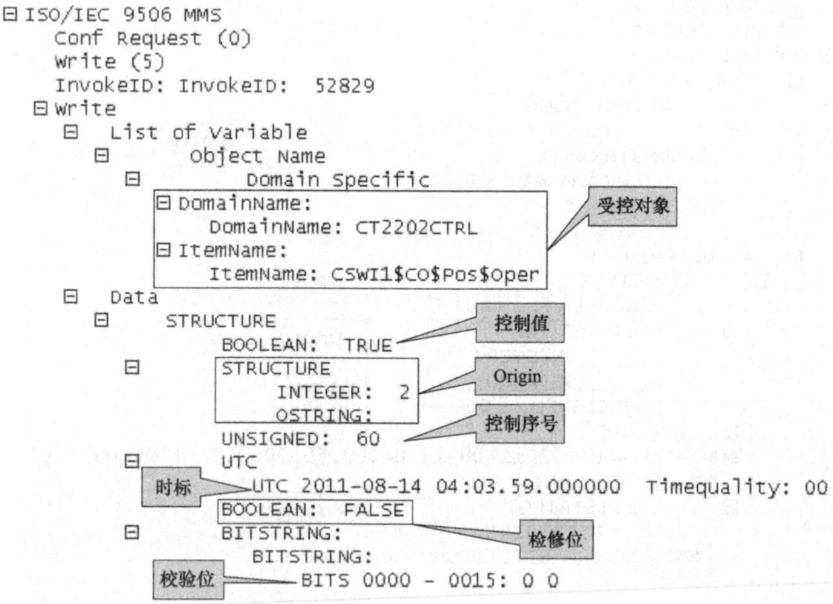

```
⊟ ISO/IEC 9506 MMS
    Conf Request (0)
    Write (5)
    InvokeID: InvokeID:   52829
  ⊟ Write
    ⊟  List of Variable
       ⊟      Object Name
          ⊟        Domain Specific
            ⊟ DomainName:                              ┌─────────┐
                  DomainName: CT2202CTRL ─────────────→│ 受控对象 │
            ⊟ ItemName:                                └─────────┘
                  ItemName: CSWI1$CO$Pos$Oper
       ⊟  Data
          ⊟      STRUCTURE                     ┌────────┐
                    BOOLEAN:   TRUE ──────────→│ 控制值 │
             ⊟        STRUCTURE                └────────┘
                          INTEGER:   2 ────────→┌────────┐
                          OSTRING:              │ Origin │
                    UNSIGNED:   60 ────────────→└────────┘
             ⊟        UTC                        ┌──────────┐
         ┌──────┐                                │ 控制序号 │
         │ 时标 │────── UTC 2011-08-14 04:03.59.000000  Timequality: 00
         └──────┘     BOOLEAN:   FALSE            └──────────┘
             ⊟        BITSTRING:                  ┌────────┐
                          BITSTRING: ────────────→│ 检修位 │
         ┌────────┐                               └────────┘
         │ 校验位 │────── BITS 0000 - 0015: 0 0
         └────────┘
```

图 4 – 27 Operate 请求报文

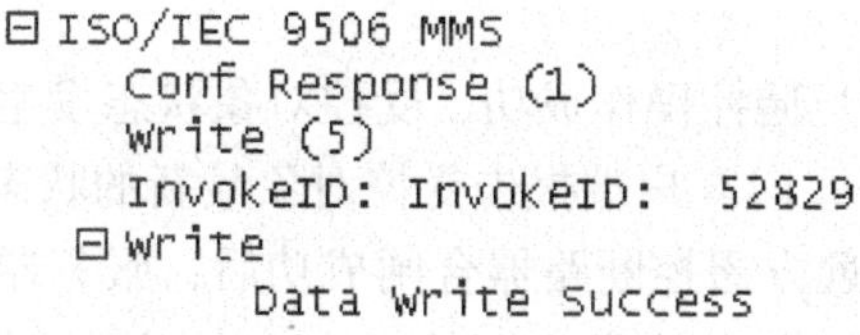

```
⊟ ISO/IEC 9506 MMS
    Conf Response (1)
    Write (5)
    InvokeID: InvokeID:   52829
  ⊟ Write
        Data Write Success
```

图 4 – 28 Operate 响应报文

的 CmdTerm 报告，表明遥控过程失败。

　　CmdTerm 服务映射到 MMS 中的 InformationReport 服务。当 Oper 执行成功后，相应的命令终止报文如图 4 – 29 所示，变量列表部分（ListofVariable）为受控对象 "CT2202CTRL/CSWI1COPos$Oper"，访问结果部分（AccessResults）为对象 "Oper" 的实际值，与图 4 – 27 中 Operate 报文的 Data 部分完全相同，所以该报文有时被称为 "Oper" 的镜像报文。

　　当遥控命令执行后，如果在一定时间内服务器（如测控装置）未收到受控对象正确的变位信息，那么超时后服务器会向客户端发出否定的遥控结束报告（CmdTerm）。具体报文将以 LastAppError 报告的形式发出，其报文参见图

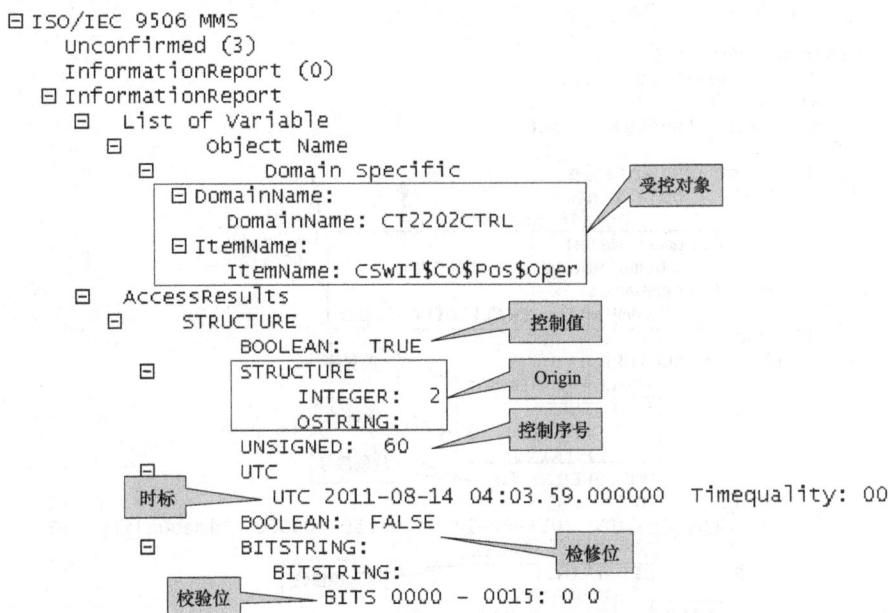

图 4 – 29　命令终止 CmdTerm 报文

4 – 26，在此不再赘述。

6. Report 服务

如图 4 – 22 所示，当遥控操作成功，受控对象状态发生变化后，服务器端会触发一个 Report 服务，向客户端报告受控对象最新的状态。

图 4 – 30 是客户端远方遥控断路器合闸成功后，服务器（测控装置）将最新的断路器位置（合位）上送给客户端的报文。由于断路器位置属于开关量，所以映射到有缓存报告服务，具体报文格式在前面有详细介绍，在此不再赘述。

变电站中的后台监控系统判断遥控操作是否成功的依据一般是：

（1）执行成功，并收到相应的遥信变位（Report 服务）；

（2）执行成功，并收到肯定的遥控结束报告（CmdTerm 服务）。

两种判据先收到哪种，就以哪种判断。如果两种判据都收不到，后台机就会判定遥控失败。

7. Cancel 服务

取消服务也映射到 MMS 中的写服务 Write，其报文结构如图 4 – 31 所示。

其中 Data 部分是遥控取消对象 "CT2202CTRL/CSWI1＄CO＄Pos＄-Cancel" 的数据属性实际值，为结构体类型，包含 5 个成员。清单 4 – 15 是配置文件中有关该数据属性类型定义的片段。由于取消操作不需要进行校验，因

```
⊟ ISO/IEC 9506 MMS
   Unconfirmed (3)
⊟ InformationReport
   ⊟  VariableList
         RPT
   ⊟  AccessResults
      ⊟   VSTRING:
            GOIN4
      ⊟    BITSTRING:
             BITSTRING:
                BITS 0000 - 0015: 0 1 1 1 1 1 0 1 1 0
             UNSIGNED:  99
      ⊟    BTIME
             BTIME  2011-08-14 04:05:10.041 (days=10087 msec= 14710041)
      ⊟    VSTRING:
            CT2202CTRL/LLN0$dsGOOSE1
      ⊟    OSTRING:
             OSTRING: 00 00 00 00 00 00 00 7b
             UNSIGNED:  1
      ⊟    BITSTRING:
             BITSTRING:
                BITS 0000 - 0015: 0 0 1 0 0 0 0 0 0 0 0 0 0 0 0 0
                BITS 0016 - 0031: 0 0 0 0 0 0 0 0 0 0 0 0 0 0 0 0
                BITS 0032 - 0047: 0 0 0 0 0 0 0 0 0 0 0 0 0 0 0 0
                BITS 0048 - 0063: 0 0 0 0 0 0 0 0 0 0 0 0 0 0 0 0
                BITS 0064 - 0079: 0 0 0 0 0 0 0 0 0 0 0 0 0 0 0 0
                BITS 0080 - 0095: 0 0 0 0 0 0 0 0 0 0 0 0 0 0 0 0
                BITS 0096 - 0111: 0 0 0 0 0 0 0 0 0 0 0 0 0 0 0 0
                BITS 0112 - 0127: 0 0 0 0 0 0 0 0 0 0 0 0 0 0 0 0
                BITS 0128 - 0143: 0 0 0 0 0 0 0 0 0 0 0 0 0 0 0 0
                BITS 0144 - 0159: 0 0 0 0 0 0 0 0 0 0 0 0 0 0 0 0
                BITS 0160 - 0175: 0 0 0 0 0 0 0 0 0
      ⊟    VSTRING:
            CT2202CTRL/GOINGGIO1$ST$Ind3
      ⊟    STRUCTURE
             BOOLEAN:  TRUE ◀── 断路器合位
          ⊟    BITSTRING:
                BITSTRING:
                   BITS 0000 - 0015: 0 0 0 0 0 0 0 0 0 0 0 0 0 0
```

图 4-30 断路器位置上送报文

此与清单 4-13 中"SBOw"结构体相比，清单 4-15 中"Cancel"结构体少了布尔量 Check。

清单 4-15：

```
< DAType id = "CN_Cancel_SDPC" >
  < BDA name = "ctlVal"bType = "BOOLEAN"/ >
  < BDA name = "origin"bType = "Struct"type = "CN_Originator"/ >
  < BDA name = "ctlNum"bType = "INT8U"/ >
  < BDA name = "T"bType = "Timestamp"/ >
  < BDA name = "Test"bType = "BOOLEAN"/ >
</ DAType >
```

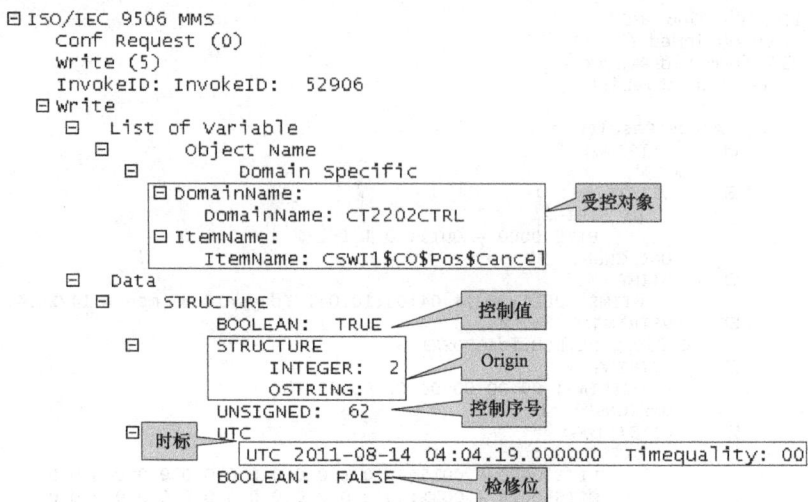

```
⊟ ISO/IEC 9506 MMS
    Conf Request (0)
    write (5)
    InvokeID: InvokeID:  52906
  ⊟ write
    ⊟  List of Variable
       ⊟     Object Name
          ⊟      Domain Specific
             ⊟ DomainName:
                   DomainName: CT2202CTRL          ──── 受控对象
             ⊟ ItemName:
                   ItemName: CSWI1$CO$Pos$Cancel
       ⊟  Data
          ⊟  STRUCTURE
                BOOLEAN:  TRUE                      ──── 控制值
             ⊟  STRUCTURE
                   INTEGER:  2                      ──── Origin
                   OSTRING:
                UNSIGNED:  62                       ──── 控制序号
          ⊟ 时标  UTC
                   UTC 2011-08-14 04:04.19.000000  Timequality: 00
                BOOLEAN:  FALSE                     ──── 检修位
```

图 4-31　取消服务 Cancel

(三) 定值服务

定值组模型中包含的 ACSI 服务有 SelectActiveSG（选择激活定值组）、SelectEditSG（选择编辑定值组）、ConfirmEditSGValues（确认编辑定值组定值）、SetSGValues（写定值组定值）、GetSGValues（读定值组定值）和 GetSGCBValues（读定值组控制块值）。这些服务之间的时序关系如图 4-32 所示。

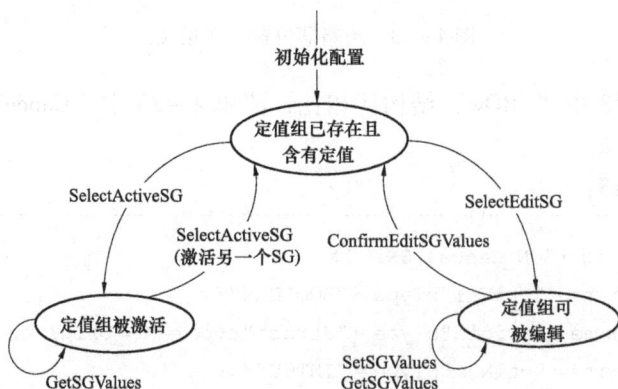

图 4-32　定值组模型状态机

在同一时刻只能允许一个客户端进行定值修改，DL/T 1146《DL/T 860 实施技术规范》中推荐的定值修改流程如下：

（1）客户端发出选择编辑定值组请求（SelectEditSG），服务器端响应；

（2）客户端读取编辑定值组当前定值（GetSGValues），服务器端响应；

（3）客户端写定值到编辑定值组（SetSGValues），服务器端响应；

（4）客户端读取编辑定值组当前定值（GetSGValues），用于验证写定值是否成功，服务器端响应；

（5）客户端确认定值修改（ConfirmEditSGValues），服务器响应，新定值有效。

1. SelectActiveSG 服务

图4-33（a）是客户端发出的的选择激活定值组 SelectActiveSG 报文，映射到 MMS 协议中的写 Write 服务。图中报文 Data 部分数据为"2"，表示客户端要将定值区切换到2区。图4-33（b）是 Write 服务的响应报文。本节中后面几个 Write 服务的响应报文的结构都相同，将不再重复。

IEC 61850 规定，定值区号应从"1"开始。

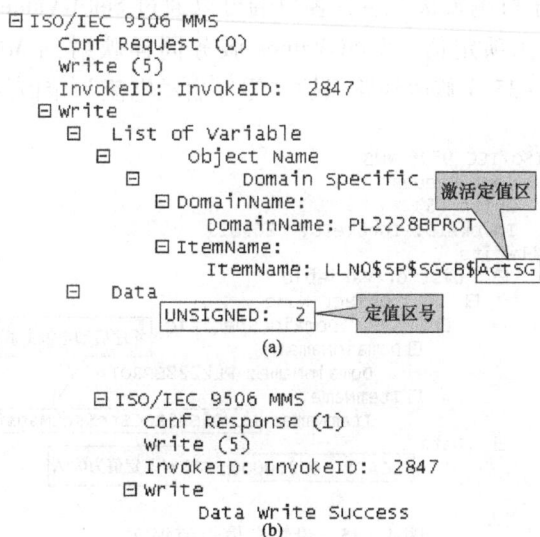

```
⊟ ISO/IEC 9506 MMS
    Conf Request (0)
    Write (5)
    InvokeID: InvokeID:  2847
⊟ write
    ⊟   List of Variable
        ⊟    Object Name
            ⊟        Domain Specific
            ⊟ DomainName:              激活定值区
                  DomainName: PL2228BPROT
            ⊟ ItemName:
                  ItemName: LLN0$SP$SGCB$ActSG
        ⊟    Data
            UNSIGNED:  2    ◄  定值区号
                    (a)
```

```
⊟ ISO/IEC 9506 MMS
    Conf Response (1)
    Write (5)
    InvokeID: InvokeID:  2847
⊟ write
        Data Write Success
            (b)
```

图4-33　选择激活定值区报文

（a）选择激活定值区请求报文；（b）选择激活定值区应答报文

2. SelectEditSG 服务

图4-34是客户端发出的选择编辑定值区（SelectEditSG）报文，同样映射到 MMS 协议中的写 Write 服务。报文中的 Data 部分同样是定值区的区号。

图中的 Data 值为"1"，如果服务器端返回肯定的响应报文，则表示 1 区定值处于可编辑状态，可以进行修改。

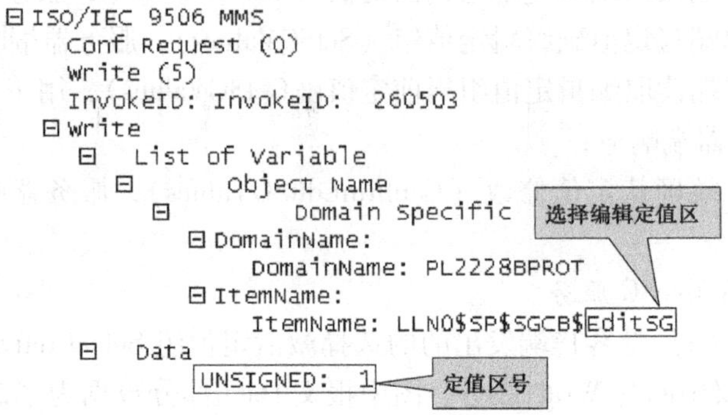

```
⊟ ISO/IEC 9506 MMS
    Conf Request (0)
    Write (5)
    InvokeID: InvokeID:  260503
⊟ Write
    ⊟  List of Variable
        ⊟    Object Name
            ⊟      Domain Specific          选择编辑定值区
                ⊟ DomainName:
                    DomainName: PL2228BPROT
                ⊟ ItemName:
                    ItemName: LLN0$SP$SGCB$EditSG
    ⊟  Data
        UNSIGNED:  1          定值区号
```

图 4 – 34　选择编辑定值组报文

3. SetSGValues 服务

当定值区处于可编辑状态后，客户端可以通过 SetSGValues 服务修改定值区中的某一项或几项定值。SetSGValues 服务同样映射到 MMS 协议中的写 Write 服务。图 4 – 35 是修改线路保护"零序启动电流"定值的报文。

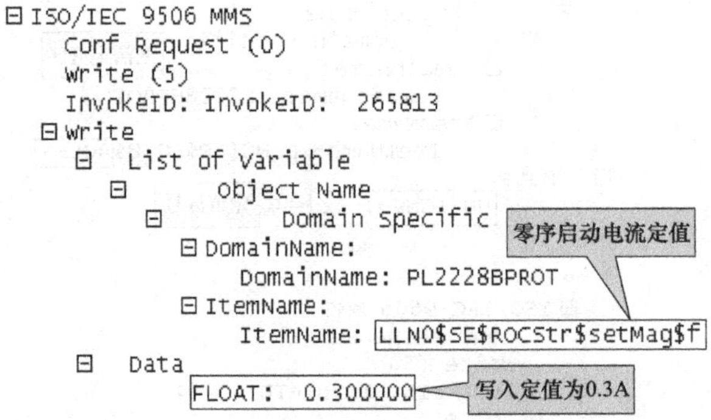

```
⊟ ISO/IEC 9506 MMS
    Conf Request (0)
    Write (5)
    InvokeID: InvokeID:  265813
⊟ Write
    ⊟  List of Variable
        ⊟    Object Name
            ⊟      Domain Specific          零序启动电流定值
                ⊟ DomainName:
                    DomainName: PL2228BPROT
                ⊟ ItemName:
                    ItemName: LLN0$SE$ROCStr$setMag$f
    ⊟  Data
        FLOAT:  0.300000          写入定值为0.3A
```

图 4 – 35　设置定值组值报文

4. ConfirmEditSGValues 服务

当定值下装或修改完毕后，客户端会发出一帧确认报文，以通知服务器可以用新定值覆盖旧定值。只有经过客户端的 ConfirmEditSGValues 服务确认后，下装到服务器中的新定值才有效。图 4 – 36 是 ConfirmEditSGValues 服务报文，同样映射到 MMS 协议中的写 Write 服务。报文中的 Data 部分是布尔量类型，其值为 TRUE。

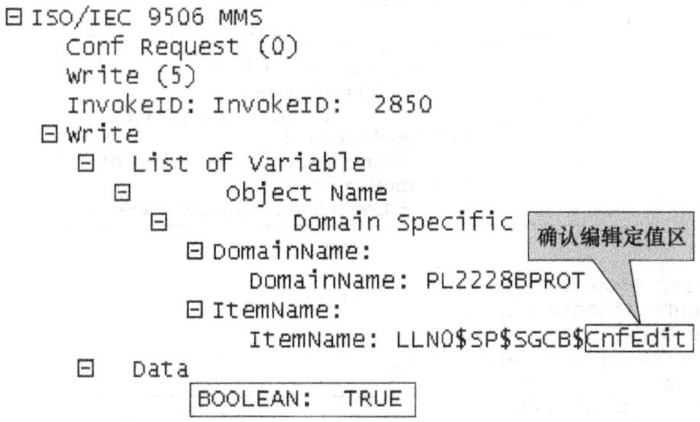

```
☐ ISO/IEC 9506 MMS
    Conf Request (0)
    write (5)
    InvokeID: InvokeID:  2850
  ☐ write
    ☐  List of variable
      ☐      Object Name
        ☐       Domain Specific
          ☐ DomainName:
              DomainName: PL2228BPROT
          ☐ ItemName:
              ItemName: LLN0$SP$SGCB$CnfEdit
      ☐   Data
          BOOLEAN:   TRUE
```

确认编辑定值区

图 4 – 36   确认编辑定值组报文

5. GetSGCBValues 服务

客户端可以利用 GetSGCBValues 服务来读取继电保护装置中定值组控制块的属性值。图 4 – 37 是客户端发出的 GetSGCBValues 服务报文，映射到 MMS 协议中的 Read 读服务。

图 4 – 37（a）中第 1 行为"Conf Request（0）"。"Conf"表示这个报文属于带确认服务（Confirmed Service）类型；"Request"表示这个报文是客户端发出的服务请求。

第 2 行"Read"表示这个报文是 MMS 中的读服务。

第 3 行"InvokeID"是整型数据，与 Write 服务中的 InvokeID 含义相同。

从第 4 行开始为 Read 服务的 PDU 部分。

矩形框内为变量列表 ListofVariable，图 4 – 37（a）中只有一个变量，Object Name 是该变量的变量名，它又分为域名 DomainName 和项目名 ItemName 两部分，二者组合起来就是客户端要访问的 SGCB 的路径"PL2228BPROT/LLN0SPSGCB"。由第三章中图 3 – 22 可知，定值组控制块 SGCB 只能位于 LLN0 中。

如果客户端发出的 GetSGCBValues 服务请求成功，那么服务器端将发出肯定的应答响应，否则将发出否定的应答回应，并给出否定的原因。图 4 – 37（b）是肯定的应答响应报文，矩形框内的部分是一个包含 5 个成员的结构体。它们是定值组控制块 SGCB 的属性当前值，每个成员的具体含义见表 4 – 22。

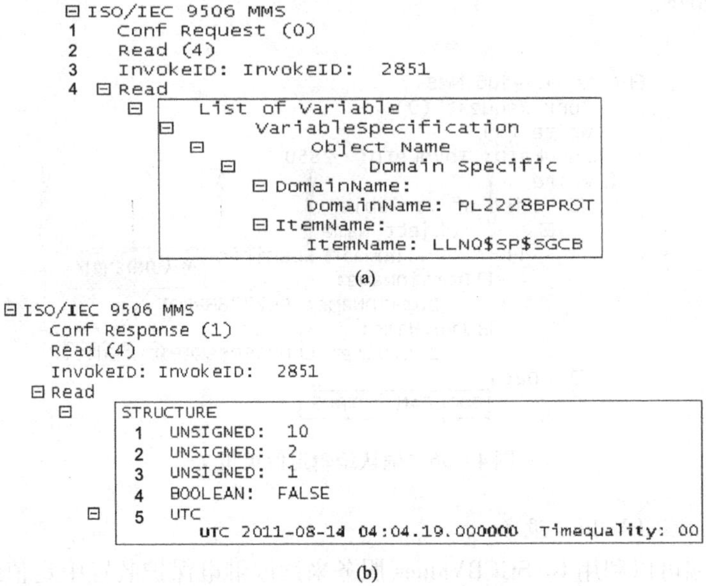

```
☐ ISO/IEC 9506 MMS
1    Conf Request (0)
2    Read (4)
3    InvokeID: InvokeID:    2851
4  ☐ Read
      ☐       List of variable
        ☐       variableSpecification
          ☐       object Name
            ☐         Domain specific
              ☐ DomainName:
                      DomainName: PL2228BPROT
              ☐ ItemName:
                      ItemName: LLN0$SP$SGCB
```

(a)

```
☐ ISO/IEC 9506 MMS
   Conf Response (1)
   Read (4)
   InvokeID: InvokeID:    2851
 ☐ Read
   ☐       STRUCTURE
           1   UNSIGNED:    10
           2   UNSIGNED:    2
           3   UNSIGNED:    1
           4   BOOLEAN:    FALSE
   ☐       5   UTC
                   UTC 2011-08-14 04:04.19.000000  Timequality: 00
```

(b)

图 4 - 37   读定值组控制块值服务报文

（a）读定值组控制块值请求报文；（b）读定值组控制块值应答报文

表 4 - 22   **定值组控制块（SGCB）的属性**

序号	成员	属性类型	含　　义	当前值
1	NumOfSG	8 位无符号整数	定值区总数	10
2	ActSG	8 位无符号整数	处于激活状态的定值区区号	2
3	EditSG	8 位无符号整数	处于可编辑状态的定值区区号	1
4	CnfEdit	布尔量	是否已被客户端确认	FALSE
5	LActTm	TimeStamp	最近一次激活定值区的时间	2011 - 08 - 14 04:04:19

6. GetSGValues 服务

客户端采用 GetSGValues 服务来读取服务器中的定值信息。图 4 - 38（a）是客户端发出的 GetSGValues 读定值组定值请求报文，映射到 MMS 协议中的 Read 读服务。

图 4 - 38（a）中变量列表 ListofVariable 含有若干个变量，这些变量的排列顺序与该装置配置文件中保护定值数据集（dsSetting）各成员的排列顺序相同。这些变量的变量名由保护逻辑节点下定值数据（FCD）或数据属性（FCDA）映射得到。例如 "PL2228BPROT/PDIS1 $ SE $ LinAngOfsPG $ setMag"，为逻辑节点 PDIS1（接地距离 I 段）下的数据 LinAngOfsPG（接地距离偏移角）的索引。

如果客户端发出的 GetSGValues 服务请求成功，那么服务器端将发出肯定的应答响应，将保护定值上送到客户端；否则将以否定应答回应，并指明服务请求失败的原因。图 4 - 38（b）是肯定的应答响应报文。

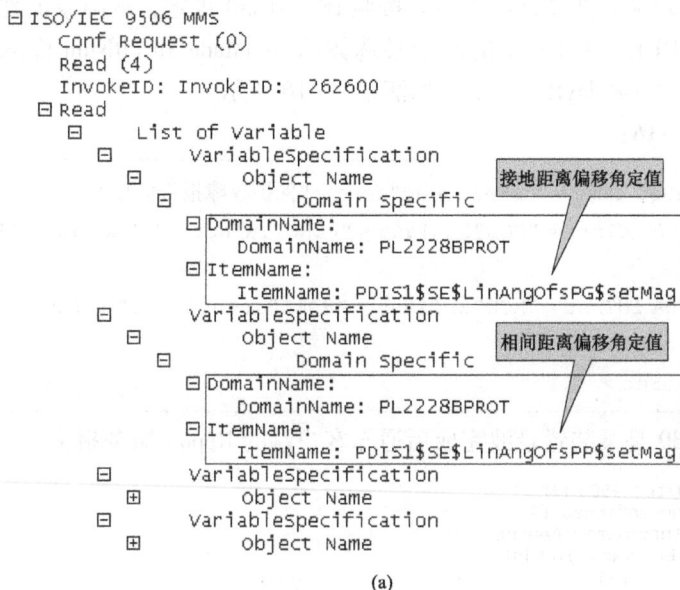

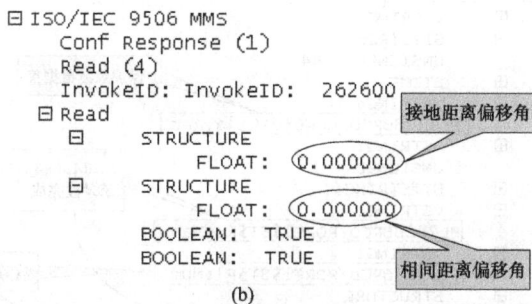

```
⊟ ISO/IEC 9506 MMS
   Conf Request (0)
   Read (4)
   InvokeID: InvokeID: 262600
⊟ Read
   ⊟      List of Variable
      ⊟       VariableSpecification
         ⊟       Object Name
            ⊟       Domain Specific          ┌─────────────┐
            ⊟ DomainName:                      │ 接地距离偏移角定值 │
               DomainName: PL2228BPROT        └─────────────┘
            ⊟ ItemName:
               ItemName: PDIS1$SE$LinAngOfsPG$setMag
      ⊟       VariableSpecification
         ⊟       Object Name
            ⊟       Domain Specific          ┌─────────────┐
            ⊟ DomainName:                      │ 相间距离偏移角定值 │
               DomainName: PL2228BPROT        └─────────────┘
            ⊟ ItemName:
               ItemName: PDIS1$SE$LinAngOfsPP$setMag
      ⊟       VariableSpecification
         ⊞       Object Name
      ⊟       VariableSpecification
         ⊞       Object Name
```

(a)

```
⊟ ISO/IEC 9506 MMS
   Conf Response (1)
   Read (4)
   InvokeID: InvokeID: 262600
⊟ Read
   ⊟         STRUCTURE                        ┌─────────┐
               FLOAT:  0.000000               │ 接地距离偏移角 │
   ⊟         STRUCTURE                        └─────────┘
               FLOAT:  0.000000
            BOOLEAN:  TRUE
            BOOLEAN:  TRUE                     ┌─────────┐
                                              │ 相间距离偏移角 │
                                              └─────────┘
```

(b)

图 4 - 38　读定值组定值报文
(a) 读定值组定值请求报文；(b) 读定值组定值应答报文

（四）文件传输服务

文件传输服务主要用于服务器和客户端之间的文件传递。服务器将故障录波文件、故障报告文件上传送到客户端，客户端将相关文件下载到服务器。

IEC 61850 一共定义了四种 ACSI 文件服务，分别是 GetFile（文件读取）、SetFile（文件下载）、DeleteFile（删除文件）和 GetFileAttributeValues（读取文件属性）。目前在实际工程中常用的是 GetFile 和 GetFileAttributeValues 两种服务。

下面以继电保护装置或故障录波器上传故障录波文件为例，介绍文件传输服务的实现流程。

电网发生故障，继电保护装置动作并完成录波后，首先会通过 Report 报告服务通知客户端录波文件已产生。按照 IEC 61850 规定，故障录波建模应使用逻辑节点 RDRE。RDRE 中的两个必选数据 RcdMade 和 FltNum 应配置到保护录波数据集（dsRelayRec）中，如清单 4 – 16 所示。

清单 4 – 16：

```
< DataSet name = "dsRelayRec"desc = "保护故障报告信息" >
    < FCDA ldInst = "RCD"lnClass = "RDRE"lnInst = "1"doName = "RcdMade"
fc = "ST"/ >
    < FCDA ldInst = "RCD"lnClass = "RDRE"lnInst = "1"doName = "FltNum"
fc = "ST"/ >
    < /DataSet >
```

图 4 – 39 是某装置录波完成后通知客户端的 Report 服务报文。

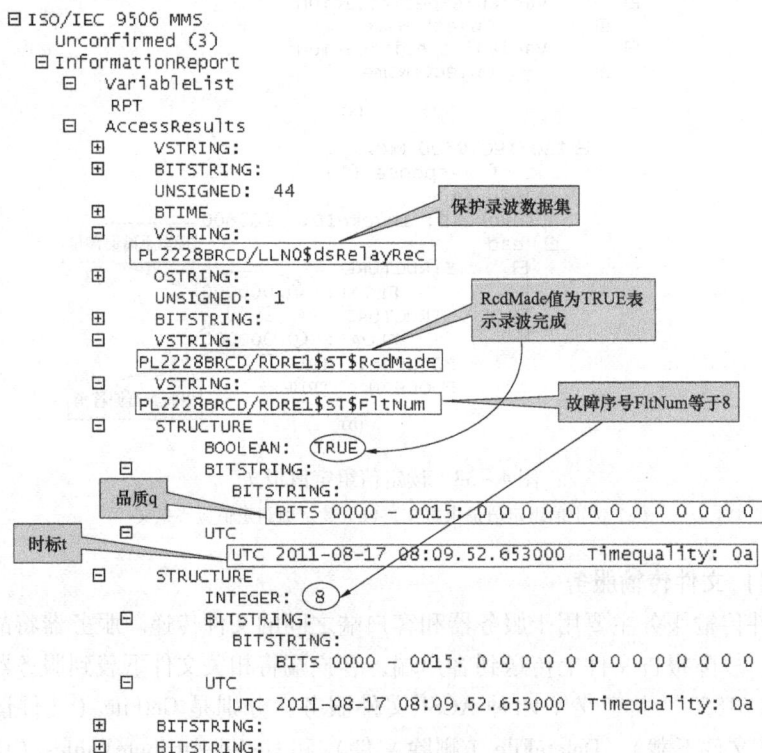

图 4 – 39 录波完成报告服务

1. GetFileAttributeValues 服务

客户端在收到服务器发出的录波完成报告之后，首先会发起读取文件属性服务 GetFileAttributeValues，以了解服务器中已有文件的数量、文件名和大小等信息。GetFileAttributeValues 在 MMS 中映射到读文件目录 FileDirectory 服务。

图 4-40（a）是客户端发出的 FileDirectory 请求报文，其参数为录波文件所在的目录名。在服务器端，目前通用的做法是将录波文件放在根目录下的"COMTRADE"内，因此 FileDirectory 服务参数名为"/COMTRADE"。

图 4-40（b）是服务器发出的应答报文，该报文将服务器"/COMTRADE"目录中所有文件的属性信息以列表（ListofDirectoryEntries）的形式告知客户端。如图所示，列表中的每个条目包含三个属性，即文件名 Filename、文件大小 SizeOfFile 和最后一次修改的时间 LastModified。

（1）文件名 Filename。在 MMS 协议中，文件全名由文件的存放路径名和文件名构成，因此图 4-40（b）矩形框中的文件全名由"存放路径名 + 录波文件名"组成。录波文件名的结构为"IED 名_逻辑设备名_故障序号_故障时间"，其中故障序号为十进制整数，故障时间格式为年月日_时分秒_毫秒。由此从矩形框中的文件名"/COMTRADE/PT2203A_RCD_161_20110804_182705_826.hdr"可知，该文件是 PT2203A 装置对 2011 年 8 月 4 日 18 时 27 分 05 秒826 毫秒发生的故障进行录波后形成的，故障序号是 161 号。

（2）文件大小。文件大小以 8 位位组（octet）为单位，图 4-40（b）中第一个文件的长度 1476，表示该文件中含有 1476 个 8 位位组。

（3）最后一次修改的时间。LastModified 为文件最后一次被修改的时间，其属性类型为 TimeStamp，在网络上传输时采用 UTC 时间。图 4-40（b）中第一个文件最后一次修改的时间为 2011 年 8 月 17 日 14 时 31 分 39 秒。

提示：

根据 IEEE C37.111（1999）的规定，COMTRADE 一共包含三种不同内容格式的文件，后缀分别为 hdr、cfg 和 dat。如图 4-40（b）所示，第 161 号故障共包含三个文件。

如果服务器中文件的数量较多，则这些文件的属性信息可能被分配到若干帧应答报文中分别上送，每帧报文传输若干个文件的信息。图 4-40（b）中报文最后一行"moreFollows：True"就是传输未完成标志，客户端收到该标志后会继续发出 FileDirectory 请求报文，如图 4-40（c）所示，通知服务器继续上传文件信息，直至传输完毕。

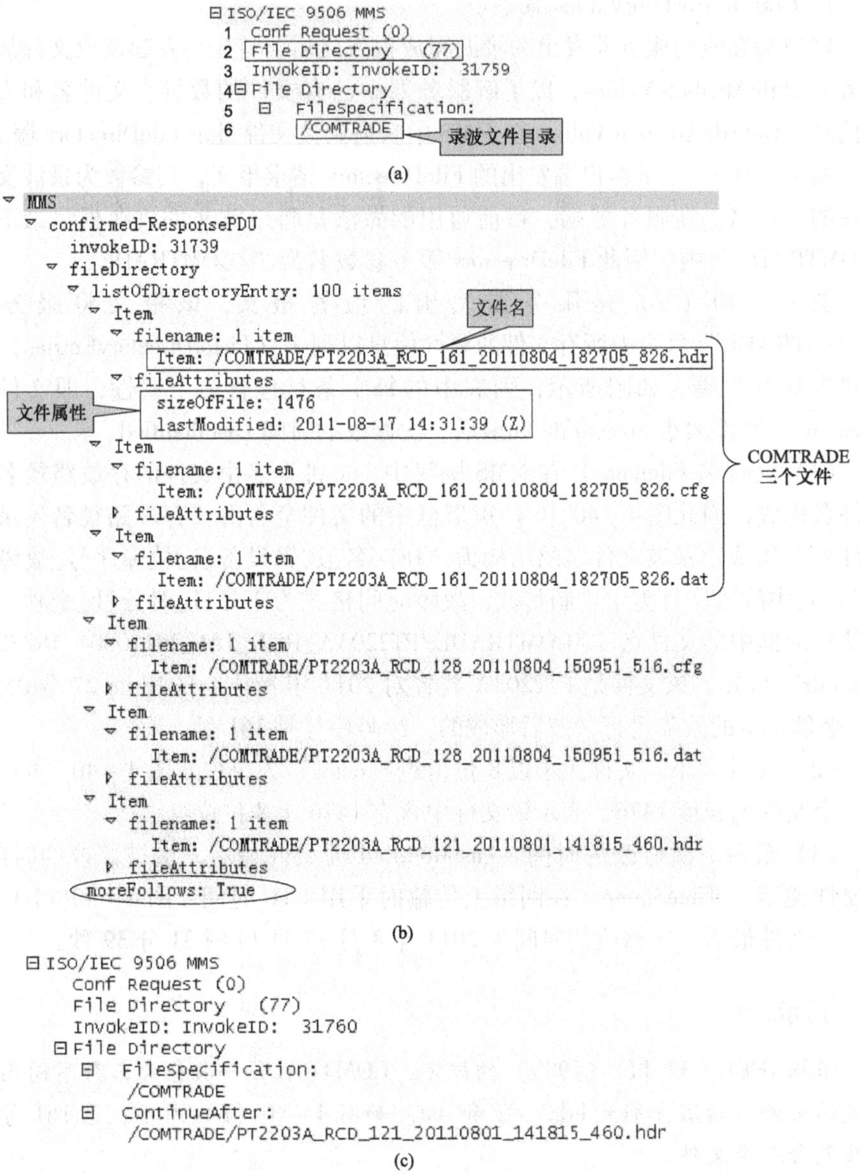

```
⊟ ISO/IEC 9506 MMS
  1  Conf Request (0)
  2  File Directory   (77)
  3  InvokeID: InvokeID: 31759
  4⊟ File Directory
  5    ⊟  FileSpecification:
  6       /COMTRADE          录波文件目录
```

(a)

```
▽ MMS
  ▽ confirmed-ResponsePDU
      invokeID: 31739
    ▽ fileDirectory
      ▽ listOfDirectoryEntry: 100 items                文件名
        ▽ Item
          ▽ filename: 1 item
             Item: /COMTRADE/PT2203A_RCD_161_20110804_182705_826.hdr
          ▽ fileAttributes
              sizeOfFile: 1476
文件属性         lastModified: 2011-08-17 14:31:39 (Z)
        ▽ Item
          ▽ filename: 1 item                                              COMTRADE
             Item: /COMTRADE/PT2203A_RCD_161_20110804_182705_826.cfg      三个文件
          ▷ fileAttributes
        ▽ Item
          ▽ filename: 1 item
             Item: /COMTRADE/PT2203A_RCD_161_20110804_182705_826.dat
          ▷ fileAttributes
        ▽ Item
          ▽ filename: 1 item
             Item: /COMTRADE/PT2203A_RCD_128_20110804_150951_516.cfg
          ▷ fileAttributes
        ▽ Item
          ▽ filename: 1 item
             Item: /COMTRADE/PT2203A_RCD_128_20110804_150951_516.dat
          ▷ fileAttributes
        ▽ Item
          ▽ filename: 1 item
             Item: /COMTRADE/PT2203A_RCD_121_20110801_141815_460.hdr
          ▷ fileAttributes
      moreFollows: True
```

(b)

```
⊟ ISO/IEC 9506 MMS
    Conf Request (0)
    File Directory   (77)
    InvokeID: InvokeID:  31760
  ⊟ File Directory
    ⊟   FileSpecification:
         /COMTRADE
    ⊟   ContinueAfter:
         /COMTRADE/PT2203A_RCD_121_20110801_141815_460.hdr
```

(c)

图 4 – 40   读取文件属性报文

(a) 读取文件属性服务请求报文；(b) 读取文件属性服务应答报文；

(c) 读取文件属性服务请求继续报文

图 4 – 40 （c） 中的参数 Continue After 是文件名，表示服务器应从该文件

后面的下一个文件继续上传。

2. 文件读取 GetFile

通过 GetFileAttributeValues 服务，客户端已经了解到服务器中文件的数量、文件名等信息，下一步客户端可以通过 GetFile 服务读取其中某个文件的具体内容。

由表 4-3 可知，GetFile 服务在映射到 MMS 协议时，需要分解并分别映射到 FileOpen、FileRead 和 FileClose 三个服务上才能实现文件的读取，具体流程如图 4-41 所示。

第一步，客户端发起 FileOpen 服务请求打开某个文件，服务器端返回该文件的属性信息。

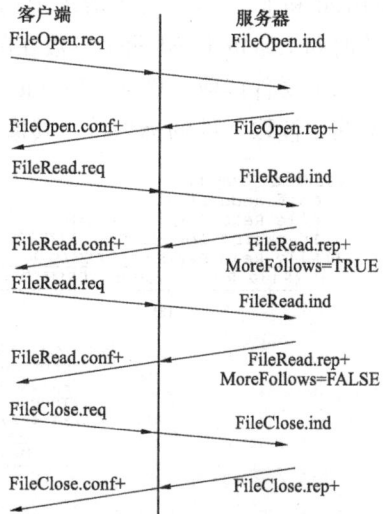

图 4-41 ACSI 文件读取服务到 MMS 服务的映射

第二步，客户端发起 FileRead 服务请求读取该文件，服务器端返回文件的具体内容。如果文件较大，可能被分为若干个数据包分帧传输，每帧传输一包。

第三步，客户端发起 FileClose 服务请求，结束文件传输。

（1）FileOpen 服务。图 4-42（a）是文件打开服务 FileOpen 的请求报文，其参数为要打开文件的文件名，参数 Initial Position（初始化位置）是一个非负的整数。如果设置为"0"，表示将从文件的最开始处传输；如果设置为一个大于 0 的整数 N，那么文件的前 N 个字节（Octet）将被忽略，从第 $N+1$ 个字节开始传输。

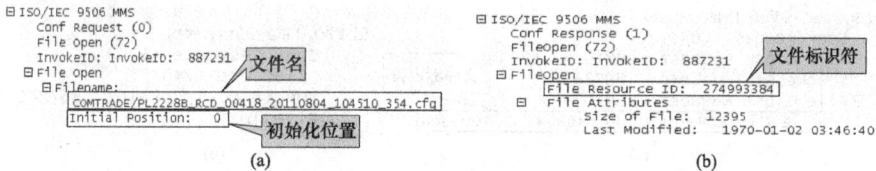

图 4-42 文件打开服务报文
（a）文件打开服务请求报文；（b）文件打开服务应答报文

图 4-42（b）是文件打开服务 FileOpen 的应答报文，其中参数 File Resource ID 是由服务器添加的文件标识符，用于控制文件的传输，在后续的

FileRead 和 FileClose 服务请求中均会用到该参数。文件大小 SizeofFile 和最后修改时间 LastModified 两个参数在前文已有介绍。

（2）文件读取。图4－43（a）是文件读取服务 FileRead 的请求报文，其参数为要读取文件的标识符，其值为274993384。

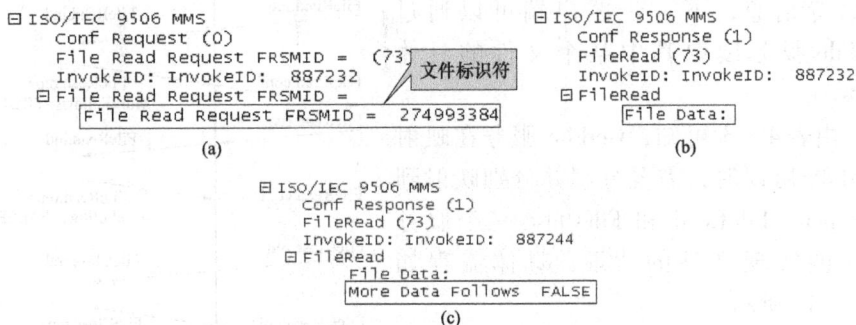

```
⊟ ISO/IEC 9506 MMS                          ⊟ ISO/IEC 9506 MMS
   Conf Request (0)                            Conf Response (1)
   File Read Request FRSMID =  (73)            FileRead (73)
   InvokeID: InvokeID: 887232   文件标识符      InvokeID: InvokeID:  887232
 ⊟ File Read Request FRSMID =              ⊟ FileRead
   ┌──────────────────────────────────┐        ┌──────────────┐
   │File Read Request FRSMID = 274993384│       │File Data:    │
   └──────────────────────────────────┘        └──────────────┘
              (a)                                       (b)
```

```
               ⊟ ISO/IEC 9506 MMS
                  Conf Response (1)
                  FileRead (73)
                  InvokeID: InvokeID:  887244
                ⊟ FileRead
                  ┌────────────────────────┐
                  │File Data:              │
                  │More Data Follows  FALSE │
                  └────────────────────────┘
                         (c)
```

图4－43　文件读取服务报文

（a）文件读取服务请求报文；（b）文件读取服务应答报文；（c）最后一帧 FileRead 应答报文

在图4－43（b）的应答报文中，服务器将文件的具体内容 File Data 上传到客户端。如果文件较大，那么可能被分为若干个数据包分帧传输，每帧传输一包。图4－43（b）应答报文中传输完毕标志"More Data Follows"虽然没有出现，但其默认值为 TURE，因此客户端会继续发出 FileRead 请求报文，通知服务器继续上传文件数据，直至文件传输完毕。最后一帧应答报文如图4－43（c）所示，在最后会有传输完毕标志"More Data Follows FALSE"。

（3）关闭文件。图4－44（a）是文件关闭服务 FileClose 的请求报文，其参数为要关闭文件的标识符。图4－44（b）是 FileClose 的应答报文，标志着文件传输正式结束。

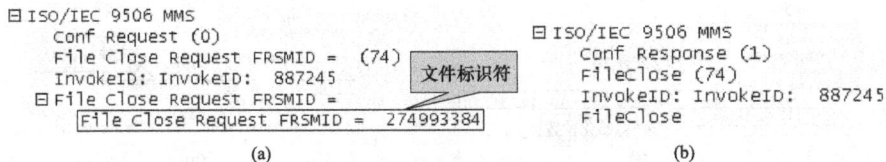

```
⊟ ISO/IEC 9506 MMS                          ⊟ ISO/IEC 9506 MMS
   Conf Request (0)                            Conf Response (1)
   File Close Request FRSMID =  (74)           FileClose (74)
   InvokeID: InvokeID: 887245   文件标识符      InvokeID: InvokeID:  887245
 ⊟ File Close Request FRSMID =                 FileClose
   ┌──────────────────────────────────────┐
   │File Close Request FRSMID =  274993384 │
   └──────────────────────────────────────┘
              (a)                                       (b)
```

图4－44　文件关闭服务报文

（a）文件关闭服务请求报文；（b）文件关闭服务应答报文

三、MMS 通信初始化报文分析

客户端与服务器之间的通信初始化主要包括建立关联、读逻辑设备目录、读逻辑节点目录、读数据集目录、读数据值、使能报告控制块和释放关联等服务。

1. 建立关联

客户端与服务器之间通信的第一步是建立关联。由表 4 - 3 可以看出，ACSI 关联服务 Associate 直接映射到 MMS 中的初始化 Initiate 服务。客户端首先向服务器发起初始化请求，服务器收到请求后将发出响应报文。

在 Initiate 服务中，客户端与服务器端将互相告知对方本端所支持的服务类型。图 4 - 45 （a） 是 Initiate 请求报文的截图，矩形框中 Services Supported Calling 的内容就是客户端所支持的服务类型；图 4 - 45 （b） 是 Initiate 响应报文的截图，矩形框中 Services Supported Called 的内容是服务器端所支持的服务类型。

提示：

Services Supported Calling/Called 的内容采用位串类型 Bit String 编码，ISO 9506 - 1 对它的定义如下：

```
ServiceSupportOptions::=BIT STRING
{
    status(0),
    getNameList(1),
    identify(2),
    rename(3),
    read(4),
    ...
}
```

ISO 9506 共定义了 85 种 MMS 服务，各种服务与位串中的 bit 位有固定的对应关系，位串中的每一个 bit 位对应一种 MMS 服务。例如位串的第 0 位如果为 1，则表示支持 status 服务；如果为 0 则不支持 status 服务。类似地，第 1 位如果为 1，表示支持 getNameList 服务…以图 4 - 45 （a） 中的请求报文为例，它的位串十六进制编码值为 "20000000000000000e100"，换算成二进制数以后可以看出第 2 位、72 位、73 位、74 位、79 位为 1，表示支持 identify、fileOpen、fileRead、fileClose 和 informationReport 服务。报文中的服务名称后面括号中的数字就是该服务在位串中的 bit 序号。

表 4 - 23 中给出了 IEC 61850 涉及的 14 种 MMS 服务对应的 bit 序号。

表 4-23　　　　　　　　　14 种常用 MMS 服务对应的 bit 序号

bit 序号	MMS 服务	bit 序号	MMS 服务
1	getNameList	65	readJournal
4	read	72	fileOpen
5	write	73	fileRead
6	getVariableAccessAttribute	74	fileClose
11	defineNamedVariableList	76	fileDelete
12	getNamedVariableListAttributes	77	filedirectory
13	deleteNamedVariableList	79	informationReport
46	obtainFile	83	conclude

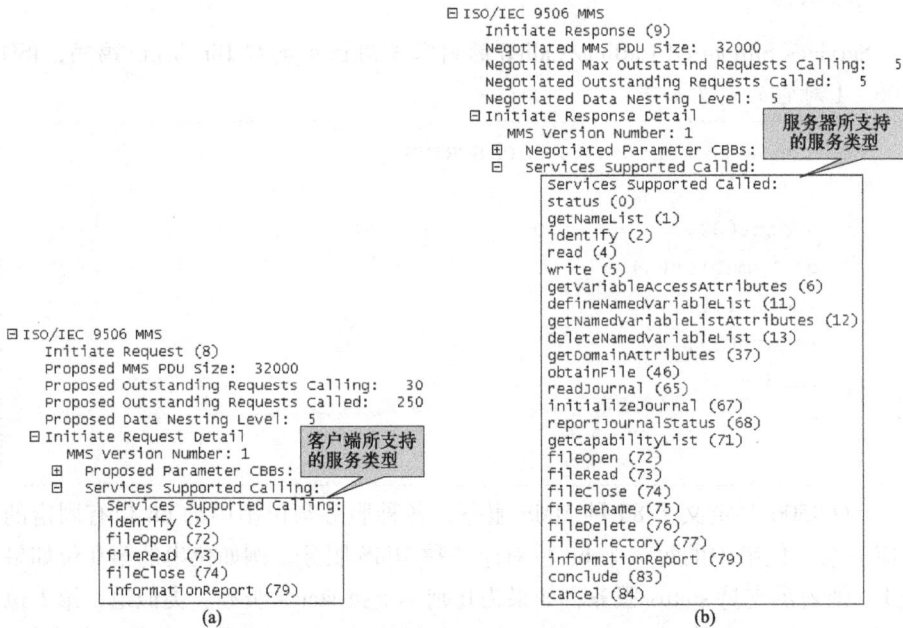

```
□ ISO/IEC 9506 MMS
    Initiate Response (9)
    Negotiated MMS PDU Size: 32000
    Negotiated Max Outstatind Requests Calling:    5
    Negotiated Outstanding Requests Called:    5
    Negotiated Data Nesting Level: 5
□ Initiate Response Detail
    MMS Version Number: 1
    ⊞  Negotiated Parameter CBBs:          服务器所支持
    □  Services Supported Called:          的服务类型
              Services Supported Called:
              status (0)
              getNameList (1)
              identify (2)
              read (4)
              write (5)
              getVariableAccessAttributes (6)
              defineNamedVariableList (11)
              getNamedVariableListAttributes (12)
              deleteNamedVariableList (13)
              getDomainAttributes (37)
              obtainFile (46)
              readJournal (65)
              initializeJournal (67)
              reportJournalstatus (68)
              getCapabilityList (71)
              fileopen (72)
              fileRead (73)
              fileClose (74)
              fileRename (75)
              fileDelete (76)
              fileDirectory (77)
              informationReport (79)
              conclude (83)
              cancel (84)
                                    (b)
```

```
□ ISO/IEC 9506 MMS
    Initiate Request (8)
    Proposed MMS PDU Size: 32000
    Proposed Outstanding Requests Calling:    30
    Proposed Outstanding Requests Called:    250
    Proposed Data Nesting Level:  5
□ Initiate Request Detail
    MMS Version Number: 1          客户端所支持
    ⊞  Proposed Parameter CBBs:    的服务类型
    □  Services Supported Calling:
              Services Supported Calling:
              identify (2)
              fileopen (72)
              fileRead (73)
              fileClose (74)
              informationReport (79)
                                    (a)
```

图 4-45　初始化服务报文

（a）初始化服务请求报文；（b）初始化服务响应报文

2. 读服务器目录

客户端利用 ACSI 读服务器目录服务（GetServerDirectory）收集服务器中拥有多少逻辑设备和文件。当用于收集逻辑设备时，它将被映射到 MMS 中的 GetNameList 服务；当用于收集文件时，它被映射到 MMS 中的 FileDirectory

服务。

清单 4 – 17 是 ISO/IEC 9506 – 2 规范中对 GetNameList 服务协议数据单元的定义，采用 ASN.1 语句表示。

清单 4 – 17：

```
GetNameList-Request:: = SEQUENCE
{
    objectClass       [0] ObjectClass,
    objectScope       [1] CHOICE
    {
     vmdSpecific      [0] IMPLICIT NULL,
     domainSpecific   [1] IMPLICIT Identifier,
     aaSpecific       [2] IMPLICIT NULL
    },
    continueAfter    [2] IMPLICIT Identifier OPTIONAL
}
GetNameList-Response:: = SEQUENCE
{
    listOfIdentifier [0] IMPLICIT SEQUENCE OF Identifier,
    moreFollows      [1] IMPLICIT BOOLEAN DEFAULT TRUE
}
```

从清单 4 – 17 中可以看出，GetNameList 服务请求报文含有三个参数，即对象类型 Object Class、作用域 objectScope 和 continueAfter。Object Class 用于确定要访问的对象类型，由于 GetServerDirectory 要读取的是服务器中的逻辑设备，而逻辑设备被映射到 MMS 中的域 Domain，所以 Object Class 为 Domain。作用域 objectScope 用于指明对象存在的范围，根据图 4 – 7，域 Domain 只能位于虚拟制造设备 VMD 中，所以作用域 objectScope 为 vmdspecific。continueAfter 是一个可选项，其用法将在后面介绍。

图 4 – 46（a）是客户端发出的 GetNameList 服务请求报文，由于不涉及超长列表的分次传送，所以 continueAfte 参数在报文中没有出现。

图 4 – 46（b）是服务器发出的 GetNameList 服务响应报文，由清单 4 – 17 可知，响应报文包含 listOfIdentifier 和 moreFollows 两个参数。listOfIdentifier 是返回的对象名字列表，图 4 – 46（b）显示服务器内所有逻辑设备的名字：PL2228BLD0、PL2228BPROT、PL2228BCTRL、PL2228BMEAS 和 PL2228BRCD。由于这一帧报文已经将列表中的所有名字传送完毕，因此 moreFollows 值应变为 FALSE。

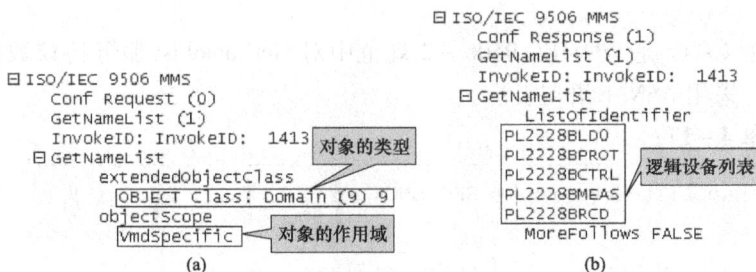

图 4 - 46　读服务器目录报文
（a）读服务器目录请求报文；（b）读服务器目录响应报文

3. 读逻辑设备目录

ACSI 读逻辑设备目录服务（GetLogicalDeviceDirectory）用于收集每个逻辑设备中的逻辑节点，由表 4 - 3 可知，它同样被映射到 MMS 中的 GetNameList 服务。

图 4 - 47（a）是客户端发出的 GetNameList 服务请求报文，由于 GetLogicalDeviceDirectory 要读取的是逻辑设备中的逻辑节点，而逻辑节点被映射到 MMS 中的有名变量 NamedVariable，所以 Object Class 为 NamedVariable。作用域 objectScope 用于指明访问对象存在的范围，由于逻辑节点位于逻辑设备中，而逻辑设备被映射到 MMS 中的域，所以 objectScope 应为 domainspecific。由清单 4 - 17 可知，当 objectScope 为 domainspecific 时，它的值应为域的名字，因此图 4 - 47（a）中其值为 "PL2228BCTRL"。

图 4 - 47（b）是服务器发出的 GetNameList 响应报文，从中可以看出服务器返回了很长的一个索引列表。

提示：))）

客户端可以对索引列表进行过滤以获得逻辑节点名，例如如果列表中的某个条目中没有字符 "$"，那么这个条目的内容就是某个逻辑节点的名字。

由于索引列表较大，需要被分割到若干帧报文中传输。图 4 - 47（b）报文中 "More Follows" 标志虽然没有出现，但其默认值为 TURE，因此客户端会继续发出 GetNameList 请求报文，通知服务器继续上传，如图 4 - 47（c）所示。continueAfter 参数的内容就是上一帧响应报文中索引列表最后一个条目的名字。当上传完毕时，最后一帧响应报文中会有标志 "More Follows FALSE"。

GetLogicalDeviceDirectory 服务返回的结果非常丰富，不仅有逻辑节点名，还有逻辑节点以下除数据集以外的任意层次的变量名（包括数据、数据属性

```
☐ ISO/IEC 9506 MMS
    Conf Request (0)
    GetNameList (1)
    InvokeID: InvokeID:  1414         ┌─────────┐
    ☐ GetNameList                     │对象的类型│
        extendedObjectClass           └─────────┘
        ┌──────────────────────────────────────┐
        │OBJECT Class: NamedVariable (0) 0      │
        └──────────────────────────────────────┘
        objectScope       ┌──────────┐
        ┌──────────┐      │对象的作用域│
        │PL2228BCTRL│     └──────────┘
        └──────────┘
                         (a)
```

```
☐ ISO/IEC 9506 MMS
    Conf Response (1)
    GetNameList (1)
    InvokeID: InvokeID:  1414
    ☐ GetNameList
        ListofIdentifier
        LLN0
        LLN0$ST
        LLN0$ST$Mod
        LLN0$ST$Mod$stVal
        LLN0$ST$Mod$q
        LLN0$ST$Mod$t
        LLN0$ST$Beh
              ⋮
        LLN0$CF$FuncEna2$sboClass
        LLN0$CF$FuncEna3
        LLN0$CF$FuncEna3$pulseConfig
                  (b)
```

```
☐ ISO/IEC 9506 MMS
    Conf Request (0)
    GetNameList (1)
    InvokeID: InvokeID:  1415
    ☐ GetNameList
        extendedObjectClass
        OBJECT Class: NamedVariable (0) 0
        objectScope            ┌───────────┐
        PL2228BCTRL            │continueAfter│
        ┌────────────────────────┐──────────┘
        │LLN0$CF$FuncEna3$pulseConfig│
        └────────────────────────────┘
                  (c)
```

图 4 - 47 读服务器逻辑目录报文

（a）读逻辑设备目录请求报文；（b）读逻辑设备目录响应报文；（c）读逻辑设备目录请求报文

等），客户端可以利用返回结果一次性地构建服务器端整个信息模型的目录体系（除数据集以外）。因此后面除了调用 GetLogicalNodeDirectory 服务读取数据集目录以外，数据对象、数据属性等层次的变量目录已无须再读取。

4. 读数据定义服务

建立起分层信息模型的目录体系之后，客户端还需要了解各层对象所属的数据类型。IEC 61850 中的 GetDataDirectory 和 GetDataDefinition 服务不仅可以获得所访问的对象的目录，还可以同时获得所访问对象的数据类型定义。

GetDataDirectory 和 GetDataDefinition 均被映射到 MMS 中的 GetVariableAccessAttributes 服务。图 4 - 48（a）是客户端发出的 GetVariableAccessAttributes 服务请求报文，参数 Object Name 是要访问的变量名字。由清单 4 - 8 可知，由于本次服务访问的是"域"中的有名变量，因此 Object Name 应当选择 domain-specific 成员。此时 ObjectName 又分为域名 DomainName 和项目名 ItemName 两部分，二者组合起来就是要访问的有名变量的名字"PL2228BPROT/LLN0"。

图 4 - 48（b）是服务器返回的 GetVariableAccessAttributes 服务响应报文。它包含两个参数：

（1）MMSDeletable：值为 FALSE，表示该有名变量不能被 DeleteVariableAccess 服务删除。

（2）TypeSpecification：该参数包含的是变量的类型描述信息，用于说明变量所属的数据类型。清单 4 - 18 是 ISO 9506 中有关该参数定义的片段，采用 ASN. 1 语句表示。从清单中可以看出，TypeSpecification 包含类型名 typeName 和类型描述 typeDescription 两部分。其中类型描述 typeDescription 既能够描述简单数据类型（如布尔型、位串、整数），也能描述数组、结构体等复杂类型。当 typeDescription 描述数组、结构体时，数组成员或结构体成员本身也可以是复杂类型，具体的类型信息也用 TypeSpecification 描述，由此形成了递归调用。因此，利用 TypeSpecification 可以描述任意复杂的数据类型。

清单 4 - 18：

```
TypeSpecification::= CHOICE
{
   typeName              [0] ObjectName,
   typeDescription       TypeDescription
}
   TypeDescription::= CHOICE
{
   array                 [1] IMPLICIT SEQUENCE
 {
   packed                [0] IMPLICIT BOOLEAN DEFAULT FALSE,
   numberOfElements      [1] IMPLICIT Unsigned32,
   elementType           [2] TypeSpecification
 }
   structure             [2] IMPLICIT SEQUENCE
 {
   packed                [0] IMPLICIT BOOLEAN DEFAULT FALSE,
   components            [1] IMPLICIT SEQUENCE OF SEQUENCE
   {
    componentName        [0] IMPLICIT Identifier OPTIONAL,
    componentType        [1] TypeSpecification
   }
 },
   boolean               [3] IMPLICIT NULL,
   bit-string            [4] IMPLICIT Integer32,
   integer               [5] IMPLICIT Unsigned8,
   …
   …
 }
```

图 4-48（b）矩形框中的内容是有名变量"PL2228BPROT/LLN0"的数据类型描述，限于篇幅，图中只截取了部分描述信息。由本章第二节中的内容可知，由逻辑节点映射得到的有名变量是一个多层嵌套的结构体，功能约束放在第一层，数据放在第二层，数据属性放在第三层…最末端一层是不可再分的基本类型。"PL2228BPROT/LLN0"就属于多层嵌套的结构体，ST、CF、DC 等功能约束是结构体的第一层。对照清单 4-18 中有关结构体 structure 的定义，可以看出"ST"是第一层结构体的名字（componentName）；"typeSpecification"是第一层结构体的类型（componentType）。"typeSpecification"本身又用清单 4-18 中的结构来描述。

ST 的"typeSpecification"进一步展开后的结构如图 4-48（c）所示。它包含 Mod、Beh 等由逻辑节点中的数据映射而来的结构体成员。Mod 结构体又包含 stVal、q 和 t 等由数据属性映射而来的成员。如图 4-48（c）所示，stVal 属于长度为 8 个比特位的整型（SignedInteger）；q 属于长度为 13 个比特位的位串类型（BitString）；t 属于 UTCTime 类型。stVal、q 和 t 属于不可再分的基本类型。

通过多次调用 GetDataDefinition 服务，客户端可以逐个地读取服务器中各个逻辑节点的数据类型定义信息，包括所含的数据对象、数据属性和报告控制块的类型描述信息。利用这些信息，客户端可以建立起服务器端从逻辑节点到数据属性各级对象的数据结构体系。

5. 读数据值服务

通过调用读目录服务和读数据定义服务，客户端建立起了服务器中各级对象的数据结构体系。如果要进一步了解这些数据的当前值，则需要调用 ACSI 读数据值 GetDataValues 服务。

GetDataValues 被映射到 MMS 中的 Read 服务。图 4-49（a）是客户端发出的 Read 服务请求报文，从图中可以看出，本次要访问的变量名字为"PL2228BPROT/LLN0\$ST"，也就是图 4-48（b）中第一层结构体的名字。

图 4-49（b）是服务器发出的 Read 服务响应报文，其返回结果是所访问的结构体变量的当前值，值的排列顺序与"PL2228BPROT/LLN0\$ST"的组成结构严格对应。对照图 4-48（c）可以看出，Mod 中的 stVal 值为"1"；品质 q 值为"0000000000000"；时间 t 为"2011-08-04 07:29.32.725000"，时间品质值为"0a"。

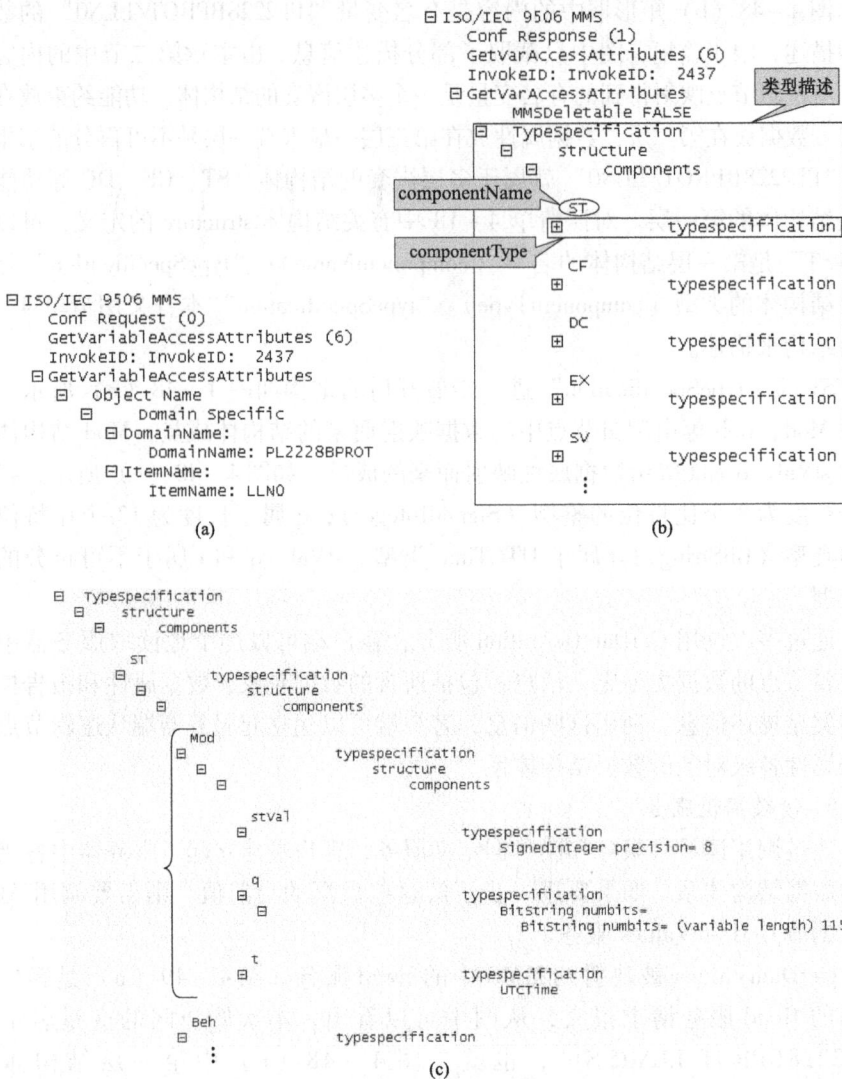

图 4-48　读数据定义服务报文

(a) 读数据定义服务请求报文；(b) 读数据定义服务响应报文；(c) ST 结构体的类型描述信息

　　类似地，通过多次调用 GetDataValues 服务，客户端可以逐个地读取服务器中各个逻辑节点所包含数据的当前值。

　　6. 读逻辑节点目录服务——数据集

　　利用 ACSI 读逻辑节点目录服务 GetLogicalNodeDirectory，客户端不仅可以收集逻辑节点中的数据和各种控制块，还可以用于收集逻辑节点中的数据集。

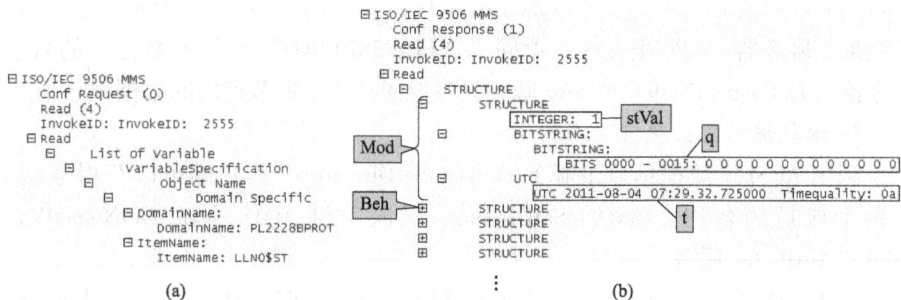

图 4 - 49　读数据值服务报文

（a）读数据值服务请求报文；（b）读数据值服务响应报文

GetLogicalNodeDirectory 被映射到 MMS 中的 GetNameList 服务。图 4 - 50
（a）是 GetNameList 服务请求报文。由于本次服务要读取的是逻辑节点中的数
据集，而数据集被映射到 MMS 中的有名变量列表，所以对象类型 Object Class
为 NamedVariableList。

作用域 objectScope 代表对象的存在范围。GetLogicalNodeDirectory 服务用
于收集逻辑节点内的数据集，因此理论上作用域应该为逻辑节点这一级。但是
从清单 4 - 17 可知，GetNameList 服务中的对象作用域只有 vmdspecific、
domainspecific 和 AAspecific 三种，因此没有完全符合要求的作用域。由此可见
GetNameList 服务并不能很准确地支持 GetLogicalNodeDirectory 服务。造成这种
矛盾的根源是由于 MMS 中的对象结构体系只有虚拟制造设备 VMD、域和有名
变量三层，而 IEC 61850 的对象模型却有服务器、逻辑设备、逻辑节点、数据
和数据属性五层结构。由表 4 - 2 可知，在具体映射时多种 IEC 61850 对象都
映射到 MMS 中的有名变量。

图 4 - 50（a）中作用域选择 domainSpecific 是一种妥协的做法，此时

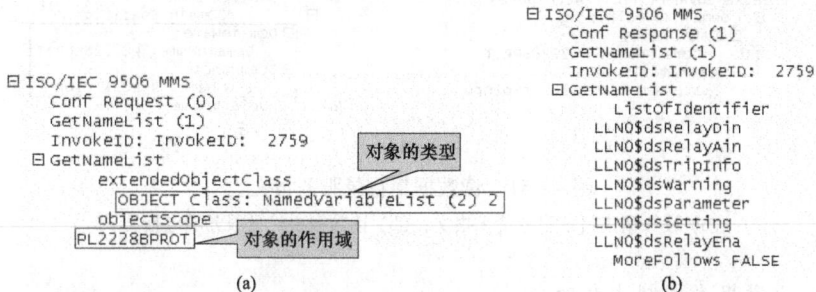

图 4 - 50　读逻辑节点目录服务报文

（a）读逻辑节点目录服务请求报文；（b）读逻辑节点目录服务响应报文

objectScope 的值为域的名字"PL2228BPROT"。如图 4-50（b）所示，这种做法的结果是服务器在响应报文中，返回了"PL2228BPROT"中所有数据集的名字。而理论上 GetLogicalNodeDirectory 服务只应返回某个逻辑节点内的数据集名字。

7. 读数据集目录服务

利用 ACSI 读数据集目录服务 GetDataSetDirectory，客户端可以获得数据集中各个成员的名称。GetDataSetDirectory 被映射到 MMS 中的 GetNamedVariableListAttributes 服务。

图 4-51（a）是 GetNamedVariableListAttributes 服务请求报文。从图中可以看出，本次要访问的有名变量列表名字为"PL2228BPROT/LLN0$dsTripInfo"，即保护跳闸数据集 dsTripInfo。

图 4-51（b）是 GetNamedVariableListAttributes 服务应答报文，它包含两个参数：

（1）MMS Deletable：值为 FALSE，表示有名变量不能被 DeleteVariableAccess 服务删除。

（2）List of Variable：该参数包含的是一组有名变量的名字，这些有名变量由数据集中的各个成员映射而来。如图 4-51（b）所示，第一个成员是保护启动信号"PL2228BPROT/PTRC1STStr"；第二个成员是重合闸动作信号"PL2228BPROT/RREC2STOp"…

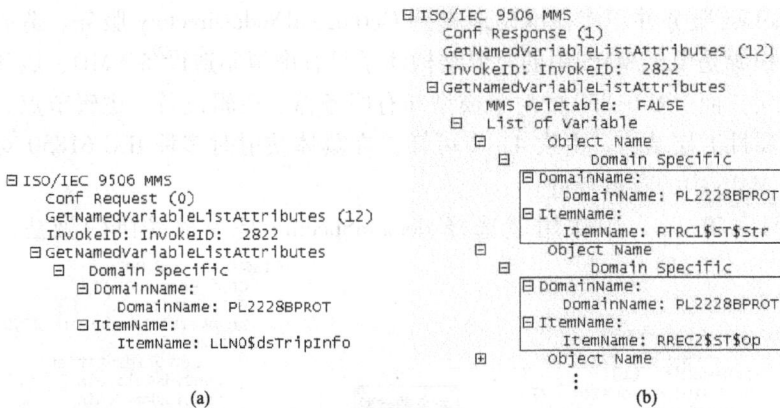

图 4-51 读数据集目录服务报文
（a）读数据集目录服务请求报文；（b）读数据集目录服务响应报文

8. 设置报告控制块参数

通过通信服务读取服务器模型以后，有的厂家的后台监控系统接下来会设置报告控制块的参数，如上送周期 IntgPd、选项域 OptFlds 和触发方式 TrgOps

等。ACSI 服务 SetBRCBValues 和 SetURCBValues 分别用于有缓存报告控制块和无缓存报告控制块的参数设置，二者均映射到 MMS 中的 Write 服务。

（1）取消报告控制块的使能。由于参数设置只能在报告控制块非使能状态下进行，因此客户端首先会取消使能，如图 4－52 所示，将"PL2228BPROT/LLN0＄BR＄brcbTripInfo01＄RptEna"设置为 FALSE，即可取消该报告控制块的使能状态。

```
☐ ISO/IEC 9506 MMS
   Conf Request (0)
   Write (5)
   InvokeID: InvokeID: 74701
☐ Write
   ☐ List of Variable
      ☐      Object Name
         ☐      Domain Specific
         ☐ DomainName:
                 DomainName: PL2228BPROT
         ☐ ItemName:
                 ItemName: LLN0$BR$brcbTripInfo01$RptEna
   ☐   Data
         BOOLEAN:  FALSE   ◄── 取消使能
```

图 4－52　取消报告控制块使能

（2）设置报告控制块参数。将报告控制块设置为非使能状态之后，客户端可以设置 IntgPd、OptFlds 和 TrgOps 各项参数。具体报文如图 4－53 ～图 4－55 所示。

```
☐ ISO/IEC 9506 MMS
   Conf Request (0)
   Write (5)
   InvokeID: InvokeID: 74720
☐ Write
   ☐ List of Variable
      ☐      Object Name
         ☐      Domain Specific
         ☐ DomainName:
                 DomainName: PL2228BPROT
         ☐ ItemName:
                 ItemName: LLN0$BR$brcbTripInfo01$IntgPd
   ☐   Data
            UNSIGNED: 50000
```

图 4－53　设置报告上送周期

```
☐ ISO/IEC 9506 MMS
   Conf Request (0)
   Write (5)
   InvokeID: InvokeID: 74724
☐ Write
   ☐ List of Variable
      ☐      Object Name
         ☐      Domain Specific
         ☐ DomainName:
                 DomainName: PL2228BPROT
         ☐ ItemName:
                 ItemName: LLN0$RP$urcbRelayAin01$Trgops
   ☐   Data
            BITSTRING:
               BITSTRING:
                  BITS 0000 - 0015: 0 1 0 0 1 1
```

图 4－54　设置报告触发选项

```
⊟ ISO/IEC 9506 MMS
    Conf Request (0)
    write (5)
    InvokeID: InvokeID:  74730
⊟ write
    ⊟  List of Variable
        ⊟      Object Name
            ⊟      Domain Specific
                ⊟ DomainName:
                      DomainName: PL2228BPROT
                ⊟ ItemName:
                      ItemName: LLN0$BR$brcbTripInfo01$OptFlds
        ⊟   Data
              BITSTRING:
                  BITSTRING:
                      BITS 0000 - 0015: 0 1 1 1 1 1 0 1 1 0
```

图 4 - 55　设置报告选项域

（3）使能报告控制块。报告控制块的参数设置完毕之后，客户端将正式使能报告控制块，具体报文如图 4 - 56 所示。报告控制块使能成功之后，IED 会马上通过报告服务主动上送测量值、告警信号等。

```
⊟ ISO/IEC 9506 MMS
    Conf Request (0)
    write (5)
    InvokeID: InvokeID:  74735
⊟ write
    ⊟   List of Variable
        ⊟       Object Name
            ⊟       Domain Specific
                ⊟ DomainName:
                      DomainName: PL2228BPROT
                ⊟ ItemName:
                      ItemName: LLN0$BR$brcbTripInfo01$RptEna
        ⊟   Data
                  BOOLEAN:  TRUE
```

图 4 - 56　使能报告控制块

（4）总召服务。客户端通过总召服务可以主动地获取服务器中某个数据集的最新当前值。图 4 - 57 是客户端发出的写总召服务请求报文，将"PL2228BPROT /LLN0$ BR$ brcbTripInfo02$ GI"设置为 TRUE。

当写总召成功之后，服务器会将该报告控制块对应数据集所有成员的最新值上送给客户端，如图 4 - 58 所示。

9. 释放关联

当客户端需要终止与服务器的连接时，会向服务器发出 ACSI 释放关联 Release 服务请求。由表 4 - 3 可知，Release 服务被映射到 MMS 中的 Conclude

服务。图 4 - 59（a）和图 4 - 59（b）分别是客户端发出的 Conclude 请求报文和服务器返回的响应报文。

```
⊟ ISO/IEC 9506 MMS
    Conf Request (0)
    write (5)
    InvokeID: InvokeID:  110946
  ⊟ write
    ⊟  List of variable
       ⊟      Object Name
          ⊟        Domain Specific
            ⊟ DomainName:
                 DomainName: PL2228BPROT
            ⊟ ItemName:
                 ItemName: LLN0$BR$brcbTripInfo02$GI
       ⊟   Data
             BOOLEAN:  TRUE
```

图 4 - 57 写总召服务

```
⊟ ISO/IEC 9506 MMS
      Unconfirmed (3)
    ⊟ InformationReport
      ⊟   VariableList
              RPT
      ⊟   AccessResults
         ⊟      VSTRING:
                brcbTripInfo702
         ⊞      BITSTRING:
                UNSIGNED:  64
         ⊞      BTIME
         ⊟      VSTRING:
                PL2228BPROT/LLN0$dsTripInfo
         ⊞      OSTRING:
                UNSIGNED:  1
         ⊞      BITSTRING:
         ⊟      VSTRING:
                PL2228BPROT/PTRC1$ST$Str
                     ⋮
```

图 4 - 58 报告上送

```
⊟ ISO/IEC 9506 MMS          ⊟ ISO/IEC 9506 MMS
   Conclude Request (11)         Conclude Response (12)
         (a)                           (b)
```

图 4 - 59 释放关联服务报文
（a）释放关联服务请求报文；（b）释放关联服务响应报文

10. ACSI 心跳报文

为了监视服务器的软、硬件健康状况是否良好，及时判断客户端服务器之间的通信是否中断，客户端每隔一定时间（如 10 s）会发出一帧报文，读取 LLN0 中的 Health 状态值，如图 4 – 60（a）所示。图 4 – 60（b）是服务器发出的响应报文，如果返回值为"1"，表示服务器没有任何问题；如果返回值为"2"，则表示服务器出现了小问题但能够正常运行；如果返回值为"3"，则表示服务器出现了非常严重的问题，已经不能执行正常的操作。

如果客户端在一定时间内没有收到服务器发出的响应报文，则可以判定通信链路发生了异常，客户端将在短时间内发出通信中断告警。

与图 4 – 60 中读 LLN0 中的 Health 状态值方法不同，有些厂家的客户端采用读取服务器中报告控制块参数当前值的方法来判断通信是否中断。类似地，客户端每隔一定时间发出一帧请求读取报告控制块参数值的报文，如图 4 – 61（a）所示。图 4 – 61（b）是服务器发出的应答报文。如果在一定时间内客户端没有接收到该应答报文，则可判定通信已经中断。与图 4 – 60 中的方法相比，图 4 – 61 中客户端可以实时地了解服务器中各报告控制块的状态。例如如果在运行中某个报告控制块使能状态变成 FALSE，客户端可以立即通过图 4 – 56 中的方法重新使能该报告控制块，从而提高信号传输的可靠性。

```
⊟ ISO/IEC 9506 MMS
    Conf Request (0)
    Read (4)
    InvokeID: InvokeID: 106916
  ⊟ Read
    ⊟     List of Variable
      ⊟        VariableSpecification
        ⊟         Object Name
          ⊟           Domain Specific
            ⊟ DomainName:
                 DomainName: PL2228BRCD
            ⊟ ItemName:
                 ItemName: LLN0$ST$Health$stVal
                    (a)
```

```
⊟ ISO/IEC 9506 MMS
    Conf Response (1)
    Read (4)
    InvokeID: InvokeID: 106916
  ⊟ Read
            INTEGER: 1
                 (b)
```

图 4 – 60　读数据值服务报文

(a) 读数据值服务请求报文；(b) 读数据值服务响应报文

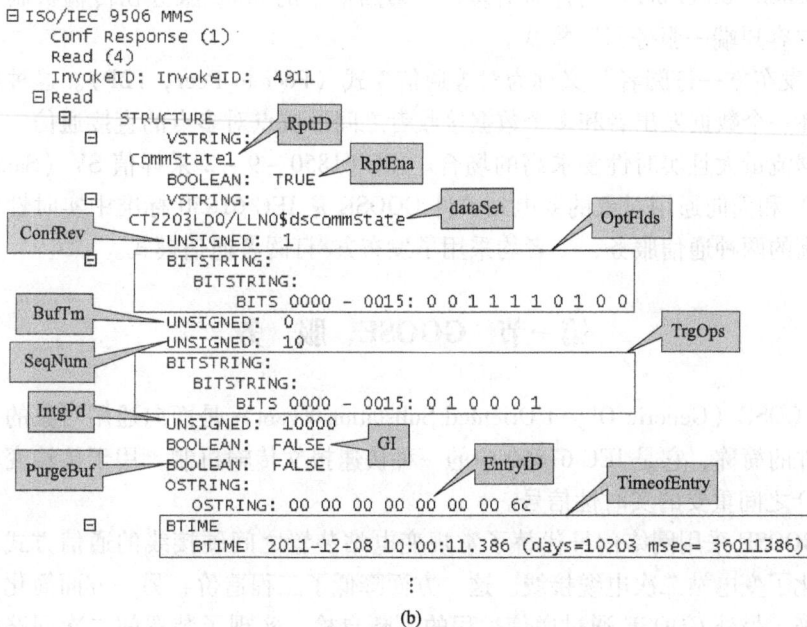

```
⊟ ISO/IEC 9506 MMS
    Conf Request (0)
    Read (4)
    InvokeID: InvokeID:  4911
 ⊟ Read
    ⊟       List of Variable
        ⊟         VariableSpecification
            ⊟           Object Name
                ⊟             Domain Specific
                 ⊟ DomainName:
                      DomainName: CT2203LD0
                 ⊟ ItemName:
                      ItemName: LLN0$BR$brcbCommState04
        ⊟         VariableSpecification
            ⊟           Object Name
                ⊟             Domain Specific
                 ⊟ DomainName:
                      DomainName: CT2203LD0
                 ⊟ ItemName:
                      ItemName: LLN0$BR$brcbAlarm04
                        ⋮
```

(a)

```
⊟ ISO/IEC 9506 MMS
    Conf Response (1)
    Read (4)
    InvokeID: InvokeID:  4911
 ⊟ Read
    ⊟       STRUCTURE
        ⊟         VSTRING:            RptID
                  CommState1
                    BOOLEAN:   TRUE        RptEna
        ⊟         VSTRING:
                  CT2203LD0/LLN0$dsCommState   dataSet        OptFlds
     ConfRev      UNSIGNED:  1
        ⊟         BITSTRING:
                      BITSTRING:
                          BITS 0000 - 0015: 0 0 1 1 1 1 0 1 0 0
     BufTm        UNSIGNED:  0                                  TrgOps
     SeqNum       UNSIGNED:  10
                  BITSTRING:
                      BITSTRING:
                          BITS 0000 - 0015: 0 1 0 0 0 1
     IntgPd       UNSIGNED:  10000
                  BOOLEAN:   FALSE    GI
     PurgeBuf     BOOLEAN:   FALSE          EntryID        TimeofEntry
                  OSTRING:
                      OSTRING: 00 00 00 00 00 00 00 6c
        ⊟         BTIME
                      BTIME  2011-12-08 10:00:11.386 (days=10203 msec= 36011386)
                        ⋮
```

(b)

图 4-61 读报告控制块参数值报文

(a) 读报告控制块参数值请求报文；(b) 读报告控制块参数值应答报文

第五章

GOOSE、SV 及对时服务

如前所述，IEC 61850 包含"客户端—服务器"和"发布方—订阅者"（Publisher/Subscriber）两种通信模式，第四章中的 MMS 服务在传输机制上采用了"客户端—服务器"模式。

"发布方—订阅者"又称为对等通信模式（Peer to Peer，P2P）。这种模式允许在一个数据发出者和多个数据接收者之间形成点对多点的直接通信，适用于数据流量大且实时性要求高的场合。IEC 61850 – 9 – 2 采样值 SV（Sampled Value）和面向通用对象的变电站事件 GOOSE 是 IEC 61850 标准中实时性要求比较高的两种通信服务，二者均采用了发布方/订阅者通信模式。

第一节 GOOSE 服务

GOOSE（Generic Object Oriented Substation Event）是面向通用对象的变电站事件的简称，它是 IEC 61850 中的一种快速报文传输机制，用于传输变电站内 IED 之间重要的实时性信号。

GOOSE 采用网络信号代替了常规变电站装置之间硬接线的通信方式，大大简化了变电站二次电缆接线。这一方面降低了工程造价，另一方面简化了工程实施。另外 GOOSE 通过通信过程的不断自检，实现了装置间二次回路的智能化监测。目前 GOOSE 通信机制在数字化变电站中获得了广泛的应用，如保护、测控装置跳合闸命令的输出，不同保护装置之间的闭锁、启动失灵，监控系统不同间隔之间的联闭锁等。

一、GOOSE 传输机制

GOOSE 报文的发送按图 5 – 1 所示的规律执行。其中 T_0 是心跳时间，装置正常每隔 T_0 时间发送一次当前状态，此时的报文称为心跳报文。当 GOOSE

数据集中任何一个成员的数据值发生变化，装置会马上发送该数据集的所有数据，然后间隔 T_1 发送第二帧及第三帧，间隔 T_2 发送第四帧，间隔 T_3 发送第五帧，后续报文的发送时间间隔逐渐增加，直到最后报文间隔恢复为心跳时间。

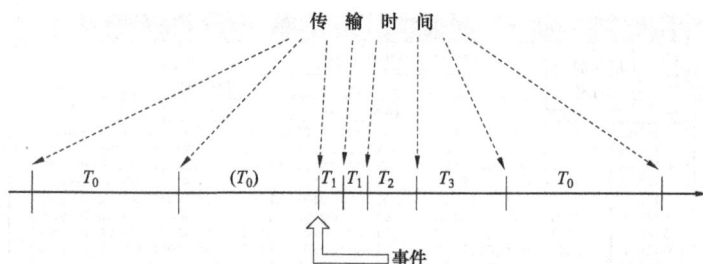

图 5 - 1　GOOSE 报文发送过程

T_0—稳定条件（长时间无事件）下重传；

（T_0）—稳定条件下的重传可能被事件缩短；

T_1—事件发生后，最短的传输时间；

T_2，T_3—直到获得稳定条件的重传时间

　　GOOSE 报文心跳时间间隔为图 5 - 1 中的 T_0。按照国内 IEC 61850 实施规范的要求，报文允许生存时间（time allow to live）为 $2T_0$，如果接收端超过 $2T_0$ 时间内没有收到报文则判断报文丢失；在报文允许生存时间的 2 倍时间内没有收到下一帧 GOOSE 报文即判断为通信中断。判出中断后，装置将发出 GOOSE 断链报警。因此在通信过程中，GOOSE 通过不断自检实现了装置间回路通断的智能化监测，克服了传统电缆回路故障无法自动发现的缺点，提高了变电站二次回路的可靠性。

　　IEC 61850 第 1 版中对于 GOOSE 报文重发的具体时间间隔值和重发次数并没有作出明确说明。按照目前国内某些地区工程实施的习惯，T_0 一般设置成 5000ms，T_1 设置成 2ms，T_2 设置为 2 倍 T_1 的时间（$2 \times T_1$），T_3 为 2 倍 T_2 的时间（$2 \times T_2$）。所以变位报文的 4 次重传时间间隔为：第一次重传间隔 2ms，第二次重传间隔 2ms，第三次重传间隔 4ms，第四次重传间隔 8ms。经过四次重传后 GOOSE 报文强制恢复为心跳报文。

　　图 5 - 2 是利用 MMS Ethreal 软件捕获到的一组 GOOSE 报文。图中从第 28 号直至第 316 号的 5 帧报文为心跳报文，相邻两个报文的时间间隔为 T_0（5s）。随后发生了事件变化，装置立即发送第一帧变位报文，即第 331 号报文。第一

帧报文发出后装置以最短时间间隔 T_1（2ms）快速重发两次变位报文，即第332、333 号报文。在两次重发完成后，装置分别以 T_2（4ms）和 T_3（8ms）时间间隔发出第 334 号报文和第 335 号报文。之后 GOOSE 再次进入稳态传输过程，以 T_0 时间间隔循环发送 GOOSE 心跳报文。

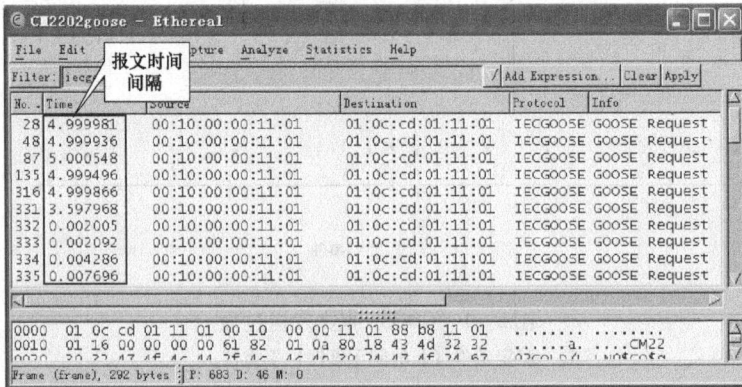

图 5-2　GOOSE 发送过程

GOOSE 报文中携带有 StNum 参数和 SqNum 参数。StNum 为状态序号，用于记录 GOOSE 数据总共的变位次数。GOOSE 数据集成员的值每改变一次，StNum 加 1。SqNum 为顺序号，用于记录稳态情况下发出报文的帧数，装置每发出一帧 GOOSE 报文，SqNum 应加 1；当有 GOOSE 数据变位时，该值归 0，从头开始重新计数。因此 StNum 和 SqNum 值的变化有严格的规律。

表 5-1 是图 5-2 中 10 帧 GOOSE 报文的 StNum 和 SqNum 变化规律。表中从第 28 号直至第 316 号的 5 帧报文为心跳报文，StNum 不变，SqNum 依次加 1。第 331 号报文为第一帧变位报文，StNum 加 1 变成"28"；SqNum 归 0，重新开始计数。此时如果没有接着发生 GOOSE 变位，后续报文会再次进入稳态传输过程，StNum 保持不变，SqNum 依次加 1。

表 5-1　　　　　　　　　　状态号和序列号变化规律

序号	28	48	87	135	316	**331**	332	333	334	335
StNum	27	27	27	27	27	**28**	28	28	28	28
SqNum	238	239	240	241	242	**0**	1	2	3	4

二、GOOSE 通信的实现

1. GOOSE 服务的映射

采用 GOOSE 传输保护跳闸等重要的实时性报文，应满足继电保护"可靠性、速动性"的要求，因此 GOOSE 在 IEC 61850 中属于快速报文传输服务。IEC 61850 规定 GOOSE 报文传输的延迟应在 4ms 以内。为了降低报文处理过程的延时，保证数据传输的实时性，IEC 61850 在定义 GOOSE 服务实现机制时，对原有的 TCP/IP 协议栈进行了裁剪，去掉了网络层和传输层，如图 5-3 所示。

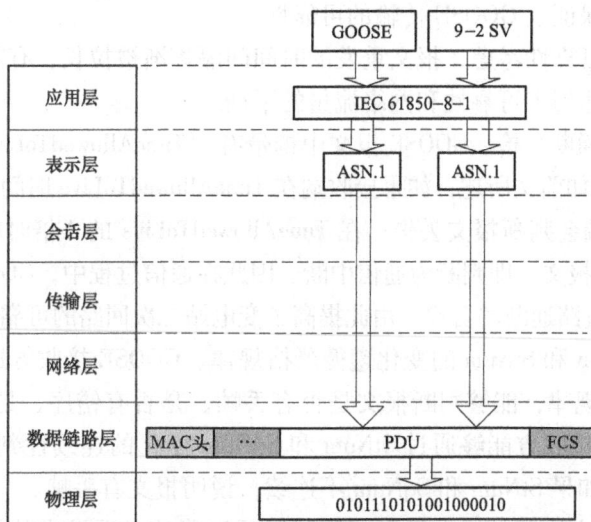

图 5-3　GOOSE 和 SV 通信服务映射

IEC 61850-8-1 采用 ASN.1 语法规则定义了 GOOSE 服务的应用层协议数据单元——GOOSE PDU。GOOSE PDU 在经过表示层 ASN.1 规则编码后，生成的数据包不经 TCP/IP 协议，直接映射到数据链路层和物理层传输。这种映射方式避免了通信堆栈造成的传输延时，保证了报文传输的快速性。

提示：

如图 5-3 所示，采样值 SV 服务的映射规则与 GOOSE 相同，将在后文中详细介绍。

如前文所述，TCP/IP 模型中传输层的主要作用是在发送主机和接收主机之间提供可靠的数据传输。为了保证数据传输的可靠性，TCP/IP 协议规定接收端必须发回确认信息，若数据丢失则发送端必须重新发送。另外 TCP/IP 协议还有"按序交付、差错检测"等机制保证数据传输的可靠性。由于 GOOSE 服务在映射时去掉了传输层和网络层，因此这些可靠性机制也已不再适用，必须采取其他措施保证 GOOSE 传输的可靠性。

为了保证 GOOSE 传输的可靠性，IEC 61850 主要采取了以下措施：

（1）快速重发机制。如图 5－1 所示，当数据集成员发生变位后，装置会立刻发出第一帧 GOOSE 变位报文，随后在很短的时间内，装置会补发第二帧、第三帧报文……这样即使第一帧报文发出后丢失，也会有第二帧报文及时抵达接收端，从而保证了 GOOSE 传输的可靠性。

另外出于可靠性考虑，报文重发的时间间隔逐渐被拉长，有效地避免了网络负载过重，达到了可靠性和网络流量的平衡。

（2）链路通断自检。GOOSE 报文中携带有"TimeAllowedToLive（报文存活时间）"参数。如前文所述，如果接收端在 TimeAllowedToLive 时间内未收到任何报文，则接收端会判断报文丢失；在 TimeAllowedToLive 的 2 倍时间内没有收到下一帧 GOOSE 报文，即判断为通信中断。因此在通信过程中，GOOSE 实际上是在不断地进行链路通断的自检，由此提高了变电站二次回路的可靠性。

（3）SqNum 和 StNum 的变化遵循严格规律。GOOSE 接收方通过 StNum 和 SqNum 的变化规律，能够判断报文是否有丢帧、是否有错序、是否有重复等。例如，GOOSE 接收方能够通过 StNum 和 SqNum 变化的连续性判断 GOOSE 报文是否丢帧。如果 StNum 和 SqNum 不连续，说明报文有丢帧。

GOOSE 报文错序是指由于受网络传输延时影响，后发出的报文比先发出的报文先到达接收端装置。GOOSE 接收方能够依据 StNum 和 SqNum 依次递增的特点，检查 GOOSE 报文是否错序，以此判断网络是否异常。

GOOSE 报文重复是指发送方连续发送两帧 StNum 和 SqNum 序号完全相同的报文。GOOSE 接收方通过检查两帧报文的序号是否相同，能够判断报文是否重复。

2. GOOSE PDU 的结构定义

清单 5 –1 是 IEC 61850 –8 –1 对 GOOSE PDU 结构的定义，采用 ASN. 1 语句表示。

清单 5 –1：

```
IEC 61850 DEFINITIONS :: = BEGIN
IMPORTS Data FROM ISO - IEC - 9506 - 2
IEC 61850 - 8 - 1 Specific Protocol:: = CHOICE
```

```
{
    gseMngtPdu          [APPLICATION 0]      IMPLICIT GSEMngtPdu,
    goosePdu            [APPLICATION 1]      IMPLICIT IECGoosePdu,
    ...
}
 IECGoosePdu::= SEQUENCE
{
    gocbRef             [0]    IMPLICIT VISIBLE-STRING,
    timeAllowedtoLive   [1]    IMPLICIT INTEGER,
    datSet              [2]    IMPLICIT VISIBLE-STRING,
    goID                [3]    IMPLICIT VISIBLE-STRING OPTIONAL,
    t                   [4]    IMPLICIT UtcTime,
    StNum               [5]    IMPLICIT INTEGER,
    SqNum               [6]    IMPLICIT INTEGER,
    test                [7]    IMPLICIT BOOLEAN DEFAULT FALSE,
    confRev             [8]    IMPLICIT INTEGER,
    ndsCom              [9]    IMPLICIT BOOLEAN DEFAULT FALSE,
    numDatSetEntries    [10]   IMPLICIT INTEGER,
    allData             [11]   IMPLICIT SEQUENCE OF **Data**,
    security            [12]   ANY OPTIONAL, - - - -保留位,用于数字签名加密
}
 UtcTime ::= OCTETSTRING
    ...
 END
```

对清单 5 - 1 简要分析如下:

(1) 由 DEFINITIONS 可知本模块的名称是"IEC 61850"。

(2) IMPORTS 关键字指出,此模块引用了 ISO/IEC 9506 - 2 中参数 Data。下面 IECGoosePdu 在定义第 12 个成员"allData"时就引用了 Data。

(3) 第一层结构"IEC 61850 - 8 - 1 Specific Protocol"为 CHOICE 类型,对于 GOOSE 报文传输应选择 goosePdu,其标签值为[APPLICATION 1],属于结构类型 IECGoosePdu。

(4) IECGoosePdu 一共含有 13 个成员,由关键字"SEQUENCE"可知,这些成员的排列有固定的先后顺序,在报文中出现的顺序应与清单 5 - 1 中的顺序相同。

(5) 所有成员均属于上下文相关类,"[ ]"中的值为被声明类型的实际 Tag 值。

（6）由第 13 个成员后面的关键字"OPTIONAL"可知，security 是可选项，可以不出现在报文中。security 用于对 GOOSE 报文进行加密，以保证信息传输的安全。由于加密解密算法会耗费相当多的 CPU 时间，因此可能会对 GOOSE 报文传输的实时性造成影响。

（7）第 12 个成员 allData 为结构类型，在定义时引用了 ISO/IEC 9506 – 2 中的参数 Data。Data 的详细内容如清单 5 – 2 所示，在定义时也采用了 ASN.1 语句描述。Data 中包含丰富的数据类型，如布尔型、浮点型和整型等。在组建 GOOSE PDU 时，上述数据类型可由用户自由选择。由此可知，GOOSE 不仅可以传输状态量信息，而且可以传输模拟量信息，甚至可以传输时间信息，其应用范围很广。

清单 5 – 2：

```
Data :: = CHOICE
{
    array                [1]     IMPLICIT SEQUENCE OF Data,
    structure            [2]     IMPLICIT SEQUENCE OF Data,
    boolean              [3]     IMPLICIT BOOLEAN,
    bit-string           [4]     IMPLICIT BIT STRING,
    integer              [5]     IMPLICIT INTEGER,
    unsigned             [6]     IMPLICIT INTEGER,
    floating-point       [7]     IMPLICIT FloatingPoint,
    octet-string         [9]     IMPLICIT OCTET STRING,
    visible-string       [10]    IMPLICIT VisibleString,
    generalized-time     [11]    IMPLICIT GeneralizedTime,
    binary-time          [12]    IMPLICIT TimeOfDay,
    bcd                  [13]    IMPLICIT INTEGER,
    booleanArray         [14]    IMPLICIT BIT STRING,
    objId                [15]    IMPLICIT OBJECT IDENTIFIER,
    ...,
    mMSString            [16]    IMPLICIT MMSString
    utc-time             [17]    IMPLICIT NULL
}
```

3. GOOSE 数据帧的结构

GOOSE PDU 在映射到数据链路层后，采用 ISO/IEC 8802 – 3 版本的以太网数据帧。这种数据帧其实就是带 IEEE 802.1P 和 IEEE 802.1Q 标记的以太网数据帧，具体格式如图 5 – 4 所示。

前导码	帧首定界符	目的地址	源地址	Tag	类型	APPID	长度	保留位1	保留位2	APDU	帧校验序列

TPID	TCI		
0x8100	User Priority	CFI	VLAN ID
16bit	3bit	1bit	12bit

图 5 - 4　ISO/IEC 8802 - 3 数据帧的格式

ISO/IEC 8802 - 3 数据帧中各个字段的含义如下。

（1）目的地址。目的地址长度为 6 个字节。IEEE 规定，对于 GOOSE 和 9 - 2 SV 报文的目的地址，前 3 个字节固定为"01 - 0C - CD"，第 4 个字节为 "01"时代表 GOOSE，为"04"时代表 9 - 2 SV 报文。IEC 61850 建议的组播 地址取值范围见表 5 - 2。

表 5 - 2　　　　　　　　　　　组 播 地 址 取 值 范 围

服务类型	起始地址	结束地址
GOOSE 报文	01 - 0C - CD - 01 - 00	01 - 0C - CD - 01 - FF
采样值 SV 报文	01 - 0C - CD - 04 - 00	01 - 0C - CD - 04 - FF

变电站中 IED 的网卡接收到组播报文后，应根据设置好的组播地址过滤算法 判断是否为该组成员。如果是，则接收并传给装置 CPU；如果不是则丢弃报文。

（2）VLAN 和用户优先级。如表 5 - 3 所示，9 - 2 采样值报文和 GOOSE 报文默认优先级为 4，而其他报文优先级一般为 1，从而保证在过程层网络上 GOOSE 和采样值报文能够优先传输。

表 5 - 3　　　　　　　　　　VLAN ID 和优先级的默认值

类型	默认 VID	默认优先级
GOOSE 报文	0	4
采样值 SV 报文	0	4

（3）以太网类型值。IEC 61850 中各种报文的以太网类型已经由 IEEE 的著作权注册机构进行了注册，是独一无二的；其中 9 - 2 采样值报文的 以太网类型值被注册为 0x88BA，GOOSE 报文的以太网类型值是 0x88B8。 由于 ACSI（抽象通信服务接口）核心服务映射到 TCP/IP 协议，其报文一 般都是 IP 包，所以以太网类型值是 0x0800。这种独一无二的以太网类型 值有利于数据帧的接收方对报方的解码过程进行优化。以太网类型值的分 配范围见表 5 - 4。

表 5 - 4	以太网类型值的分配范围	
服务类型	以太网类型值	APPID 类型
GOOSE 报文	88 - b8	00
9 - 2 采样值 SV 报文	88 - ba	01

（4）APPID（application identifier）。应用标识 APPID 长度为 2 个字节。对于网卡接收上来的每一帧数据，应用程序会判断 APPID 的值。如果与 CID 文件中预先配置的值一致才继续解析报文，否则丢弃报文。

APPID 值由"APPID 类型"加"实际 ID 值"两部分组成。APPID 类型占据最高的 2bit，见表 5 - 4。IEC 61850 为 GOOSE 分配的 APPID 取值范围是 0x0000 ~ 0x3FFF，为 9 - 2 采样值报文分配的 APPID 取值范围是 0x4000 ~ 0x7FFF。IEC 61850 建议每一个 GOOSE 控制块的 APPID 值应全站唯一。

（4）长度。长度字段占 2 个字节，它的值是从 APPID 开始到 APDU 结束的全部字节数，即"APPID + 长度 + 保留位 1 + 保留位 2 + APDU"五个字段的长度。

（5）保留位。保留位 1 和保留位 2 供将来扩展时用，共占有 4 个字节，默认值为 0。

（6）APDU。如图 5 - 3 所示，GOOSE PDU 在经过表示层 ASN. 1 规则编码后，生成的数据包就是 APDU。

三、GOOSE 报文的编解码

图 5 - 5 是利用 MMS Ethereal 软件在现场捕捉到的一个 GOOSE 报文截图。下面以该图为例，介绍 GOOSE 报文的具体编解码方法。

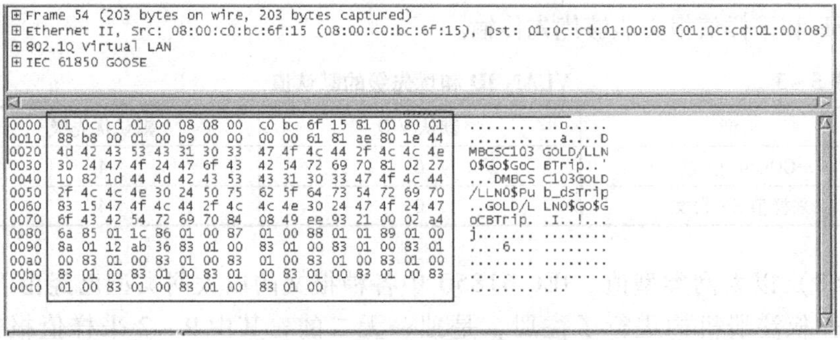

图 5 - 5　GOOSE 报文截图

1. 报文头部分

按照图 5 - 4 中 ISO/IEC 8802 - 3 数据帧的结构，可以对图 5 - 5 黑色矩形框中的十六进制编码进行分解。

首先分离出 6 个字节的目的地址"01 0c cd 01 00 08"和 6 个字节的源地址"08 00 c0 bc 6f 15"。

地址字段后面是 4 个字节的 Tag 标签头信息"81 00 80 01"。"81 00"是 TPID 的固定值;"8001"换算成二进制数为"1000000000000001",它包括三部分内容,用户优先级占据前 3bit"100",CFI 占第 4bit"0",VLAN ID 占最后 12 个 bit"000000000001",换算成十进制数后可以看出优先级为 4,VLAN ID 为 1。

Tag 标签头后是以太网类型值"88 b8",代表该数据帧是一个 GOOSE 报文。

紧接着是应用标识 APPID"00 01",该值全站唯一。

APPID 后面是长度字段"00 b9",换算成十进制数为 185,表示数据帧从 APPID 开始到 APDU 结束的部分共有 185 个字节。

保留位 1 和保留位 2 共占有 4 个字节,默认值为"00 00 00 00"。

图 5-6 是 MMS Ethereal 软件对该上述字段的解码结果。

```
⊟ Ethernet II, Src: 08:00:c0:bc:6f:15 (08:00:c0:bc:6f:15)
   ⊞ Destination: 01:0c:cd:01:00:08 (01:0c:cd:01:00:08)
   ⊞ source: 08:00:c0:bc:6f:15 (08:00:c0:bc:6f:15)
     Type: 802.1Q Virtual LAN (0x8100)
⊟ 802.1Q Virtual LAN
     100. .... .... .... = Priority: 4
     ...0 .... .... .... = CFI: 0
     .... 0000 0000 0001 = ID: 1
     Type: IEC 61850/GOOSE (0x88b8)
⊟ IEC 61850 GOOSE
     AppID⋇: 1
     PDU Length⋇: 185
     Reserved1⋇: 0x0000
     Reserved2⋇: 0x0000
   ⊞ PDU
```

图 5-6 GOOSE 报文头部分

提示:

由于交换机或电脑的网卡有可能在底层滤除掉"802.1Q VLAN"标记,因此用户利用笔记本电脑捕获到的 GOOSE 报文中不一定含有 4 个字节的 Tag 标签头信息。

2. PDU 部分

由图 5-4 可知,ISO/IEC 8802-3 版本以太网数据帧中保留位字段后面就是 GOOSE PDU 部分,其编解码符合 ASN.1 语法规则。

(1)清单 5-1 是 IEC 61850 对 GOOSE PDU 结构的定义。在第一层结构中,对于 GOOSE 报文,应选择第二个成员 goosePdu。由标签值 [APPLICATION 1]

可知，它属于应用类，另外它还属于 IECGoosePdu 结构类型。按照表 4-7 中的规则，它的 Tag 值采用二进制编码为"01100001"，换算成十六进制为"61"。

（2）在 Tag-Length-Value 编码规则中，如果 Value 所含字节数大于 127，则 Length 字段采用长格式编码，第一个字节的 bit7 固定为 1，bit6 ~ bit0 表示后继长度字节的个数，因此由 Length 字段"81"（换算成二进制编码为"10000001"）可知，后面还有一个代表实际长度的字节。该字节为"ae"，表示 Value 部分实际含有 174 个字节。

（3）从"80"开始，后面的编码均为 IECGoosePdu 的内容。

依照清单 5-1 的定义，gocbRef 成员为上下文简单类型，[ ] 中的值为"0"，因此 Tag 的二进制编码为"10000000"，转换成十六进制为"80"。"1e"为长度 Length，表示后面的内容 Value 部分长度为 30 个字节，即"44 4d 42 43 53 43 31 30 33 47 4f 4c 44 2f 4c 4c 4e 30 24 47 4f 24 47 6f 43 42 54 72 69 70"，这组编码是字符串的 ASCII 码值（十六进制），结合附录 A 的 ASCII 代码表，该字符串应翻译为"DMBCSC103GOLD/LLN0 $ GO $ GoCBTrip"。

后面的"81"是 timeAllowedtoLive 的 Tag 值，"02"是长度，"27 10"是 Value 值，转换成十进制为 10000。

"82"是数据集名字 datSet 的 Tag 值，"1d"是长度，表示后面的内容 Value 部分含有 29 个字节，即"44 4d 42 43 53 43 31 30 33 47 4f 4c 44 2f 4c 4c 4e 30 24 50 75 62 5f 64 73 54 72 69 70"，这组编码同样是十六进制的 ASCII 码值，结合附录 A 的 ASCII 代码表，该字符串应翻译为"DMBCSC103GOLD/LLN0 $ Pub_Trip"。

"83"是 GOOSE 标识 goID 的 Tag 值，"15"表示后面的 Value 部分含有 21 个字节，即"47 4f 4c 44 2f 4c 4c 4e 30 24 47 4f 24 47 6f 43 42 54 72 69 70"，结合附录 A 的 ASCII 代码表，该字符串应翻译为"GOLD/LLN0 $ GO $ GoCBTrip"。

"84"是时间 t 的 Tag 值，"08"表示后面的 Value 部分含有 8 个字节，前 7 个字节"49 ee 93 21 00 02 a4"代表当前时刻与 1970 年 1 月 1 日 00：00：00 的时间差值，以秒为单位，最后一个字节"6a"代表时间品质。

"85"是 StNum 的 Tag 值，"01"表示后面的 Value 部分含有 1 个字节，其值为"1c"，翻译成十进制数为 28。

"86"是 SqNum 的 Tag 值，"01"表示后面的 Value 部分含有 1 个字节，其值为"08"，翻译成十进制数为 8。

"87"是检修位 Test 的标签 Tag 值，"01"表示后面的 Value 部分含有 1 个字节，其值为"00"。Test 为布尔量，其值为 FALSE。

"88"是配置版本号 confRev 的标签 Tag 值，"01"表示后面的 Value 部分含有 1 个字节，其值为 1。

"89" 是 ndsCom 的 Tag 值，"01" 表示后面的 Value 部分含有 1 个字节，其值为 "00"。ndsCom 为布尔量，其值为 FALSE。

"8a" 是 numDatSetEntries 的 Tag 值，"01" 表示后面的 Value 部分含有 1 个字节，其值为 "12"，翻译成十进制数为 18，表示 GOOSE 数据集中含有 18 个成员。

"ab" 是 allData 的 Tag 值，由于 allData 为上下文结构类型，"[ ]" 中的值为 11，按照表 4-7 中的规则，它的 Tag 值采用二进制编码应为 "10101011"，换算成十六进制为 "ab"。"36" 表示后面的 Value 部分含有 54 个字节。

按照清单 5-2 中的定义，"83" 代表布尔类型的数据，因此可以看出，54 个字节中包含 18 个布尔类型的变量，其值均为 FLASE。

图 5-7 是 MMS Ethereal 软件对 GOOSE PDU 的解码结果。

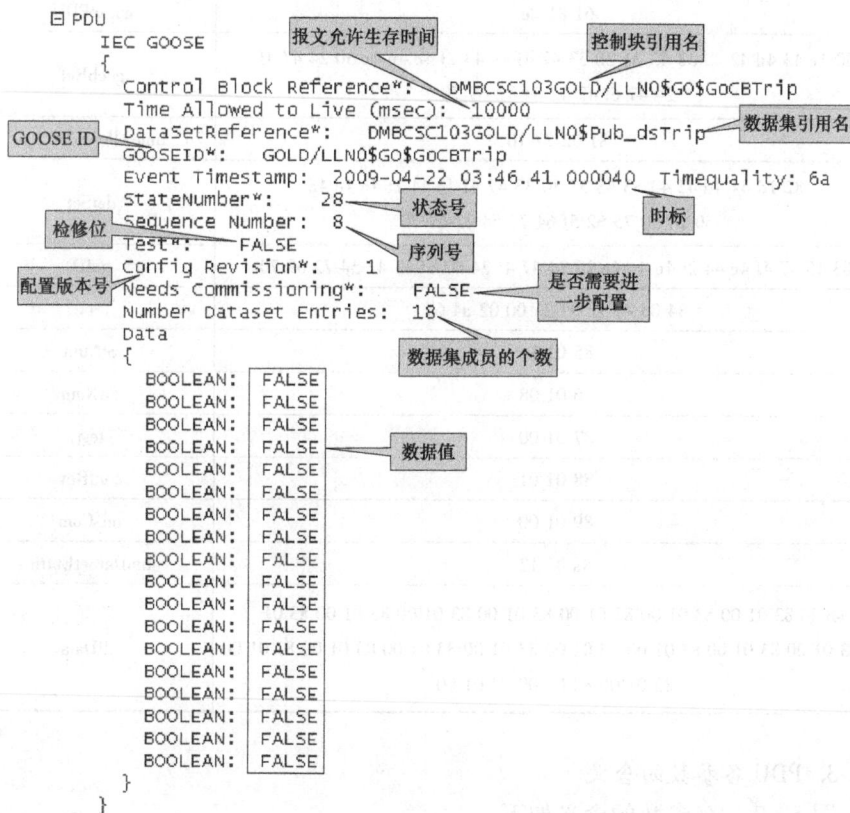

图 5-7　GOOSE 报文的 PDU 部分

表 5 – 5 是对图 5 – 5 黑色矩形框中的十六进制编码进行分解的最终结果。

表 5 –5   GOOSE 编码分解结果

报文十六进制编码	说　明
01 0c cd 01 00 08	目的地址
08 00 c0 bc 6f 15	源地址
81 00 80 01	优先级标记， 优先级 =4 VID =1
88 b8	GOOSE 报文以太网类型
00 01	APPID
00 b9	长度，为 185 个字节
00 00	保留位 1
00 00	保留位 2
61 81 ae	goosePDU
80 1e 44 4d 42 43 53 43 31 30 33 47 4f 4c 44 2f 4c 4c 4e 30 24 47 4f 24 47 6f 43 42 54 72 69 70	gocbRef
81 02 27 10	timeAllowedtoLive
82 1d 44 4d 42 43 53 43 31 30 33 47 4f 4c 44 2f 4c 4c 4e 30 24 50 75 62 5f 64 73 54 72 69 70	datSet
83 15 47 4f 4c 44 2f 4c 4c 4e 30 24 47 4f 24 47 6f 43 42 54 72 69 70	goID
84 08 49 ee 93 21 00 02 a4 6a	t
85 01 1c	StNum
86 01 08	SqNum
87 01 00	test
88 01 01	confRev
89 01 00	ndsCom
8a 01 12	numDatSetEntries
ab 36 83 01 00 83 01 00 83 01 00 83 01 00 83 01 00 83 01 00 83 01 00 83 01 00 83 01 00 83 01 00 83 01 00 83 01 00 83 01 00 83 01 00 83 01 00 83 01 00 83 01 00	allData

3. PDU 各参数的含义

图 5 –7 中各参数的含义如下：

（1）Control Block Reference：GOOSE 控制块引用，由分层模型中的逻辑

设备名、逻辑节点名、功能约束和控制块名级联而成。

（2）Time Allowed to Live：报文允许生存时间，该参数值一般为心跳时间 T_0 值的 2 倍。如果接收端超过 $2T_0$ 时间没有收到报文则判断报文丢失；在 $4T_0$ 时间内没有收到下一帧报文即判断为 GOOSE 通信中断。判出中断后装置会发出 GOOSE 断链报警。

（3）DataSetReference：GOOSE 控制块所对应的 GOOSE 数据集引用名。由逻辑设备名、逻辑节点名和数据集名级联而成。报文中 Data 部分传输的就是该数据集的成员值。

（4）GOOSE ID：该参数是每个 GOOSE 报文的唯一性标识，属于可视字符串类型，长度不能超过 65 个字节。该参数的作用和目的地址、APPID 的作用类似。接收方通过对目的地址、APPID 和 GOOSE ID 等参数进行检查，判断是否是其所订阅的报文。GOOSE ID 的默认值是 GOOSE 控制块引用。

（5）Event TimeStamp：事件时标，其值为 GOOSE 数据发生变位的时间，而非装置发出本条报文的时间。

（6）StateNumber：状态序号 StNum，用于记录 GOOSE 数据发生变位的总次数。值的范围为 $1 \sim 4294967295$。当装置上电时，第一帧报文的 StNum = 1；GOOSE 数据集成员的值每改变一次，StNum 应加 1。

（7）SequenceNumber：顺序号 SqNum，值的范围为 $0 \sim 4294967295$，用于记录稳态情况下报文发出的帧数。装置每发出一帧 GOOSE 报文，SqNum 应加 1；当有 GOOSE 数据变化时，该值归 0，从头开始重新计数。

按照国内 IEC 61850 工程实施规范的要求，装置上电时发出的第一帧 GOOSE 报文中，StNum = 1，SqNum = 1。

（8）TEST：检修标识，用于表示发出该 GOOSE 报文的装置是否处于检修状态。当检修压板投入时，装置发出的 GOOSE 报文中 TEST 标识应为 TRUE。GOOSE 接收端装置应将接收的 GOOSE 报文中的 TEST 位与自身的检修压板状态进行比对，只有当两者一致时才将信号作为有效处理或动作。

（9）配置版本号：Config Revision 是一个计数器，代表 GOOSE 数据集配置被改变的次数。当对 GOOSE 数据集成员进行重新排序、删除等操作时，GOOSE 数据集配置被改变。配置每改变一次，配置版本号应加 1。

（10）Needs Commissioning：该参数是一个布尔型变量，用于指示 GOOSE 是否需要进一步配置。例如，如果参数 DataSetReference（数据集引用名）为空，那么 Needs Commissioning 值应变为 TRUE，表示 GOOSE 控制块需要进一步配置；如果 GOOSE 数据集成员的个数超过规定的范围，Needs Commissioning 值也为 TRUE，表示数据集成员需要进行删减。

(11) Number DataSet Entries：数据集条目数，图中其值为"18"，代表该 GOOSE 数据集中含有 18 个成员，相应地报文 Data 部分含有 18 个数据条目。

(12) Data：该部分是 GOOSE 报文所传输的数据当前值。Data 部分各个条目的含义、先后次序和所属的数据类型都是由配置文件中的 GOOSE 数据集定义的。清单 5-4 中列出了该数据集部分成员的定义。

清单 5-3 是保护装置配置文件中有关 GOOSE 报文通信地址参数的部分，位于配置文件的 < Communication > → < SubNetwork > → < ConnectedAP > 中。从中可以看出，除了 MAC 地址、APPID、优先级和 VLAN ID 等参数外，MinTime 是 GOOSE 数据变位后立即补发的时间间隔（即图 5-1 中的 T_1），MaxTime 是心跳时间 T_0。

清单 5-3：

```
< ConnectedAP apName = "G1" iedName = "DMBCSC103" >
 < GSE cbName = "GoCBTrip" ldInst = "GOLD" >
   < Private type = "PROCESS"/ >
   < Address >
     < P type = "MAC-Address" >01 - 0c - cd - 01 - 00 - 08 < /P >
     < P type = "APPID" >0001 < /P >
     < P type = "VLAN-PRIORITY" >4 < /P >
     < P type = "VLAN-ID" >1 < /P >
   < /Address >
   < MinTime unit = "s" multiplier = "m" >2 < /MinTime >
   < MaxTime unit = "s" multiplier = "m" >5000 < /MaxTime >
 < /GSE >
< /ConnectedAP >
```

清单 5-4 是 GOOSE 报告控制块 < GSEControl > 和 GOOSE 数据集 < DataSet > 的详细内容，位于配置文件的 < IED > → < AccessPoint > → < Server > → < LDevice > → < LN0 > 中。

清单 5-4：

```
< LN0 inst = "" desc = "General" lnClass = "LLN0" lnType = "SF_CSC103DE_
GOLD/LLN0" >
   ...
   < GSEControl appID = "GOLD/LLN0 $ GO $ GoCBTrip" name = "GoCBTrip"
datSet = "Pub_dsTrip"
```

```
    confRev = "1"/>
    <DataSet name = "Pub_dsTrip" desc = "跳闸">
     <FCDA ldInst = "GOLD" lnInst = "1" lnClass = "PTRC" doName = "Str"
daName = "general" fc = "ST"/>
      <FCDA ldInst = "GOLD" lnInst = "2" lnClass = "PTRC" doName = "Tr"
daName = "general" fc = "ST"/>
      <FCDA ldInst = "GOLD" lnInst = "3" lnClass = "PTRC" doName = "Tr"
daName = "general" fc = "ST"/>
      <FCDA ldInst = "GOLD" lnInst = "4" lnClass = "PTRC" doName = "Tr"
daName = "general" fc = "ST"/>
      <FCDA ldInst = "GOLD" lnInst = "5" lnClass = "PTRC" doName = "Tr"
daName = "general" fc = "ST"/>
      <FCDA ldInst = "GOLD" lnInst = "6" lnClass = "PTRC" doName = "Tr"
daName = "general" fc = "ST"/>
      <FCDA ldInst = "GOLD" lnInst = "7" lnClass = "RBRF" doName = "Str"
daName = "general" fc = "ST"/>
     ...
    </DataSet>
   ...
  </LN0>
```

四、GOOSE 虚端子

1. GOOSE 虚端子的由来

在传统变电站中，保护屏柜内设有开入、开出、出口等端子排，微机保护装置的各开关量、跳合闸出口都一一对应于具体的端子。在设计保护回路时，保护装置之间的联系，以及保护装置至一次设备的跳合闸出口都通过端子到端子的电缆实现。

数字化变电站采用 GOOSE 技术后，各保护装置之间的信息交互、跳合闸出口均是基于网络传输的数字信号，在一根光纤内可以同时传输多路数字信号，原有传统的端子不复存在。因此 GOOSE 的应用改变了传统二次设计和实施的方式。采用 GOOSE 技术以后，二次电缆的设计和接线变成了 GOOSE 通信组态和 GOOSE 配置文件的下载工作。

由于继电保护原理并没有因为采用 GOOSE 而改变，对于每一台保护装置而言，其 GOOSE 输入/输出与传统屏柜的端子之间仍然存在对应关系。如果 ICD 文件对应整台装置，那么 GOOSE 数据集可以看作是屏柜上的端子排。GOOSE 输出信号对应着传统装置的开关量输出端子；GOOSE 输入信号对应着传统装置的开关量输入端子。为了更形象地理解和应用 GOOSE 信号，将这些输入输出信号的逻辑连接点称为"虚端子"。

目前，"虚端子"在国内数字化变电站的设计中得到了广泛应用。

2. GOOSE 输入虚端子的定义

如清单 5 - 5 所示，在定义 GOOSE 输入虚端子时，需要在 ICD 文件中预定义以"GOIN"为前缀的逻辑节点 GOINGGIO，并在逻辑节点实例中定义 DOI 信号。这些 DOI 信号的描述（desc 或 dU）中含有中文描述信息，用于说明该虚端子所代表信号的确切含义。

清单 5 - 5：

```
<LN desc = "GOOSE 输入 1" lnType = "XXX_GGIO_DPC" lnClass = "GGIO" inst = "1" prefix = "GOIN">
    ...
    <DOI name = "DPCSO1" desc = "开关 1A 相跳闸位置">
        <DAI name = "stVal" sAddr = "Bstring2:B02.BinInput_F0.GO_twja,NULL"/>
        <DAI name = "dU">
            <Val>开关 1A 相跳闸位置_GOOSE</Val>
        </DAI>
    </DOI>
    <DOI name = "DPCSO2" desc = "开关 1B 相跳闸位置">
        <DAI name = "stVal" sAddr = "Bstring2:B02.BinInput_F0.GO_twjb,NULL"/>
        <DAI name = "dU">
            <Val>开关 1B 相跳闸位置_GOOSE</Val>
        </DAI>
    </DOI>
    ...
</LN>
```

图 5 - 8 是某变电站 220kV 线路保护装置 GOOSE 虚端子示意图。参照传统装置，GOOSE 虚端子可以分为输入虚端子和输出虚端子两大类。图左侧是该保护装置的输入虚端子 IN01 ~ IN10，右侧是保护装置的输出虚端子 OUT01 ~ OUT08。

每个虚端子都有中文描述。中文描述用于说明该虚端子所代表信号的确切含义，是 GOOSE 连线的依据。另外，每个虚端子都有各自的内部引用地址。内部引用地址是代表该虚端子的 DOI 实例在 ICD 文件中的引用名。按照国内

图 5-8 线路保护装置虚端子示意图

IEC 61850 实施规范的要求，GOOSE 发送和接收的数据均应采用数据属性 DA，因此内部引用地址应级联到 DA 一级，其格式为"LD/LN. DO. DA"。例如图 5-8 中的第一个开入虚端子 IN01，其中文描述为"开关 A 相位置（双位置）"，其内部引用地址为"PI1/GOINGGIO1. DPCSO1. stVal"。

3. GOOSE 连线的实现

引入虚端子的概念后，二次设备厂家可以根据传统设计规范设计并提供其装置的 GOOSE 输入/输出虚端子定义；设计院根据该定义设计 GOOSE 连线，以表格等方式提供；系统集成商通过系统配置工具和设计院的设计文件，生成包含 GOOSE 连线信息的全站 SCD 文件。

SCD 文件中，每个装置的 LLN0 的 Inputs 部分含有该装置的 GOOSE 连线信息。GOOSE 连线包含本装置内部输入虚端子信号和外部其他装置的输出信号，每一个内部输入虚端子与每个外部装置输出信号为一一对应关系。

清单 5-6 就是某变电站 220kV 断路器智能终端的 GOOSE 连线信息 <Inputs>，它位于 SCD 文件中该智能终端的 LLN0 中。<Inputs> 由若干个 <Extref> 元素组成，每一个 <Extref> 代表一个 GOOSE 虚端子连线。<Extref> 中的 intAddr 属性值就是智能终端 GOOSE 输入虚端子的内部引用地址，如"RPIT/GOINGGIO1. SPCSO1. stVal"；其余属性，如 daName、doName、iedName 等，级联后就是外部线路保护装置的 GOOSE 输出信号"PL2222BPI1/Break1PTRC1. Tr. phsA"。由此可知，本条 <Extref> 包含的是线路保护装置动作后跳 A 相断路器的 GOOSE 逻辑连线。

清单 5-6：

```
<LN0 desc = "General" inst = "" lnClass = "LLN0" lnType = "LLN0_DBU8000" >
    ...
```

```
    < Inputs >
        < ExtRef daName = "phsA" doName = "Tr" iedName = "PL2222B" ldInst =
"PI1" lnClass = "PTRC" lnInst = "1" prefix = "Break1" intAddr = "RPIT/
GOINGGIO1. SPCSO1. stVal"/ >
        < ExtRef daName = "phsB" doName = "Tr" iedName = "PL2222B" ldInst =
"PI1" lnClass = "PTRC" lnInst = "1" prefix = "Break1" intAddr = "RPIT/
GOINGGIO1. SPCSO5. stVal"/ >
        < ExtRef daName = "phsC" doName = "Tr" iedName = "PL2222B" ldInst =
"PI1" lnClass = "PTRC" lnInst = "1" prefix = "Break1" intAddr = "RPIT/
GOINGGIO1. SPCSO9. stVal"/ >
        < ExtRef daName = "general" doName = "Op" iedName = "PL2222B" ldInst
= "PI1" lnClass = "RREC" lnInst = "1" prefix = "" intAddr = "RPIT/
GOINGGIO1. SPCSO41. stVal"/ >
        ...
    </Inputs >
    ...
< LN0 >
```

图 5 - 9 是线路保护装置与该间隔的断路器智能终端之间的 GOOSE 连线示意图，该图更直观地反映了装置之间的 GOOSE 联系。

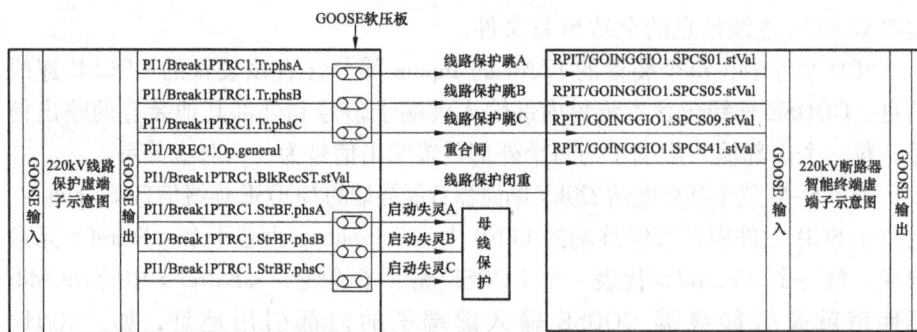

图 5 - 9   线路保护装置与智能终端的虚端子 GOOSE 连线示意图

系统集成商完成全站 GOOSE 连线后，各装置厂家使用各自的装置配置工具从 SCD 文件中提取出本装置的 GOOSE 连线配置信息，并下载到装置；调试人员接着进行保护逻辑校验、信号对点和传动试验工作。因此，引入虚端子概念将使现有二次设计规范的改变最小。

4. GOOSE 出口软压板

传统继电保护装置的硬接线信号，可以通过设置硬压板来实现跳闸出口等信号的"投入"和"退出"，退出时有明显的断开点，投入时回路是否接通也可以通过万用表来检查。采用 GOOSE 技术后，继电保护装置原有传统的端子不复存在，取而代之的是基于网络传输的数字信号，因此面临着 GOOSE 发送方和接收方之间如何隔离"跳/合闸、启动/闭锁重合"等重要信号的问题。

目前国内的通用做法是设置 GOOSE 出口软压板，如图 5-8 和图 5-9 所示，从逻辑上隔离这些重要信号的输出。发送方会将 GOOSE 输出数据与出口软压板的状态相与，然后再检测输出数据是否发生了变化，从而决定是否启动图 5-2 中的 GOOSE 变位发送流程。如果 GOOSE 出口软压板退出，那么即使保护动作也不会有 GOOSE 变位出口，从而实现了运行设备和检修设备的隔离。

GOOSE 出口软压板与传统出口硬压板设置点应一致，按"跳闸、合闸、启动重合、闭锁重合、沟通三跳、启动失灵、远跳"等重要信号在 PTRC 和 RREC 逻辑节点中扩充，从逻辑上隔离这些信号的输出。出口软压板的设置点尽量保持和传统硬压板一致，以有利于运行人员保持原来的操作习惯。

第二节　IEC 61850-9-2 SV 服务

前面第二章中曾经提到，与 MMS Ethereal 软件相比，WireShark 软件对 IEC 61850-9-2 SV 报文有更强的解析能力，因此本节采用 WireShark 软件对 9-2 SV 报文进行解码分析。

一、IEC 61850-9-2 简介

随着光电技术在传感器应用领域的突破，电子式互感器已逐步由实验室阶段走向工程应用阶段。电子式互感器的应用实现了电气量数据采集环节的数字化，一次系统的电压、电流被转换成数字信号，经过光纤或网络传递给二次设备，实现了一次系统和二次设备之间的电气隔离。但是这种技术革新同样面临着不同一、二次设备厂商之间的互操作问题。解决电子式互感器与二次设备的通信接口问题，是电子式互感器能否实现产业化的关键。

IEC 充分考虑了电子式互感器发展所面临的问题，在 IEC 61850 标准中对电子式互感器的数据输出接口进行了规范。在 IEC 61850-7-2 的 ACSI 模型中定义了抽象的采样值传输模型，并在 IEC 61850-9-1/2 中定义了两种特殊通信服务映射（SCSM），将 ACSI 采样值传输模型映射到具体的通信网络及协

议上。由于 IEC 61850 – 9 – 1 属于中间过渡标准，目前已经被 IEC 废除，在国内新建工程中也已不再应用，因此本节主要对 IEC 61850 – 9 – 2 标准进行介绍。

1. ACSI 采样值传输模型及其映射

作为实时性要求比较高的两种通信服务，GOOSE 和采样值传输均采用了发布方/订阅者通信模式，如图 5 – 10 所示。发布方将采样数据以数据集的形式写入发送侧的缓冲区，并利用 SendMSVMessage 服务将采样数据发出；订阅者从接收侧的缓冲区读取数据；通信系统负责更新接收侧的缓冲区。

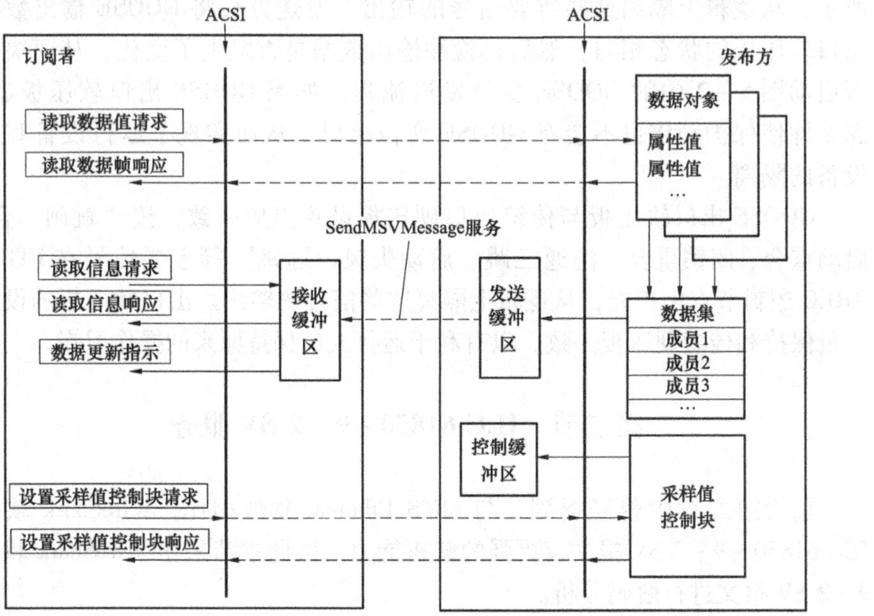

图 5 – 10　采样值传输模型

不同的是，GOOSE 只能采用组播方式传输，而采样值为了满足不同的应用需要，既能采用组播传输（当有多个设备共享这部分采样时），同时也支持单播传输（当仅有某个设备单独需要这部分采样时）。相应地，IEC 61850 – 7 – 2 中定义了两种采样值控制块，分别对应组播传输方式和单播传输方式，它们是组播采样值控制块 MSVCB（Multicast Sampled Value Control Block）和单播采样值控制块 USVCB（Unicast Sampled Value Control Block）。

采样值控制块用于控制整个传输过程。表 5 – 6 是 IEC 61850 – 7 – 2 对组播采样值控制块 MSVCB 的定义，它包括八个属性和与之相关的三种 ACSI 服务。

表 5 - 6 组播采样值控制块（MSVCB）的定义

属性名		属性类型	FC	TrgOp	值/值域
MsvCBNam		ObjectName	—	—	MSVCB 实例的名字
MsvCBRef		ObjectReference	—	—	MSVCB 实例的索引
SvEna		BOOLEAN	MS	dchg	TRUE 或 FALSE，默认为 FALSE
MsvID		VisibleString65	MS	—	
DatSet		ObjectReference	MS	dchg	
ConfRev		INT32U	MS	dchg	
SmpRate		INT16U	MS	—	
OptFlds		PACKED LIST	MS	dchg	
	refresh-time	BOOLEAN			
	sample-synchronized	BOOLEAN			
	sample-rate	BOOLEAN			

服务：
SendMSVMessage
GetMSVCBValues
SetMSVCBValues

八个属性包括控制块名 MsvCBNam、控制块引用 MsvCBRef、控制块使能标志 SvEna、控制块标识 MsvID、控制块所对应的数据集引用 DatSet、配置版本 ConfRev、采样率 SmpRate 和选项域 OptFlds。

三种 ACSI 服务分别为 SenMSVMessage、GetMSVCBValues 和 SetMSVCBValues。

（1）SendMSVMessage。发布方正是利用 SendMSVMessage 服务向一个或多个订阅者发送采样值数据。由于传输的实时性要求较高，为了避免通信协议栈造成的延时，在 IEC 61850 - 9 - 2 定义的 SCSM 中，SendMSVMessage 服务采用了与 GOOSE 相同的映射规则，被直接映射到网络的数据链路层，如图 5 - 3 所示。

（2）GetMSVCBValues 和 SetMSVCBValues。如前所述，IEC 61850 共支持两种配置方式：一种是直接读取并解析配置文件；另一种是通过 ACSI 服务来动态读取或远方设置。相应地，组播采样值控制块 MSVCB 的配置也有两种方式可供选择，既可以通过解析配置文件来实现，也可以通过 GetMSVCBValues 和 SetMSVCBValues 服务动态访问。其中，GetMSVCBValues 服务用于读取采样值控制块的属性值；SetMSVCBValues 服务用于设置采样值控制块属性值。在 IEC 61850 - 9 - 2 中，GetMSVCBValues 被映射到 MMS 中的 read 服务；SetMSVCBValues 被映射到 MMS 中的 Write 服务。

综上所述，IEC 61850 - 9 - 2 不仅支持采样值报文的组播/单播传输，同时也支持利用通信服务对采样值控制块属性进行动态访问。前者是基于数据链路层 IEEE 802.3 协议，通过发布方/订阅者模式实现的；后者是基于 MMS 协议，通过客户端/服务器模式实现的。完全支持两种配置方式的装置，如合并单元 MU（merging unit），需要拥有混合协议栈，因此对合并单元的软硬件提出了较高的要求。

目前实际工程中大部分厂商的合并单元仅支持解析配置文件的配置方式，这样有利于降低实现成本和程序复杂度。

2. 应用层协议数据单元 Sav PDU 的定义

IEC 61850 - 9 - 2 采用 ASN.1 语法规则定义了采样值发送服务（SendMSVMessage）的应用层协议数据单元——SavPDU。

SavPDU 的结构如图 5 - 11 所示。

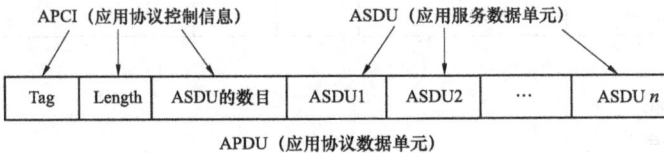

图 5 - 11　9 - 2 采样值报文的 SavPDU 结构

如图 5 - 11 所示，为了适应不同采样率的需求，在 9 - 2 采样数据被递交到图 5 - 10 中的发送缓冲区之前，应用层可以将若干个 ASDU 链接到一个 APDU 之中。APDU 所包含的 ASDU 的数目 n 与采样率有关，可以根据应用需要进行灵活配置。

清单 5 - 7 是 IEC 61850 - 9 - 2 对 SavPDU 的定义，采用 ASN.1 语句表示。

清单 5 - 7：

```
IEC 61850 DEFINITIONS :: = BEGIN
IMPORTS Data FROM ISO - IEC - 9506 - 2
IEC 61850 - 9 - 2 Specific Protocol:: = CHOICE
{
  9 - 1 - Pdu           [0]                IMPLICIT OCTET STRING,
  savPdu              [APPLICATION 0]    IMPLICIT SavPdu,
  ...
}
SavPdu:: = SEQUENCE
  {
  noASDU              [0]                IMPLICIT INTEGER(1..65535),
  security            [1]                ANY OPTIONAL,
```

```
    asdu            [2]            IMPLICIT SEQUENCE OF ASDU
}
 ASDU::=SEQUENCE
{
   svID            [0]            IMPLICIT VisibleString,
   datset          [1]            IMPLICIT VisibleString OPTIONAL,
   smpCnt          [2]            IMPLICIT OCTET STRING(SIZE(2)),
   confRev         [3]            IMPLICIT OCTET STRING(SIZE(4)),
   refrTm          [4]            IMPLICIT UtcTime OPTIONAL,
   smpSynch        [5]            IMPLICIT BOOLEAN DEFAULT FALSE,
   smpRate         [6]            IMPLICIT OCTET STRING(SIZE(2)),
   sample          [7]            IMPLICIT SEQUENCE OF Data
}
   ...
 END
```

对清单 5 – 7 简要分析如下：

1）由 DEFINITIONS 可知本模块的名称是"IEC 61850"。

2）IMPORTS 关键字指出，此模块引用了 ISO/IEC 9506 – 2 中的参数 Data。下面 ASDU 在定义第 7 个成员"sample"时就引用了 Data。

3）第一层结构"IEC 61850 – 9 – 2 Specific Protocol"为 CHOICE 类型，对于 9 – 2 报文传输应选择 savPdu。savPdu 的标签值为 [APPLICATION 0]，属于应用类，另外还属于结构类型 SavPdu。按照表 4 – 7 中的规则，它的 Tag 值采用二进制编码为"01100000"，换算成十六进制为"60"。

4）SavPdu 一共含有 3 个成员，由关键字"SEQUENCE"可知，这些成员的排列有固定的先后顺序。3 个成员均属于上下文相关类，"［］"中的值为被声明类型的实际 Tag 值。第 1 个成员 noASDU 和第 2 个成员 security 均属于上下文简单类型，按照表 4 – 7 中的规则，它们的 Tag 值采用二进制编码为"10000000"和"10000001"，换算成十六进制为"80"和"81"。

由第 2 个成员"security"后面的关键字"OPTIONAL"可知，security 是可选项，可以不出现在报文之中。security 用于对报文进行加密，以保证信息传输的安全，但是加密解密算法有可能会对报文传输的实时性造成影响。

由关键字"SEQUENCE OF"可知，第 3 个成员"asdu"为嵌套的结构体，由一个或多个"ASDU"类型的成员组成。asdu 本身为上下文结构类型，按照表 4 – 7 中的规则，其 Tag 值采用二进制编码为"10100010"，换算成十六进制为"A2"。asdu 内部的成员 ASDU 属于通用 SEQUENCE 结构类型，由表 4 – 7

和表 4 – 8 可知，它的 Tag 值采用二进制编码为"00110000"，换算成十六进制为"30"；

5）结构体 ASDU 共包含 8 个成员，前 7 个成员是 MSVCB 控制块的各个属性，第 8 个成员 sample 是采样值数据集。

8 个成员均属于上下文相关类，"[ ]"中的值为被声明类型的实际 Tag 值。前 7 个成员均属于上下文简单类型，按照表 4 – 7 中的规则，它们的 Tag 值采用十六进制编码分别为"80"～"86"。

sample 在定义时引用了 ISO/IEC 9506 – 2 中的参数 Data。由清单 5 – 2 中的定义可知，Data 包含丰富的数据类型，如布尔型、位串型和整型等。因此从广义上讲，IEC 61850 – 9 – 2 不仅可以传输模拟量，也可以传输开关量等多种类型的数据，用户可以根据应用需要自由选择。

与 GOOSE 数据集成员的编码方式不同，sample 内各个数据成员不再按照 ASN. 1 中的 Tag-Length-Value 规则编码，而是直接按照表 5 – 7 中的规则进行转换。sample 内不再含有"T-L-V"结构，因此 Sample 本身被视为简单类型的数据。按照表 4 – 7 中的规则，它的 Tag 值为"87"，其内部的成员均被编码到 Value 字段中。

图 5 – 12 以图形化的方式展示了 SavPdu 的 ASN. 1 编码结构，图中的 APDU 由 4 个 ASDU 组成。

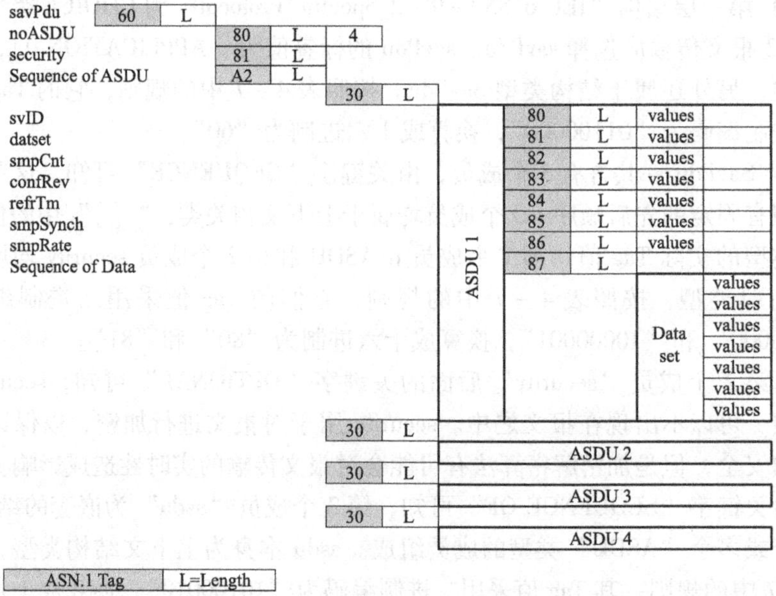

图 5 – 12　采用 ASN. 1 编码的 APDU 结构

表 5 - 7　　　　　　　　　　　　　　基本数据类型的编码

数据类型	编　码	备　注
BOOLEAN	8bit，置 0 为 FALSE，其他为 TRUE	
INT8	8 bit Big Endian	有符号整数
INT16	16 bit Big Endian	有符号整数
INT32	32 bit Big Endian	有符号整数
INT128	128 bit Big Endian	有符号整数
INT8U	8 bit Big Endian	无符号整数
INT16U	16 bit Big Endian	无符号整数
INT24U	24 bit Big Endian	无符号整数
INT32U	32 bit Big Endian	无符号整数
FLOAT32	32bit IEEE 浮点数	
FLOAT64	64bit IEEE 浮点数	
ENUMERATED	32 bit Big Endian	
CODED ENUM	32 bit Big Endian	
OCTET STRING	20 字节 ASCII 文本，以 Null 结束	
VISIBLE STRING	35 字节 ASCII 文本，以 Null 结束	
UNICODE STRING	20 字节 ASCII 文本，以 Null 结束	
ObjectName	20 字节 ASCII 文本，以 Null 结束	
ObjectReference	20 字节 ASCII 文本，以 Null 结束	
TimeStamp	IEC 61850 - 8 - 1 部分所定义的 64 位时标	
Entry Time	IEC 61850 - 8 - 1 部分所定义的 48 位时标	
BITSTRING	32 bit Big Endian	

提示：))))

Big endian 和 Little endian 是描述数据在计算机内存中存储模式的术语。Big endian 是指计算机内存的低地址存放数据的最高有效字节（MSB），而 Little endian 则是指内存低地址存放数据的最低有效字节（LSB）。

如果将十六进制数 "0x1234abcd" 写入到以 0x0000 开始的内存中，不同方式下的结果如表 5 - 8 所示。

表 5 - 8 不同存储模式下的显示结果

存储模式	Big endian	Little endian
0x0000	0x12	0xcd
0x0001	0x34	0xab
0x0002	0xab	0x34
0x0003	0xcd	0x12

3. 采样值数据帧的结构

SavPDU 在经过表示层 ASN. 1 基本编码规则 BER 编码后，生成的数据包不经 TCP/IP 协议，直接映射到数据链路层。与 GOOSE 一样，IEC 61850 - 9 - 2 采样值在数据链路层也采用 ISO/IEC 8802 - 3 版本的以太网数据帧，其结构如图 5 - 4 所示，此处不再重复介绍。

二、IEC 61850 - 9 - 2LE 简介

1. IEC 61850 - 9 - 2LE 的由来

从前文可以看出，IEC 61850 - 9 - 2 完全支持 IEC 61850 - 7 - 2 中定义的采样值传输模型及相关 ACSI 服务，既可以通过 XML 配置文件进行配置，也支持通过通信服务动态配置。另外 9 - 2 采样值数据集的内容可以根据工程需要灵活定义，采样率和数据帧结构也可以灵活配置。因此与之前的 IEC 60044 - 8 和 IEC 61850 - 9 - 1 相比，IEC 61850 - 9 - 2 的应用配置更加灵活，适应性也更强。但是，IEC 61850 - 9 - 2 灵活配置的特点也为实际应用带来了诸多问题：

（1）配置复杂，工作量大，调试时间长；

（2）采样率规格太多，不利于互联互通；

（3）不同厂家的采样值数据建模不一致，可能存在冲突。

针对上述问题，在结合实际应用需要和简化配置的指导思想下，来自 ABB、SIMENS、ARVEA、OMICRON 等国际知名公司的专家，联合起草了 IEC 61850 - 9 - 2 的工程应用指南，即 IEC 61850 - 9 - 2 LE（Lite Edition）。

2. IEC 61850 - 9 - 2 LE 的主要内容

IEC 61850 - 9 - 2 LE 可以看作是 IEC 61850 - 9 - 2 的简化版本，主要内容包括以下六方面：

（1）明确了合并单元只需支持采样值发送 SendMSVMessage 服务，去掉了 GetMSVCBValues 和 SetMSVCBValues 服务，由此合并单元不需要支持 MMS 协议栈。

（2）提供了一个合并单元的 IEC 61850 建模实例，对合并单元模型中的逻辑设备、逻辑节点、数据集和采样值控制块的内容进行了实例化定义，并给出

了一个 MU 的 ICD 配置文件示例，为实际应用提供了参考。

（3）采样率统一为 80 点/周期和 256 点/周期两种。当采样率为 80 点/周期时，采样值报文中每个 APDU 配置 1 个 ASDU；当采样率为 256 点/周期时，每个 APDU 配置 8 个 ASDU。

（4）对采样数据帧的格式进行了进一步细化，对清单 5 - 7 中的可选项进行了裁剪，去掉了 Sav PDU 中的成员 security，去掉了 ASDU 中的成员 datset（数据集名）、refrTm（刷新时间）和 smpRate（采样率）。

（5）对采样数据模型（公用数据类"SAV"及其成员）中的可选项进行了统一规范，具体内容见下文。

（6）对合并单元采样同步的实现方式作了补充规范，约定了各种工况下合并单元的行为。

作为 IEC 61850 - 9 - 2 的工程应用配套规范，由于结合实际工程应用作了明确定义，IEC 61850 - 9 - 2 LE 在实际应用中的工程配置和互操作的协调工作量比 IEC 61850 - 9 - 2 大幅减少。

3. IEC 61850 - 9 - 2LE 对采样数据集的细化定义

表 5 - 9 是 IEC 61850 - 9 - 2 LE 中定义的采样值数据集实例"PhsMeas1"。从表中可以看出，"PhsMeas1"位于逻辑设备"xxxxMUnn"的逻辑节点零 LLN0 中。该数据集包含 8 个 FCD 成员，前 4 个是电流量，后 4 个是电压量，功能约束为"MX"。电流量建模使用了逻辑节点"TCTR"，电压量建模使用了逻辑节点"TVTR"。

表 5 - 9 　　　　　　　　　　　SV 数据集实例"PhsMeas1"

属性名	值	备　注
数据集名	PhsMeas1	
数据集索引	xxxxMUnn/LLN0 $ PhsMeas1	xxxx 是前缀； nn 是实例号
数据集成员	InnATCTR1. Amp［MX］ InnBTCTR2. Amp［MX］ InnCTCTR3. Amp［MX］ InnNTCTR4. Amp［MX］ UnnATVTR1. Vol［MX］ UnnBTVTR2. Vol［MX］ UnnCTVTR3. Vol［MX］ UnnNTVTR4. Vol［MX］	nn 是实例号

"PhsMeas1" 中的数据成员，无论是 TCTR 中的 Amp 还是 TVTR 中的 Vol，均属于公共数据类 SAV。表 5 – 10 是 IEC 61850 – 7 – 3 对 SAV 的定义。

表 5 – 10　　　　　　　　　　　**公用数据类 SAV 定义**

数据属性名	属性类型	FC	TrgOp	值/值域	M/O/C
测量值					
instMag	AnalogueValue	MX			M
q	Quality	MX	qchg		M
t	TimeStamp	MX			O
配置、描述和扩充					
units	Unit	CF			O
sVC	ScaledValueConfig	CF			AC_SCAV
min	AnalogueValue	CF			O
max	AnalogueValue	CF			O
d	VISIBLE STRING255	DC	Text		O
dU	UNICODE STRING255	DC			O
cdcNs	VISIBLE STRING255	EX			AC_DLNDA_M
cdcName	VISIBLE STRING255	EX			AC_DLNDA_M
dataNs	VISIBLE STRING255	EX			AC_DLN_M
服务					
…					

从表 5 – 10 中可以看出，SAV 包含多个数据属性，除必选数据属性 instMag（采样瞬时值）和 q（品质）外，SAV 还包含多个可选数据属性供各厂家自行选择。

采样瞬时值 instMag 属于 AnalogueValue 类型。由表 5 – 11 中 AnalogueValue 的定义可以看出，instMag 既可以用浮点型数据 f 表示，也可以用整型数据 i 表示。二者之间的换算公式为

$$instMag = f \times 10^{units.\ multiplier} = (i \times scaleFactor) + offset$$

表 5 – 11　　　　　　　　　　　**AnalogueValue 类型定义**

属性名	属性类型	值/值域	M/O/C
i	INT32	整数值	GC_1
f	FLOAT32	浮点值	GC_1

instMag 采用整型数据表示时，需要用到 scaleFactor（比例因子）和 offset（偏移量）。scaleFactor 和 offset 是表 5 - 10 中的数据属性 sVC 的两个成员。由表 5 - 10 可以看出，sVC 属于 ScaledValueConfig 类型。表 5 - 12 是 IEC 61850 - 7 - 3 对 ScaledValueConfig 类型的定义。

表 5 - 12　　　　　IEC 61850 - 7 - 3 对 ScaledValueConfig 类型定义

属性名	属性类型	值/值域	M/O/C
scaleFactor	FLOAT32	整数值	GC_1
offset	FLOAT32	浮点值	GC_1

为了减少各厂家实现的不一致，保证互操作性，IEC 61850 - 9 - 2 LE 对上述可选项进行了统一规范，见表 5 - 13。

表 5 - 13　　　　　IEC 61850 - 9 - 2LE 对 SAV 的细化定义

属性名	属性类型	备　　注
instMag. i	INT32	
q	Quality	仅使用 validity、test 和 derived 三个属性
sVC. scaleFactor	FLOAT32	电流为 0.001；电压为 0.01
sVC. offset	FLOAT32	总是为 0

（1）对公用数据类 SAV 中的数据属性进行了筛选，只保留了 instMag、q 和 sVC。

（2）明确了采样瞬时值 instMag 用整型数据表示。当表示电流值时，比例因子 scaleFactor 为 0.001；当表示电压值时，scaleFactor 为 0.01。偏移量 offset 总是为 0。

（3）对品质 q 的属性进行了裁剪，仅使用表 3 - 13 基本类型 Quality 中的 validity 和 test；另外对 Quality 类型进行了扩充定义，增加了属性 derived。

如果采样数据不是通过互感器实际测量出的量，而是通过计算得到的，那么 derived 标志应置为 TRUE。例如对于零序电流 I_n，如果它是通过零序电流互感器实际测量出的，那么 derived 应置为 FALSE；如果它是通过 A、B、C 三相电流合成的（$I_a + I_b + I_c$），那么 derived 应置为 TRUE。

"PhsMeas1" 数据集按照表 5 - 8 中的规则编码后，生成的数据帧格式如图 5 - 13 所示。限于篇幅，图 5 - 13 中只列出了数据集 "PhsMeas1" 中的部分成员。

字节＼bit	8	7	6	5	4	3	2	1
1								
2				InnATCTR1. Amp. instMag. i				
3								
4								
5				InnATCTR1. Amp. q				
6								
7	—	—	derived	—	Test	—	—	
8				—				validity
9								
10				InnBTCTR2. Amp. instMag. i				
11								
12								
13								
14				InnBTCTR2. Amp. q				
15								
16								
17								
18				InnCTCTR3. Amp. instMag. i				
19								
20								
21								
22				InnCTCTR3. Amp. q				
23								
24								
...				...				
57								
58				UnnNTVTR4. Vol. . instMag. i				
59								
60								
61								
62				UnnNTVTR4. Vol. q				
63								
64								

图 5 - 13　数据帧中采样数据集部分的结构

按照 IEC 61850 – 7 –4 中的定义，逻辑节点 TCTR 和 TVTR 中的 Amp 是针对电网的一次电流和一次电压建模的，因此采样数据集中的 InnATCTR1. Amp. instMag. i 和 UnnNTVTR4. Vol. . instMag. i 反映的是一次电流值和一次电压值。

三、IEC 61850 –9 –2LE 采样值报文的编解码

GB/T 14285—2006《继电保护和安全自动装置技术规程》要求，除出口继电器外，继电保护装置内的任一元件损坏时，装置不应误动作跳闸。按照这个原则，Q/GDW 441—2010《智能变电站继电保护技术规程》对保护用电子式互感器的传感元件及二次转换器（A/D 采样回路）提出了双重化要求，其中任一个元件损坏，不应引起保护误动作跳闸。

另外 Q/GDW 441—2010 还提出，为了保证可靠性，保护装置应不依赖于外部对时系统实现其保护功能，应通过插值计算实现采样同步，这就需要合并单元将电子式互感器的额定延迟时间传输给保护装置。

1. Q/GDW 441—2010 对电子式互感器的技术要求

Q/GDW 441—2010 提出，电子式互感器内应由两路独立的采样系统进行采集，每路采样系统应采用双 A/D 系统接入合并单元，每个合并单元输出两路数字采样值由同一路通道进入一套保护装置，以满足双重化保护相互完全独立的要求。

（1）罗氏线圈电子式电流互感器。每套罗氏线圈原理的电子式电流互感器内应配置两个保护用传感元件，每个传感元件由两路独立的采样系统进行采集（双 A/D 系统），两路采样系统数据通过同一通道输出至合并单元，如图 5 –14 所示。

（2）电子式电压互感器。每套电子式电压互感器内应由两路独立的采样系统进行采集（双 A/D 系统），两路采样系统数据通过同一通道输出数据至合并单元，如图 5 –15 所示。

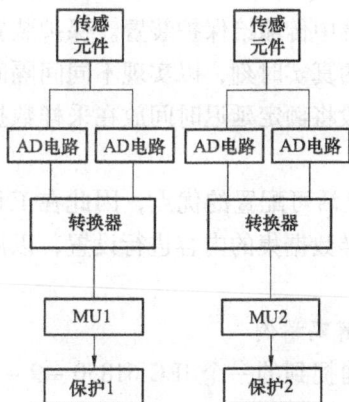

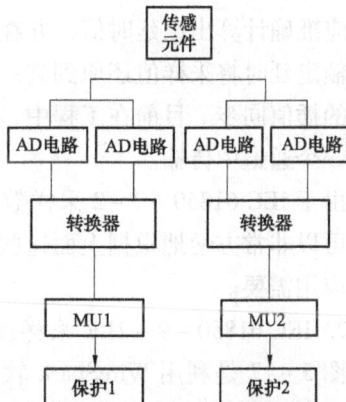

图 5 –14　罗氏线圈电子式电流互感器示意图　　图 5 –15　电子式电压互感器示意图

（3）全光纤电流互感器。每套全光纤电流互感器内宜配置四个保护用传感元件，由四路独立的采样系统进行采集（单 A/D 系统），每两路采样系统数据通过各自通道输出至同一合并单元，如图 5-16 所示。

无论哪种电子式互感器，其合并单元均需要输出两路数字采样值且由同一通道进入一套保护装置，因此采样值数据集中需要为每相互感器配两个 AD 数据通道。

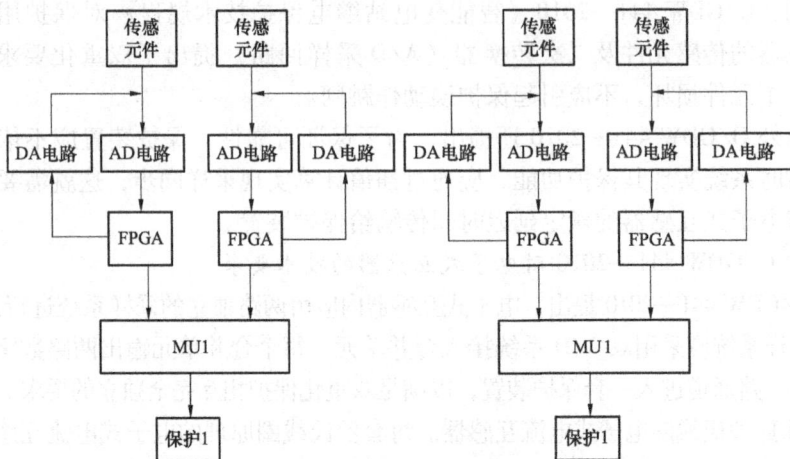

图 5-16　全光纤电流互感器示意图

电子式互感器传变一次电流/电压的延时不仅决定于其实现原理，还与各个厂家对数据的处理方法及硬件平台有关。因此，不同电子式互感器从一次电流/电压到合并单元二次输出的延时各不相同。Q/GDW 441—2010 提出，合并单元应准确计算出该延时值，并在采样数据集中传输给保护装置。保护装置通过该额定延时将采样值还原到其一次值发生的真实时刻，以实现不同间隔间采样值的插值同步。目前在工程中，各厂家一般将额定延迟时间放在采样数据集的第一个通道中传输。

由于 IEC 61850-9-2 采样数据集具有灵活可配置的优点，因此在工程实施中可以非常方便地根据上面这些规定对采样数据集的内容进行设置，以满足实际应用需要。

2. IEC 61850-9-2LE 采样值报文的编解码举例

图 5-17 是利用 WireShark 软件在现场捕捉到的一个 IEC 61850-9-2LE 报文截图。下面以该图中的报文为例，介绍 9-2 采样值报文的具体编解码方法。

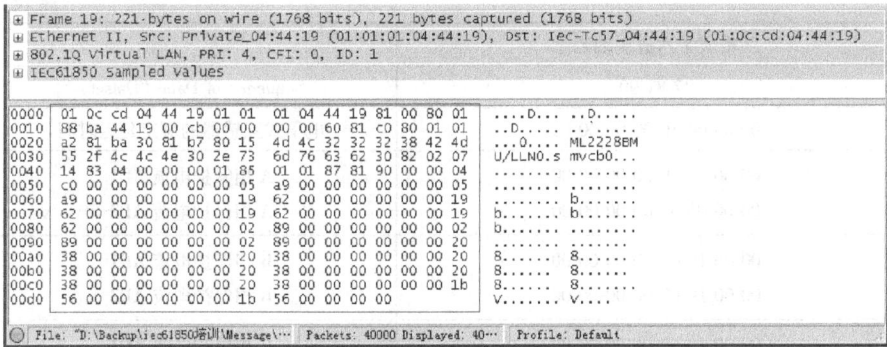

图 5 – 17　IEC 61850 – 9 – 2LE 报文截图

按照图 5 – 4 中 ISO/IEC 8802 – 3 数据帧的结构，可以对图 5 – 17 黑色矩形框中的十六进制编码进行分解。表 5 – 14 是分解的结果。

表 5 – 14　　　　　IEC 61850 – 9 – 2LE 编码分解结果

报文十六进制编码	说　　明
01 0c cd 04 44 19	目的地址
01 01 01 04 44 19	源地址
81 00 80 01	优先级标记， 优先级 = 4　VID = 1
88 ba	9 – 2 SV 报文以太网类型
44 19	APPID
00 cb	长度，为 185 个字节
00 00	保留位 1
00 00	保留位 2
60 81 c0	SavPDU
80 01 01	noASDU
a2 81 ba	Sequence of ASDU
30 81 b7	ASDU
80 15 4d 4c 32 32 32 38 42 4d 55 2f 4c 4c 4e 30 2e 73 6d 76 63 62 30	svID
82 02 07 14	smpCnt
83 04 00 00 00 01	confRev
85 01 01	smpSynch

报文十六进制编码	说　明
87 81 90	Sequence of Data（Datset）
00 00 04 c0 00 00 00 00	电子式互感器的额定延迟时间
00 00 05 a9 00 00 00 00	A 相保护电流 AD1
00 00 05 a9 00 00 00 00	A 相保护电流 AD2
00 00 19 62 00 00 00 00	B 相保护电流 AD1
00 00 19 62 00 00 00 00	B 相保护电流 AD2
00 00 19 62 00 00 00 00	C 相保护电流 AD1
00 00 19 62 00 00 00 00	C 相保护电流 AD2
00 00 02 89 00 00 00 00	A 相测量电流
00 00 02 89 00 00 00 00	B 相测量电流
00 00 02 89 00 00 00 00	C 相测量电流
00 00 20 38 00 00 00 00	A 相保护电压 AD1
00 00 20 38 00 00 00 00	A 相保护电压 AD2
00 00 20 38 00 00 00 00	B 相保护电压 AD1
00 00 20 38 00 00 00 00	B 相保护电压 AD2
00 00 20 38 00 00 00 00	C 相保护电压 AD1
00 00 20 38 00 00 00 00	C 相保护电压 AD2
00 00 1b 56 00 00 00 00	抽取电压 1
00 00 1b 56 00 00 00 00	抽取电压 2

（1）报文头部分。首先分离出 6 个字节的目的地址"01 0c cd 04 44 19"和 6 个字节的源地址"01 01 01 04 44 19"。根据 IEC 61850 的规定，目的地址的第四个字节为"01"时代表 GOOSE，为"04"时代表 9 - 2 SV 报文。

地址字段后面是 4 个字节的 Tag 标签头信息"81 00 80 01"。该字段的含义在前面解释 GOOSE 报文编解码时已经做过介绍，不再重复。

Tag 标签头后是以太网类型值"88 ba"，代表该数据帧是一个 9 - 2 采样值报文。

紧接着是应用标识 APPID"44 19"，该值全站唯一。

APPID 后面是长度字段"00 cb"，换算成十进制数为 203，表示数据帧从 APPID 开始到 APDU 结束的部分共有 203 个字节。

保留位 1 和保留位 2 共占有 4 个字节，默认值为"00 00 00 00"。

图 5 -18 是 WireShark 软件对该上述字段的解码结果。

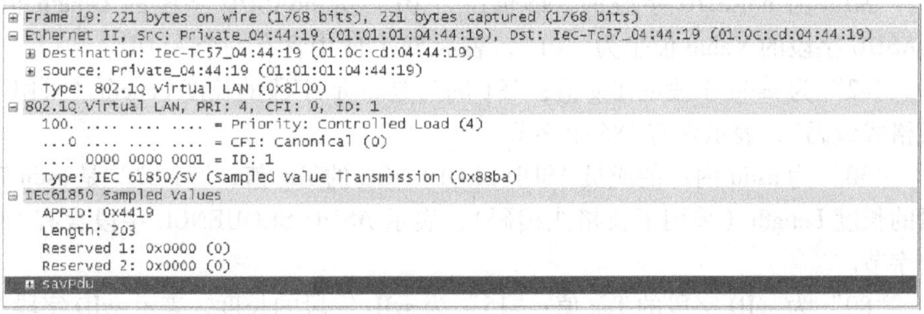

图 5 - 18　IEC 61850 - 9 - 2 LE 报文截图（WireShark 软件对字段解码结果）

清单 5 - 8 是合并单元的 XML 配置文件对采样值报文网络地址参数的定义，位于 < Communication > → < SubNetwork > → < ConnectedAP > 中。从中可以看出，MAC 地址为 "01 - 0C - CD - 04 - 44 - 19"，APPID 为 "4419"。

清单 5 - 8：

```
< ConnectedAP apName = "M1" desc = "" iedName = "ML2228B" >
 < SMV cbName = "smvcb0" ldInst = "MU" >
  < Address >
   < P type = "MAC-Address" >01 - 0C - CD - 04 - 44 - 19 </P >
   < P type = "VLAN-ID" >001 </P >
   < P type = "VLAN-PRIORITY" >4 </P >
   < P type = "APPID" >4419 </P >
  </Address >
 </SMV >
</ConnectedAP >
```

（2）SavPDU 部分。保留位后面就是 9 - 2 SavPDU 部分，其编解码符合 ASN.1 语法规则。参照图 5 - 12 中 SavPdu 的 ASN.1 编码结构，对该部分编码分解如下：

"60" 是 SavPdu 的 Tag 值，"81 c0" 是 SavPdu 的 Length 长度值。

在 Tag-Length-Value 编码规则中，如果 Value 所含字节数大于 127，那么 Length 字段采用长格式编码，第一个字节的 bit7 固定为 1，bit6 ~ bit0 表示后继长度字节的个数，因此由 Length 字段 "81"（换算成二进制编码为 "10000001"）可知，后面还有一个代表实际长度的字节。该字节为 "c0"，表示 Value 部分实际含有 192 个字节。

从 "80" 开始，后面的编码均为 SavPdu 的内容 Value 部分。

"80" 为 noASDU 字段的 Tag 值；"01" 为 noASDU 字段的 Length 值；noASDU 字段的 Value 值也为 "01"，表示 SavPdu 中含有一个 ASDU。

"a2" 为 asdu 字段的 Tag 值；"81 ba" 是 asdu 字段的长度 Length（采用了长格式编码），表示含有 186 个字节。

"30" 为 asdu 内部的成员 ASDU SEQUENCE 的 Tag 值；"81 b7" 是 asdu 字段的长度 Length（采用了长格式编码），表示 ASDU SEQUENCE 字段含有 183 个字节。

"80" 为 svID 字段的 Tag 值；"15" 为 svID 字段的长度，表示 svID 字段含有 21 个字节，即 "4d 4c 32 32 32 38 42 4d 55 2f 4c 4c 4e 30 2e 73 6d 76 63 62 30"。这 21 个字节是字符串的十六进制 ASCII 码值，通过查阅附录 A 的 ASCII 代码表，可知该字符串应翻译为 "ML2228 BMU/LLN0. smvcb0"。

"82" 是 smpcnt 的字段的 Tag 值；"02" 是该字段的长度；"07 14" 转换成十进制为 1812。

"83" 是 confRev 的 Tag 值；"04" 表示后面的 Value 部分含有 4 个字节，即 "00 00 00 01"，转换成十进制为 "1"。

"85" 是 smpSynch 的 Tag 值；"01" 表示后面的 Value 部分含有 1 个字节，即 "01"，转换成十进制为 "1"。

Sequence of Data 字段就是采样数据集的各个成员的编码。"87" 是 Sequence of Data 字段的 Tag 值；"81 90" 是该字段的长度 Length（采用了长格式编码），表示 Sequence of Data 的 Value 部分含有 144 个字节。

"00 00 04 c0 00 00 00 00" 是第一个通道的十六进制编码。按照图 5 – 13 的结构，前 4 个字节 "00 00 04 c0" 是瞬时值，转换成十进制为 "1216"；后 4 个字节 "00 00 00 00" 为该通道品质值。第一个通道为电子式互感器的额定延迟时间，其值为 1216μs。

"00 00 05 a9 00 00 00 00" 是第二个通道的十六进制编码。同样前 4 个字节 "00 00 05 a9" 是瞬时值，转换成十进制为 "1449"。如果继续转换成实际值，还需要乘以比例因子 scaleFactor。按照表 5 – 12 的定义，如果该通道是电流量，需要乘以 0.001；如果是电压量，需要乘以 0.01。由于该通道是 A 相保护电流，因此实际值为 1.449A。

第三个通道仍然是 "00 00 05 a9 00 00 00 00"。它是 A 相电子式互感器第二个 AD 采集到的保护电流，其实际值也是 1.449A。

其余通道的编解码过程与此类似，不再赘述。

3. PDU 各参数的含义

图 5 – 19 是 WireShark 软件对 SavPdu 部分的解码结果。

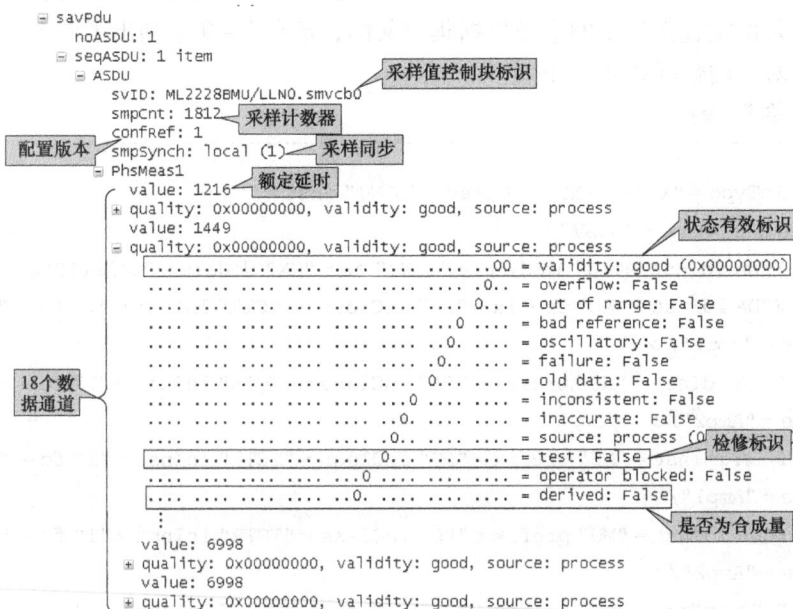

图 5 - 19   IEC 61850 - 9 - 2LE 报文截图（WireShark 软件对 SavPdu 部分的解码结果）

图 5 - 19 中各参数的含义如下：

（1）svID：采样值控制块标识，由合并单元模型中的逻辑设备名、逻辑节点名和控制块名级联组成，如清单 5 - 8 所示。

（2）smpCnt：采样计数器，用于检查数据内容是否被连续刷新。合并单元每发出一个新的数据，smpCnt 应加 1。smpCnt 应在（0，采样率 - 1）的范围内顺序增加。图 5 - 19 中的报文采样频率为 4000Hz（每周期采样 80 点），因此 smpcnt 在（0，3999）范围内顺序增加。smpcnt 不应跳变或越限。合并单元采用秒脉冲进行同步时，每个同步秒冲到达后应将 smpCnt 翻转置 0。

（3）confRef：配置版本号。confRef 的含义与 GOOSE 报文中的 Config Revision 类似。它是一个计数器，用于反映配置改变的次数。当对采样值数据集成员进行重新排序、删除等操作时，配置被改变。配置每改变一次，配置版本号应加 1。

（4）smpSync：同步标识位。smpSync 用于反映合并单元的同步状态。当同步脉冲丢失后，合并单元先利用内部晶振进行守时。当守时精度能满足同步要求时，smpSync 应为 TRUE；当守时精度不能满足同步要求时，smpSync 应变为 FALSE。

（5）PhsMeas1："PhsMeas1"中各个通道的含义、先后次序和所属的数据类型都是由配置文件中的采样数据集定义的，清单5-9中列出了图5-19中报文所对应的数据集dsSV的定义。

清单5-9：

```
< LN0 lnType = "XXXX_LLN0" lnClass = "LLN0" inst = "" >
  < DataSet name = "dsSV" >
    < FCDA ldInst = "MU" lnClass = "LLN0" fc = "MX" doName = "DelayTRtg"/ >
    < FCDA ldInst = "MU" prefix = "PA" lnClass = "TCTR" lnInst = "1" fc = "MX"
doName = "Amp1"/ >
    < FCDA ldInst = "MU" prefix = "PA" lnClass = "TCTR" lnInst = "1" fc = "MX"
doName = "Amp2"/ >
    < FCDA ldInst = "MU" prefix = "PB" lnClass = "TCTR" lnInst = "2" fc = "MX"
doName = "Amp1"/ >
    < FCDA ldInst = "MU" prefix = "PB" lnClass = "TCTR" lnInst = "2" fc = "MX"
doName = "Amp2"/ >
    < FCDA ldInst = "MU" prefix = "PC" lnClass = "TCTR" lnInst = "3" fc = "MX"
doName = "Amp1"/ >
    < FCDA ldInst = "MU" prefix = "PC" lnClass = "TCTR" lnInst = "3" fc = "MX"
doName = "Amp2"/ >
    < FCDA ldInst = "MU" prefix = "MA" lnClass = "TCTR" lnInst = "4" fc = "MX"
doName = "Amp1"/ >
    < FCDA ldInst = "MU" prefix = "MB" lnClass = "TCTR" lnInst = "5" fc = "MX"
doName = "Amp1"/ >
    < FCDA ldInst = "MU" prefix = "MC" lnClass = "TCTR" lnInst = "6" fc = "MX"
doName = "Amp1"/ >
    < FCDA ldInst = "MU" prefix = "UA" lnClass = "TVTR" lnInst = "9" fc = "MX"
doName = "Vol1"/ >
    < FCDA ldInst = "MU" prefix = "UA" lnClass = "TVTR" lnInst = "9" fc = "MX"
doName = "Vol2"/ >
    < FCDA ldInst = "MU" prefix = "UB" lnClass = "TVTR" lnInst = "10" fc =
"MX" doName = "Vol1"/ >
    < FCDA ldInst = "MU" prefix = "UB" lnClass = "TVTR" lnInst = "10" fc =
"MX" doName = "Vol2"/ >
    < FCDA ldInst = "MU" prefix = "UC" lnClass = "TVTR" lnInst = "11" fc =
"MX" doName = "Vol1"/ >
```

```
    < FCDA ldInst = "MU" prefix = "UC" lnClass = "TVTR" lnInst = "11" fc =
"MX" doName = "Vol2"/ >
    < FCDA ldInst = "MU" prefix = "UL" lnClass = "TVTR" lnInst = "12" fc =
"MX" doName = "Vol1"/ >
    < FCDA ldInst = "MU" prefix = "UL" lnClass = "TVTR" lnInst = "12" fc =
"MX" doName = "Vol2"/ >
  </DataSet >
  < SampledValueControl confRev = "1" datSet = "dsSV" desc = "" multicast
= "true" name = "smvcb0" nofASDU = "1" smpRate = "4000" smvID =
"ML2228BMU/LLN0. smvcb0" >
    < SmvOpts refreshTime = "false" sampleSynchronized = "true" sampleRate
= "false" security = "false" dataRef = "false"/ >
  </SampledValueControl >
  ...
</LN0 >
  ...

< DOType id = "CN_SAV" cdc = "SAV" >
  < DA name = "instMag" bType = "Struct" type = "CN_AnalogueValue_I" fc = "
MX"/ >
  < DA name = "q" bType = "Quality" qchg = "true" fc = "MX"/ >
  < DA name = "units" bType = "Struct" type = "CN_units" fc = "CF"/ >
  < DA name = "sVC" bType = "Struct" type = "CN_ScaledValueConfig" fc =
"CF"/ >
  < DA name = "min" bType = "Struct" type = "CN_AnalogueValue_I" fc =
"CF"/ >
  < DA name = "max" bType = "Struct" type = "CN_AnalogueValue_I" fc =
"CF"/ >
  < DA name = "dU" bType = "Unicode255" fc = "DC"/ >
</DOType >
```

提示:

　　按照 Q/GDW 396—2009《IEC 61850 工程继电保护应用模型》的规定，合
并单元采样值数据集应支持 DO 方式。从清单 5-9 中可以看出，dsSV 数据集
的成员均采用了功能约束数据 FCD。由于 dsSV 所引用的数据均属于数据类
"CN_SAV"，因此这些 FCD 经功能约束 MX 过滤后，将只保留 instMag 和 q 两
个数据属性。

清单 5 − 9 中第 1 个 FCDA 成员 DelayTRtg 为互感器的额定延迟时间值。第 2 ~ 18 个成员为电流、电压值。

如前所述在 IEC 61850 − 9 − 2LE 报文（见图 5 − 19）中，每一个通道都由瞬时值和品质值两部分组成。瞬时值折算成实际值时，电压量需要乘以比例因子 0.01；电流量需要乘以比例因子 0.001。

品质值中 3 个标志位的含义如下：

1）状态有效标志 validity。如果一个电子式互感器内部发生故障（如传感元件损坏），那么相应通道的状态有效标志位应置为无效。此时保护装置需要有针对性地增加相应的处理内容。例如线路保护装置，当保护电压通道无效时，应闭锁与电压相关的保护（如距离保护），退出方向元件等。

2）检修标志位 test。检修标志位用于表示发出该采样值报文的合并单元是否处于检修状态。当装置检修压板投入时，合并单元发出的采样值报文中的检修标志位应为 TRUE。接收端装置应将接收的采样值报文的 test 位与自身的检修压板状态进行比对，只有当两者一致时才将信号作为有效处理或动作。

3）derived。derived 标志用于反映该通道的电压、电流是否为合成量。

四、采样值虚端子

与 GOOSE 类似，目前国内在数字化变电站的实施中引入了采样值输入"虚端子"的概念。

1. 采样值输入虚端子的定义

如清单 5 − 10 所示，在定义采样值输入虚端子时，需要在 ICD 文件中预定义以"SVIN"为前缀的逻辑节点 SVINGGIO，并在逻辑节点实例中定义 DOI 信号。这些 DOI 信号的描述 desc 或 dU 中含有中文描述信息，可以作为采样值连线的依据。

清单 5 − 10：

```
< LN prefix = "SVIN" lnClass = "GGIO" lnType = "XXX_GGIO_SAV" inst = "1"
desc = "额定延时" >
    ...
  < DOI name = "SAVS01" desc = "通道延时1" >
      < SDI name = "instMag" >
        < DAI name = "i" sAddr = "C:DELAY_TIME"/ >
      </SDI >
      < DAI name = "q" desc = ""/ >
```

```
        < DAI name = "dU" >
            < Val > 互感器额定延时 < /Val >
        < /DAI >
    < /DOI >
  < /LN >
  < LN prefix = "SVINPA" lnClass = "TCTR" lnType = "XXX_TCTR" inst = "1" desc
= "A 相电流" >
        ...
    < DOI name = "Amp" desc = "保护电流 A 相" >
    < SDI name = "instMag" >
        < DAI name = "i" sAddr = "P:B02. GetOrigSmpl_F0. ipa_prm"/ >
    < /SDI >
    < DAI name = "q" desc = ""/ >
    < DAI name = "dU" >
        < Val > 保护电流 A 相 < /Val >
    < /DAI >
    < /DOI >
    < DOI name = "AmpChB" desc = "启动电流 A 相" >
    < SDI name = "instMag" >
        < DAI name = "i" sAddr = "P:B03. GetOrigSmpl_F0. iqa_prm"/ >
    < /SDI >
    < DAI name = "q" desc = ""/ >
    < DAI name = "dU" >
        < Val > 启动电流 A 相 < /Val >
    < /DAI >
    < /DOI >
< /LN >
```

有的厂家也通过 TCTR 和 TVTR 逻辑节点接收外部采样值输入，例如清单
5 - 10 就预定义了以 "SVINPA" 为前缀的逻辑节点 TCTR 接收 A 相电流。
SVINPATCTR1 中含有两个接收电流的 DOI 数据实例 "Amp" 和 "AmpChB"，
对应着电子式互感器的双 AD 输出。

2. 采样值连线的实现

采样值虚端子的连线与 GOOSE 也十分类似。在生成 SCD 文件时，一般在
每个装置的 LLN0 的 Inputs 部分定义该装置的采样值输入连线信息。每一个采

样值连线包含装置内部输入虚端子信号和外部合并单元的输出信号，每一个内部输入虚端子与每个外部合并单元输出信号为一一对应关系。

清单 5 - 11 就是某变电站线路保护装置的采样值连线信息 < Inputs > 。< Inputs > 由若干个 < Extref > 元素组成，每一个 < Extref > 代表一个采样值虚端子连线。

< Extref > 中的 intAddr 属性值就是保护装置内部采样值输入虚端子的引用 "SVLD1/SVINGGIO1. SAVSO1. instMag. i"。其余属性，如 daName、doName、iedName 等，级联后就是外部合并单元的采样值输出信号 "ML2222BMU/LLN0. DelayTRtg. instMag. i"。

清单 5 - 11：

```
< Inputs >
    < ExtRef iedName = "ML2228B" ldInst = "MU" prefix = "" lnClass = "LLN0"
lnInst = "" doName = "DelayTRtg" daName = "instMag. i" intAddr = "SVLD1/
SVINGGIO1. SAVSO1. instMag. i"/ >

    < ExtRef iedName = "ML2228B" ldInst = "MU" prefix = "" lnClass =
"LLN0" lnInst = "" doName = "DelayTRtg" daName = "q" intAddr = "SVLD1/
SVINGGIO1. SAVSO1. q"/ >

    < ExtRef iedName = "ML2228B" ldInst = "MU" prefix = "" lnClass =
"TCTR" lnInst = "1" doName = "Amp1" daName = "instMag. i" intAddr = "SVLD1/
SVINPATCTR1. Amp. instMag. i"/ >

    < ExtRef iedName = "ML2228B" ldInst = "MU" prefix = "" lnClass =
"TCTR" lnInst = "1" doName = "Amp1" daName = "q" intAddr = "SVLD1/
SVINPATCTR1. Amp. q"/ >

    < ExtRef iedName = "ML2228B" ldInst = "MU" prefix = "" lnClass =
"TCTR" lnInst = "1" doName = "Amp2" daName = "instMag. i" intAddr = "SVLD1/
SVINPATCTR1. AmpChB. instMag. i"/ >

    < ExtRef iedName = "ML2228B" ldInst = "MU" prefix = "" lnClass =
"TCTR" lnInst = "1" doName = "Amp2" daName = "q" intAddr = "SVLD1/
SVINPATCTR1. AmpChB. q"/ >

    ...

</Inputs >
```

图 5 - 20 是线路保护装置与该间隔合并单元之间的采样值连线示意图，该图更直观地反映了采样值虚端子的含义。

合并单元	SMV输出					SMV输入		继电保护装置
		ML2228BMU/LLN0.DelayTRtg.instMag.i	SVOUT01	采样额定延迟时间	IN01		SVLD1/SVINGGIO1.SAVSO1.instMag.i	
		ML2228BMU/LLN0.DelayTRtg.q	SVOUT02	采样额定延迟时间品质	IN02		SVLD1/SVINGGIO1.SAVSO1.q	
		ML2228BMU/LLN0.PATCTR1.Amp1.instMag.i	SVOUT03	A相保护电流AD1	IN03		SVLD1/SVINPATCTR1.Amp.instMag.i	
		ML2228BMU/LLN0.PATCTR1.Amp1.q	SVOUT04	A相保护电流AD1品质	IN04		SVLD1/SVINPATCTR1.Amp.q	
		ML2228BMU/LLN0.PATCTR1.Amp2.instMag.i	SVOUT05	A相保护电流AD2	IN05		SVLD1/SVINPATCTR1.AmpChB.instMag.i	
		ML2228BMU/LLN0.PATCTR1.Amp2.q	SVOUT06	A相保护电流AD2品质	IN06		SVLD1/SVINPATCTR1.AmpChB.q	
		ML2228BMU/LLN0.PBTCTR2.Amp1.instMag.i	SVOUT07	B相保护电流AD1	IN07		SVLD1/SVINPBTCTR2.Amp.instMag.i	
		ML2228BMU/LLN0.PBTCTR2.Amp1.q	SVOUT08	B相保护电流AD1品质	IN08		SVLD1/SVINPBTCTR2.Amp.q	
		ML2228BMU/LLN0.PBTCTR2.Amp2.instMag.i	SVOUT09	B相保护电流AD2	IN09		SVLD1/SVINPBTCTR2.AmpChB.instMag.i	
		ML2228BMU/LLN0.PBTCTR2.Amp2.q	SVOUT10	B相保护电流AD2品质	IN10		SVLD1/SVINPBTCTR2.AmpChB.q	
		ML2228BMU/LLN0.PCTCTR3.Amp1.instMag.i	SVOUT11	C相保护电流AD1	IN11		SVLD1/SVINPCTCTR3.Amp.instMag.i	
		ML2228BMU/LLN0.PCTCTR3.Amp1.q	SVOUT12	C相保护电流AD1品质	IN12		SVLD1/SVINPCTCTR3.Amp.q	
		ML2228BMU/LLN0.PCTCTR3.Amp2.instMag.i	SVOUT13	C相保护电流AD2	IN13		SVLD1/SVINPCTCTR3.AmpChB.instMag.i	
		ML2228BMU/LLN0.PCTCTR3.Amp2.q	SVOUT14	C相保护电流AD2品质	IN14		SVLD1/SVINPCTCTR3.AmpChB.q	
		……	SVOUT15	……	IN15		……	
		……	SVOUT16	……	IN16		……	
		……	SVOUT17	……	IN17		……	
		……	SVOUT18		IN18		……	

图 5-20　继电保护装置与合并单元的采样虚端子连线示意图

第三节　简单网络时间协议（SNTP）

时钟同步技术在基于 IEC 61850 的数字化变电站中占有重要的地位。这是由于在数字化变电站中信息传送采用网络通信方式，传统的二次电缆被传输数字信号的光缆、交换机所取代。数字信号的采集和传输必须基于统一的时序和时钟基准，才能保证准确性、可靠性和有效性。特别像母线差动保护和变压器差动保护这类设备，需要同时采集多个间隔的电压电流量，采样值之间需要精确的同步，以避免幅值和相位产生误差，防止发生误动作。

另外，描述电网暂态过程的电流电压波形、断路器变位、保护装置动作等各种事件发生的时间序列，在电网运行或事故分析过程中占有重要地位，而时钟同步能够为事件顺序记录（SOE）、故障录波以及事后数据分析等方面提供精确的时间基准，还能为变电站控制中心提供准确的操作判据。

目前，我国电力系统中应用最广泛的同步时钟源是全球定位系统 GPS。变电站内的对时装置接收 GPS 发出的标准时间信号，通过专用的电缆向全站所有装置发送同步脉冲。各个装置在接收到同步脉冲后，解码出系统的同步计时点，并通过该值校正装置自身的计时时钟。GPS 对时装置可以输出秒脉冲、IRIG-B 码等各种类型的对时信号，以满足不同接口类型的装置的需要。GPS 同步对时具有成本低、精度高的优点。

但是，变电站数字化的发展趋势使得站内二次电缆被通信以太网所取代，利用通信网络作为对时路径进行时钟同步，代替数量庞大、接线复杂的专用同步电缆，建立统一、高精度的时钟同步系统是数字化变电站时钟同步技术的发展方向。秒脉冲、IRIG-B 码同步方式均需要通过硬接线进行对时，已经表现出了一定的局限性。

针对变电站这种一体化的通信网络和更高的同步精度要求，IEC 61850 引入了简单网络时间协议 SNTP。SNTP 是网络时间协议 NTP 的简化标准。作为应用最为广泛的国际互联网时间传输协议，SNTP 已较为成熟，在一定的网络结构下，SNTP 的对时精度可在大多数情况下保持在 1ms 以内。

一、时间同步的基本概念

时间是国际标准单位制（SI 单位制）的七个基本单位之一，它是描述事物存在方式的最基本的物理量，在 SI 单位制中时间的基本单位是秒（s）。在时间同步技术领域常用的概念有以下几个：

（1）世界时 UT（Universal Time）。世界时是人类利用天文观测建立起来的最早的时间标准，它是以平子夜作为 0 时开始的格林威治平太阳时（格林威治是英国伦敦南郊原格林尼治天文台的所在地，它又是世界上地理经度的起始点）。世界时是以地球自转为基础建立起来的。由于地球自转和地球移动的不均匀性，所以世界时的计时准确度只能达到 10^{-8} 数量级。

（2）国际原子时 TAI（International Atomic Time）。随着社会生产、科学研究对时间精度要求越来越高，1967 年人类利用铯原子振荡周期极为规律的特性，研制出了高精度的铯原子钟。铯原子钟利用铯原子（Cs133）内部的电子在两个能级之间跳跃时辐射出来的电磁波作为标准，去校准电子振荡器，进而控制时钟的走动。利用铯原子钟计时可以达到相当高的准确度，其稳定度可以达到 10^{-14} 数量级。

（3）协调世界时 UTC（Coordinated Universal Time）。国际原子时是间隔均匀的计量系统，精度较高，对于测量时间间隔非常重要；但世界时反映了地球在空间的位置，并对应着春夏秋冬、白天黑夜的变化周期，是人们在日常生活中必不可少的时间。为兼顾这两种需要，1972 年国际上引入了协调世界时（UTC）系统。协调世界时在本质上还是一种国际原子时，因为它的秒长和国际原子时的秒长相等，只是在时刻上经过人工干预，能够尽量接近世界时。

（4）闰秒。世界时（UTC）是以地球自转为基础的时间标准，由于地球自转的不均匀以及极移效应，导致世界时与国际原子时（TAI）每隔 18 个月会产生 1s 左右的误差。这就需要进行"闰秒操作"，即当发现世界时与国际原子时两者之差接近或超过 0.9s 时，便在当年的 6 月 30 日或 12 月 31 日的协调世界时时刻上增加 1s 或减少 1s。截至 2006 年 1 月 1 日 0 时，UTC 时间已落后 TAI 时间 33s。

综上所述，世界时是人们日常生活中熟悉且容易接受的时间；国际原子时由于原子钟的高稳定性决定了其时间是最精确的。而协调世界时兼顾了世界时和国际原子时的优点，成为目前应用最广泛的时间系统。

二、SNTP 概述

简单网络时间协议 SNTP（Simple Network Time Protocol）是目前在因特网上进行时间同步的一种常用方法。

在一些需要精确时间同步的场合，如电力通信、分布式网络计算、气象预报等领域，仅靠计算机本身提供的时钟信号是远远不够的。据统计，与国际标准时间偏差在 1min 以上的计算机占到 90% 以上。这是由于计算机的时钟信号来源于自带的简单晶体振荡器，这种晶体振荡器守时性很差，一般每天都有几秒钟的时间漂移。上面提到的几个应用领域对时间准确度的要求均是秒级的。

网络时间协议 NTP（Network Time Protocol），以前被广泛应用在因特网上进行计算机时间同步。根据同步源和网络路径的不同，NTP 在大多数情况下能够提供 1 ~ 50ms 的对时精度。为了保证高精度，NTP 对时需要很复杂的算法。由于在很多实际应用中，秒级的精度就足够了。在保证时间精度的前提下，NTP 协议的简化版本—SNTP 出现了。SNTP 对 NTP 协议中有关访问安全、服务器自动迁移的部分进行了裁剪，使得网络对时的开发和应用变得更容易。

SNTP 协议目前的最新版本是 SNTP V4，它能与以前的版本兼容，更重要的是 SNTP 与 NTP 具有互操作性，即 SNTP 客户机可以与 NTP 服务器协同工作，反过来 NTP 客户机也可以接收 SNTP 服务器发出的授时信息。这是由于 NTP 和 SNTP 的数据帧格式是一样的，计算客户机时间、时间偏差以及报文往返时延的算法也是一样的。

三、SNTP 协议的工作原理

（1）SNTP 的工作模式。SNTP 的工作模式有单播、广播和组播三种。在单播模式下，服务器和客户机之间是一对一的关系。在广播或组播模式下，服务器和客户机之间是一对多的关系，即一个服务器可以同时为多个客户机提供时间信息。与单播方式相比，广播或组播模式下的精度相对较低。

（2）单播模式的 SNTP 工作原理。在单播模式下，SNTP 以客户机/服务器模式进行通信。服务器以接收的 GPS 标准时间信息（或自带的原子钟）作为系统基准时间；客户机通过定期访问服务器获得准确的时间信息，并调整自己的时钟，达到时间同步的目的。如图 5 - 21 所示，客户机首先发送一个请求数

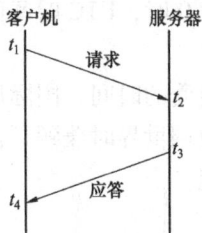

图 5 - 21 SNTP 授时原理图

据包，服务器收到该请求数据包后回送一个应答数据包。两个数据包中都携带有被发出时刻和被接收时刻的时间信息——时间戳，根据这四个时间戳，客户机就可以计算出与服务器的时间偏差和网络时延。

如图 5 - 21 所示，t_1 为客户机发出请求数据包的时刻（以客户机的时间系统为参照），标记为 Originate Timestamp；t_2 为服务器收到请求数据包的时刻（以服务器的时间系统为参照），标记为 Receive Timestamp；t_3 为服务器回复应答数据包的时刻（以服务器的时间系统为参照），标记为 Transmit Timestamp；t_4 为客户机收到应答数据包的时刻（以客户机的时间系统为参照），标记为 Destination Timestamp。

由此可得数据包在网络上的传输时间为

$$\Delta = (t_4 - t_1) - (t_3 - t_2)$$

上式中的第一个括号表示客户机从发出请求包到收到应答包的时间，第二个括号表示服务器处理所用的时间，两者的差值就是数据包在网络上传输的总延时。

假设请求包和应答包在网络上传输的时间相同，则单程网络延时 δ 为 Δ 的一半，即

$$\delta = \frac{(t_4 - t_1) - (t_3 - t_2)}{2} = \frac{(t_2 - t_1) + (t_4 - t_3)}{2}$$

客户机在 t_1 时刻发出的请求包，经过 δ 时间后才到达服务器，在客户机的时间系统下，请求包到达服务器的时刻应为 $t_1 + \delta$；而在服务器时间系统下，请求包到达服务器的时刻为 t_2。由此可算出客户机和服务器两个时间系统的偏差为

$$\theta = t_2 - (t_1 + \delta) = \frac{(t_2 - t_1) - (t_4 - t_3)}{2}$$

这个结论基于两点假设：首先，在一个同步周期内客户机上的本地时钟和服务器上的本地时钟是以相同速率运行的；其次，数据包在网络上的传输延迟是对称的。对于第一点假设，通常认为在一个周期内（秒级）客户机的时间漂移可以忽略不计；对于第二点假设，可以通过优化相关算法来保证。客户机通过 t_1、t_2、t_3 和 t_4 计算出时间偏差 θ 和网络时延 δ 后，在本地时间上加上 θ 就可以达到和服务器的时间同步。

从 δ 和 θ 的公式中可以看出，δ 和 θ 只与 $(t_2 - t_1)$、$(t_4 - t_3)$ 有关，而与

$(t_3 - t_2)$ 无关,即最终的结果与服务器处理请求包所需的时间 $(t_3 - t_2)$ 无关。

(3) 单播模式的 SNTP 应用实例。如图 5 – 22 所示,假设一开始客户机时间为 10:00:00,服务器时间为 10:00:10,客户机和服务器之间时间偏差为 10s。假设对时报文在网络上的传输延迟为 1s 而且是对称的,两个时钟以相同速率运行。

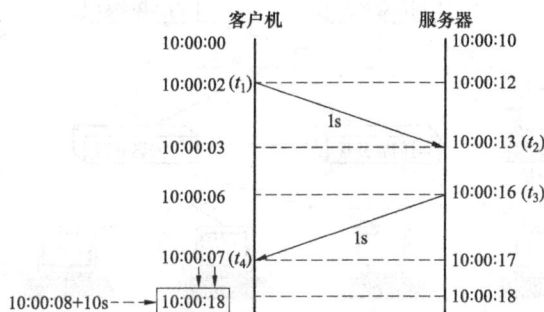

图 5 – 22 单播模式的 SNTP 工作实例

假设客户机在 10:00:02 时刻 (t_1) 发送请求报文,那么在网络上经过 1s 后到达服务器,此时服务器的时间应为 10:00:13 (t_2);服务器处理完请求报文后,假设在 10:00:16 (t_3) 时刻发出应答报文,应答报文在网络上经过 1s 后到达客户机,到达客户机的时间为 10:00:07 (t_4),由此可计算出

$$\theta = \frac{(10:00:13 - 10:00:02) - (10:00:07 - 10:00:16)}{2} = 10s$$

$$\delta = \frac{(10:00:13 - 10:00:02) + (10:00:07 - 10:00:16)}{2} = 1s$$

即两个时间系统的偏差为 10s,对时报文在网络上的延迟为 1s。然后客户机可以根据 δ 和 θ 的值调整自己的时间,达到和服务器的时间同步。

四、时间同步网络的结构

在互联网中,运用 NTP(或 SNTP)协议进行时间同步的设备及其网络通信路径的集合被称为时间同步网络,其结构见图 5 – 23。

按照精确度和重要性,时间同步网络一般分为从 0 ~ 15 共 16 个级别(Stratum)。级别编码越低,精确度和重要性越高。时间同步信息自级别较小的层次向级别较大的层次传递,如图 5 – 23 中箭头所示。第 0 级设备是时间同步网络的基准时间参考源,它位于同步网络的顶端,目前普遍采用全球定位系统 GPS。

按照距离第 0 级设备的远近,所有的对时设备都可以被归入不同的层中。

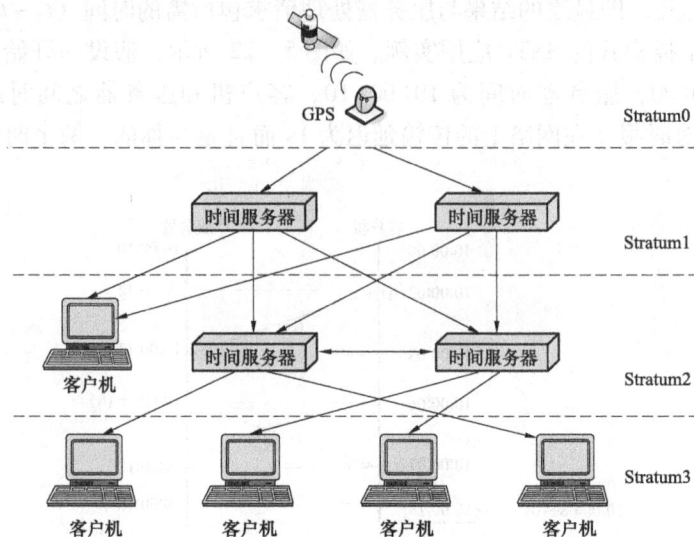

图 5-23　时间同步网络的结构图

位于第一层的时间服务器为主服务器，主服务器从第 0 级基准时钟源中获取时间信息，是整个系统的基础。依次类推，第二层设备从第一层设备中获取时间信息，第三层设备则从第二层设备中获取时间信息。另外，出于对精确度和可靠性的考虑，下层设备不仅可以同时引用多个上层设备作为参考源，而且也可以引用同层设备作为参考源。因此同步网络中的设备可以同时扮演多重角色。例如第二层设备对于第一层来说是客户机，而对于第三层设备来说则是服务器，对于同层设备则是对等机。

五、SNTP 报文格式

IEC 61850 规定 SNTP 报文在传输层采用 UDP 协议传输，服务器侧的端口号固定为123。图 5-24 ～图 5-26 是在现场捕捉到的 SNTP 报文截图，图 5-24 是客户机发出的对时请求报文，图 5-25 是服务器发出的应答报文，图 5-26 是服务器发出的广播报文。

由图 5-24 可以看出，客户机的 IP 地址为 172.20.0.171，服务器的 IP 地址为 172.20.0.165。客户机侧的源端口号是 1133（客户机端口号可以为任意非零值），服务器侧的目的端口号为固定值 123。在 UDP 报文头之后，紧接着的是 SNTP 应用层数据单元。

1. SNTP 应用层数据单元格式说明

在应用层，SNTP 数据帧中各部分的含义如下：

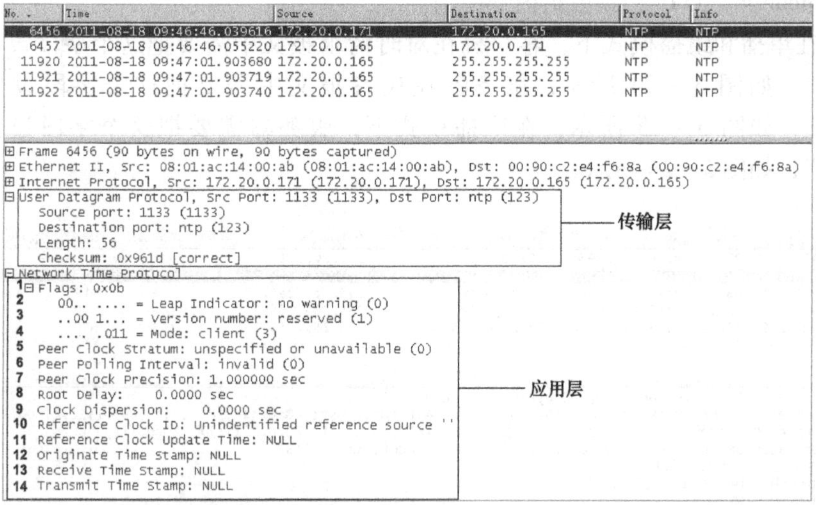

图 5 - 24　客户机—SNTP 对时请求报文

（1）Leap Indicator（LI）：当前时间闰秒标志，对应图 5 - 24 中应用层的第 2 行，长度为 2bit，只在服务器端有效。不同的值代表的含义分别为：

LI = "00"：无告警；

LI = "01"：最后 1min 是 61s；

LI = "10"：最后 1min 是 59s；

LI = "11"：告警状态，时钟未同步。

服务器在开始初始化时，LI 设置为 11，一旦与主时钟取得同步后就设置成其他值。

（2）Version number（VN）：版本号，对应图 5 - 24 中应用层的第 3 行，长度为 3bit。图中的版本号为 1。

（3）Mode：表示 SNTP 的工作模式，长度为 3bit。不同的值代表的含义分别为：

Mode = "000"：未定义；

Mode = "001"：主动对等机模式；

Mode = "010"：被动对等机模式；

Mode = "011"：客户机模式；

Mode = "100"：服务器模式；

Mode = "101"：广播模式；

Mode = "110"：此报文为控制报文；

Mode = "111"：预留给内部使用。

在单播和组播模式下，客户机在对时请求报文中需要把这个字段设置为"011"，如图 5 - 24 所示；服务器在应答报文中需要把这个字段设置为"100"，如图 5 - 25 所示；在广播模式下，服务器需要把这个字段设置为"101"，如图 5 - 26 所示。

No. .	Time	Source	Destination	Protocol	Info
6456	2011-08-18 09:46:46.039616 172.20.0.171		172.20.0.165	NTP	NTP
6457	2011-08-18 09:46:46.055220 172.20.0.165		172.20.0.171	NTP	NTP
11920	2011-08-18 09:47:01.903680 172.20.0.165		255.255.255.255	NTP	NTP
11921	2011-08-18 09:47:01.903719 172.20.0.165		255.255.255.255	NTP	NTP
11922	2011-08-18 09:47:01.903740 172.20.0.165		255.255.255.255	NTP	NTP

```
⊞ Frame 6457 (90 bytes on wire, 90 bytes captured)
⊞ Ethernet II, Src: 00:90:c2:e4:f6:8a (00:90:c2:e4:f6:8a), Dst: 08:01:ac:14:00:ab (08:01:ac:14:00:ab)
⊞ Internet Protocol, Src: 172.20.0.165 (172.20.0.165), Dst: 172.20.0.171 (172.20.0.171)
⊟ User Datagram Protocol, Src Port: ntp (123), Dst Port: 1133 (1133)
     Source port: ntp (123)
     Destination port: 1133 (1133)
     Length: 56
     Checksum: 0xd338 [correct]
⊟ Network Time Protocol
 1 ⊟ Flags: 0x0c
 2     00.. .... = Leap Indicator: no warning (0)
 3     ..00 1... = Version number: reserved (1)
 4     .... .100 = Mode: server (4)
 5  Peer Clock Stratum: primary reference (1)
 6  Peer Polling Interval: invalid (0)
 7  Peer Clock Precision: 0.003906 sec
 8  Root Delay:   0.0000 sec
 9  Clock Dispersion:   0.0000 sec
10  Reference Clock ID: Global Positioning Service
11  Reference Clock Update Time: Aug 18, 2011 01:46:46.1430 UTC
12  Originate Time Stamp: NULL
13  Receive Time Stamp: Aug 18, 2011 01:46:46.1400 UTC
14  Transmit Time Stamp: Aug 18, 2011 01:46:46.1430 UTC
```

图 5 - 25　服务器—SNTP 应答报文

（4）Peer Clock Stratum：表示时钟位于图 5 - 23 对时网络结构中的哪一层，长度为 8 个比特位。各取值含义为：

Stratum = 0：故障信息；

Stratum = 1：一级服务器；

Stratum = 2 ～ 15：二级服务器；

Stratum = 16 ～ 255：保留。

Stratum 的值一定程度上反映了时钟的准确度。层数为 1 的时钟准确度最高，从 2 ～ 15 准确度依次递减。需要注意的是层数为 16 的时钟处于未同步状态，不能作为参考时钟。该字段只在服务器端有效，所以图 5 - 24 中该字段的值为 0（Unspecified）；图 5 - 25 中该字段的值为 1，表示该服务器位于第 1 层，是一级服务器。

（5）Peer Polling Interval：轮询时间，也就是相邻两帧同类型 SNTP 报文之间的时间间隔，以秒为单位。该字段只在服务器端有效。字段长度为 8 个比特位，其值是 2 的指数方的指数部分（即 2^n 中的 n），取值范围是 4 ~ 17。图 5-26 中该字段的值为 6，表示相邻两个 SNTP 广播报文之间的时间间隔为 $2^6 = 64$（s）。

```
No.   Time                         Source          Destination      Protocol  Info
 6456 2011-08-18 09:46:46.039616  172.20.0.171    172.20.0.165     NTP      NTP
 6457 2011-08-18 09:46:46.055220  172.20.0.165    172.20.0.171     NTP      NTP
11920 2011-08-18 09:47:01.903680  172.20.0.165    255.255.255.255  NTP      NTP
11921 2011-08-18 09:47:01.903719  172.20.0.165    255.255.255.255  NTP      NTP
11922 2011-08-18 09:47:01.903740  172.20.0.165    255.255.255.255  NTP      NTP

⊞ Frame 11920 (90 bytes on wire, 90 bytes captured)
⊞ Ethernet II, Src: 00:90:c2:e4:f6:8a (00:90:c2:e4:f6:8a), Dst: ff:ff:ff:ff:ff:ff (ff:ff:ff:ff:ff:ff)
⊞ Internet Protocol, Src: 172.20.0.165 (172.20.0.165), Dst: 255.255.255.255 (255.255.255.255)
⊞ User Datagram Protocol, Src Port: ntp (123), Dst Port: ntp (123)
⊟ Network Time Protocol
  ⊟ Flags: 0x1d
      00.. .... = Leap Indicator: no warning (0)
      ..01 1... = Version number: NTP Version 3 (3)
      .... .101 = Mode: broadcast (5)
    Peer Clock Stratum: primary reference (1)
    Peer Polling Interval: 6 (64 sec)
    Peer Clock Precision: 0.500000 sec
    Root Delay:    0.0000 sec
    Clock Dispersion:    0.0000 sec
    Reference Clock ID: Global Positioning Service
    Reference Clock Update Time: Aug 18, 2011 01:47:02.0233 UTC
    Originate Time Stamp: NULL
    Receive Time Stamp: NULL
    Transmit Time Stamp: Aug 18, 2011 01:47:02.0233 UTC
```

图 5-26　服务器—SNTP 广播报文

（6）Peer Clock Precision：时钟精度，以秒为单位。该字段长度为 8bit，其值是 2 的指数方的指数部分（即 2^n 中的 n）。该字段只在服务器端有效。需要注意的是，这里的数值是负数，取值范围 -20 ~ -6。由于负数采用补码表示（即对正数按位取反再加 1），所以需要进行换算。对图 5-25 而言，该字段的值为"0xf8"，将其减 1 后"0xf7"，然后取反得"0xff - 0xf7 = 0x08"，所以换算成十进制值为"-8"，时钟精度为 $2^{-8} = 0.00390625$（s）。

（7）Root Delay：服务器与参考时钟源的总共往返延迟，以秒为单位。该字段只在服务器端有效。字段长度为 32 个比特位，是浮点数。小数部分在 16 位以后，取值范围从负几毫秒到正几百毫秒。

（8）Clock Dispersion：服务器与参考时钟源的最大误差，以秒为单位。该字段只在服务器端有效。字段长度为 32 个比特位，是浮点数。小数部分在 16 位以后，取值范围从零毫秒到正几百毫秒。

（9）Reference Clock ID：参考时钟源的标识。该字段只在服务器端有效。对于一级服务器，该字段为 4 字节的 ASCII 字符串，左对齐不足添零。对于二级服务器，在 IPV4 环境下，该字段为一级服务器的 IP 地址；在 IPV6 环境下，该字段是一级服务器的 NSAP 地址。在图 5 - 25 和图 5 - 26 中 Stratum = 1，表示该服务器为一级服务器，其标识为 "Global Positioning Service"。

（10）Reference Clock Update Time：服务器最后一次与 GPS 时钟源校准的时间，或者说是从 GPS 时钟源最新取得的时间。该字段只在服务器端有效。

（11）Originate Timestamp：客户机向服务器发起请求的时间，即 SNTP 请求报文离开客户机时客户机的本地时间。

（12）Receive Timestamp：服务器收到请求报文时的时间，即 SNTP 请求报文抵达服务器端时服务器的本地时间。

（13）Transmit Timestamp：服务器向客户机发送应答报文的时间，即应答报文离开服务器时服务器的本地时间。

（14）Authenticator（可选）：验证信息，当需要进行 SNTP 认证时，该字段包含密钥和信息加密码。

2. SNTP 时间戳格式

由图 5 - 24 ~图 5 - 26 可以看出，SNTP 的对时请求报文、应答报文和广播报文中均带有时间戳。时间戳单位为秒，表示自公元 1900 年 1 月 1 日零时起开始的秒数。它是一个无符号浮点数，长度为 64bit，头 32bit 为整数部分，后 32bit 为小数部分，理论上计时精度可以达到 2^{-32}s。

值得注意的是，它能表示的最大数字为 4294967295s。相对于 1900 年，到 2036 年的某一个时刻，此 64bit 字段将会发生溢出，即每隔 136 年这 64bit 字段将会归零一次。

六、SNTP 服务器的基本工作过程

下面以最常用的 SNTP 单播工作模式来说明服务器的工作过程。

SNTP 服务器在初始化时，Peer Clock Stratum 字段设置为 "0"，LI 字段设置为 "11"，Mode 字段设置为 "011"，Reference Clock ID 字段设置为 ASCII 字符 "INIT"，所有时间戳均被设置为 0。

一旦 SNTP 服务器与外部时钟源取得同步，就进入工作状态：Peer Clock Stratum 字段设置为 "1"；LI 字段设置为 "00"；Reference Clock ID 字段设置为外部时钟源的 ASCII 字符，如 "Global Positioning Service"；Peer Clock Precision 字段设置为 -6 ~ -20 之间的一个数值；Version Number 字段设置为客户机发来的请求报文中的 Version Number 字段值；Root Delay 和 Clock Dispersion 字段通常设置为 "0"；Reference Clock Update Time 字段设置为从 GPS 时钟源最新取得的时间；Originate Timestamp 字段设置为客户机发来的请求报文中的 Transmit Timestamp 字段值；Receive Timestamp 字段设置为请求报文抵达服务器时服务器的本地时间；Transmit Timestamp 字段设置为应答报文

离开服务器时的服务器的本地时间。

SNTP 服务器在工作过程中，如果与外部时钟源失去同步，Peer Clock Stratum 字段将变为"0"；Reference Clock ID 字段将被设置为反映故障原因的 ASCII 字符，如"LOST"。SNTP 客户机收到这个信息后，将丢弃服务器发给它的时间戳信息。

第四节　IEEE 1588 精确时钟同步协议

IEC 61850 标准将变电站分为站控层、间隔层和过程层，各层之间通过网络相连。对时间同步精度的要求，各层设备也不同。间隔层设备需要达到毫秒级（ms）精度；而过程层设备，由于主要传输采样值、跳闸信息，需要达到微秒级（μs）的同步精度。第三节中的简单网络时间协议 SNTP 是一种软件同步方案，能达到的最高同步精度只在毫秒（ms）级，显然无法满足过程层设备对时间同步的精度要求。

IEEE 1588 是用于网络测量和控制系统的精密时钟同步协议标准，能达到亚微秒级同步精度，完全能够满足过程层设备对时间同步精度的要求。

一、IEEE 1588 精确时间协议分析

（一）IEEE 1588 简介

IEEE 1588 协议的全称为"网络测量和控制系统精确时钟同步协议标准"（Standard for a Precision Clock Synchronization Protocol for Network Measurement and Control System），最初由安捷伦实验室的 John Eidson 以及来自其他公司和组织的 12 名成员开发，后来得到 IEEE 的赞助，于 2002 年 11 月得到 IEEE 批准成为正式标准。IEEE 1588 的对时精度可达亚微秒（μs）级，引起了通信、自动化等工业领域研究者的重视。国外一些公司相继开始了支持 IEEE 1588 的相关硬件产品开发和 IEEE 1588 具体工业应用的研究。后来在实践中发现 IEEE 1588 第 1 版在许多方面并不完善，因此国际标准化组织对第 1 版进行了较大的修改，形成的 IEEE 1588 标准第 2 版已于 2008 年发布。

IEEE 1588 的优越特性引起了电力系统相关研究组织浓厚的兴趣，它为变电站实现网络化的精确时钟同步提供了一个理想的选择。国际电工委员会 IEC 已将 IEEE 1588 转化为 IEC 61588—2004 标准。随着支持 IEEE 1588 的相关硬件产品（支持 IEEE 1588 的以太网芯片和交换机）的出现，IEEE 1588 在电力系统中的应用越来越广泛，IEC TC57 第 10 工作组计划在 IEEE 1588 应用成熟后将其引入 IEC 61850。预计未来的 IEC 61850 – 90 – 4 标准（网络导则）中将采用 IEEE 1588 时钟同步技术。

（二） IEEE 1588 的基本概念

报文对时是变电站时间同步技术发展的趋势，IEEE 1588 顺应了这种发展趋势。

IEEE 1588 采用主从式（Master – Slave）工作模式，主时钟（Master）周期性地向网络中所有从时钟（Slave）发送同步报文；从时钟以主时钟为参照，通过与主时钟的报文交互来获取精确时标，并计算出与主时钟之间的时间偏差。从时钟根据此时间偏差校正自身时钟，实现系统同步。

图 5 – 27 是一个典型的 IEEE 1588 分布式同步系统结构图。由图可见，IEEE 1588 同步系统一般由多个网络节点组成，每个节点都拥有一个独立的本地时钟，节点之间经由网络连接。网络通信路径和时钟节点之间的逻辑通信接口称为精确时间协议 PTP 端口。

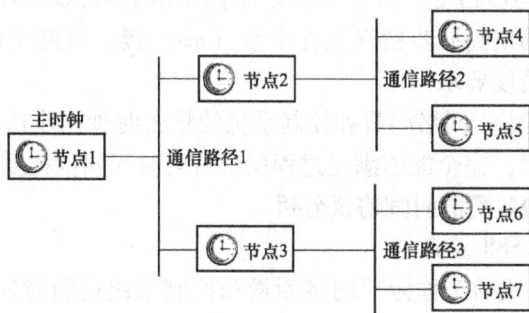

图 5 – 27 典型 IEEE 1588 同步系统结构图

根据各节点上本地时钟的精度、级别和时间的可追溯性等特性，同步系统会根据最佳主时钟算法 BMC（Best Master Clock algorithm）自动选择一个节点上的时钟作为主时钟，其余各节点均以该主时钟的时间为基准，计算与主时钟的时间偏差保持在允许的误差范围之内，实现与主时钟的同步。

1. 硬件同步与软件同步

从实现机制来看，时间同步有硬件和软件两种方法，各自有不同的对时精度和实现成本。

软件时间同步是利用时间同步算法，通过网络进行的时间同步。软件时间同步计算量很大，且节点之间的同步偏差容易积累。更重要的是，对时报文在以太网上传输的延迟具有很大的不确定性，这使得软件同步可以达到的精度比较低。但是，软件时间同步比硬件时间同步更加灵活，成本也较低。上一节介绍的 SNTP 就属于软件时间同步。

硬件时间同步是指利用一定的硬件设施接收对时信息并进行时间同步。硬件时间同步可以获得很高的同步精度，但需引入专用的硬件模块，成本较高，适用于需要高精密时间同步的场合。

实际应用中常采用软、硬件结合的实现方式，把硬件时间同步和软件时间同步的优点结合起来。IEEE 1588 就采用了软、硬件结合的对时方式。相对于 SNTP 和 NTP，IEEE 1588 能够实现更高精度的时间同步，同步精度可达亚微秒（μs）级。

2. 硬件打时标

获取时间戳的过程俗称"打时标"，是指在同步报文进入或离开协议栈的时候，用本地时钟的时间信息标记同步报文的过程。时间戳的获取方式直接影响时钟同步的精度，获取时间戳的地点越接近物理层，越能很好地避开报文在协议栈中的延时抖动，所能够达到的同步精度也就越高。

根据 IEEE 1588 标准规定，同步报文时间戳的获取可在本地时钟协议栈的三个点进行，分别是应用层、网络驱动层和介于在 MAC 层与物理层之间的 MII 层（Media Independent Interface），分别对应图 5 - 28 中的 C、B、A 三处。

A 处：MII 层。该种方式在 MAC 与物理层之间的 MII 层打时标，即硬件打时标，精度最高。

B 处：驱动层。发送同步报文时，数据帧在传递到 MAC 层进行封装前被打上时标；接收同步报文时，收到的数据帧在上传到网络层入口处被打上时标。

C 处：应用层。在应用层打时标，可能受协议栈的操作延迟和网络负载影响，精度偏低。

一般的网络报文同步技术（如 SNTP）采用软件打时标（即在图 5 - 28 中的 C 处打时标）。这种方式下，CPU 在应用层打完时标到同步报文真正到达物理层的这段时间是不确定的（如图 5 - 28 所示，C 到 A 的延时是不确定的）。报文接收过程中也存在同样的问题。这个延时可能有几十毫秒，会严重影响对时精度。

如果 IEEE 1588 同步报文在 MAC 层与物理层之间打时标（即硬件打时标），则可以大大消除协议栈和操作系统延时对对时精度的影响，从而使延时抖动在数个纳秒之内。硬件打时

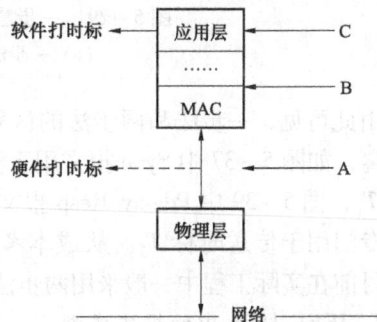

图 5 - 28　IEEE 1588 报文时间戳获取方式

标是 IEEE 1588 协议能够实现亚微秒级对时精度的关键所在，也是 IEEE 1588 能够获得比 SNTP 更高对时精度的重要原因。

硬件打时标需要采用专门的硬件模块来完成时间戳的获取。

3. 一步法和两步法

根据提供时间信息方式的不同，IEEE 1588 时钟分为一步法和两步法两种。一步法（one-step）时钟通过一帧报文传输必要的时间信息，无跟随报文出现；两步法（two-step）时钟则通过跟随报文传输必要的时间信息。

图 5-29 是用来说明一步法和两步法区别的示意图。

在图 5-29（a）所示一步法模式下，Sync 同步报文在发出之前，位于物理层的专用以太网 Phy 芯片会对报文进行修改，添加当前时间 T，因此 Sync 报文中直接包含报文发出的精确时刻（时标 T）。一步法对硬件要求比较高。

在图 5-29（b）所示两步法模式下，时钟首先发出一帧 Sync 报文，以太网 Phy 芯片会自动记录 Sync 报文发出的时间 T，然后时钟紧接着再发送一帧 Follow_Up 跟随报文，Follow_Up 报文中含有 Phy 芯片记录的 Sync 报文发出时刻 T。在两步法模式下，Sync 同步报文中的时标是报文预计的发出时间而不是真实的发出时间，真实的发出时间在随后的 Follow_Up 报文中发出。两步法在硬件上比较容易实现。

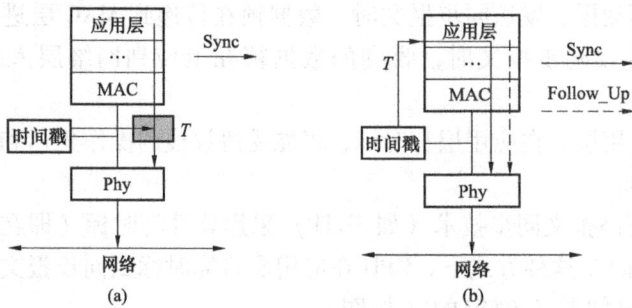

图 5-29　一步法和两步法区别示意图
（a）一步法；（b）两步法

由此可见，一步法和两步法的区别在于：两步法将时标的测量和时标的传送分离，如图 5-37 中 Sync 报文用于测量时标 T_1，Follow_up 报文专门用于传送时标 T_1；图 5-39 中 Pdelay_Resp 报文用于测量时标 T_3，Pdelay_Resp_Follow_up 报文专门用于传送时标 T_3。从成本考虑，两步法硬件成本低且比较容易实现，因此目前在实际工程中一般采用两步法。

4. IEEE 1588 中的报文类型

IEEE 1588 中定义的报文可以分为事件报文（Event Message）和通用报文

（General Message）两大类。事件报文在离开发出端和到达接收端时，时钟端口会测量并记录这些报文离开和到达的具体时间，生成精确的时间戳，而通用报文则没有这个过程。

事件报文包括 Sync、Delay_Req 、Pdelay_Req 和 Pdelay_Resp。

通用报文包括 Announce、Follow_Up、Delay_Resp、Pdelay_Resp_Follow_Up、Management 和 Signaling。

Sync、Delay_Req、Follow_Up 和 Delay_Resp 报文用来产生时间戳，并在主从时钟之间通过一系列的流程传递时间戳信息，完成普通时钟或边界时钟之间的时钟同步，如图 5 – 30（b）所示。

Pdelay_Req、Pdelay_Resp 和 Pdelay_Resp_Follow_Up 报文用于测量两个 P2P时钟端口之间的链路延时（所谓 P2P 端口是指采用对等延迟机制的透明时钟端口），该链路延时被用来修正 Sync 和 Follow_Up 报文中的时间戳信息，如图 5 – 30（c）所示。

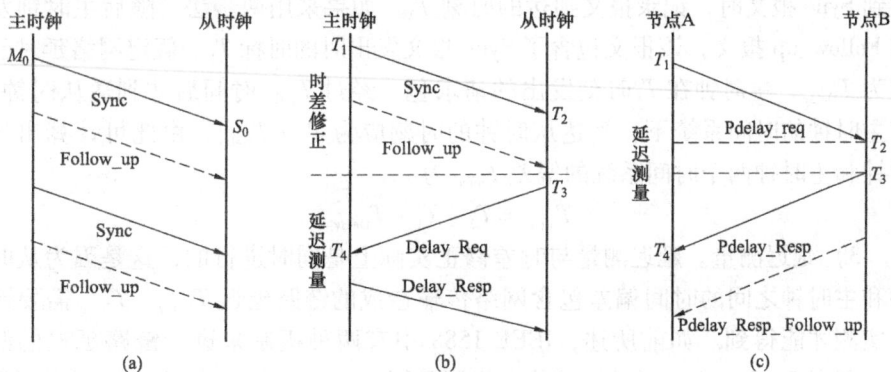

图 5 – 30   IEEE 1588 时钟同步过程
（a）调谐；（b）延迟请求响应机制；（c）对等延迟机制

Announce 报文用来建立同步系统中各时钟节点之间的层次关系。

Management 报文用于查询和更新时钟端口上的 PTP 数据集。

除以上几种报文之外，其他所有的通信功能都可以由 Signaling 报文完成，例如在主时钟和从时钟之间协商单播报文的发送频率就可以用 Signaling 报文来实现。

5. IEEE 1588 时钟同步过程

IEEE 1588 的主、从时钟在进行同步之前，需要先进行调谐（Syntonization）。调谐稳定后才能进行同步。同步过程分为时差修正和延迟补偿两个部分。

1）调谐。如图 5 – 30（a）所示，主时钟先周期性（默认每 2s 发送一次，可以设置）地发送 Sync 报文，其发出时间假设为 M_i（由主时钟提供并经过链路延迟补偿），接收时间假设为 S_i（由从时钟提供），经过一段时间以后，利用一系列的 M_i 和一系列的 S_i 来调整从时钟的时间变化率，使从时钟的时间变化率与主时钟的时间变化率对齐，这一过程称为从时钟与主时钟的调谐。

具体实现时可以使用主时钟频率与从时钟频率的比值，对从时钟的时间变化率进行调整。该比值的计算方法为：以某一帧 Sync 报文为起点（主时钟的时间为 M_0，从时钟的时间为 S_0），到第 i 帧 Sync 报文（主时钟的时间为 M_i，从时钟的时间为 S_i）之间，从时钟的流逝时间与主时钟的流逝时间的比值为 $(M_i - M_0)/(S_i - S_0)$。

2）时差修正。时差修正又称偏移量测量。如图 5 – 30（b）所示，主时钟发出一帧 Sync 报文，发出时主时钟记录下 Sync 报文的发出时标 T_1。从时钟接收到 Sync 报文时，记录报文到达的时刻 T_2。如果采用两步法，随后主时钟发出 Follow_up 报文，该报文包含了 Sync 报文发出时的时标 T_1。假定网络延时已知为 T_{Delay}，主时钟在 T_1 时刻发出的请求包，经过 T_{Delay} 时间后才到达从时钟，在主时钟的时间系统下，到达从时钟的时刻应为 $T_1 + T_{Delay}$，由此可计算出从时钟和主时钟两个时间系统的偏差 T_{offset} 为

$$T_{offset} = T_2 - T_1 - T_{Delay}$$

3）延迟测量。延迟测量与时差修正实际上是同时进行的，这是因为从时钟和主时钟之间的时间偏差包含网络传输造成的链路延迟 T_{Delay}，T_{Delay} 需要经过实测才能得到。如前所述，IEEE 1588 中有两种机制来进行链路延迟的测量，即图 5 – 30（b）延迟请求响应机制和图 5 – 30（c）对等延迟机制。测得链路延迟后，将链路延迟补偿回从时钟的系统时间，至此从时钟与主时钟完全同步。

二、IEEE 1588 中的时钟类型

IEEE 1588 标准第 2 版从结构上将节点时钟分为三类，即普通时钟（仅有一个 PTP 端口）、边界时钟和透明时钟（拥有多个 PTP 端口）。

1. 普通时钟 OC（ordinary clock）

普通时钟只包含 1 个 PTP 端口，例如图 5 – 27 中的节点 1 和节点 4 ~ 节点 7。普通时钟可以工作在主时钟（Master）、从时钟（Slave）和无源时钟（Passive）三种状态。原则上任何普通时钟都可以扮演主时钟或者从时钟，但具体工作在哪一种状态由最佳主时钟 BMC 算法决定。系统中的时钟源，如图 5 – 27 中的节点 1，应当是系统中精度最高的主时钟，称为超主时钟

（Grandmaster Clock）。

处于 Passive 状态的时钟既不是主时钟 Master，也不是从时钟 Slave。该状态主要用于防止时钟同步网络中出现环路。IEEE 1588 是排斥环网出现的，所以理论上对时网络都应该是树形结构。

2. 边界时钟 BC（Boundary Clock）

相对于普通时钟只有 1 个 PTP 端口，边界时钟拥有 2 个或 2 个以上的 PTP 端口，如图 5 - 27 中节点 2 和节点 3。边界时钟的每个端口可以处于 Master、Slave 和 Passive 不同的状态。

如果主时钟和从时钟之间距离较长，那么同步报文传输易受网络流量波动影响，传输延时可能会相差很大，将引入较大的非对称性误差，影响同步精度。为了降低非对称性误差的影响，如图 5 - 31 所示，在主时钟和从时钟之间布置若干个边界时钟，将对时系统划分成不同域（domain），逐级同步。每个域内的同步过程相对独立。边界时钟既是上级时钟的从时钟，也是下级时钟的主时钟，由不同的端口来实现主从功能。边界时钟通常用在网络传输延时确定性较差的网络设备（如交换机或路由器）上。

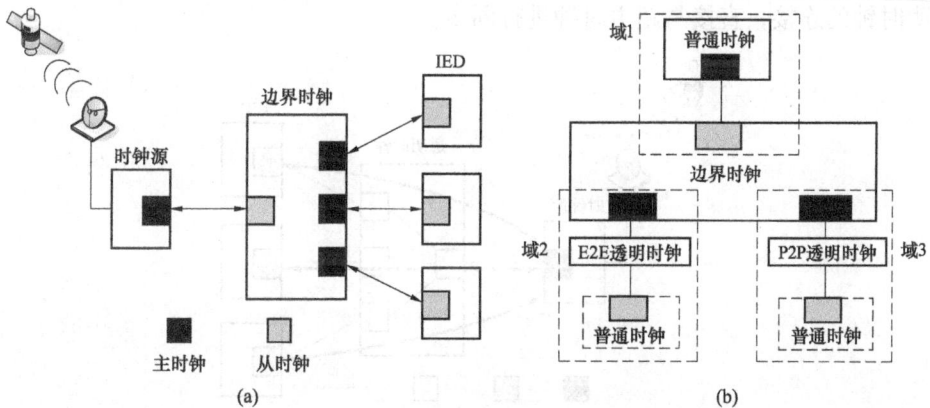

图 5 - 31　边界时钟原理和域的划分
（a）边界时钟原理图；（b）域的划分

边界时钟的每个端口与普通时钟的端口在功能上基本一致，均能够独立完成 PTP 通信。每个端口都有一个独立的协议状态机，通过解析该端口接收到的 Announce 报文，利用最佳主时钟算法 BMC 决定本端口应处于 Master、Slave 和 Passive 三种状态的哪一种。

边界时钟组网方式如图 5 - 32 所示。

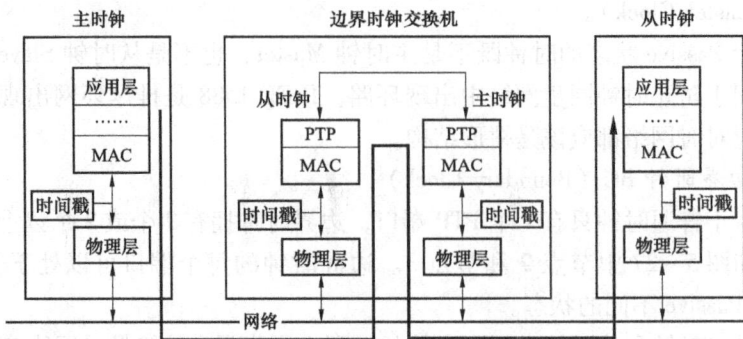

图 5 - 32   边界时钟组网方式

3. 透明时钟 TC（Transparent Clock）

透明时钟与边界时钟类似，也拥有 2 个或 2 个以上的 PTP 端口，也应用在距离较长的主、从时钟之间，进行非对称校正，减少网络交换机造成的非对称延迟的影响，减少大型网络拓扑中的积聚误差。但透明时钟没有主从状态之分，也不需要做逐步同级。如图 5 - 33 所示，各个 IED 的从时钟端口通过与透明时钟的连接，直接与超主时钟进行同步。

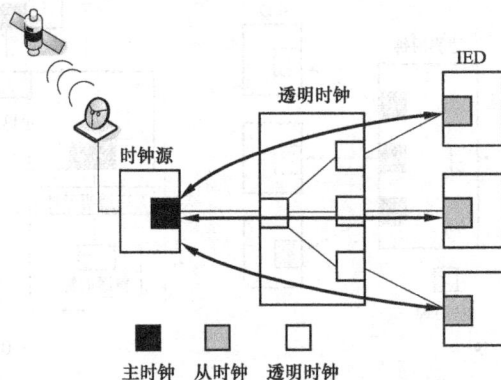

图 5 - 33   IEEE 1588 透明时钟原理图

透明时钟能够测量同步报文穿越自身的驻留时间，并将该时间写入同步报文的修正域，然后提供给从时钟，用于作非对称校正。如图 5 - 34 所示，当同步报文穿越透明时钟交换机时，交换机能够测量出同步报文进入的时间戳 T_2 和离开的时间戳 T_3，驻留时间就是报文进入和离开透明时钟时间的差值（$T_3 - T_2$）。交换机将驻留时间写入同步报文中的修正域字段中，告知从时钟。从时钟进行同步校正时，会根据该修正域的时间值修改时间，提高精确度。

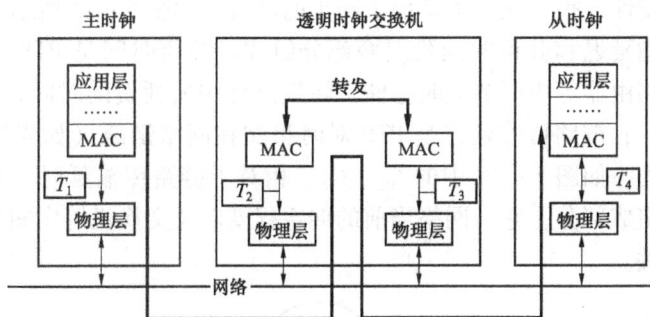

图 5-34 透明时钟组网方式

4. 边界时钟 BC 和透明时钟 TC 的比较

采用图 5-32 所示边界时钟的组网方式时，各层设备分级同步，每两级之间都需要进行主、从时钟之间的时间偏差修正。由于各层之间的时间偏差会相互累积，如果网络系统比较庞大，分层较多，最底端的设备与超主时钟之间会产生很大的累积误差，总的时间偏差可能达到很大的值，能否保证底端设备的对时精度将是很大的问题。而采用图 5-34 所示透明时钟的组网方式时，各底端设备直接同步于超主时钟，能够有效消除这种累积误差的影响。

另外采用边界时钟的组网方式时，为了与最高一级的时钟源保持同步，需要分层一级一级地校正各级主时钟，直至最底层的终端设备。当某一较高等级的主时钟信号出现较大抖动时，参考该主时钟的下级装置都会受到影响，重新恢复全站同步也需要较长时间。而采用透明时钟时，所有终端设备直接同步于超主时钟，单个设备本地时钟的时间抖动对其他设备不会产生直接影响。超主时钟发出的 PTP 对时报文也可以很快地转发到各个设备，从而实现迅速及时的同步校正。

边界时钟对硬件要求较高，相对而言透明时钟较易实现。相比采用边界时钟，采用透明时钟具有明显优势。IEEE 继电保护委员会 PSRC 在最新的电力行业 PTP 时钟规范中推荐采用透明时钟实现变电站网络精确对时。目前在数字化变电站实际工程中也大多采用透明时钟。

5. P2P 与 E2E 透明时钟的工作原理

按报文处理方式的不同，透明时钟可分为点到点 P2P（Peer-to-Peer）透明时钟和端到端 E2E（End-to-End）透明时钟两种。二者的主要区别在于修正和处理 IEEE 1588 对时报文的方式：E2E 透明时钟只测量驻留时间；P2P 透明时钟既测量驻留时间，又测量链路传输延迟。

IEEE 1588 对时报文在实际网络传输中不可避免会有一定的延时。该延时具有不可预测性，很大程度上增加了同步的难度。如图 5 - 35 所示，该延时主要由链路传输延迟和驻留时间延迟两部分组成。驻留时间是 PTP 对时报文穿越交换机、路由器等中间节点时存储、转发过程中所耗费的时间，如图 5 - 35 中的"$t_2 - t_1$"；链路传输延迟是 PTP 对时报文在网络链路（如光纤）上传输所耗费的时间，如图 5 - 36 中的 t_{D1}、t_{D2}。相对于链路传输延时，驻留时间是延时的主要组成部分，它与网络当前的拥塞程度以及交换机等中间节点的吞吐能力密切相关。

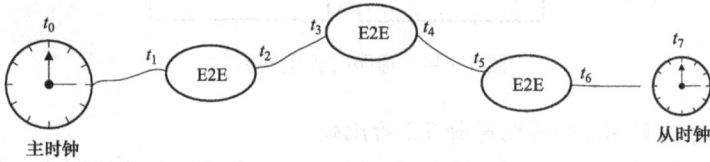

图 5 - 35　E2E 时钟工作原理图

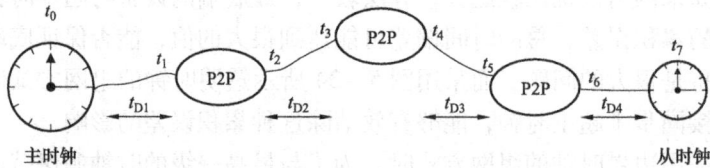

图 5 - 36　P2P 时钟工作原理图

（1）端到端透明时钟 E2E。图 5 - 35 中，主从时钟之间的对时报文穿越透明时钟的各段驻留时间，如 $t_2 - t_1$、$t_4 - t_3$ 等，最终都会累加到报文的修正域 correctionField 字段中，即总的驻留时间 T_r 为

$$T_r = (t_2 - t_1) + (t_4 - t_3) + (t_6 - t_5)$$

对时报文穿越所有透明时钟，完成一次传递之后，可得到主、从时钟之间的时间偏差 T_{offset} 为

$$T_{offset} = t_7 - t_0 - T_{Delay} - correctionField$$

式中　　t_0——主时钟发出对时报文的时间；

　　　　t_7——从时钟收到对时报文的时间；

　　　　T_{Delay}——链路传输延迟；

correctionField——对时报文修正域中的驻留时间值。

总的链路传输延时 T_{Delay} 将由延迟请求响应机制测量。

（2）点到点透明时钟 P2P。E2E 透明时钟只测量 PTP 对时报文穿越它的驻留时间。P2P 透明时钟除此之外，每一个端口还有一个额外的模块，用来计算该端口和与它相接的对侧 P2P 端口之间的链路传输延迟，如图 5 – 36 中的 t_{D1}、t_{D2}。链路传输延迟也会添加到报文的修正域 correctionField 中，因此 P2P 不仅对对时报文的驻留时间进行修正，还对端口之间的链路传输延时进行修正。

如图 5 – 36 中对时报文穿越第一个 P2P 透明时钟后，其修正域的值 correctionField$_1$ 为

$$correctionField_1 = t_{D1} + (t_2 - t_1)$$

报文穿越第二个 P2P 透明时钟后，其修正域的值 correctionField$_2$ 为

$$correctionField_2 = correctionField_1 + t_{D2} + (t_4 - t_3)$$

最终所有 P2P 透明时钟的驻留时间 T_r 和整个通信链路的延迟 T_D 均会添加到对时报文的修正域 correctionField 字段中。

由此可得到主、从时钟之间的时间偏差 T_{offset} 为

$$T_{offset} = t_7 - t_0 - correctionField$$

式中　　　　t_0——主时钟发出对时报文的时间；

　　　　　　t_7——从时钟收到对时报文的时间；

correctionField——对时报文修正域中的时间值，它既包含驻留时间 T_r，也包含链路延迟 T_D。

P2P 透明时钟使用对等延迟机制测量端口与对端之间的链路延迟。

三、普通时钟和边界时钟时间偏差的计算

普通时钟或边界时钟之间采用主从式（Master-Slave）模式进行时钟同步。从时钟相对于主时钟的时间偏差 $<T_{offset}>$ 值由从时钟负责计算，计算公式如下：

$<T_{offset}>$ = $<$从时钟上的本地时间$>$ – $<$主时钟上的本地时间$>$

从时钟本地时间和主时钟本地时间应在同一时刻测量。

1. 一步法模式

一步法模式下，Sync 同步报文中 flagField 的 twoStepFlag 位为 FALSE，从时钟将不会收到 Follow_Up 报文，则

$<T_{offset}>$ = $<$syncEventIngressTimestamp$>$ – $<$originTimestamp$>$
– $<T_{Delay}>$ – $<$Sync 报文修正域的值$>$

式中　$<$syncEventIngressTimestamp$>$——反映从时钟接收到 Sync 报文时刻的时标（图 5 – 37 中的 T_2）；

　　　　$<$originTimestamp$>$——收到的 Sync 报文中 originTimestamp 字段的值，即 Sync 报文离开主时钟的时刻；

　　　　$<T_{Delay}>$——主时钟和从时钟之间的链路传输延时。

2. 两步法模式

两步法模式下，Sync 同步报文中 flagField 的 twoStepFlag 位为 TRUE，从时钟将会收到 Follow_Up 报文，则

$$< T_{offset} > = < syncEventIngressTimestamp > - < preciseOriginTimestamp >$$
$$- < T_{Delay} > - < Sync \ 报文修正域的值 >$$
$$- < Follow\_Up \ 报文修正域的值 >$$

式中　　$< preciseOriginTimestamp >$——Follow_Up 报文中 preciseOriginTimestamp 字段的值（图 5 - 37 中的 T_1），代表 Sync 报文离开主时钟的时刻。

如果端口配置成使用延时请求响应机制，则链路传输延时 T_{Delay} 的值应采用延迟请求响应机制测量；如果端口配置成使用对等延时机制，则 T_{Delay} 的值应采用对等延迟机制测量。

四、延迟请求响应机制与对等延迟机制

1. 延迟请求响应机制概述

延迟请求响应机制用于测量一对主从式 PTP 端口之间的链路延迟，图 5 - 37 是该机制运行的时序图。从该图中可以看出，该机制下的时钟同步过程使用 Sync、Delay_Req、Delay_Resp 报文，如果采用两步法还可能用到 Follow_Up 报文。

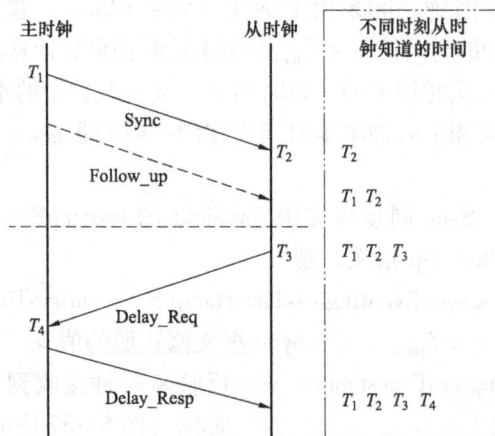

图 5 - 37　延迟请求响应机制报文时序

（1）如图 5 - 37 所示，主时钟首先发出一帧 Sync 同步报文，发出时主时钟记录下 Sync 报文的发出时刻 T_1。Sync 报文到达从时钟后，从时钟记录下收到报文的时刻 T_2。

（2）如果采用两步法，那么 Sync 报文中的时间戳只是 Sync 报文发出时刻 T_1 的预估值。接下来主时钟会发出 Follow_up 报文，该报文中含有时标 T_1 的精确值。

（3）然后从时钟向主时钟发出延迟请求 Delay_Req 报文，从时钟记录下报文发出的时刻 T_3。

（4）主时钟在收到 Delay_Req 报文后，记录下报文到达时刻 T_4。然后主时钟向从时钟发送 Delay_Resp 报文，将时标 T_4 告知从时钟（即 Delay_Resp 报文包含时标 T_4）。

假定从时钟和主时钟的时间偏移量为 T_{offset}，即

$$<T_{\text{offset}}> = <从钟上的本地时间> - <主钟上的本地时间>$$

则　　　　　$$<从钟上的本地时间> = <T_{\text{offset}}> + <主钟上的本地时间>$$

即主时钟的时标（T_4 或 T_1）加上 T_{offset} 就换算到从时钟时间系统下的时间。

假设 T_{Delay1} 是 Sync 报文的网络延迟，T_{Delay2} 是 Delay_Req 报文的网络延迟，则

$$T_{\text{Delay1}} = T_2 - (T_1 + T_{\text{offset}}) = T_2 - T_1 - T_{\text{offset}} \tag{5-1}$$

$$T_{\text{Delay2}} = (T_4 + T_{\text{offset}}) - T_3 = T_4 - T_3 + T_{\text{offset}} \tag{5-2}$$

假设报文在网络链路上的传输延迟是对称的，即 $T_{\text{Delay1}} = T_{\text{Delay2}}$，则综合式（5-1）和式（5-2）可以计算出

$$T_{\text{offset}} = \frac{(T_2 - T_1) - (T_4 - T_3)}{2}$$

$$T_{\text{Delay}} = \frac{(T_2 - T_1) + (T_4 - T_3)}{2}$$

基于 T_{offset} 和 T_{Delay}，从时钟就能将时间修正到与主时钟一致。

需要注意的是，在网络结构固定、网络负载变化不大的变电站通信局域网中，网络延迟 T_{Delay} 基本上变化不大，因此延迟测量不需要频繁地进行，延迟请求报文 Delay_Req 不需要频繁地发送。

2. 延迟请求响应机制下主从时钟工作流程

如前所述，在延迟请求响应机制下从钟和主钟之间的平均链路传输延时 T_{Delay} 为

$$T_{\text{Delay}} = \frac{(T_2 - T_1) + (T_4 - T_3)}{2} = \frac{(T_2 - T_3) + (T_4 - T_1)}{2}$$

T_1、T_2、T_3 和 T_4 的含义如图 5-37 中的标注所示，T_2、T_3 是从时钟上的本地时间，T_1、T_4 是由 Follow_up 报文和 Delay_Resp 报文所携带的主时钟上的本地时间。

下面简要介绍延迟请求响应机制下主、从时钟的工作流程。

（1）主时钟。主时钟准备并发出一个 Sync 报文，报文中的 originTimestamp 字段为 Sync 报文离开主时钟的时刻 T_1。如果节点是两步法时钟，还要准备并发出一个 Follow_Up 报文，该报文中的 preciseOriginTimestamp 字段为 Sync 报文离开的时刻 T_1。

（2）从时钟。

1）当收到来自主时钟的 Sync 报文时，产生时间戳 T_2。

2）准备一个 Delay_Req 报文，把该报文的修正域 correctionField 字段置 0，originTimestamp 字段置 0 或者置成 Delay_Req 报文离开从时钟时间 T_3 的预估值。

3）发出 Delay_Req 报文，并记下 Delay_Req 报文离开的时刻 T_3。

（3）主时钟。

1）当收到 Delay_Req 报文时，产生时间戳 T_4。

2）准备一个 Delay_Resp 报文。把该报文中的 correctionField 置 0，然后把 Delay_Req 报文中的 correctionField 值累加到 Delay_Resp 报文中的 correctionField 中去。

3）把 Delay_Resp 报文中的 receiveTimestamp 字段设置为时间 T_4 的秒和纳秒整数部分。

4）从 Delay_Resp 报文中的 correctionField 中减去 T_4 的纳秒小数部分。

5）将该 Delay_Resp 报文发出。

（4）从时钟。当从时钟接收到 Delay_Resp 报文后，将根据以下公式进行计算：

1）一步法模式。一步法模式下，从时钟将只收到 Sync 报文，则

$$<T_{\text{Delay}}> = [\,(T_2 - T_3) + (\,<\text{Delay\_Resp 报文的 receiveTimestamp}>$$
$$- <\text{Sync 报文的 originTimestamp}>\,) - <\text{Sync 报文的修正域}>$$
$$- <\text{Delay\_Resp 报文的修正域}>\,]\,/2$$

2）两步法模式。两步法模式下，从时钟除收到 Sync 报文外，还将收到 Follow_up 报文，则

$$<T_{\text{Delay}}> = [\,(T_2 - T_3) + (\,<\text{Delay\_Resp 报文中携带的 receiveTimestamp}>$$
$$- <\text{Follow\_Up 报文中携带的 preciseOriginTimestamp}>\,)$$
$$- <\text{Sync 报文的修正域}> - <\text{Follow\_Up 报文的修正域}>$$
$$- <\text{Delay\_Resp 报文的修正域}>\,]\,/2$$

当主时钟和从时钟之间存在 E2E 透明时钟时，交换机对时报文的处理机制如图 5-38 所示。图 5-38 中的实线是从时钟发出的延时请求报文 Delay_

Req，它经过 E2E 透明时钟的驻留时间为（$t_3 - t_2$），（$t_3 - t_2$）会被写入 Delay_Req 报文修正域中。主时钟记录下 Delay_Req 报文到达的时刻 T_4，然后主时钟发出延时响应报文 Delay_Resp，见图 5−38 虚线，将 T_4 和 Delay_Req 的驻留时间发送回从时钟，从时钟由此计算延时。因此，Delay_Resp 报文的修正域实际上复制了 Delay_Req 报文的修正域，也就是将 Delay_Req 报文穿越透明时钟的驻留时间发送回从时钟。

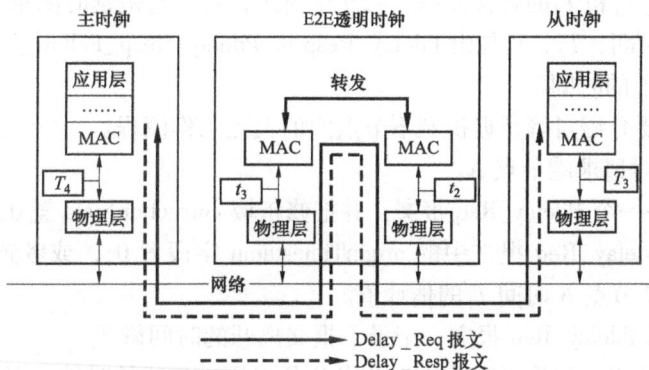

图 5−38　E2E 时钟报文在交换机中的处理机制

3. 对等延迟机制概述

图 5−39 是对等延迟机制运行的时序图。从图中可以看出，该机制下的时钟同步使用 Pdelay_Req、Pdelay_Resp 报文，如果采用两步法，还可能用到 Pdelay_Resp_Follow_Up 报文。

如图 5−39 所示，节点 A 首先向节点 B 发送 Pdelay_Req 报文，同时节点 A 记录下报文发出的时刻 T_1。节点 B 收到 Pdelay_Req 报文时，记录下收到报文时刻的时标 T_2。随后节点 B 在 T_3 时刻发送 Pdelay_Resp 报文，该报文中含有时间戳 T_2。如果采用一步法，则 Pdelay_Resp 报文中也包含时刻 T_3；如果采用两步法，则节点 B 随后紧接着发送一帧 Pdelay_Resp_Follow_Up 报文，该报文中含有时间戳 T_3。

假设报文从节点 A 到节点 B 和从节点 B 到节点 A 的传输延时分别是 t_{AB} 和 t_{BA}，则节点 A 和节点 B 之间的平均链路传输延时 T_{Delay} 是 t_{AB} 和 t_{BA} 的平均值，即

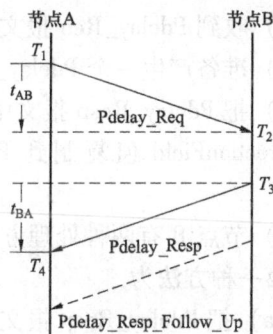

图 5−39　对等延迟机制运行时序图

$$T_{\text{Delay}} = \frac{t_{AB} + t_{BA}}{2} = \frac{(T_2 - T_1) + (T_4 - T_3)}{2}$$

4. 对等延迟机制下节点间的工作流程

在对等延迟机制下，节点 A 和节点 B 之间的平均链路传输延时 T_{Delay} 为

$$T_{\text{Delay}} = \frac{(T_2 - T_1) + (T_4 - T_3)}{2} = \frac{(T_4 - T_1) - (T_3 - T_2)}{2}$$

T_1、T_2、T_3 和 T_4 的含义如图 5 – 39 中所示，T_1、T_4 是延时测量发起者节点 A 上的本地时间，T_2、T_3 是由 Pdelay_Resp 或 Pdelay_Resp_Follow_Up 报文所携带的节点 B 上的时间。

下面简要介绍对等延迟机制下节点间的大致工作流程。

（1）延时请求端节点 A。

1）准备一个 Pdelay_Req 报文，并把修正域 correctionField 置 0。

2）将 Pdelay_Req 报文中的 originTimestamp 字段置 0，或者置成 Pdelay_Req 报文离开节点 A 时间 T_1 的估计值。

3）发出 Pdelay_Req 报文，记录下报文离开的时间戳 T_1。

（2）节点 B。如果延时响应端节点 B 是采用一步法的时钟，则按以下流程进行：

1）收到 Pdelay_Req 报文时，产生时间戳 T_2。

2）准备产生一个 Pdelay_Resp 报文，将 Pdelay_Req 报文中的 correctionField 值复制到 Pdelay_Resp 报文中的 correctionField 中去，然后把 Pdelay_Resp 报文中的 requestReceiptTimestamp 置 0。

3）准备发出 Pdelay_Resp 报文并产生时间戳 T_3。时间戳 T_3 产生后节点 B 计算报文周转时间 $(T_3 - T_2)$，将 $(T_3 - T_2)$ 写入 Pdelay_Resp 报文的 correctionField 中，然后将 Pdelay_Resp 报文发出。

如果节点 B 是采用两步法的时钟，则按以下流程进行：

1）收到 Pdelay_Req 报文时，产生时间戳 T_2。

2）准备产生一个 Pdelay_Resp 报文和一个 Pdelay_Resp_Follow_Up 报文。

3）把 Pdelay_Resp 报文中的 correctionField 置 0，并把 Pdelay_Req 报文中的 correctionField 值复制到 Pdelay_Resp_Follow_Up 报文中的 correctionField 中去。

4）节点 B 有两种处理方法。

第一种方法为：

（a）把 Pdelay_Resp 报文中的 requestReceiptTimestamp 置 0。

（b）发出 Pdelay_Resp 报文，并产生时间戳 T_3。

（c）在 Pdelay_Resp_Follow_Up 报文中，把 responseOriginTimestamp 置 0，并把周转时间（$T_3 - T_2$）写入到 correctionField 中去。

（d）将 Pdelay_Resp_Follow_Up 报文发出。

第二种处理方法为：

（a）在 Pdelay_Resp_Follow_Up 报文中，把 requestReceiptTimestamp 置为时间 T_2 的秒和纳秒部分，并从 correctionField 中减去 T_2 的纳秒小数部分。

（b）发出 Pdelay_Resp 报文，并产生时间戳 T_3。

（c）在 Pdelay_Resp_Follow_Up 报文中，把 responseOriginTimestamp 设为时间戳 T_3 的秒和纳秒部分，并把 T_3 的纳秒小数部分加到 correctionField 中去。

（d）发出 Pdelay_Resp_Follow_Up 报文。

（3）节点 A。

1）收到 Pdelay_Resp 报文时，产生时间戳 T_4。

2）节点 A 对链路传输延时的计算如下：

（a）一步法。如果收到的 Pdelay_Resp 报文中 twoStepFlag 字段为 FALSE，表明节点 A 将不会收到 Pdelay_Resp_Follow_Up 报文。此时平均链路传输延时 $<T_{\text{Delay}}>$ 由下式计算

$$<T_{\text{Delay}}> = [(T_4 - T_1) - \text{Pdelay\_Resp 报文的修正域}]/2$$

由前面的分析可知，在一步法模式下，Pdelay_Resp 报文的修正域为周转时间（$T_3 - T_2$），所以公式最终形式为

$$<T_{\text{Delay}}> = [(T_4 - T_1) - (T_3 - T_2)]/2 \qquad (5-3)$$

（b）二步法。如果收到的 Pdelay_Resp 报文中 twoStepFlag 字段为 TRUE，表明节点 A 既收到 Pdelay_Resp 报文后，还会收到 Pdelay_Resp_Follow_Up 报文，此时平均链路传输延时 $<T_{\text{Delay}}>$ 由下式计算

$<T_{\text{Delay}}> = [(T_4 - T_1) - (<\text{Pdelay\_Resp\_Follow\_Up 报文中的}$ responseOriginTimestamp$> - <$Pdelay_Resp 报文中的 requestReceiptTimestamp$>$）$- <$Pdelay_Resp 的修正域$> - <$Pdelay_Resp_Follow_Up 报文的修正域$>]/2$

根据前面两步法模式下的第一种处理方法，$<$Pdelay_Resp_Follow_Up 报文中的 responseOriginTimestamp$>$、$<$Pdelay_Resp 报文中的 requestReceiptTimestamp$>$ 和 $<$Pdelay_Resp 的修正域$>$ 均为 0，$<$Pdelay_Resp_Follow_Up 的修正域$>$ 为周转时间（$T_3 - T_2$），所以公式最终形式为

$$<T_{\text{Delay}}> = [(T_4 - T_1) - (T_3 - T_2)]/2 \qquad (5-4)$$

根据前面两步法模式下的第二种处理方法，$<$Pdelay_Resp_Follow_Up 报文中的 responseOriginTimestamp$>$ 为 T_3 的秒和纳秒整数部分，$<$Pdelay_Resp 报文中的 requestReceiptTimestamp$>$ 为 T_2 的秒和纳秒整数部分，$<$Pdelay_Resp 的

修正域 > 为负的 T_2 的纳秒小数部分， < Pdelay_Resp_Follow_Up 的修正域 > 为 T_3 的纳秒小数部分，所以公式最终形式为

$$< T_{\text{Delay}} > = [(T_4 - T_1) - (T_3 - T_2)]/2$$

图 5 - 40 中的 P2P 透明时钟端口相当于图 5 - 39 中的节点 A，主时钟相当于图 5 - 39 中的节点 B。按照对等延迟机制的报文时序，P2P 透明时钟端口（节点 A）首先向主时钟（节点 B）发送延迟请求报文 Pdelay_Req（实线），同时记录下报文的发出时刻 T_1。主时钟收到 Pdelay_Req 报文时，记录下收到报文的时刻 T_2，然后在 T_3 时刻发送 Pdelay_ Resp 报文（虚线）。如果采用一步法，则 Pdelay_ Resp 报文中会包含时标 T_2 和 T_3，（$T_3 - T_2$）的差值会被写入到 Pdelay_ Resp 报文的修正域中；如果采用两步法，则 Pdelay_ Resp 报文中只包含时标 T_2，随后主时钟紧接着发送一帧 Pdelay_ Resp_Follow_Up 报文，该报文中包含时标 T_3。P2P 端口根据四个时间 $T_1 \sim T_4$ 计算这段链路的延时。

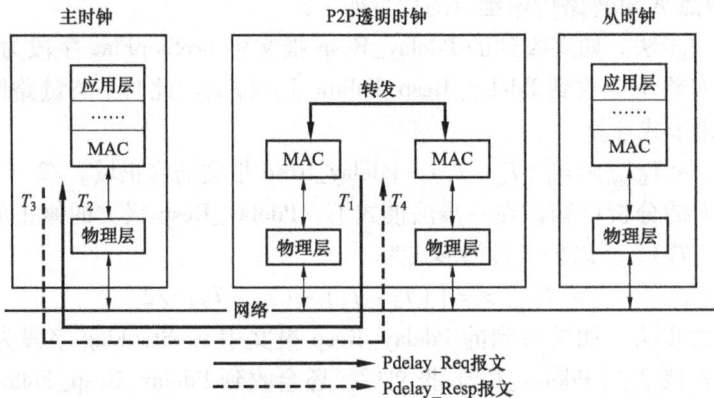

图 5 - 40　P2P 时钟报文在交换机中的处理机制

5. E2E 透明时钟与延迟请求响应机制

延迟请求响应机制用于测量一对主从式 PTP 端口之间的链路延迟。如图 5 - 41 所示，在实际应用中主从时钟之间可能存在多个 E2E 透明时钟，延迟请求响应机制测得的 T_{Delay} 是同步报文穿越这几个 E2E 透明时钟总的链路延时。另外，由图 5 - 41 中的计算公式可以看出，在 E2E 模式下利用 Delay_Req 和 Delay_Resp 报文来测量链路延迟时间 T_{Delay} 时，需要使用 Sync 报文的发出时刻 T_1 和接收时刻 T_2，因此需要与 Sync 报文配合。

6. P2P 透明时钟与对等延迟机制

对等延迟机制测得的链路延时是两个 P2P 端口之间的路径延时，如图 5 - 42 中的 t_{D1} 和 t_{D2}，两端口之间不存在中间设备。由图中的计算公式可以看出，在

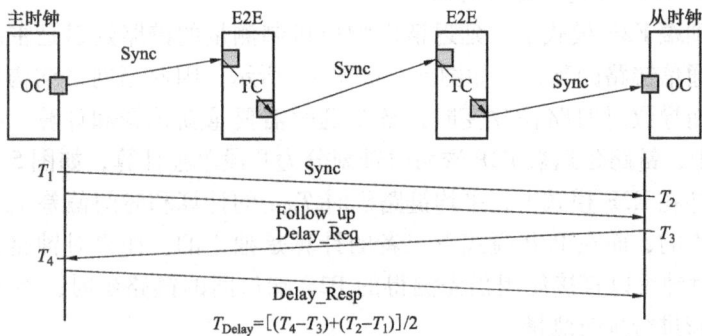

图 5 - 41   E2E 透明时钟延迟请求响应机制

P2P 模式下利用 Pdelay_Req 和 Pdelay_Resp 报文测量链路延迟，不需要与 Sync 报文（即同步过程）配合。因此它是一个独立的测量过程，可以脱离 Sync 同步过程进行多次测量来求平均值，以得到更为精确的平均链路延迟时间。

测得的链路传输延迟会被累加到 Sync 报文或其跟随报文的修正域中，如图 5 - 42 所示，Sync 报文穿越第一个 P2P 透明时钟后，其修正域的值 Correction1 为

$$\text{Correction1} = t_{D1} + t_{R1}$$

报文穿越第二个 P2P 透明时钟后，其修正域的值 Correction2 为

$$\text{Correction2} = \text{Correction1} + t_{D2} + t_{R2}$$

最终所有 P2P 透明时钟的驻留时间和整个通信链路的延迟均会累加到 Sync 报文的修正域（一步法）或 Follow_up 报文的修正域（两步法）中。

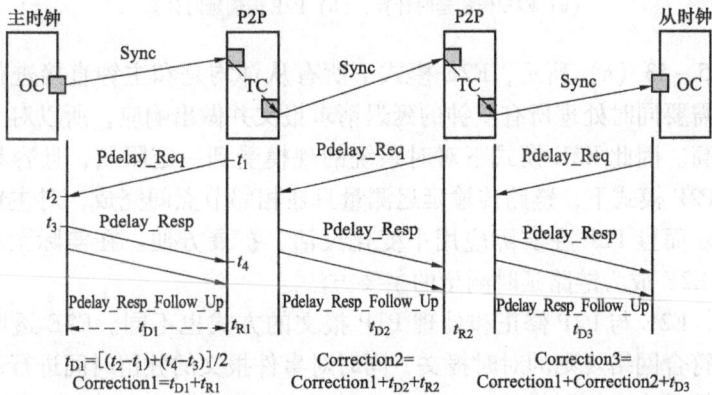

图 5 - 42   P2P 透明时钟对等延迟测量机制

7. P2P 和 E2E 透明时钟的比较

在端到端 E2E 模式下，延迟请求响应机制测量的链路延迟是主时钟到从时钟整个通信链路的延迟，如图 5 – 43（a）所示，因此当网络结构变化或主时钟切换而导致对时路径改变时，链路延时需要重新选择和计算。在点到点 P2P 模式中，链路延迟被 P2P 透明时钟划分为几段单独计算，如图 5 – 43（b）所示。另外在 E2E 模式下，平均链路延时 T_{Delay} 的计算和时间偏差 T_{offset} 的计算是不可分割的，而在 P2P 模式下二者的计算是独立的。如果对钟路径发生变化，P2P 时钟可以直接使用预先测得的 P2P 端口间的链路延时；而 E2E 方式则需要重新进行延时测量。

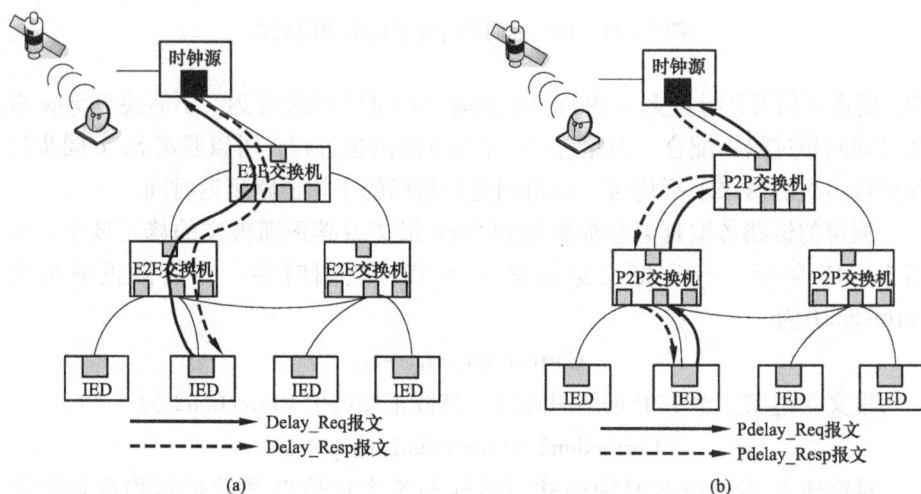

图 5 – 43 传输延时计算

（a）E2E 传输延时计算；（b）P2P 传输延时计算

如图 5 – 43（a）所示，E2E 模式下所有从钟均是和主钟直接进行报文交互，主钟需要同时处理所有从钟的延迟请求报文并做出响应，所以对主钟的能力要求较高。因此 E2E 模式下对时系统的规模受到一定限制，且容易引入累计误差。P2P 模式下，链路传输延迟测量只在相邻节点间完成，对主钟的压力相对较低。而且 P2P 在实际应用中变化灵活，扩展方便。在实际工程中 P2P 已经取代 E2E 成为链路延时测量的主要方法。

此外，E2E 与 P2P 修正和处理 PTP 报文的方式也不同。E2E 透明时钟会转发所有符合网络规则的对时报文，同时对事件报文的驻留时间进行测量，并将该测量结果作为修正值累加到报文本身或其跟随报文（Follow_Up）的修正域中。P2P 透明时钟只修正 Sync 报文及其跟随报文 Follow_Up，对其他报文不做处理，对 Delay_Req 和 Delay_Resp 报文做丢弃处理。

五、影响 IEEE 1588 系统对时精度的因素

应该注意到，前面所讨论的时间偏差和传输延迟计算公式是基于一点假设的，即在同一子网内，主时钟到从时钟的网络延迟和从时钟到主时钟的网络延迟是对称的。然而在实际的交换式以太网中，不可能绝对满足这个假设前提。因为报文在以太网交换机传输过程中的延时存在不确定性，当网络负荷较重时，IEEE 1588 对时报文需要与其他类型的报文一样排队传输，随着网络负载的增加，网络延迟在传输方向上的差异会越来越大，造成同步精度的下降。另外由于交换机自身缓存空间有限，网络负载过大时会发生报文冲突、丢包问题，这些都会影响 IEEE 1588 协议假设前提的成立。

影响 IEEE 1588 时钟系统精度的因素还有时钟晶振的稳定性、网络时延等几个方面，具体分析如下：

（1）目前 PTP 时钟一般采用石英晶振作为时钟信号发生源。在每次 PTP 校正完成后，本地 PTP 时钟均按晶振提供的信号计时。如果晶振频率由于机械损耗、老化和温度变化的影响发生漂移，在下次 PTP 校正到来之前，该端口将会产生很大的计时误差。特别是对于透明时钟和边界时钟，作为 IEEE 1588 对时系统的枢纽节点，其 PTP 时钟的精确度，直接影响了与之相连的所有设备的对时精度。为保证全网全时段的同步精度，需选用高稳定性晶体振荡器或是采取补偿技术。

（2）网络时延主要产生在线路传输和网络交换机转发过程中。交换机产生的网络时延具有不确定性，虽然 IEEE 1588 协议引入了透明时钟和边界时钟，但由于延迟测量的随机性和较低频率，若网络负载短期内发生较为剧烈的变化，则网络时延的测试值相对当前实际值就会产生较大的偏差。而且 PTP 报文在网络交换机中的驻留时间是由交换机本地时钟计算所得，不可避免地也会产生一定的偏差。

六、IEEE 1588 报文格式

IEEE 1588 中所有的事件报文和通用报文，都由报文头（header）、报文本体（body）和后缀（suffix）三个部分组成，其中后缀部分可以省略（即长度可以为零）。

图 5 – 44 是采用 Wireshark 软件对捕获到的 Sync 报文进行解析的结果。

1. 报文头

IEEE 1588 中的所有的事件报文和通用报文，其报文头部分的格式定义都是相同的，具体见表 5 – 15。

```
⊞ Frame 2: 60 bytes on wire (480 bits), 60 bytes captured (480 bits)
⊟ Ethernet II, Src: DavicomS_7c:32:95 (00:60:6e:7c:32:95), Dst: Ieee1588_00:00:00 (01:1b:19:00:00:00)
  ⊞ Destination: Ieee1588_00:00:00 (01:1b:19:00:00:00)
  ⊞ Source: DavicomS_7c:32:95 (00:60:6e:7c:32:95)
    Type: PTPv2 over Ethernet (IEEE1588) (0x88f7)
⊟ Precision Time Protocol (IEEE1588)
    0000 .... = transportSpecific: 0x00
    .... 0000 = messageId: Sync Message (0x00)
    .... 0010 = versionPTP: 2
    messageLength: 44
    subdomainNumber: 0
  ⊞ flags: 0x0200
  ⊞ correction: 0.000000 nanoseconds
    ClockIdentity: 0x00606efffe7c3295
    SourcePortID: 1
    sequenceId: 1
    control: Sync Message (0)
    logMessagePeriod: 1
    originTimestamp (seconds): 1287538328
    originTimestamp (nanoseconds): 969106820
```

报文头

本体

```
0000   01 1b 19 00 00 00 00 60   6e 7c 32 95 88 f7 00 02    .......n|2...
0010   00 2c 00 00 02 00 00 00   00 00 00 00 00 00 00 00    .,...... n...
0020   00 00 00 60 6e ff fe 7c   32 95 00 01 00 01 00 01    ...`n..| 2......
0030   00 00 4c be 46 98 39 c3   65 84 00 00               ..L.F.9. e...
```

图 5-44　Sync 报文解析结果

表 5-15　　　　　　　　　　　通 用 报 文 头 格 式

bit							长度（字节数）
6	5	4	3	2	1	0	
transportSpecific				messageType			1
reserved				versionPTP			1
messageLength							2
domainNumber							1
reserved							1
flagField							2
correctionField							8
reserved							4
sourcePortIdentity							10
sequenceId							2
controlField							1
logMessageInterval							1

（1）transportSpecific。如表 5-15 所示，transportSpecific 字段占据 4bit，不同的底层传输协议对该字段的定义不同。

能够承载 IEEE 1588 通信的底层协议有多种，如 UDP/IP、IEEE 802.3 以太网、DeviceNet 和 ControlNet 等协议。目前在数字化变电站工程中大多采用

IEEE 802.3 以太网协议，在该协议下，transportSpecific 字段被看作是以太网子类型 Ethertype 的一部分，被指定用来接收数据的高层协议的类型。如果接收端设备识别出 Ethertype 子类型，则报文将被上传到 PTP 层；如果接收端设备没有识别出子类型，则报文被当作带有未识别 Ethertype 的其他报文处理。

（2）messageType。messageType 字段代表当前报文所属的类型，该字段占据 4bit。如表 5 – 16 所示，该字段的取值范围是 0 ～ F。

表 5 – 16　　　　　　　　　　messageType 字段的取值

报文类型	报文分类	值（十六进制）
Sync	事件报文	0
Delay_Req	事件报文	1
Pdelay_Req	事件报文	2
Pdelay_Resp	事件报文	3
Reserved	—	4～7
Follow_Up	通用报文	8
Delay_Resp	通用报文	9
Pdelay_Resp_Follow_Up	通用报文	A
Announce	通用报文	B
Signaling	通用报文	C
Management	通用报文	D
保留	—	E～F

（3）reserved。在表 5 – 15 中可以看出，messageType 后面是保留位 reserved 字段，共占据 4bit。该字段用于将来扩展。

（4）versionPTP。versionPTP 字段代表 IEEE 1588 协议的版本号。目前 IEEE 1588 协议共有 V1 和 V2 两个版本。

（5）messageLength。messageLength 字段的值为当前 PTP 报文的长度，即报文所包含的字节数。该长度从报文头第 1 个字节开始计数，如果有后缀，包括后缀所占的字节数。

（6）domainNumber。PTP 域号，取值范围是 0 ～ 255，默认值为 0。如图 5 –31 所示，通过设置边界时钟可以将 PTP 对时系统划分成几个不同的域，domainNumber 代表这些域的编号。

（7）flagField。flagField 字段长度为 2 个字节共 16bit，但 IEEE 1588 协议只用到了其中 12bit，其余 4bit 为保留位。这些保留位的默认值为 FALSE。

flagField 字段在 Wireshark 软件中的解析结果如图 5 – 45 所示，该字段各 bit 的含义见表 5 – 17。

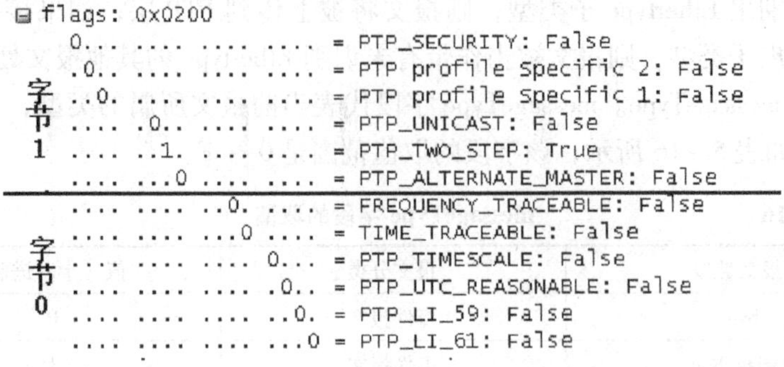

```
⊟ flags: 0x0200
       0... .... .... .... = PTP_SECURITY: False
       .0.. .... .... .... = PTP profile Specific 2: False
       ..0. .... .... .... = PTP profile Specific 1: False
       .... .0.. .... .... = PTP_UNICAST: False
       .... ..1. .... .... = PTP_TWO_STEP: True
       .... ...0 .... .... = PTP_ALTERNATE_MASTER: False
       .... .... ..0. .... = FREQUENCY_TRACEABLE: False
       .... .... ...0 .... = TIME_TRACEABLE: False
       .... .... .... 0... = PTP_TIMESCALE: False
       .... .... .... .0.. = PTP_UTC_REASONABLE: False
       .... .... .... ..0. = PTP_LI_59: False
       .... .... .... ...0 = PTP_LI_61: False
```

字节 1

字节 0

图 5 – 45 PTP 报文中的 flag 字段解析结果

表 5 – 17   flagField 标志位的值

字节	bit 位	名　字	说　　明	所属报文类型
字节 1	0	PTP_Alternate_Master	如果报文发出端口为 Master 状态，则该值为 FALSE	Announce Sync FollowUp Delay Resp
	1	PTP_Two_Step	对于一步法时钟，其值为 FALSE；对于两步法时钟，其值为 TRUE	Sync Pdelay Resp
	2	PTP_Unicast	值为 TRUE，代表该报文以单播方式发送；值为 FALSE，代表该报文以多播方式发送	所有报文
	5	PTP profile Specific1	如果被 alternate PTP 配置文件定义，则该为 TRUE；否则为 FALSE	所有报文
	6	PTP profile Specific2	如果被 alternate PTP 配置文件定义，则该为 TRUE；否则为 FALSE	所有报文
	7	PTP_Security	值为 TRUE，代表该报文采用了信息安全机制；否则为 FALSE	所有报文
字节 0	0	PTP_LI_61	对于采用 PTP 时元的对时系统，该值为 TRUE 代表当天最后 1min 为 61s；不采用 PTP 时元的对时系统，该值为 FALSE	Announce

字节	bit 位	名　字	说　明	所属报文类型
字节 0	1	PTP_LI_59	对于采用 PTP 时元的对时系统，该值为 TRUE 代表当天最后 1min 为 59s；不采用 PTP 时元的对时系统，该值为 FALSE	Announce
	2	PTP_UTC_Reasonable	采用 UTC 显示时间信息时为 TRUE；否则为 FALSE	Announce
	3	PTP_Timescale	若最高级超主时钟采用 PTP 时间标尺，则其值为 TRUE；否则为 FALSE	Announce
	4	Time_Traceable	若时间标尺和时间偏移可追溯至最高级超主时钟，则该值为 TRUE；否则为 FALSE	Announce
	5	Frequency_Traceable	如果频率决定时间标尺可以追溯至到最高级超主时钟，则该值为 TRUE；否则为 FALSE	Announce

（8）correctionField。修正域 correctionField 字段长度为 8 个字节。该字段的值需要乘以 2^{-16} 才能换算成以纳秒为单位的真实的修正时间值。假如该字段的值为 0x00000000C5600000（十进制下为 52988739584），则修正时间值应为 $52988739584 \times 2^{-16} = 808544 \mathrm{ns}$。

correctionField 字段最小值为 0x0000000000000001，即 $1 \times 2^{-16} = 0.00001525 \mathrm{ns}$。

（9）sourcePortIdentity。sourcePortIdentity 字段是当前 PTP 报文发出端口的唯一标识。它由 ClockIdentity 和 SourcePortID 两部分组成。ClockIdentity 是发出当前报文的时钟的地址（每个时钟都拥有唯一的 ClockIdentity）；SourcePortID 是该时钟上的端口号。

（10）sequenceId。sequenceId 字段长度为 2 个字节，是 PTP 报文的递增序号，其功能与 9 - 2 SV 报文中的采样计算器 smpcnt 类似。以 Sync 报文为例，时钟端口每发出一帧特定目的地址的 Sync 报文，sequenceId 会自动加 1。当增加到 65535（即 2 个字节的最大值）后，sequenceId 会自动翻转，重新从 1 开始计数。时钟重新上电后，sequenceId 也会从 1 开始重新计数。

而 Follow_Up、Delay_Resp、Pdelay_Resp、Pdelay_Resp_Follow_Up 等响应报文的 sequenceId 值，分别与 Sync、Delay_Req、Pdelay_Req 请求报文的 sequenceId 值相同。以 Pdelay_Resp 报文为例，当延迟测量响应端口接收到

Pdelay_Req 报文后，会把 Pdelay_Req 报文中的 sequenceId 值复制到 Pdelay_Resp 中的 sequenceId 字段中，然后发出。

（11）controlField。设置 controlField 字段的目的是与 IEEE 1588 标准第 1 版保持兼容。controlField 字段的值与报文的具体类型有关，见表 5 - 18。

表 5 - 18 controlField 定义值

报文类型	controlField 值（十六进制）	报文类型	controlField 值（十六进制）
Sync	00	Management	04
Delay_Req	01	All others	05
Follow_Up	02	Reserved	06 ~ FF
Delay_Resp	03		

（12）logMessageInterval。logMessageInterval 字段代表连续两帧同类型的报文之间的平均发送间隔。假设该时间间隔为 t，那么该字段的值等于以 2 为底 t 的对数，即 $\log_2(t)$。logMessageInterval 字段取值范围是 $-128 \sim 127$ 的整数。

假设该字段的值为 0，由于 $\log_2(1) = 0$，所以该间隔时间为 1（以秒为单位）。

2. Sync 报文格式

Sync 报文的格式定义见表 5 - 19，它由报文头 header 字段和时间戳 originTimestamp 字段两部分组成。第一部分 header 的定义参见表 5 - 15。

表 5 - 19 Sync 报文字段定义

bit								长度（字节数）
7	6	5	4	3	2	1	0	
header（见表 5 - 14）								34
originTimestamp								10

originTimestamp 属于时间戳 Timestamp 类型，其结构如下：

```
struct Timestamp
{
    UInteger48 secondsField;
    UInteger32 nanosecondsField;
};
```

originTimestamp 由两部分组成:

1) secondsField: 是时间戳的整数部分, 以秒为单位。

2) nanosecondsField: 是时间戳的小数部分, 以纳秒为单位。

originTimestamp 字段所包含的时间信息实际上是一个相对时间, 是当前时刻相对于时元的偏移量。时元 (epoch) 是时间刻度的起点, IEEE 1588 采用 PTP 时元, 其准确时刻是国际原子时 1970 年 1 月 1 日 00:00:00 (TAI), 相当于世界协调时 1969 年 12 月 31 日 23:59:51.999918 (UTC)。因此 originTimestamp 字段的数值表示的是当前时刻与 1970 年 1 月 1 日 00:00:00 的差值。

图 5-46 中的 originTimestamp 时间戳整数部分为 00 00 4C be 46 98 (十六进制), 换算成十进制数是 1287538328; 小数部分为 39 C3 65 84, 换算成十进制数是 969106820。该时间戳表示从 1970 年 1 月 1 日 00:00:00 开始到当前时刻, 时间一共流逝了 1287538328s 和 969106820ns。由此可以计算出, 该时间戳代表的真实时间为 2010 年 10 月 20 日 09:32:08.969106820 (TAI)。

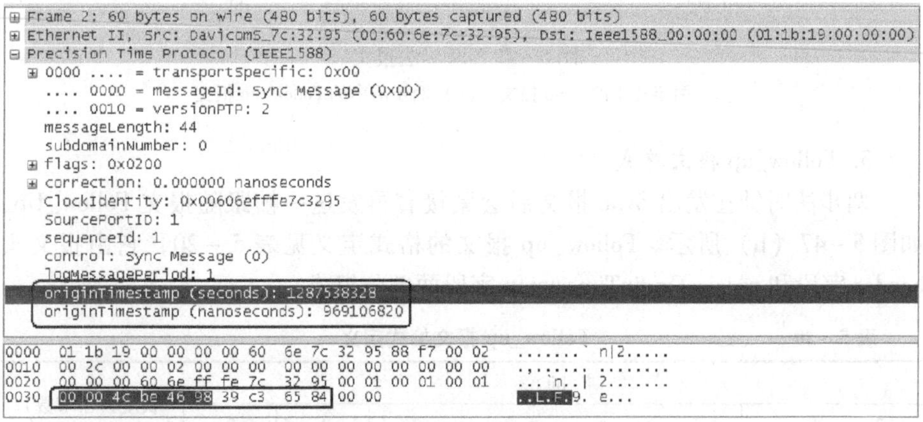

图 5-46 originTimestamp 字段含义

由前文可知, UTC 的秒长和原子时 TAI 秒长相等, 但是在时刻上需要进行人工换算。PTP 时元采用国际原子时 TAI, 对于采用 PTP 时元的 1588 对时系统, 其时间信息实际上属于国际原子时 TAI 时间。如果采用 UTC 表达时间信息, 就需要进行换算, 具体公式为 currentUtcOffset = TAI—UTC。

currentUtcOffset 是 UTC 时间和 TAI 时间的偏移, 以秒为单位。

另外一步法时钟和两步法时钟发出的 Sync 报文, 其 originTimestamp 字段的值是不同的。

一步法模式下，originTimestamp 字段的值 = "< syncEventEgressTimestamp > — < 纳秒的小数部分 >"。其中 < syncEventEgressTimestamp > 是 *Sync* 报文离开主时钟端口的准确时间（图 5 – 37 中的 T_1），< 纳秒的小数部分 > 位于图 5 – 46 中 Sync 报文的 correction 字段中。

两步法模式下，originTimestamp 字段的值可以等于 0，如图 5 – 47（a）所示；也可以是 "< syncEventEgressTimestamp > — < 纳秒的小数部分 >" 的预估值。

```
⊟ Precision Time Protocol (IEEE1588)
  ⊞ 0000 .... = transportSpecific: 0x00
    .... 0000 = messageId: Sync Message (0x00)
    .... 0010 = versionPTP: 2
    messageLength: 44
    subdomainNumber: 0
  ⊞ flags: 0x020c
  ⊞ correction: 0.000000 nanoseconds
    ClockIdentity: 0x00262dfffefef89a
    SourcePortID: 1
    sequenceId: 1517
    control: Sync Message (0)
    logMessagePeriod: 0
    originTimestamp (seconds): 0
    originTimestamp (nanoseconds): 0
```

```
⊟ Precision Time Protocol (IEEE1588)
  ⊞ 0000 .... = transportSpecific: 0x00
    .... 1000 = messageId: Follow_Up Message (0x08)
    .... 0010 = versionPTP: 2
    messageLength: 44
    subdomainNumber: 0
  ⊞ flags: 0x020c
  ⊞ correction: 0.000000 nanoseconds
    ClockIdentity: 0x00262dfffefef89a
    SourcePortID: 1
    sequenceId: 1517
    control: Follow_Up Message (2)
    logMessagePeriod: 0
    preciseOriginTimestamp (seconds): 1311210986
    preciseOriginTimestamp (nanoseconds): 216210
```

(a)   (b)

图 5 – 47　两步法报文

(a) 两步法中的 Sync 报文；(b) 两步法中的 Follow_up 报文

3. Follow_up 报文格式

两步法时钟在发出 Sync 报文后会紧接着再发送一帧跟随报文 Follow_Up，如图 5 – 47（b）所示。Follow_up 报文的格式定义见表 5 – 20，它由报文头 header 字段和 preciseOriginTimestamp 字段两部分组成。

表 5 – 20　　　　　　　　　　　　Follow_up 报文格式定义

bit								长度（字节数）
7	6	5	4	3	2	1	0	
header（见表 5 – 14）								34
preciseOriginTimestamp								10

preciseOriginTimestamp 也属于时间戳 Timestamp 类型，其组成结构与 originTimestamp 相同，也是当前时刻相对于 PTP 时元的偏移量。preciseOriginTimestamp 字段的值和一步法模式下 Sync 报文中 originTimestamp 字段的值相同，即 "< syncEventEgressTimestamp > — < 纳秒的小数部分 >"。

correction 字段和一步法模式下 Sync 报文 correction 字段的值相同，是 < 纳秒的小数部分 >。

sequenceId 字段由相应 Sync 报文中的 sequenceId 复制而来。

4. Pdelay_Req 报文格式

Pdelay_Req 报文的格式见表 5 – 21，它由报文头 header、originTimestamp 和保留位字段三个部分组成。

表 5 – 21　　　　　　　　　　Pdelay_Req 报文格式

bit								长度（字节数）
7	6	5	4	3	2	1	0	
header（见表 5 – 14）								34
originTimestamp								10
reserved								10

由表 5 – 21 可以看出，Pdelay_Req 报文增加了 10 个字节的保留位，其目的是与 Pdelay_Resp 报文长度保持一致（其长度为 54 个字节）。这是由于在以太网中不同长度的报文具有不同的传输延迟，Pdelay_Req 报文和 Pdelay_Resp 报文长度不同，会引入传输延迟的非对称误差（即主时钟到从时钟的传输延迟和从时钟到主时钟的传输延迟不再相等）。

Pdelay_Req 报文（见图 5 – 48）中的 originTimestamp 字段也属于时间戳 Timestamp 类型，其结构不再重复。传输延迟的计算由延迟请求端负责计算，所以请求端无须将 Pdelay_Req 报文离开请求端的时间告知延迟响应端。该字段的值可以设置为 0，也可以设为 Pdelay_Req 报文离开请求端时间的预估值（图 5 – 39 中的 T_1 的预估值）。修正域 correction 字段设置为 0。

```
⊟ Precision Time Protocol (IEEE1588)
  ⊞ 0000 .... = transportSpecific: 0x00
    .... 0010 = messageId: Path_Delay_Req Message (0x02)
    .... 0010 = versionPTP: 2
    messageLength: 54
    subdomainNumber: 0
  ⊞ flags: 0x0000
  ⊞ correction: 0.000000 nanoseconds
    ClockIdentity: 0x00584efffe044022
    SourcePortID: 1
    sequenceId: 543
    control: Other Message (5)
    logMessagePeriod: 127
    originTimestamp (seconds): 1313661864
    originTimestamp (nanoseconds): 31766393
```

图 5 – 48　Pdelay_Req 报文

5. Pdelay_Resp 报文格式

当时钟端口接收到 Pdelay_Req 报文后会记录下收到报文的时刻（图 5-39 中的 T_2），然后发出 Pdelay_Resp 报文，将 T_2 告知请求端口。Pdelay_Resp 报文的格式见表 5-22。

表 5-22   **Pdelay_Resp 报文格式**

bit								长度（字节数）
7	6	5	4	3	2	1	0	
header（见表 5-14）								34
requestReceiptTimestamp								10
requestingPortIdentity								10

（1）requestReceiptTimestamp。在一步法和两步法模式下，时间戳 requestReceiptTimestamp 值是不同的。

在一步法模式下，图 5-39 中的节点 B 会把 requestReceiptTimestamp 置 0，然后准备发出 Pdelay_Resp 报文，产生时间戳 T_3，并将报文周转时间（$T_3 - T_2$）写入 Pdelay_Resp 报文的 correctionField 中。

在两步法模式下，节点 B 又有两种处理方式：

第一种方式下，仍然将 requestReceiptTimestamp 置 0，然后将报文周转时间（$T_3 - T_2$）放在 Pdelay_Resp_Follow_up 报文中发出。

第二种方式下，将 T_2 分成两部分发送，其中 T_2 秒和纳秒的整数部分放在 requestReceiptTimestamp 中，T_2 纳秒的小数部分放在修正域 correction 中发送。

（2）requestingPortIdentity。requestingPortIdentity 字段长度为 10 个字节，由 requestingSourcePortIdentity 和 requestingSourcePortID 两部分组成。无论是 Pdelay_Resp 报文（见图 5-49）还是 Pdelay_Resp_Follow_up 报文（见图 5-50），该字

```
⊟ Precision Time Protocol (IEEE1588)
   ⊞ 0000 .... = transportSpecific: 0x00
     .... 0011 = messageId: Path_Delay_Resp Message (0x03)
     .... 0010 = versionPTP: 2
     messageLength: 54
     subdomainNumber: 0
   ⊞ flags: 0x0200
   ⊞ correction: 0.000000 nanoseconds
     ClockIdentity: 0x008063fffedeb300
     SourcePortID: 1
     sequenceId: 543
     control: Other Message (5)
     logMessagePeriod: 15
     requestreceiptTimestamp (seconds): 1293840091
     requestreceiptTimestamp (nanoseconds): 947519508
     requestingSourcePortIdentity: 0x00584efffe044022
     requestingSourcePortId: 1
```

图 5-49   Pdelay_Resp 报文

段的值都与 Pdelay_Req 报文中的 ClockIdentity 和 SourcePortID 值相同。这是因为 Pdelay_Req 报文、Pdelay_Resp 报文和 Pdelay_Resp_Follow_up 报文需要配对使用,将 requestingPortIdentity 与 Pdelay_Req 报文中的 sourcePortIdentity 字段设成一致,能够方便地关联需要配对的报文。

6. Pdelay_Resp_Follow_up 报文格式

当工作在两步法模式下时,延迟响应节点发出 Pdelay_Resp 报文后会紧接着发出一帧 Pdelay_Resp_Follow_up 报文。Pdelay_Resp_Follow_up 报文的格式见表 5 – 23。

表 5 – 23 **Pdelay_Resp_Follow_up 报文格式**

bit								长度(字节数)
7	6	5	4	3	2	1	0	
header(见表 5 – 14)								34
responseOriginTimestamp								10
requestingPortIdentity								10

(1) responseOriginTimestamp。responseOriginTimestamp 字段也属于时间戳 Timestamp 类型。

在两步法模式下,针对图 5 – 39 中的 T_2 和 T_3,延迟响应节点有两种处理方式:

第一种方式下 Pdelay_Resp 报文既不发送 T_2,也不发送 T_3,而是将报文周转时间($T_3 - T_2$)放在 Pdelay_Resp_Follow_up 报文的 correcttion 中发出,responseOriginTimestamp 被置成 0。

第二种方式下将 T_2 放在 Pdelay_Resp 报文中发出,将 T_3 放在 Pdelay_Resp_Follow_up 报文中发出。具体发送时将 T_3 分成两部分,其中 T_3 秒和纳秒的整数部分放在 responseOriginTimestamp 中,T_3 纳秒的小数部分放在修正域 correction 中发送。

(2) requestingPortIdentity。Pdelay_Resp 报文中的 sourcePortIdentity、sequenceId 和 requestingPortIdentity 字段会原封不动地复制到 Pdelay_Resp_Follow_Up 报文对应的字段中。因此 requestingPortIdentity 字段的值与 Pdelay_Req 报文中的 ClockIdentity 和 SourcePortID 值相同。

7. Announce 报文格式

Announce 报文中的信息主要用于系统中最佳主时钟的选择计算。它包含报文发出节点的状态和特征信息,具体格式见表 5 – 24。

```
⊟ Precision Time Protocol (IEEE1588)
  ⊞ 0000 .... = transportSpecific: 0x00
    .... 1010 = messageId: Path_Delay_Resp_Follow_Up Message (0x0a)
    .... 0010 = versionPTP: 2
    messageLength: 54
    subdomainNumber: 0
  ⊞ flags: 0x0000
  ⊞ correction: 0.000000 nanoseconds
    ClockIdentity: 0x008063fffedeb300
    SourcePortID: 1
    sequenceId: 543
    control: Other Message (5)
    logMessagePeriod: 15
    responseOriginTimestamp (seconds): 1293840091
    responseOriginTimestamp (nanoseconds): 948829224
    requestingSourcePortIdentity: 0x00584efffe044022
    requestingSourcePortId: 1
```

图 5 – 50   Pdelay_Resp_Follow_up 报文

表 5 – 24   Announce 报文格式

bit								长度（字节数）
7	6	5	4	3	2	1	0	
header（见表 5 – 14）								34
originTimestamp								10
currentUTCOffset								2
reserved								1
grandmasterPriority 1								1
grandmasterClockQuality								4
grandmasterPriority2								1
grandmasterIdentity								8
stepsRemoved								2
timeSource								1

Announce 报文如图 5 – 51 所示。

（1）currentUTCOffset。currentUTCOffset 字段长度为 2 个字节。如前文所述，它用于 TAI 时间和 UTC 时间之间的换算。currentUTCOffset = TAI—UTC。

（2）reserved。reserved 字段为保留位，长度为 1 个字节。

（3）grandmasterPriority。grandmasterPriority 字段代表时钟的优质等级，值越小，等级越高。如图 5 – 52 所示，如果 GM1 的 Priority 低于 GM2 的 Priority，则认为时钟 GM1 优于时钟 GM2。

```
⊞ Frame 5: 78 bytes on wire (624 bits), 78 bytes captured (624 bits)
⊞ Ethernet II, Src: Wistron_fe:f8:9a (00:26:2d:fe:f8:9a), Dst: Ieee1588_00:00:00 (01:1b:19:00:00:00)
⊟ Precision Time Protocol (IEEE1588)
  ⊞ 0000 .... = transportSpecific: 0x00
    .... 1011 = messageId: Announce Message (0x0b)
    .... 0010 = versionPTP: 2
    messageLength: 64
    subdomainNumber: 0
  ⊞ flags: 0x020c
  ⊞ correction: 0.000000 nanoseconds
    ClockIdentity: 0x00262dfffefef89a
    SourcePortID: 1
    sequenceId: 759
    control: Other Message (5)
    logMessagePeriod: 1
    originTimestamp (seconds): 0
    originTimestamp (nanoseconds): 0
    originCurrentUTCOffset: 0
    priority1: 1
    grandmasterClockClass: 6
    grandmasterClockAccuracy: The time is accurate to within 250 ns (0x22)
    grandmasterClockVariance: 0
    priority2: 1
    grandmasterClockIdentity: 0x00262dfffefef89a
    localStepsRemoved: 4
    TimeSource: GPS (0x20)

0000  01 1b 19 00 00 00 00 26  2d fe f8 9a 88 f7 0b 02   .......& -.......
0010  00 40 00 00 02 0c 00 00  00 00 00 00 00 00 00 00   .@.............. 
0020  00 00 00 26 2d ff fe fe  f8 9a 00 01 02 f7 05 01   ...&-... ........
0030  00 00 00 00 00 00 00 00  00 00 00 00 00 01 06 22   ........ ......."
0040  00 00 01 00 26 2d ff fe  fe f8 9a 00 04 20         ....&-.. ......
```

图 5－51 Announce 报文

grandmasterPriority1 字段的值如果在 0～127 范围内，说明系统内已经选取了最佳主时钟；如果在 128～255 范围内，则说明未选取最佳主时钟。

grandmasterPriority2 字段的值如果在 0～127 范围内，说明最佳主时钟是边界时钟，如果在 128～255 范围内，则最佳主时钟不是边界时钟。

（4）grandmasterClockQuality。grandmasterClockQuality 代表超主时钟的品质，它由 clockClass、clockAccuracy 和 offsetScaledLogVariance 三部分组成。

clockClass 表示主时钟分发的时间和频率具有可追溯性。

clockAccuracy 表示主时钟与 GPS 的对时误差。如图 5－52 所示，如果时钟 GM1 的 clockAccuracy 低于时钟 GM2 的 clockAccuracy，则认为时钟 GM1 优于时钟 GM2。clockAccuracy 属于枚举型变量，不同的值代表不同的精确度。例如当该值等于 0x22 时，表示时间精确度在 250 ns 以内。

offsetScaledLogVariance 表示主时钟的精度方差。精度方差能够反映时钟运行的稳定性。

（5）grandmasterIdentity。grandmasterIdentity 字段是超主时钟唯一的标识符，同时也可以看作是超主时钟的地址。

（6）stepsRe moved。stepsRe moved 字段可以反映本地时钟和超主时钟之间的“距离”，初始值为 0。当 PTP 对时网络出现环路时，最佳主时钟算法可以利用 stepsRe moved 字段的值将循环路径清除出 PTP 网络，从拓扑结构上选择出最优的时钟。

（7）timeSource。timeSource 字段表示系统中超主时钟获取时间的方式，不同的值代表不同的方式。当该字段的值等于 0x20 时，表示超主时钟从 GPS 或北斗卫星系统获取精确时间。

图 5-52 是最佳主时钟算法（BMC）中数据集比较部分的流程图，其中的 priority 对应 Announce 报文中的 grandmasterPriority 字段，class 对应 clockClass，accuracy 对应 clockAccuracy，variance 对应 offsetScaledLogVariance，identity 对应 grandmasterIdentity 字段。

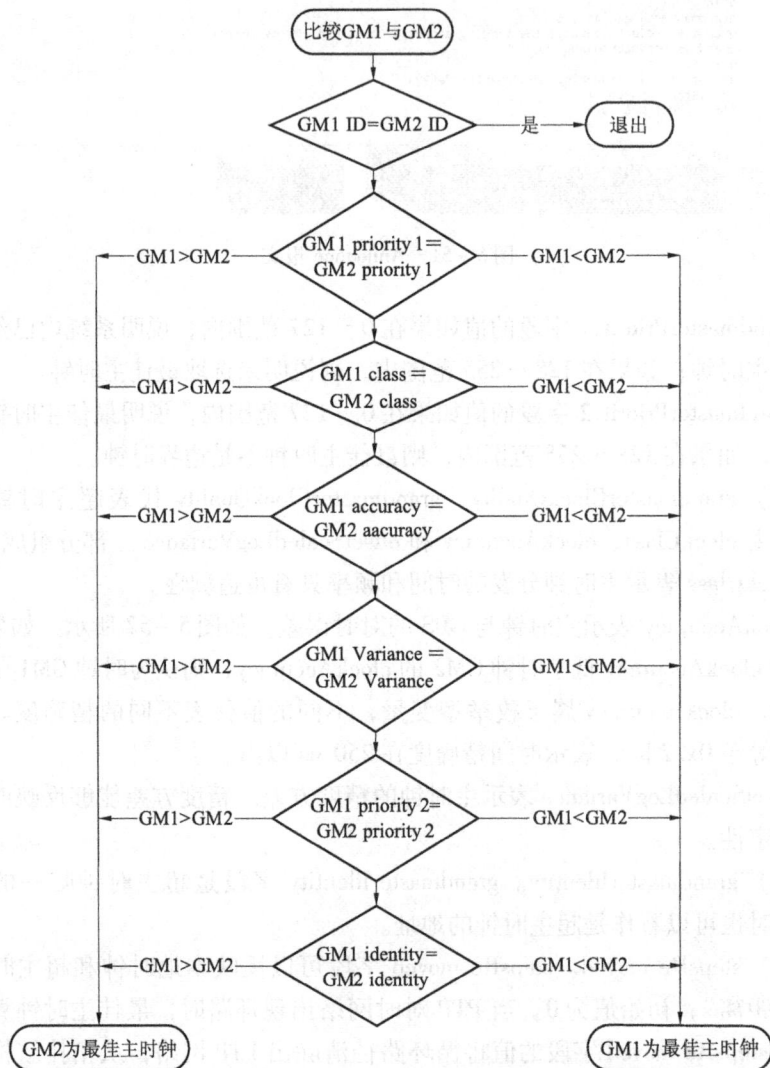

图 5-52　最佳主时钟算法流程图（数据集比较部分）

附录 A 常用字符与 ASCII 代码对照表

ASCII值	字符	控制	ASCII值	字符	ASCII值	字符
0	null	NUL	32	(space)	64	@
1	☺	SOH	33	!	65	A
2	●	STX	34	"	66	B
3	♥	ETX	35	#	67	C
4	♦	EOT	36	$	68	D
5	♣	END	37	%	69	E
6	♠	ACK	38	&	70	F
7	beep	BEL	39	'	71	G
8	backspace	BS	40	(	72	H
9	tab	HT	41	)	73	I
10	换行	LF	42	*	74	J
11	♂	VT	43	+	75	K
12	♀	FF	44	,	76	L
13	回车	CR	45	-	77	M
14	♫	SO	46	.	78	N
15	☼	SI	47	/	79	O
16	►	DLE	48	0	80	P
17	◄	DC1	49	1	81	Q
18	↕	DC2	50	2	82	R
19	‼	DC3	51	3	83	S
20	¶	DC4	52	4	84	T
21	§	NAK	53	5	85	U
22	▬	SYN	54	6	86	V
23	↨	ETB	55	7	87	W
24	↑	CAN	56	8	88	X
25	↓	EM	57	9	89	Y
26	→	SUB	58	:	90	Z
27	←	ESC	59	;	91	[
28	∟	FS	60	<	92	\
29	↔	GS	61	=	93	]
30	▲	RS	62	>	94	^
31	▼	US	63	?	95	_

ASCII值	字符	ASCII值	字符	ASCII值	字符	ASCII值	字符	ASCII值	字符
96	'	128	Ç	160	á	192	└	224	α
97	a	129	ü	161	í	193	┴	225	β
98	b	130	é	162	ó	194	┬	226	Γ
99	c	131	â	163	ú	195	├	227	π
100	d	132	ä	164	ñ	196	─	228	Σ
101	e	133	à	165	Ñ	197	†	229	σ
102	f	134	å	166	ª	198	├	230	μ
103	g	135	ç	167	º	199	├	231	τ
104	h	136	ê	168	¿	200	└	232	Φ
105	i	137	ë	169	┌	201	┌	233	θ
106	j	138	è	170	┐	202	┴	234	Ω
107	k	139	ï	171	½	203	┬	235	δ
108	l	140	î	172	¼	204	├	236	∞
109	m	141	ì	173	¡	205	─	237	ø
110	n	142	Ä	174	«	206	┼	238	∈
111	o	143	Å	175	»	207	┴	239	∩
112	p	144	É	176	░	208	┴	240	≡
113	q	145	æ	177	▓	209	┬	241	±
114	r	146	Æ	178	▓	210	┬	242	≥
115	s	147	ô	179	│	211	└	243	≤
116	t	148	ö	180	┤	212	└	244	⌠
117	u	149	ò	181	┤	213	┌	245	⌡
118	v	150	û	182	┤	214	┌	246	÷
119	w	151	ù	183	┐	215	┼	247	≈
120	x	152	ÿ	184	┐	216	┼	248	°
121	y	153	ö	185	┤	217	┘	249	•
122	z	154	Ü	186	║	218	┌	250	·
123	{	155	¢	187	┐	219	█	251	√
124	¦	156	£	188	┘	220	▬	252	ⁿ
125	}	157	¥	189	┘	221	▌	253	²
126	~	158	Pt	190	┘	222	▐	254	▮
127	⌂	159	ƒ	191	┐	223	▬	255	

参 考 文 献

［1］朱松林，等．变电站计算机监控系统及其应用．北京：中国电力出版社，2008.

［2］高翔．数字化变电站应用技术．北京：中国电力出版社，2008.

［3］IEC. IEC 61850 Communication networks and systems in substations，2004.

［4］谭文恕．变电站通信网络和系统协议 IEC 61850 介绍．电网技术，2001，25（9）：8－12.

［5］任雁铭，秦立军，杨奇逊．IEC 61850 通信协议体系介绍和分析．电力系统自动化，2000，24（8）：62－64.

［6］吴在军，胡敏强．变电站通信网络和系统协议 IEC 61850 标准分析．电力自动化设备，2002，22（11）：70－72.

［7］何磊，郝晓光，潘瑾．面向智能电网的 IEC 61850 标准应用分析．河北电力技术，2009，28（增刊）：32－34.

［8］李永亮，李刚．IEC 61850 第 2 版简介及其在智能电网中的应用展望．电网技术，2010，34（4）：11－16.

［9］胡道徐．IEC 61850 产品开发及工程化应用研究．工程硕士学位论文．南京：东南大学，2006.

［10］付娟，张爱民．面向对象思想的变电站建模研究．国外电子元器件，2008，（7）：62－63.

［11］王燕．面向对象的理论与 C＋＋实践．北京：清华大学出版社，2007.

［12］刘瑞挺，吴功宜，宋杏珍，等．全国计算机等级考试三级教程—网络技术．北京：高等教育出版社，2007.

［13］Tamara Dean 著，陶华敏等译．计算机网络实用教程．北京：机械工业出版社，2000.

［14］罗军舟，黎波涛，杨明，等．TCP/IP 协议及网络编程技术．北京：清华大学出版社，2004.

［15］肖新峰，宋强，王立新，等．TCP/IP 协议与网络管理标准教程．北京：清华大学出版社，2007.

［16］曾春平，王超，张鹏．XML 编程从入门到精通．北京：北京希望电子出版社，2002.

［17］孙更新，肖冰，彭玉忠．XML 编程与应用教程．北京：清华大学出版社，2010.

［18］谭浩强．C 程序设计．2 版．北京：清华大学出版社，1999.

［19］梁兴柱，王建一，龚丹，等．Visual C＋＋.NET 程序设计．北京：清华大学出版社，2010.

［20］彭杰，胡凌燕，张凤登．IEEE 802.1P 对交换式工业以太网实时性影响的实验研究．电气自动化，2008，30（3）：60－64.

［21］佟为明，赵晶．交换式工业以太网优先级调度机制的研究．仪器仪表学报，2007，28

（12）：2197－2200.

［22］ 彭杰，束志恒，应启戛，等．IEEE 802.1P 在工业 Ethernet 的应用．南昌大学学报，2009，31（1）：49－52.

［23］ 胡凌燕，彭杰，张凤登，等．交换式工业以太网实时性实验研究．微计算机信息，2008，24（5）：130－131.

［24］ 陈昕光，许勇．以太网应用于工业控制系统的实时性研究．自动化仪表，2005，26（8）：10－15.

［25］ 陆岩，胡道徐，马文龙．IEC 61850 信息建模的反思与变通．电力自动化设备，2008，28（10）：68－70.

［26］ 徐天奇，尹项根，游大海，等．兼容 IEC 61850 的间隔层 IED 模型设计与实现．电力系统自动化，2007，31（24）：42－46.

［27］ 王照，任雁铭．IEC 61850 数据集模型的应用．电力系统自动化，2005，29（2）：61－63.

［28］ 王玲．基于 IEC 61850 线路间隔 IED 的建模研究及通信实现．硕士学位论文．西安：西安科技大学，2008.

［29］ 赵有铖，赵曼勇，张结．IEC 61850 信息模型一致性的检验和控制方法．电力系统自动化，2011，31（22）：61－64.

［30］ 唐喜，孟岩，王治民，等．IEC 61850 日志功能工程应用实践．电力系统自动化，2011，35（1）：91－95.

［31］ 徐敏，王钢，王智东．基于 IEC 61850 标准的电抗器保护建模方法．电网技术，2008，32（增刊）：84－86.

［32］ 章坚民，朱炳铨，赵舫，等．基于 IEC 61850 的变电站子站系统建模与实现．电力系统自动化，2004，28（21）：43－48.

［33］ 彭安红，张浩，牛志刚．电力系统继电保护装置的 IEC 61850 建模．华东电力，2008，36（4）：38－40.

［34］ 王丽华，江涛，盛晓红，等．基于 IEC 61850 标准的保护功能建模分析．电力系统自动化，2007，31（2）：55－59.

［35］ 吴在军，窦晓波，胡敏强．基于 IEC 61850 标准的数字保护装置建模．电网技术，2005，29（21）：81－84.

［36］ 童晓阳，王晓茹，汤俊．基于 IEC 61850 标准的变电站智能电子设备的统一建模语言设计及改进．电网技术，2006，30（3）：85－88.

［37］ 何磊，田霞，韩永进，等．IEC 61850 配置文件工程化测试探讨．电力系统保护与控制，2011，39（16）：147－150.

［38］ 徐宁，朱永利，邸剑，等．基于 IEC 61850 的变电站自动化对象建模．电力自动化设备，2006，26（3）：85－89.

［39］ 罗四倍，黄润长，崔琪．等．基于 IEC 61850 标准面向对象思想的 IED 建模．电力系统保护与控制，2009，37（17）：88－92.

［40］ 杨桂松，张浩，牛志刚．基于 IEC 61850 的 IED 数据建模研究与实现．华东电力，

2007, 35 (8): 75 - 78.

[41] 韩法玲，黄润长，张华，等. 基于 IEC 61850 标准的 IED 建模分析. 电力系统保护与控制，2010, 38 (19): 219 - 222.

[42] 孙一民，陈远生. 母线保护装置的 IEC 61850 信息模型. 电力系统自动化，2007, 31 (2): 51 - 54.

[43] 廖泽友，孙莉，贺岑. IED 遵循 IEC 61850 标准的数据建模. 继电器，2006, 34 (20): 40 - 43.

[44] 刘琳，胡道徐. 500kV 变电站遵循 IEC 61850 标准统一建模. 电力自动化设备，2009, 29 (7): 113 - 117.

[45] 周邺飞，张海滨，徐石明，等. IEC 61850 工程组态中的统一建模技术研究. 江苏电机工程，2007, 26 (增刊): 72 - 74.

[46] 常弘，茹锋，薛钧义. IEC 61850 语义信息模型的实现. 电网技术，2005, 29 (12): 39 - 42.

[47] 笃竣，祁忠. 基于 IEC 61850 的变电站新型远动网关机. 电力自动化设备，2011, 31 (2): 112 - 115.

[48] 陈爱林，乐全明，冯军，等. 代理服务器在智能变电站和调度主站无缝通信中的应用. 电力系统自动化，2010, 34 (20): 99 - 102.

[49] ISO 9506 - 1: Industrial automation systems—Manufacturing Message Specification—Part 1: Service definition, 2003.

[50] ISO 9506 - 2: Industrial automation systems—Manufacturing Message Specification—Part 2: Protocol specification, 2003.

[51] SISCO, Inc. Overview and Introduction to the Manufacturing Message Specification (MMS), Revision 2, 1995.

[52] Karlheinz Schwarz. Introduction to the Manufacturing Message Specification (MMS, ISO/IEC 9506), 2000.

[53] 李永亮，袁志雄，陈斌，等. 对基于 TCP/IP 的 IEC 61850 特定通信服务映射 MMS 的分析与实现. 电网技术，2004, 28 (24): 33 - 38.

[54] 何卫，缪文贵，朱颂怡，等. IEC 61850 模型与 MMS 映射的矛盾及其解决建议. 电力系统自动化，2006, 30 (23): 97 - 100.

[55] 丁代勇，刘频，王晓茹. 基于 IEC 61850 的 MMS 客户端软件的设计与实现. 继电器，2007, 35 (8): 45 - 49.

[56] 何卫，唐成虹，张祥文. 基于 IEC 61850 的 IED 数据结构设计. 电力系统自动化，2007, 31 (1): 57 - 60.

[57] 林知明，扬丰萍，余瑛. IEC 61850 到 MMS 映射分析及实现. 继电器，2007, 35 (2): 64 - 67.

[58] 丁力，王晓茹，王林. IEC 61850 标准中 MMS 映射分析及其编码/解码模块的设计电力系统保护与控制，2008, 36 (12): 69 - 73.

[59] 任雁铭，操丰梅，秦立军. MMS 技术及其在电力系统通信协议中的应用. 电力系统自动化，2000，24（19）：66 – 69.

[60] 黄良，章坚民，蔡永良. MMS 实现 IEC 61850 中的 VMD 设计及继电保护设备入网. 继电器，2005，33（4）：71 – 74.

[61] 陈丽华，陈小川. MMS 应用于变电站自动化系统时的若干问题分析. 继电器，2005，33（10）：62 – 65.

[62] 杨俊伟. IEC 61850 通信体系的研究和实践. 硕士学位论文. 北京：华北电力大学，2006.

[63] 李永亮，葛维春，王芝茗. IEC 61850 通讯标准中的编码规范 ASN.1. 电力系统保护与控制，2008，36（22）：66 – 71.

[64] 丁青锋. 基于 IEC 61850 的 ASN.1 编解码器的研究. 华北水利水电学院学报，2007，28（1）：56 – 58.

[65] 冯军. 智能变电站原理及测试技术. 北京：中国电力出版社，2011.

[66] 魏勇，罗思需，施迪. 基于 IEC 61850 – 9 – 2 及 GOOSE 共网传输的数字化变电站技术应用与分析. 电力系统保护与控制，2010，38（24）：146 – 152.

[67] 肖韬，林知明，田丽平. 关于变电站 GOOSE 通信方案的研究. 华东交通大学学报，2008，25（4）：66 – 70.

[68] 柯善文，刘曙光，何能. 关于变电站 GOOSE 报文传输的研究. 继电器，2007，35（增刊）：308 – 310.

[69] 付旭，徐磊. Linux 环境下 GOOSE 报文传输方案的研究与设计. 电力科学与工程，2009，25（12）：26 – 28.

[70] 窦晓波，周旭峰，胡敏强，等. IEC 61850 快速报文传输服务在 VxWorks 中的实现. 电力系统自动化，2008，32（12）：41 – 47.

[71] 韩明峰，张捷，郑永志. IEC 61850 GOOSE 实时通信的实现方法. 电力自动化设备，2009，29（1）：143 – 146.

[72] 宋丽君，王若醒，狄军峰. GOOSE 机制分析、实现及其在数字化变电站中的应用. 电力系统保护与控制，2009，37（14）：31 – 35.

[73] 王松，黄晓明. GOOSE 报文过滤方法研究. 电力系统自动化，2008，32（19）：54 – 57.

[74] 高亚栋，朱炳铨，李慧. 数字化变电站的"虚端子"设计方法应用研究. 电力系统保护与控制，2011，39（5）：124 – 127.

[75] 范建忠，马千里. 基于 WINPCAP 的 GOOSE 报文捕获分析工具开发. 电力系统自动化，2007，31（23）：52 – 56.

[76] 朱炳铨，王松，李慧. 基于 IEC 61850 GOOSE 技术的继电保护工程应用. 电力系统自动化，2009，33（8）：104 – 107.

[77] 殷志良，刘万顺，杨奇逊，等. 基于 IEC 61850 的通用变电站事件模型. 电力系统自动化，2005，29（19）：45 – 50.

[78] 李晓朋，赵成功，李刚. 基于 IEC 61850 的数字化继电保护 GOOSE 功能测试. 电力系

统保护与控制，2008，36（7）：59-61.

[79] 何磊，占伟，邻向军. GOOSE 技术在变电站中应用的问题分析. 河北电力技术，2008，29（4）：11-12.

[80] UCA. Implementation Guideline for Digital Interface to Instrument Transformers using IEC 61850-9-2，2004.

[81] 胡春江，张永祥，王艳红. 基于 IEC 61850 标准的电子式互感器合并单元的建模与实现. 山东电力高等专科学校学报，2009，12（2）：64-67.

[82] 谷晓妍，罗彦，段雄英. IEC 61850-9-2 标准下合并单元信息模型及其映射的实现. 电网与清洁能源，2010，26（12）：30-33.

[83] 贺振华，胡少强. IEC 61850 标准下通用变电站事件模型与采样值传输模型的比较. 继电器，2008，36（1）：80-83.

[84] 殷志良，刘万顺，杨奇逊，等. 基于 IEC 61850 标准的采样值传输模型构建及映射实现. 电力系统自动化，2004，28（21）：38-42.

[85] 廖泽友，郭赟，杨恢宏. 数字化变电站采样值传输规约的综述与对比分析. 电力系统保护与控制，2010，38（4）：113-115.

[86] 万博，苏瑞. 遵循 IEC 61850-9-2 实现变电站采样值传输. 电网技术，2009，33（19）：119-203.

[87] 温东旭，马国强，王俊峰. SNTP 协议的分析. 电力系统保护与控制，2008，36（11）：19-21.

[88] 陈家佳，舒强. 简单网络时间协议分析及实现. 重庆邮电大学学报（自然科学版），2007（增刊）：138-139.

[89] 欧阳家淦，岑宗浩，周健. PTP 时钟同步协议分析及应用探讨. 华东电力，2008，36（8）：62-65.

[90] IEEE TC-9. IEEE Standard for a Precision Clock Synchronization Protocol for Networked Measurement and Control Systems，2008.

[91] 桂强，陈建民，邱智勇. IEEE 1588 在数字化变电站中的应用探讨. 华东电力，2010，38（6）：816-820.

[92] 于鹏飞，喻强，邓辉. IEEE 1588 精确时间同步协议的应用方案. 电力系统自动化，2009，33（13）：99-103.

[93] 樊陈，倪益民，沈健，等. IEEE 1588 在基于 IEC 61850-9-2 标准的合并单元中的应用. 电力系统自动化，2011，35（6）：55-59.

[94] 胡永春，张雪松，许伟国，等. IEEE 1588 时钟同步系统误差分析及其检测方法. 电力系统自动化，2010，34（21）：107-111.

[95] 汪祺航，吴在军，赵上林，等. IEEE 1588 时钟同步技术在数字化变电站中的应用. 电力系统保护与控制，2010，38（19）：137-141.

[96] 杨丽，赵建国，Peter A Crossley，等. IEEE 1588 V2 在全数字化保护系统中的应用. 电力自动化设备，2010，30（10）：98-102.

[97] 贾宏阁，关维国，邹德君，等．基于 IEEE 1588 的变电站网络时钟同步的研究与应用．辽宁工业大学学报（自然科学版），2010，30（5）：296－301.

[98] 张洪源．基于 IEEE 1588 的数字化变电站时钟同步技术的应用研究．硕士学位论文．成都：西南交通大学，2010.

[99] 殷志良，刘万顺，杨奇逊，等．基于 IEEE 1588 实现变电站过程总线采样值同步新技术．电力系统自动化，2005，29（13）：60－63.

[100] 汪祺航，黄伟，吴在军，等．基于 IEEE 1588 标准的变电站同步网络的研究．江苏电机工程，2010，29（1）：51－54.

[101] 赵上林，胡敏强，窦晓波．基于 IEEE 1588 的数字化变电站时钟同步技术研究．电网技术，2008，32（21）：97－102.

[102] 庾智兰，李智．IEEE 1588 精密时钟同步协议的分析与实现．电子测量技术，2009，32（4）：56－58.

[103] 叶卫东，张润东．IEEE 1588 精密时钟同步协议 2.0 版本浅析．测控技术，2010，29（2）：1－4.

[104] 张鹤鸣，杨斌．IEEE 1588 V2 基于透明时钟的误差分析与修正．计算机应用，2011，31（6）：1476－1479.

[105] 王相周，陈华婵．IEEE 1588 精确时间协议的研究与应用．计算机工程与设计，2009，30（8）：1846－1849.

[106] 刘巍，熊浩清，石光，等．IEEE 1588 时钟同步系统应用分析与现场测试．电力自动化设备，2012，32（2）：127－131.